国家出版基金资助项目

国家出版基金项目
NATIONAL PUBLICATION FOUNDATION

INTELLIGENT ROBOT

智能机器人

朴松昊 钟秋波 刘亚奇 洪炳镕 著

哈爾濱工業大學出版社
HITP
HARBIN INSTITUTE OF TECHNOLOGY PRESS

内容提要

本书主要包括智能机器人发展状况、智能机器人视觉系统、仿人机器人运动规划、地图创建中的环境特征表示方法、智能机器人全局定位、智能机器人路径规划、智能机器人协调与协作等内容。

本书主要面向机器人爱好者或具有计算机、人工智能、自动化、机械电子、信息与通信等专业基础的致力于机器人研究的读者。本书既可以作为高等院校相关专业本科生及研究生教学参考书,也可供其他相关领域的工程技术人员参考。

图书在版编目(CIP)数据

智能机器人/朴松昊等著.—哈尔滨:哈尔滨工业大学出版社,2011.12

ISBN 978-7-5603-3247-5

Ⅰ.①智… Ⅱ.①朴… Ⅲ.①智能机器人 Ⅳ.①TP242.6

中国版本图书馆 CIP 数据核字(2011)第 038392 号

责任编辑 田新华
封面设计 高永利
出版发行 哈尔滨工业大学出版社
社 址 哈尔滨市南岗区复华四道街 10 号 邮编 150006
传 真 0451-86414749
网 址 http://hitpress.hit.edu.cn
印 刷 哈尔滨市石桥印务有限公司
开 本 787mm×1092mm 1/16 印张 15.25 字数 371 千字
版 次 2012 年 12 月第 1 版 2012 年 12 月第 1 次印刷
书 号 ISBN 978-7-5603-3247-5
定 价 58.00 元

前　言

各种智能机器人的创造一直是人类的梦想和追求，也是21世纪科技发展的热点之一，其发展具有创新性和战略性，对国民经济和国家安全具有重大影响。机器人是典型的机电一体化设备，同时又是人工智能理论的具体体现，随着机器人技术和理论的迅速发展，近年来很多高等学校的不同专业都增设了有关机器人的课程。

本书内容包括智能机器人发展现状、智能机器人视觉系统、仿人机器人运动规划、地图创建中的环境特征表示方法、智能机器人全局定位、智能机器人路径规划、智能机器人协调与协作等，适用于高校电气、电子、机械、计算机、人工智能、信息与通信、航天工程等各专业学生和相关领域工程技术人员学习与研究使用。

本书有以下特点：

1. 本书立足于实验研究，从科研实践的角度，阐述了人工智能领域中智能机器人的基本模型、基本理论和基本方法。考虑到各专业的需求和特点，本书注重简明扼要、通俗易懂。本书具有很强的基础性、先进性和实用性。

2. 本书中所有实验均立足于哈尔滨工业大学计算机科学与技术学院多智能体机器人研究中心的科学研究成果，既具备扎实的硬软件基础以及理论基础，又紧盯国际前沿，形成了一套完整、扎实、先进的科学研究体系，内容翔实。

3. 本书中所涉及的仿真实验，均有研究方案方法。作者力图使智能机器人的教学和学习摆脱繁琐的手工计算，同时通过大量的仿真实验使学生对基本原理和方法有更为深刻的认识和更为深入的理解。

多智能体机器人研究中心十几年来一直承担着智能机器人的研发工作，同时是中国人工智能学会机器人足球专业委员会的所在地，自成立以来，完成了大量的科研项目，孕育出诸多科研成果，曾多次荣获相关领域的国际赛事冠军，同时一直在国内保持领先地位。本书就是在研究中心多年的科研成果基础上整理编写而成，包含着研究中心各位老师以及研究生们的实践经验和科研成果。

朴松昊全面负责本书撰写工作，钟秋波、刘亚奇、洪炳镕参加了部分章节撰写。参加本书撰写工作的还有厉冒海、石朝侠、陈凤东、刘海涛、杨晶东、王亮、阮玉峰、康俊峰等。在此特别感谢哈尔滨工业大学出版社田新华等编辑对本书的关心、支持和帮助。

本书在编写过程中参考了很多优秀教材和著作。在此，我们特别向被引用文献的各位作者表示真诚的感谢。

由于作者学识有限，加之本书编写时间仓促，虽然我们尽力校对审核，书中也不免会有疏漏和错误，恳请读者批评指正。

作　者

2011年10月

于哈尔滨工业大学

目　录

第1章　绪　　论

1.1　引言

智能移动机器人的研究始于20世纪60年代末期,斯坦福研究院的Nils Nilssen和Charles Rosen等人研制出了名为Shakey的自主移动机器人,标志着智能移动机器人研究的正式开始[1],其主要目标是研究人工智能技术应用在复杂环境下机器人系统的实时控制问题,涉及任务规划、运动规划与导航、目标识别与定位、机器视觉、多传感器信息处理与融合以及系统集成等关键技术。虽然Shakey只能解决简单的感知、运动规划和控制问题,但是它是当时将人工智能应用于机器人的最为成熟的研究工作,为智能移动机器人的研究开创了一个典范,70年代末,随着计算机的应用和传感技术的发展,移动机器人研究出现新的高潮。特别是在80年代中期,设计和制造机器人的浪潮席卷全世界,一大批世界著名的公司开始研制移动机器人平台,促进了移动机器人学多种研究方向的出现。90年代出现的机器人足球比赛,被认为是计算机博弈后出现的人工智能发展的第二个里程碑。机器人足球比赛的蓬勃发展,极大地推动了移动机器人众多研究领域的技术进步,包括智能机器人系统、智能体系结构设计、传感器融合技术、多智能体系统、实时规划和推理等领域。90年代以来,以研制高水平的环境信息传感器和信息处理技术、高适应性的移动机器人控制技术、实际环境中的规划技术为标志,开展了移动机器人更高层次的研究。正如宋健院士在国际自动控制联合会报告中指出的:“机器人学的进步和应用是本世纪自动控制最有说服力的成就,是当代最高意义上的自动化。”[2]

仿人机器人是一种外形像人的智能机器人。在当今机器人领域里,双足的仿人机器人也许是最具有吸引力和挑战性的研究之一。这不仅是因为人类想要创造一个和自身类似的机器人,它可以模拟人类进行思考、与人类交谈、进行各种仿人的运动,从而更容易被人类社会所接受,而且由于现代社会的环境是人类自身设计的,例如各种楼梯、人行道、门把的位置、使用工具的大小等诸多事物都得设计成符合人类使用的大小。因此,对仿人机器人的研究就可以省去为研究其他机器人而专门设计的环境空间。

与其他移动机器人(轮式、履带式、爬行式等)相比,仿人机器人具有高度的适应性与灵活性。具体表现在以下三个方面[3]。

1. 对环境要求低

仿人机器人与地面接触点是离散的,可以选择合适的落脚点来适应崎岖的路面,它既可以在平地行走,也可以在复杂的非结构化环境中行走,例如在凹凸不平的地面行走、在狭窄的空间里移动、上下台阶和斜坡、跨越障碍等。由于其外形和功能像人,适合在人类生活和工作的环境中与人类协同工作,不需要专门为其进行大规模的环境改造。

2. 动作灵活

除了普通多足机器人可以实现的变速前进、后退外,仿人机器人还可以实现不同角度和速度的转弯,并能够完成跑、跳、踢,甚至一些类似舞蹈与武术的高难度动作。

3. 能量消耗小

机器人力学计算表明,仿人机器人具有比轮式和履带式机器人更小的能效。已有的仿人机器人步行研究显示,被动式机器人可以在没有主动能量输入的情况下,完全采用重力作为驱动力完成下坡等动作。另外,改进能源装置和机械结构,也可以不同程度地减少能量的消耗,进一步提高能量的利用率。

1.2 智能机器人发展概况

1.2.1 国外智能机器人发展概况

1. 国外移动机器人发展概况

室内移动机器人是自主移动机器人在民用领域的一个重要应用方向。由于与工业机器人在应用领域的本质不同,室内移动机器人主要代替或协助人类完成为人类提供服务和安全保障的各种工作,如清洁、护理、娱乐和执勤等。因此,它具有广泛的应用前景和市场,近十几年来得到了迅速的发展和广泛的关注,一些机器人研究机构和电器公司对如何提高室内机器人的智能化程度,如何使移动机器人的功能多样化进行了大量的研究[4][5]。下面对国外移动机器人的发展现状进行概述。

推出室内机器人的初衷是将人们从繁杂的家务劳动中解脱出来,以使他们能在紧张的工作之余有更多的休闲时间。因此,早期的室内机器人大多数属于服务型的机器人,其中,清洁机器人是典型的代表。清洁机器人的研究从20世纪80年代起得到人们的注意,随着机器人视觉软硬件的不断发展,美国、日本、欧洲等西方国家的许多公司都已经推出了产品。

美国 Probotics 公司1999年生产的 Cye 小型家用移动式服务机器人可以牵引一辆小型拖车在室内运送饮料、信件等生活用品,或牵引吸尘器进行室内清扫工作,如图1.1所示。2005年,日本松下电器公司展示了一种夜间自主清扫的机器人 SuiPPi(图1.2),SuiPPi 可根据事先生成的地图,以及对周围环境的感知,规划高效的移动路径,进行自主移动。在检测墙面和障碍物时,同时使用激光雷达、视觉传感器及超声波传感器三种传感器。在移动过程中,利用陀螺传感器推断自己的位置,并修正误差。而富士重工业的 Subaru Robo Haita RS1 机器人(图1.3)可在没有地图信息的情况下进行自主移动。著名的家电厂商伊莱克斯在英国推出了“三叶虫”(Trilobite)机器人吸尘器(图1.4),利用声纳探测障碍物,并且可以自行设计出在房间中行走的最佳路线。它通过超声波躲避桌椅腿和宠物等障碍,高度只有13 cm,可以灵活地钻到桌子和床底下清理。日本的日立公司、加拿大的 Karcher 机器人公司和德国的西门子等许多公司都开发了保洁机器人,并且已经形成产品。

除了保洁机器人,许多研究机构开发了导游机器人。20世纪90年代德国的Bonn大学就开发了博物馆导游机器人Rhino(图1.5),在Deutsches博物馆的实验证明它可以非常安全和准确地实现导游。Bonn大学又与美国卡耐基－梅隆大学开发了第二代导游机器人Minerva(图1.6),也取得了巨大的成功。2000年,美国ActiveMedia机器人公司推出了一种新型导游机器人“PeopleBot”(图1.7)。机器人上安装有多种传感器:声纳传感器、CCD摄像头以及激光测距器。

随着世界性的社会老龄化趋势的日益严重,赡养老人和提高残疾人生活质量已成为现代社会的另一个重要问题。目前主要面向老年与残疾人的陪护机器人、助行机器人、康复机器人等智能移动服务机器人开始走入家庭,它们可以照顾、陪护老人和残疾人,为孤独的老人读报解闷,提醒病人定时吃药以及足不出户地接受治疗,为主人看家护院。由于移动服务机器人具有极其重要的社会服务功能,因而受到世界各发达国家的高度重视,成为世界范围内的研究热点。

图1.1　Cye机器人

图1.2　SuiPPi机器人

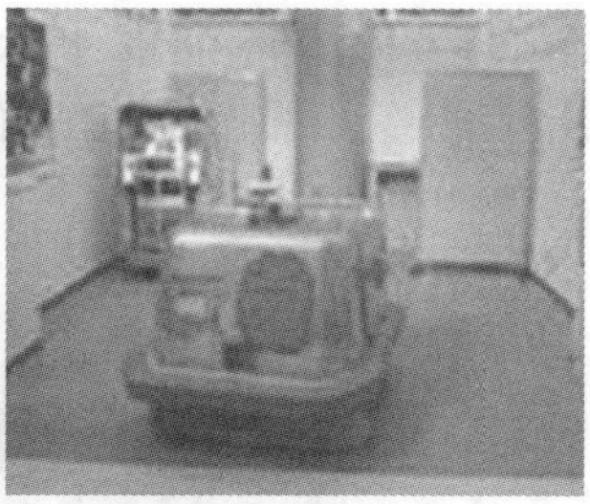

图1.3　RS1机器人

图1.4　Trilobite机器人

图1.5　Rhino机器人

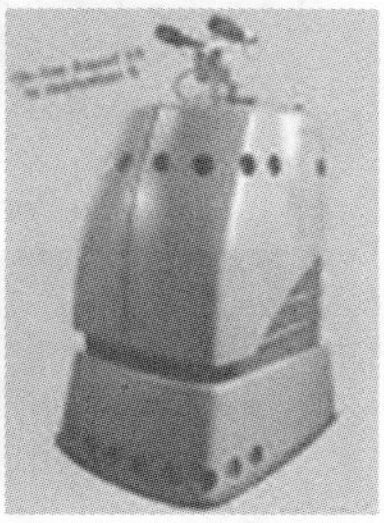

图1.6　Minerva机器人

日本高度重视移动服务机器人的研发与应用,各种类型的“陪聊”机器人和护理机器人开始得到应用。名古屋市商业设计研究院开发的“ifbot”机器人(图1.8)能够理解人的感情并能与人沟通,它不仅能够识别交谈者的语言,还能判断对方的感情,并通过“眨眼睛”、“转动眼球”等方式表达自己的“感情”。与“ifbot”说话,老人大脑的思维能力得以激活,从而缓解忧郁、孤独的情绪并避免患健忘症。图1.9是卡耐基－梅隆大学的机器人研究所研究的一种为老年人提供服务的护理机器人“Flo”,它可以提醒病人定时吃药并且及时向医生报告病人的情况,保证病人足不出户地接受治疗。

智能移动服务机器人也可以在用户的控制下运动,协助拿取物品、料理家务,还可以帮助老人起床、引导行走等。德国的Care－O－bot机器人(图1.10)是帮助残疾人和老年人独立生活的家庭看护系统。它可以摆放坐椅、拿饮料、控制空调和报警系统;可以从床上或椅子上支撑用户起身,智能辅助行走;还可以管理视频电话、电视等媒体,与医疗和公共服务机构通信,检测危险信号并紧急呼救。爱尔兰的 VA – PAM – AID、日本的 RFID 和 Walking Helper 导航机器人可以帮助老年人和弱视者独立行走。这类机器人能够导航、避障,并可以根据用户的行走习惯设定工作参数,具有操作和信息反馈的人机接口。

为了改善老年人与残疾人的行走与出行的状况,许多国家的研究机构对智能轮椅机器人进行了广泛的研究,并且一些已经产品化,传统的轮椅、助行、代步工具正被智能轮椅(或称为智能轮椅式移动机器人)、智能助行器(或称为智能助行机器人) 所代替。德国不来梅大学研制了用于辅助残疾人的半自主轮椅机器人 FRIEND(图 1.11),该系统是将一个 MANUS 机器人手臂安装在轮椅上,由语音识别系统控制,轮椅的正前方安装了电子托盘,左面装有一个平板显示器,系统以程序化运动和用户控制运动两种模式工作。韩国研制出了轮椅机器人 KOREAS。KOREAS 是在电动轮椅上安装了一个 6 个自由度手臂的智能康复系统,手臂末端装有彩色摄像机来感知环境,可以用按键手动控制机器臂,或用简单口令操作机器人,完成基本任务。智能助行器对依靠传统拐杖行走的老年和残疾人群体,提高他们的生活自理能力、生活质量,扩大他们的活动空间非常重要。美国 CMU 大学研制了一种助行机器人,能够实现站或坐动作的协助、步行形态的识别、定位与导航等功能(图 1.12)。

图 1.7 PeopleBot 机器人

图 1.8 ifbot 机器人

图 1.9 Flo 机器人

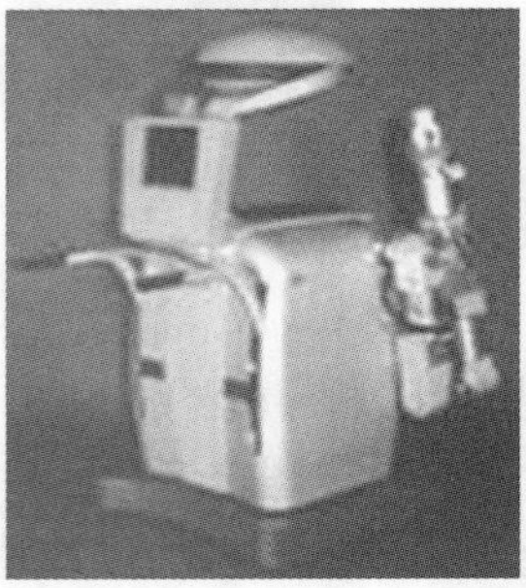

图 1.10 Care – O – bot 机器人

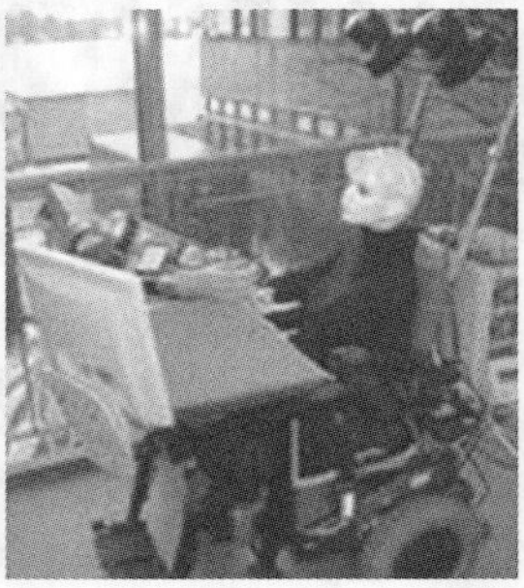

图 1.11 FRIEND 机器人

图 1.12 助行机器人

2. 国外仿人机器人发展概况

号称“机器人王国” 的日本显然在研究仿人机器人领域走在了世界的前沿。日本早稻田大学的仿人机器人研究小组是世界上第一个研究仿人机器人的小组。该小组从 1968 年就开始实施 WABOT 仿人机器人计划,直到 1973 年,号称仿人机器人之父的加藤一郎开发了世界上第一台仿人机器人 WABOT – 1(图 1.13)。虽然当时这台机器人只能够简单地通过静态方式进行步行,但是它能够用日语和人进行简单的交流,并且可以通过视觉识别物体,还能用双手操作物体。之后,由于使用不同的驱动舵机,特别是各种不同的人工肌肉和控制方法，该研究小组一直在推出各种型号的 WABOT 仿人机器人，并且把相关研究领域例如智能和生物技术进行有效的综合。Wabian－RV 仿人机器人（图1.14）则具有43个制动电机，8个被动关节，成为迄今为止最复杂的仿人机器人之一。它能够提前分析视觉和听觉来模拟人类的感官系统，并根据传感器信息，整个身体的运动都可以在线生成。它还可以通过高兴、悲伤和生气等表情来和人类进行情感上的交谈[6]。

图1.13　WABOT－1机器人

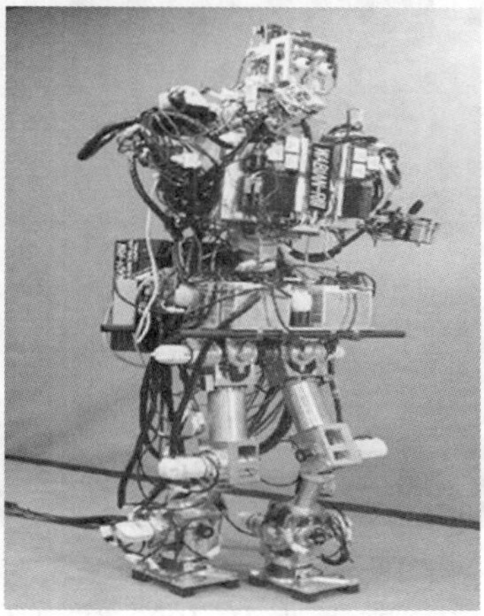

图1.14　Wabian－RV机器人

日本本田公司于1986年开始制订研制仿人机器人计划，经过长达10年的研究，于1996年成功研制出P2机器人（图1.15）[7]，P2身高180 cm，体重210 kg。P2的成功研制，使仿人机器人的研究步入了新的时代。

本田公司采用合金连杆，谐波减速驱动，消除了传动背隙，设计上采用计算机辅助设计，使用有限元的方法进行三维立体分析。这种开发方式成为研制仿人机器人的一种范本。本田公司在推出P2之后，于1997年又推出了身高和体重比P2稍小的P3（图1.16）[8]，在2000年推出了身高120 cm，体重43 kg的ASIMO（图1.17）[9]，ASIMO集成了当今世界上最先进的研究成果，在运动规划、视觉定位、语音识别等各个方面都有不俗的表现。其步态采用IWALK技术（Intelligent Real Time Flexible Walk），可以实时预测下一步的动作，从而提前改变自身重心来调节整体动作的连贯性。

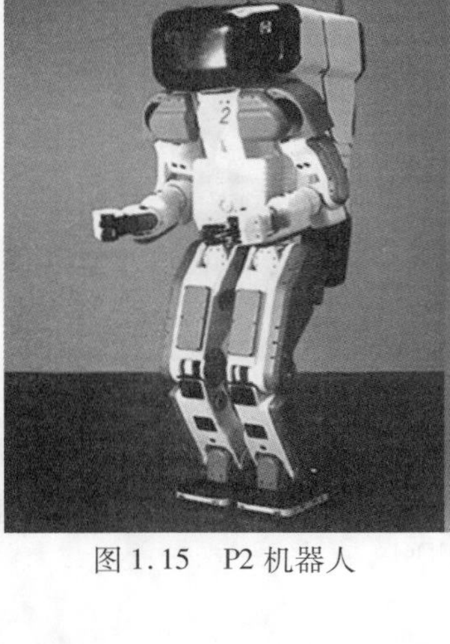

图1.15　P2机器人

图1.16　P3机器人

图1.17　ASIMO机器人

2004 年之后，新的技术应用在 ASIMO 身上，使其能够以每小时 6 km 的速度像人一样的平稳跑步，而且可以非常自然地做各种复杂的动作，例如上下楼梯、与人握手、端水、跳舞和踢球等（图 1.18 ～ 1.20）[10]。

图 1.18 下楼梯

图 1.19　端水

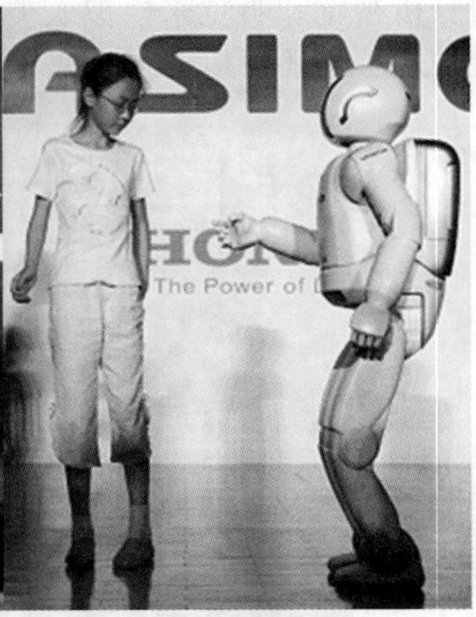

图 1.20　与人握手

日本经济产业省从 1998 年开始组织与人协调共处的机器人系统研究项目"Humanoid Robotics Project"，简称 HRP。该组织的宗旨就是开发与人共处同一空间并且能够和人一起协调工作的仿人机器人。为此，他们研制了一系列的仿人机器人，其中，比较著名的是 HRP－2（图 1.21）[11]。它身高 154 cm，体重 58 kg。具有 30 个关节，并且每个关节都是独立控制的，可以进行倒地并且起立动作[12][13]。最新推出的 HRP－4C 机器人（图 1.22），在语音和视觉上获得重大突破，采用了人造肌肉与皮肤，可以通过视觉和语音识别人唱歌时的表情和声音，从而进行模仿，效果惟妙惟肖，神情达到了与真人几乎难以区分的程度。

图 1.21　HRP－2 机器人

图 1.22　HRP－4C 机器人

日本东京大学的 Jouhou System Kougaka 实验室先后研制成功了 H5、H6、H7 型仿人机器人[14]，其中，H7（图 1.23）可以实时生成动态步态，在屋外进行行走。此外，还有富士通公司的 HOAP 系列机器人和丰田公司的乐队机器人等[15][16]。

除了日本之外，世界其他国家也在仿人机器人上进行了大量的研究。

韩国在仿人机器人研究方面加大投入，近几年大有赶超日本的趋势。2005 年 1 月韩国的 KAIST（Korea Advanced Institute of Science and Technology）研发成功具有 41 个自由度，身高 125 cm，体重 55 kg 的 HUBO 仿人机器人（图 1.24）。该机器人除了基本的行走之外，还具有和人类交谈的语音功能[17][18]。

法国的 de Mecanique des Soloders de Poitiers 实验室和 INRIA 机构于 2000 年开发了 BIP2000 仿人机器人（图 1.25），该机器人腿部由 15 个自由度组成，可以实现行走、上下斜坡、上下楼梯等动作。采用全局规划层、步态规划层、控制实现层分层控制结构的策略，其目的是建立一个能适应各种外界环境的仿人机器人系统[6][19]。

德国的慕尼黑科技大学设计了 Johnnie 仿人机器人（图 1.26），包括每条腿上的 6 个自由度在内，该款机器人具有 17 个自由度，身高 180 cm，体重 40 kg，采用有限元方式对机器人的体重进行优化，能够进行较快的行走[20~22]。

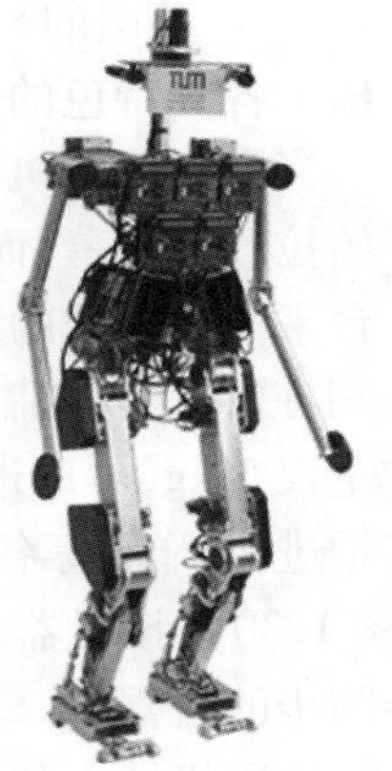

图 1.23　H7 机器人　　图 1.24　HUBO 机器人　图 1.25　BIP2000 机器人　图 1.26　Johnnie 机器人

美籍华人郑元芳博士在 1986 年成功研制出美国第一台仿人机器人 SD－2[23]，该机器人腿部具有 8 个自由度，能够进行静态行走。之后，他又提出把神经网络引入到步态控制中的想法，H. Benbrahim 和 W. T. Mi 等人通过在 SD－2 上增加两个膝关节，成功实现了用 CMAC 神经网络控制机器人的实时行走[24]。MIT 的 Pratt 教授在 Spring Flamingo 和 Spring Turkey 仿人机器人的控制中提出了虚拟模型控制策略（Virtual Model Control，VMC）。通过弹簧振子、阻尼器等元件固连在机器人系统中产生虚拟驱动力和力矩，有效避免了机器人繁琐的逆运动学解算，能有效地利用机械势能使腿被动地完成摆动过程[25][26]。美国 Cornell 大学的 Andy 和 Steve，荷兰 Delft 大学的 Martijn 和 MIT 的 Russ 分别开发了基于被动动力学的双足机器人（图 1.27 ～ 1.29）。它们的部分关节有电机驱动，实现了平面步行，而且能量效率和人类步行效率相当。这是目前可以平面步行的两足机器人达到的最高效率。这三个双足机器人的共同特点是控制策略简单，机械设计巧妙[27][28]。

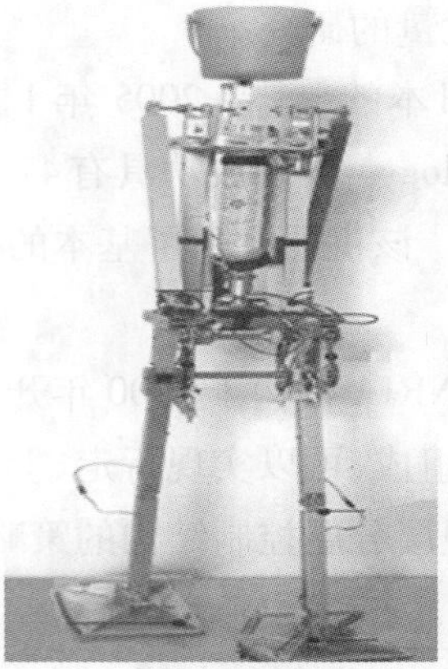

图 1.27 Delft 大学机器人

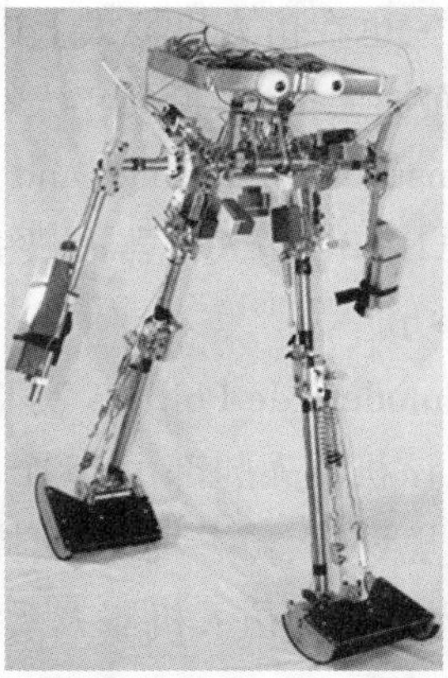

图 1.28 Cornell 大学机器人

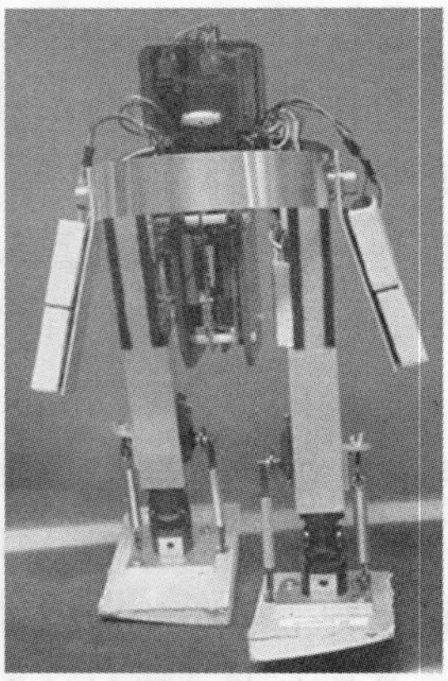

图 1.29 MIT 机器人

还有一些国家如比利时的布鲁塞尔大学的 Verrelst 教授研制的仿人机器人 Lucy[29]，加拿大的 T. McGeer 研制的被动机器人具有二级倒立摆的特征，可以在斜坡上进行稳定行走[30]。英国的 Shadow 项目、保加利亚 Kibertron 公司的 Kibertron 项目等研究机构都开发出了各具特色的仿人机器人。

当大型仿人机器人研究正受到全世界的普遍关注的时候，小型仿人机器人的研制也开始拉开了序幕，而小型仿人机器人的研究多以竞技娱乐为研究目的，通过这个竞技娱乐平台来体现技术的应用价值，同时对新的技术提出要求。这方面研究的代表作首推索尼公司在2000年研制出的SDR－3X（Sony Dream Robot－3X）[31]。该款机器人身高50 cm，体重仅5 kg，可以进行15 m/min 的前进，也可以进行倒地姿态起立、单腿站立、按照音乐节拍进行舞蹈等各种复杂动作。2003 年 9 月，索尼公司又推出了 QRIO 仿人机器人（图 1.30），该机器人能够与人进行动作和语言上的交互，而且 QRIO 也是世界上第一个会跑步的机器人。其跑步时的滞空时间为 6 ms，双脚跳跃时的滞空时间为 10 ms。

法国机器人公司 Aldebaran Robotics 2005 年成功研制出一款名叫 Nao 的娱乐型仿人机器人（图 1.31）。该款机器人身高 58 cm，体重 4.3 kg。全身 24 个自由度，其中，每条手臂和腿部各 5 个自由度。该机器人还配备了 2 个扬声器，4 个麦克风，2 个基于 CMOS 的数字摄像头，形成立体视觉，并且具有声纳、加速度、倾斜、压力等多种传感器，可以使用无线或有线的方式通过 Wi－Fi 网络进行连接。通过支持 C++ 的 Choregraphe 进行程序编写，该软件还可以与 Robotics Studio 和 Cyberbotics Webots 相兼容，并且支持 Linux，Windows 等多种平台。Nao 机器人在 2007 年已经取代 Sony 公司的 AIBO 四足狗机器人，成为 RoboCup 机器人足球的标准平台[32～34]。

韩国的 Mini 公司最近几年一直致力于研究小型竞技仿人机器人，先后研制出 ROBONOVA、MF－1 和 MF－2 型仿人机器人（图 1.32）。其中，ROBONOVA 型仿人机器人在教学和竞技方面取得了较好的成绩。另外，还有 JVC 公司于 2005 年 1 月推出的新型机器人"J4"，ZMP 公司开发的 NUVO 和日本 Kondo 公司推出的 DIY 人型机器人 KHR－1 等。这些机器人的特点就是身高都不超过 40 cm，体重一般在 1.5 kg 以内，全身由可拆卸的直流电机组成，非常方便组装和更换，并且调试界面拟人化，对于初学者来说非常容易入门。

图 1.30　QRIO 机器人

图 1.31　Nao 机器人

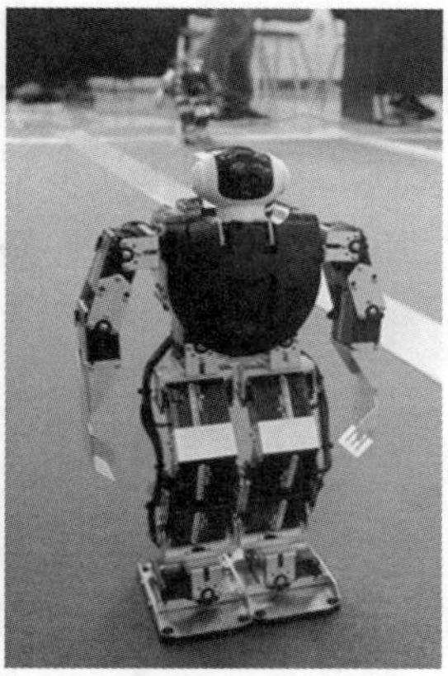

图 1.32　MF－2 机器人

1.2.2　国内智能机器人发展概况

1. 国内移动机器人发展概况

国内对移动机器人的研究起步虽然较晚，但经过近十几年的发展也取得了很大进步，并且国家也越来越重视其发展，863 计划机器人主题专家戴先中教授说："按照'十一五'规划，服务型机器人作为先进制造业自动化领域的一个重大项目和专题，国家立志要着重发展。"下面我们将国内的室内移动机器人的研究成果与现状进行简要介绍[35～37]。

浙江大学于 2001 年设计成功了国内第一个具有初步智能的自主吸尘机器人，又与苏州 TEK 公司合作研发，使系统的自主能力和工作效率都有了显著提高。这种智能吸尘机器人工作时，先进行环境学习，获得房间尺寸的信息，之后利用随机和局部遍历规划相结合的策略规划清扫路径。深圳市银星智能电器有限公司自行研制并生产的 KV8 保洁机器人是市场上比较受欢迎的一款低价产品，KV8 具有智能计算机系统、自动螺旋导航系统和 12 个感应头，可以对房间做出测量，同时圆碟式的外观设计，可以使它轻松地钻到桌子下面，家具底下，清扫到房间的每个角落，并且操作简单，使用方便，智能，安全，清洁效果显著。

海尔－哈尔滨工业大学机器人技术公司成功推出了 DY 型导游服务机器人(图 1.33)。该机器人由伺服驱动系统、多传感器信息避障及路径规划系统、语言识别及语言合成系统组成。导游机器人由蓄电池供电，可连续运行四小时，在一定的环境下可自主行走，并且能识别障碍物，游客通过语音识别系统可以和机器人进行简单的对话。此外，该公司又相继推出了保安型机器人和舞蹈机器人，分别如图 1.34 和图 1.35 所示。保安机器人可及时发现火光、烟雾、非法入侵等异常情况并报警，而智能型"跳舞机器人"可随着音乐节奏，与人一起"翩翩起舞"。

哈尔滨工业大学多智能体机器人研究中心开发了具有自主知识产权的 FIRA 全自主型足球机器人 HIT－I，如图 1.36 所示。该机器人拥有双目异构的视觉系统，能够进行全局定位、位置跟踪及障碍物与目标点的检测，很好地完成导航任务，在国内外 FIRA 的 Robotsot 全自主型足球机器人比赛中，多次获得冠军，而且作为黑龙江科技展览馆的一个精彩亮点,受到参观者的好评。除此之外,与韩国 Youjin 公司合作开发的家庭机器人 Irobi(图 1.37),能实现室内的导航、定位和地图创建,用户也可以通过触摸屏与机器人进行信息交流。现在研究中心已经开发了第二代的全自主足球机器人(图 1.38),并且参加了 2010 年的全国足球锦标赛,取得了该项目的冠军。

图 1.33 DY 导游机器人

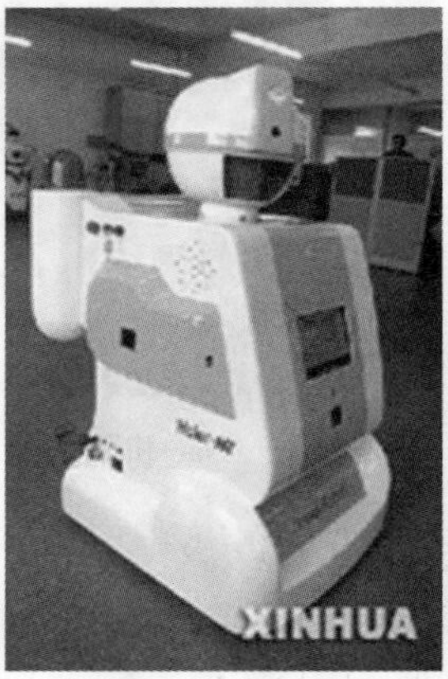

图 1.34 保安机器人

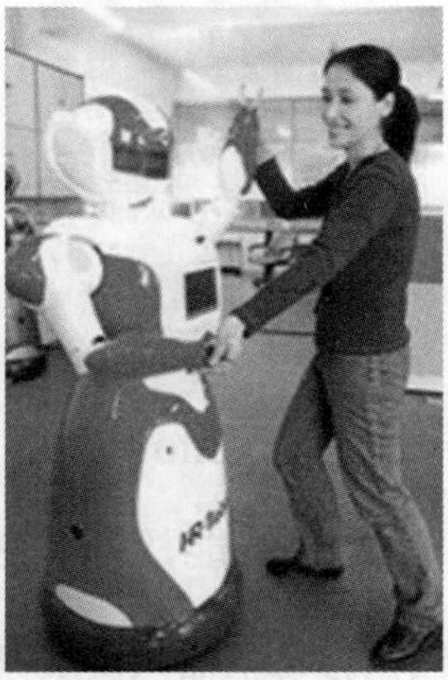

图 1.35 跳舞机器人

图 1.36 HIT - I 机器人

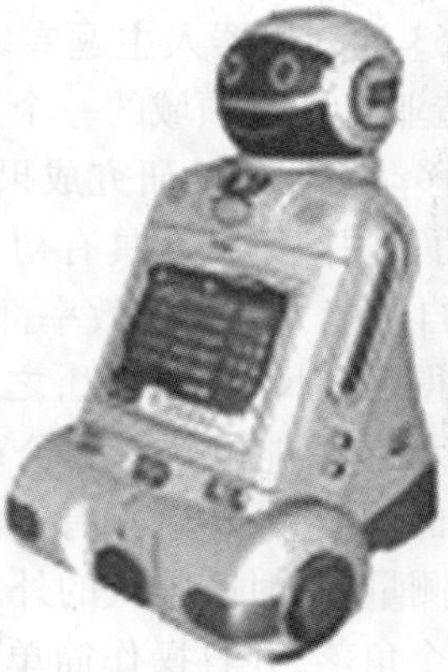

图 1.37 Irobi 机器人

图 1.38 RHIT - II 机器人

中科院自动化所研制的自主移动机器人 CASIA - I(图 1.39),可广泛应用于医院、办公室、图书馆、展览馆等公共场合的服务、作业、展示与娱乐以及个人家庭服务等诸多方面。CASIA - I 机器人的基本结构包括传感器、控制器和运动机构,传感器由位于机器人底层的 16 个触觉红外传感器、位于机器人中间两层的 16 个超声传感器和 16 个红外传感器、位于机器人顶部的 CCD 摄像机等组成。它可根据周围环境实时做出躲避障碍物、寻找最优路径等运动控制决策,从而实现自主移动、定点运动、轨迹跟踪、漫游等功能。

上海交通大学机器人研究组研制成功了 FRONTIER 自主移动机器人(图 1.40 和图 1.41)。FRONTIER 机器人具有良好的稳定性、开放性和可扩展功能。该机器人机载控制器为笔记本电脑,视觉系统由全方位彩色视觉和前向彩色视觉组成。此外机器人还可配备声纳传感器和激光测距器以及用于 RoboCup 中型机器人比赛的全景摄像机。以 FRONTIER 机器人组成的机器人足球队多次获得国内机器人比赛的冠军,并作为中国大学的参赛队首次参加了 RoboCup 中型组比赛。

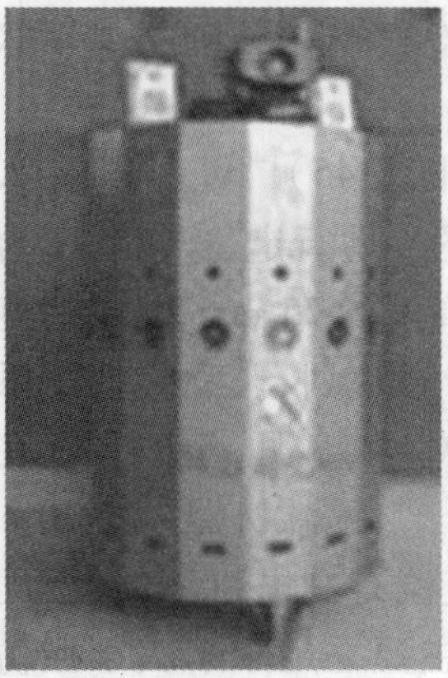

图 1.39 CASIA－I 机器人

图 1.40 FRONTIER－I 机器人

图 1.41 FRONTIER－II 机器人

此外，北京理工大学、北京航空航天大学、东北大学、同济大学、南开大学、中南大学、大连理工大学等高校以及部分国内高科技企业也一直致力于智能移动机器人领域的研发工作。目前，机器人技术正在渗透到社会的每一个角落，虽然我国机器人研究起步较晚，但通过“七五”到“十五”持续二十多年的科技攻关及国家高技术研究发展计划（863 计划）的支持，获得了很大发展。此外，我国的机器人市场也有很大潜力。2005 年已生产各种类型工业机器人和系统600 台套，机器人销售额14 亿元，机器人产业对国民经济的年收益额为65 亿元。专家曾预测到2010 年我国机器人拥有量为17 300 台，年销售额为93.1 亿元。据市场预测，“十一五”期间我国工业机器人的总需求量约为8 000 ~ 20 000 台套，到2015 年我国机器人市场的容量约达十几万台套。

2. 国内仿人机器人发展概况

我国研究仿人机器人起步较晚，但是经过这些年的努力，已经有了很大的发展。

哈尔滨工业大学从1985 年开始研制双足步行机器人，先后研制出 HIT－I，HIT－II 和 HIT－III 三种型号的机器人，其中，HIT－III（图1.42）实现了步距200 mm 的静态／动态步行，能够完成前进、后退、侧行、转弯、上下台阶及上斜坡等动作[38][39]。

国防科技大学于1988 年开始研制双足机器人，并于2000 年底成功研制出国内第一台仿人机器人“先行者”（图1.43）。它身高140 cm，重20 kg，可在小偏差的不确定环境中行走，并且在2003 年推出了可以实现无缆行走的第四代仿人机器人[40]。

上海交通大学于1999 年成功研制出仿人机器人 SFHR[41][42]，该机器人的腿部和手臂分别有12 和10 个自由度，全身共有24 个自由度。可以实现步长10 cm 的步行运动。仿人机器人本体上配备了主动视觉系统，是研究多传感器集成、通用机器人学以及控制算法良好的实验平台。

北京理工大学的黄强教授于2002 年成功研制出 BHR－1 型仿人机器人。该款机器人身高158 cm，体重76 kg，全身具有32 个自由度，行走步幅0.33 m，步速1 km/h，并且能够根据自身力觉、平衡觉等传感器设备以及机器人自身的平衡状态和地面高度的变化，实现未知地面的稳定行走和太极拳表演。黄教授又在2005 年成功研制 BHR－2（汇童）

（图 1.44）。该机器人身高 160 cm，体重 63 kg，具有视觉、语音、力觉和平衡觉等功能，能够实现前进、后退、侧行、转弯、上下台阶及未知地面情况下的稳定行走，在国际上首次实现了模仿太极拳、刀术等人类复杂动作[43~45]。

清华大学于2002年4月成功研制出仿人机器人 THBIP - I（图1.45）[46]。该机器人具有 32 个自由度，采用独特传动结构，成功实现了无缆连续稳定的平地行走、连续上下台阶行走。其平地行走速度为 4.2 m/min，步距为 35 cm，跨越台阶高度为 75 mm，跨越速度为 20 s/步，并且在仿人机器人机构学、稳定行走理论、动力学及步态规划、非完整动态系统控制理论与方法等方面取得了一些创新成果和突破性进展。2005 年 3 月，清华大学在第一代仿人机器人的基础上研制出第二代仿人机器人 THBIP - II[47]，该款机器人高 70 cm，重约 18 kg，共 24 个自由度，该小型仿人机器人下肢关节采用直流有刷电机驱动，由同步带及谐波减速器构成传动系统，采用集中式控制方式。该项目主要立足于解决小型仿人机器人的系统集成设计及行走稳定性理论及控制问题，并寻求在复杂环境下的运动规划问题上的突破。2006 年 9 月，又研制出平面欠驱动双足机器人 THBIP - III[48]。该机器人目前可实现步幅 0.13 m，每步 0.64 s 的动态行走，其设计目的是研究大步幅动态步行稳定性判据与仿生控制策略等步行基础理论提供一个实验平台。

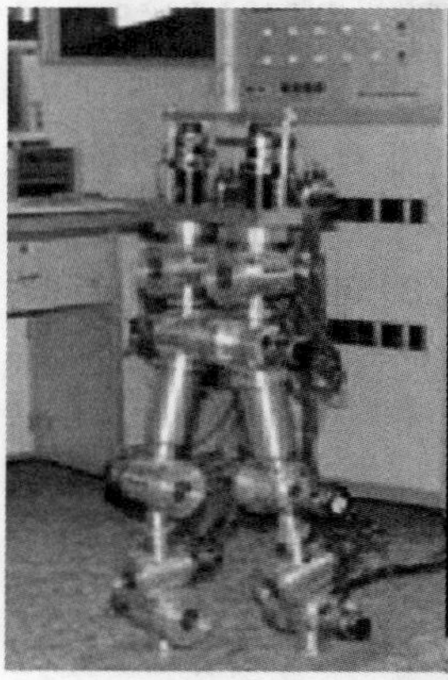

图 1.42 HIT - III 机器人

图 1.43 先行者机器人

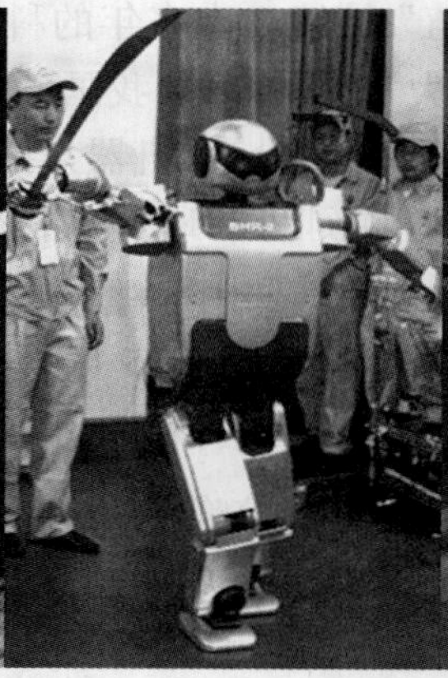

图 1.44 BHR - 2 机器人

图 1.45 THBIP - I 机器人

总体来说，虽然国内的仿人机器人研究现在还处于起步阶段，但是经过各高校和科研单位的不断努力，已经取得了可喜的成绩，相信在未来一定会达到甚至超过国际先进水平。

国内随着这几年 RoboCup 和 FIRA 两大机器人足球比赛的带动，各高校也开始研制小型仿人竞技机器人。清华大学精密仪器与机械学系机器人实验室在先前的研究基础上，于2007 年成功研制出全自主仿人足球机器人 MOS2007（图 1.46），采用 PDA 作为视觉处理和决策系统；2009 年，自动化学院的机器人智能与控制实验室成功研制出一款基于被动动态行走的 Stepper - 3D[49] 仿人机器人（图 1.47），该机器人的行走速度可以达到 0.5 m/s。浙江中控公司研制的 SR - H100 型仿人机器人（图 1.48）具有 20 个自由度，采用 PC104 + mega128 构架，机器人利用一种快速图像识别与定位算法，可以快速又准确地在球场上进行图像识别与定位处理。

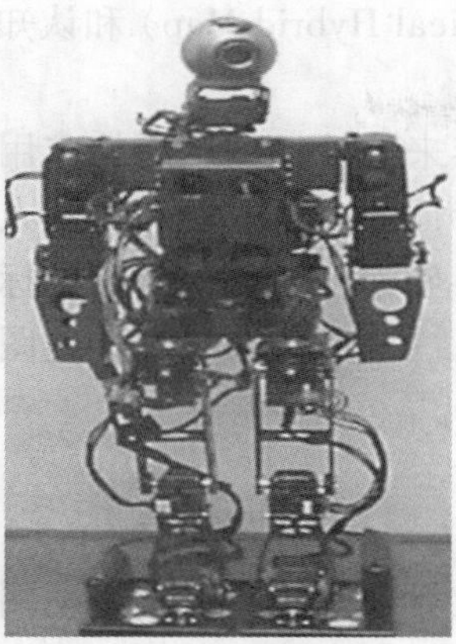

图1.46 MOS2007机器人

图1.47 Stepper－3D机器人

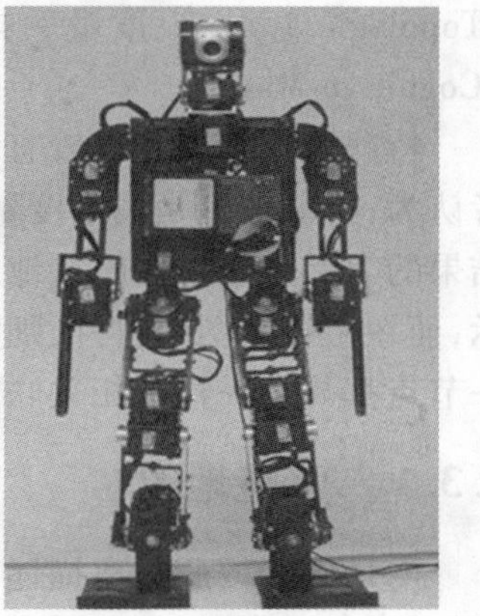

图1.48 SR－H100型仿人机器人

上海交通大学的SJTU仿人机器人(图1.49)身高57 cm,体重3.2 kg,采用PC104＋Atmel的控制方式控制机器人的运动。国防科技大学研制的小型仿人机器人(图1.50)采用基于CMUCam的嵌入式视觉系统,可以进行转弯、倒地起立、踢球等多种复杂运动。哈尔滨工业大学多智能体机器人研究中心研制的Mini－HIT(图1.51)[50]具有24个自由度,身高45 cm,净重3.13 kg,可以进行短跑、长跑、投篮、拳击等多种复杂运动。以上各种竞技娱乐型仿人机器人参加过国内外各种机器人大赛,并且都取得了非常优异的成绩。

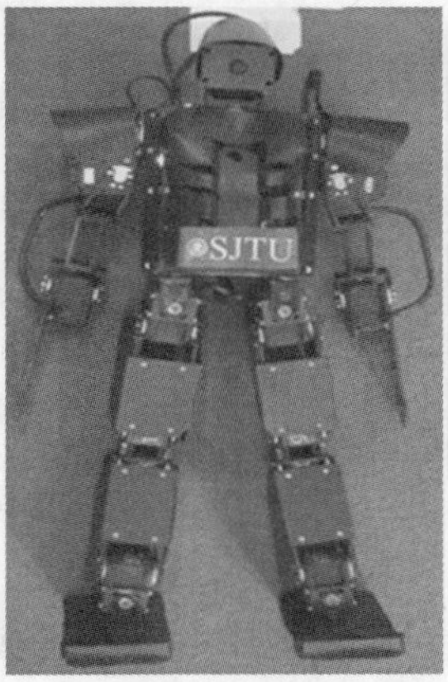

图1.49 SJTU机器人

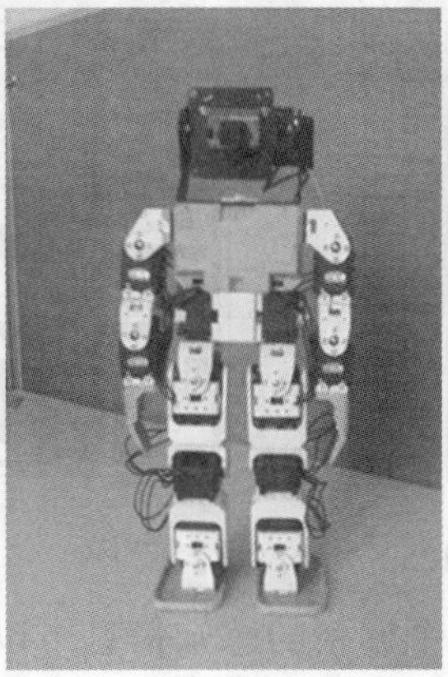

图1.50 国防科大机器人

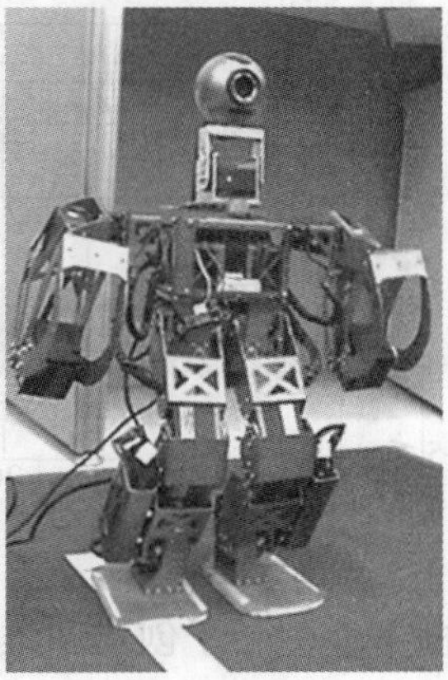

图1.51 Mini－HIT机器人

随着科技的不断进步和人们对生活质量要求的不断提高,相信在不久的将来,各种类型的仿人机器人将会出现在人类社会的各个角落,出现在我们生活的周围,它们将与人们和谐相处,为人们提供各种服务。

1.3 智能机器人环境描述方法

环境信息在机器人自主导航中占据着举足轻重的位置,拥有精确的和全局一致的环境表示一直是许多研究者关注的热点。

目前移动机器人的环境描述方法大致可分为4类:度量地图(Metric Map)、拓扑地图

(Topological Map)、度量 - 拓扑混合地图(Metric - Topological Hybrid Map)和认知地图(Cognitive Map)。

特征地图则是一种较有争议的环境表示方法,在近几年来开始得到广泛的应用。作者认为,特征地图是属于度量地图还是拓扑地图应取决于特征的表示方法和机器人定位结果的表示方法。在度量地图中特征(或路标)通常用世界坐标系的某一精确坐标来表示,而在拓扑地图中,特征则归属于某一节点或特定的地点。可以说,如果拓扑地图的每一节点都与某一特征相关联的话,其本身也是一种特征地图。

1.3.1　度量地图

度量地图按照距离描述世界,地图中的距离对应实际世界中的距离。度量地图的典型例子如城市的比例地图和建筑物的 CAD 图。对移动机器人来说,可以度量机器人到墙或门的距离等。因此,度量地图应用于需要准确度量信息的场合,如准确的自定位和优化的路径规划。度量地图又可被分成两种:栅格地图和几何地图。

1. 栅格地图

基于栅格的地图表示方法由 Moravec 和 Elfes 提出[51],在移动机器人的地图创建中应用最为广泛。它的原理是将整个环境分成若干大小相同的栅格,每一栅格代表环境的一部分,并包含一个表示该单元格被占据可能性的概率值,如图 1.52 所示。

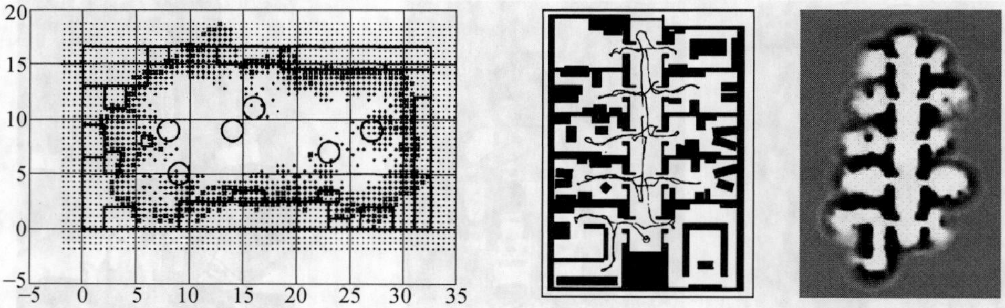

图 1.52　栅格地图[52][53]

栅格地图易于创建和维护,对某个栅格的感知信息可以直接对应环境中的某个区域,特别适于处理声纳测量数据。但是环境空间的分辨率与栅格尺寸的大小有关,增加分辨率将要增加运算的时间和空间复杂度。

2. 几何地图

基于几何信息的地图表示方法是指机器人收集对环境的感知信息,从中提取更为抽象的几何特征,例如线段或曲线,使用这些几何信息描述环境[54]。这种表示方法更为紧凑,且便于位置估计和目标识别。也有些方法提取的几何特征更为形象化,将环境定义为面、角、边的集合或者墙、走廊、门、房间等,如图 1.53 所示。几何信息的提取需要对感知信息作额外的处理,且需要一定数量的感知数据才能得到结果,并且几何地图所提取的特征对传感器的误差和环境的不确定性比较敏感。

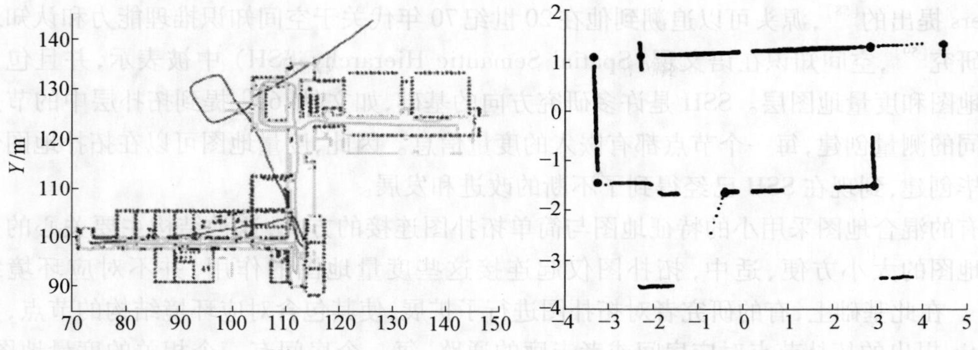

图 1.53　几何地图[55]

1.3.2　拓扑地图

拓扑地图将环境表示为一张拓扑意义的图，图中的节点对应于环境中的特定地点，弧表示不同节点之间的关系。这种地图更加紧凑，适合于大规模环境的表示。

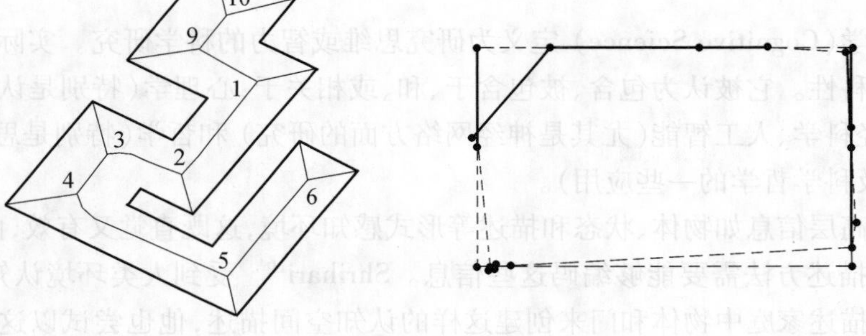

图 1.54　拓扑地图[56]

拓扑图不必精确表示不同节点间的地理位置关系，图形抽象，表示方便。当机器人离开一个节点时，机器人只需知道它正在哪一条边上行走也就够了。在一般的办公环境中，通常应用里程计就可实现机器人的定位。为了应用拓扑图进行定位，机器人必须能识别节点。因此，节点要求具有明显可区分和识别的标识、信标或特征，并应用相关传感器进行识别。拓扑图易于扩展，但很难精确可靠地识别位置。

1.3.3　拓扑－度量混合地图

Alberto[57] 为了更好地表示环境模型，加入度量信息来补偿拓扑信息，这样的地图表示方法既具有拓扑地图的高效性，又具有度量地图的一致性和精确性。混合地图的应用一般采用分层结构：首先利用上层的拓扑地图实现粗略的全局路径规划，然后利用底层的度量地图实现精确的定位并优化生成的路径。

混合地图的思想最早出现在 20 世纪 70、80 年代的文献中，但直到最近才引起了越来越多研究者的注意，成为机器人领域的一个研究热点。最容易理解的混合地图是由

Kuipers 提出的[58],源头可以追溯到他在20 世纪70 年代关于空间知识推理能力和认知地图的研究[59],空间知识在语义层(Spatial Semantic Hierarchy,SSH) 中被表示,并且包含拓扑地图和度量地图层。SSH 是许多研究方向的基础,如文献[60] 提到拓扑层中的节点用不同的测量创建,每一个节点都有嵌入的度量信息。因此,度量地图可以在拓扑地图创建完毕创建,到现在 SSH 已经得到了不断的改进和发展。

有的混合地图采用小的特征地图与简单拓扑图连接的方式,这种结构主要关心的是特征地图的大小方便、适中,拓扑图仅起连接这些度量地图的作用,并不对应环境结构[61]。在此基础上,有的研究者对拓扑图进行了扩展,使其包含对应环境结构的节点,如 Tomatis 提出的拓扑节点对应房间或者走廊的通路,每一个房间有一个相关的度量地图,拓扑边包含在两个节点之间被探测到的路标信息[62]。Lisien 提出了一种面向 SLAM、导航和探测的拓扑度量混合地图 - 分层 Atlas(the Hierarchical Atlas)[63],其中,拓扑图基于简化的 Voronoi 图创建,拓扑图的节点对应走廊的交叉口等地方,并且度量地图采用特征地图。Yamauchi 提出了一种混合地图,其中的拓扑图较为复杂,节点并不对应环境结构,而是指没有被障碍物占有的空闲区域。

1.3.4 认知地图

认知科学(Cognitive Science) 定义为研究思维或智力的科学研究。实际上认知科学重在其跨学科性。它被认为包含、被包含于、和、或相关于:心理学(特别是认知心理学)、语言学、神经科学、人工智能(尤其是神经网络方面的研究) 和哲学(特别是思维哲学和数学哲学,以及科学哲学的一些应用)。

人类以高层信息如物体、状态和描述等形式感知环境,这既直觉又有效,由此可见,一个认知空间描述方法需要能够编码这些信息。Shrihari[64] 受到人类环境认知的启发,致力于以通过描述家庭中物体和门来创建这样的认知空间描述,他也尝试以这种描述形式建立认知环境的上下文信息。

认知地图最早由 Tolman[65] 引入,从此以后,许多研究工作在认知心理、AI、机器人领域展开来理解和概念化实现认知地图。Kuipers[53] 提出一个概念认知地图,他认为存在5 种不同的信息:拓扑信息(Topological Information)、度量信息(Metric Information)、路径信息(Routes Information)、固定特征信息(Fixed Features Information) 和观测信息(Observations Information),每一种都有自己的描述形式。最近,Yeap[66] 等人解释早期认知地图现象,他们把认知地图的描述形式分为基于空间和物体的两类。

在 Yeap 的基于空间的认知地图(图 1.55) 中,ASR(Absolute Space Representation) 代表绝对空间的一个描述;MFIS(Memory for One's Immediate Surroundings) 代表机器人直接周围环境的地图,它包含使用全局坐标描述的 ASRs,所以 MFIS 是 ASR 的扩展,提供 ASR 的直接环境地图。MFIS 支持 ASRs 网络的建立。

Shrihari 建立的是基于物体的认知地图,它是在测试环境中探索产生的,见图 1.56。Davis[67] 和 Montemerlo[68] 也进行了一些基于物体的地图研究工作。Shrihari 认为,一个多分辨率的、多目标的、概率的和一致的、统一的认知地图创建方法还需要未来的努力。

Shrihari 提出的方法可理解为一个工程上的解决方案以用于机器人实现认知地图,他实现的虽然是基于物体的认知地图,但克服了物体地图不足:纯粹的物体地图是没有空间概念的。

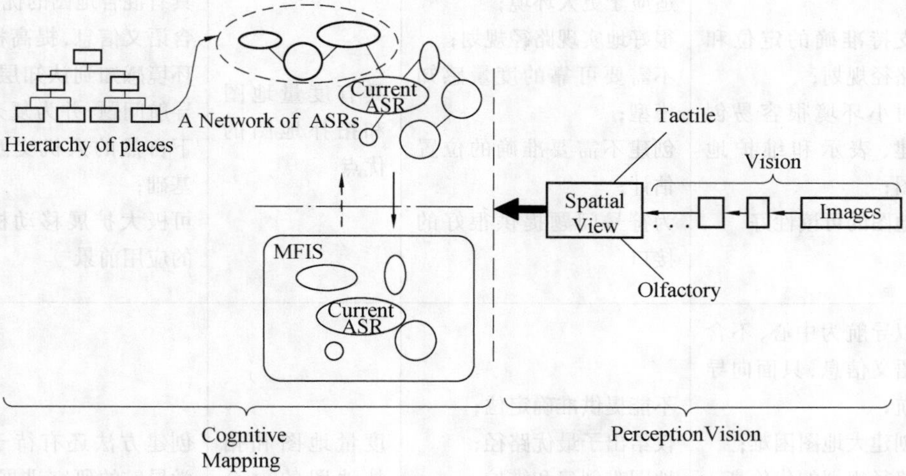

图 1.55　基于空间的认知地图

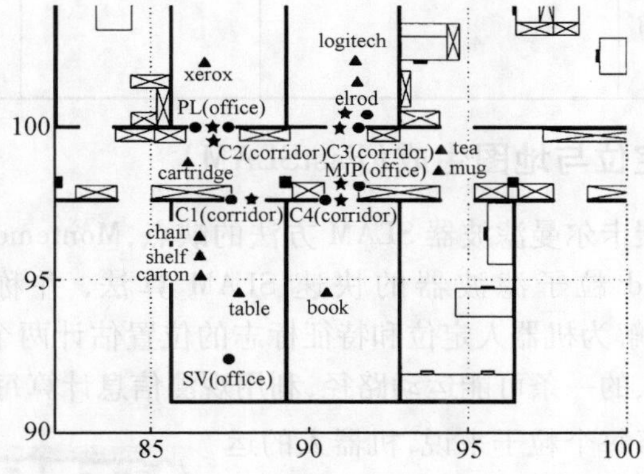

图 1.56　基于物体的认知地图

●— 位置参考点;▲— 物体;★— 门

随着机器人变得更加智能,他们趋向于增加社会性交往,Montemerlo[69] 通过调查得到的结论是:自然语言将发挥重要作用,但目前的研究工作仍然以导航为主要研究目标,很少的研究工作是以人为中心展开的。随着人机接口 HRI 研究的快速进展,与人类兼容的认知地图研究逐渐引起人们的重视。

1.3.5　四种地图比较

上面提到的四种地图都有各自的优缺点,具体的比较如表 1.1 所示。

表 1.1 四种地图比较

	度量地图	拓扑地图	混合地图	认知地图
优点	支持准确的定位和路径规划； 对小环境很容易创建、表示和维护地图； 地图的可读性好	适应于更大环境； 很好地实现路径规划； 不需要可靠的度量感知模型； 创建不需要准确的位置估计； 为符号问题提供很好的接口	具有度量地图和拓扑地图的优点	具有混合地图的优点； 含语义信息，提高机器人环境感知到认知层，解决导航问题，并为复杂环境下自然的人机交互提供基础； 可极大扩展移动机器人的应用前景
缺点	以导航为中心，不含语义信息，只面向导航； 创建大地图困难； 路径规划的代价高； 需要可靠的度量感知模型； 地图创建需要准确位置估计	不能提供准确定位； 仅给出子最优路径； 地图难创建和维护； 不含语义信息，只面向导航	度量地图和拓扑地图的融合算法较难	创建方法还有待于仿生学导航的研究进展，尤其是自然语言的融入

1.3.6 快速同时定位与地图生成（FastSLAM）

为了克服基于扩展卡尔曼滤波器 SLAM 方法的缺点，Montemerlo 等人提出了一种基于 Rao - Blackwellized 粒子滤波器的快速 SLAM 算法，并称为 FastSLAM[68][69]。FastSLAM 将 SLAM 分解为机器人定位和特征标志的位置估计两个过程。粒子滤波器中的每个粒子代表机器人的一条可能运动路径，利用观测信息计算每个粒子的权重，以评价每条路径的好坏。对于每个粒子来说，机器人的运动路径是确定的，因此特征标志之间相互独立，特征标志的观测信息只与机器人的位姿有关，每个粒子可以采用 N 个卡尔曼滤波器分别估计地图中 N 个特征的位置。假设需要 k 个粒子实现 SLAM，FastSLAM 总共有 kn 个卡尔曼滤波器。FastSLAM 的时间复杂度为 $O(kn)$，通过利用树型的数据结构进行优化，其时间复杂度可以达到 $O(k\log_2 n)$。FastSLAM 方法的另一个主要优点是通过采用粒子滤波器估计机器人的位姿，可以很好地表示机器人的非线性、非高斯运动模型。图 1.57 给出了在 FastSLAM 实验中生成的地图。

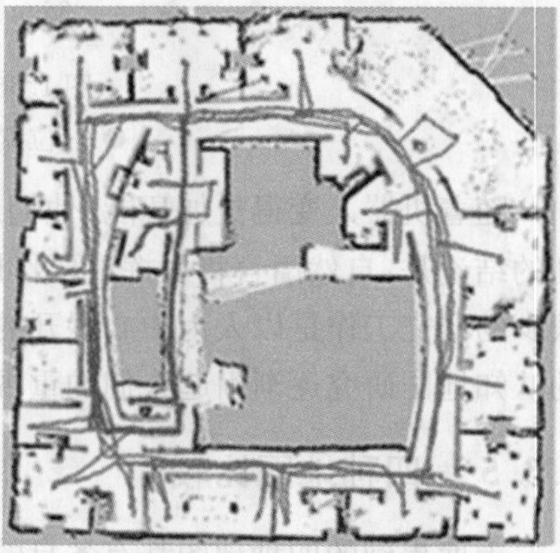

图 1.57 由 FastSLAM 生成的地图

由于粒子滤波器的采样实际上是从运动模型决定的提议分布中抽取的,如果提议分布和实际的后验分布的形状相似,那么根据提议分布抽取的采样在利用权值进行补偿后离散的采样能够很好地表示后验分布。但是,如果提议分布与实际后验分布相差加大,权重函数将位于提议分布密度的尾端,这将会导致在权重取值较大的区域采样很少,此时离散采样所表示的概率分布与实际的后验分布存在着较大的差别,从而导致粒子滤波器的精度很低,需要大量的采样才能较好地表示后验分布。

粒子滤波器的另一个问题是早熟现象,即经过若干次迭代之后,大多数的采样权重都趋于零,从而只有少数的采样真正对系统的状态估计起作用。虽然通过重新采样可以在一定程度上避免这种现象,但是由于权重大的采样会被多次复制,权重小的采样会被忽略,这样经过若干次迭代后采样会集中在某一个较小的区域。例如,在对称性较高的结构化环境中,完成机器人的定位,需要长时间跟踪多个机器人的位姿假设,产生错误的定位结果。

针对粒子滤波器存在的缺陷,一些研究者提出了改进的方法。为了使采样能够更好地表示系统的后验分布,Thrun 等人将似然函数也作为提议分布的一部分,提出了混合形式的提议分布,按照这种提议分布抽取的采样能够融合当前的观测信息,因此能够更好地表示系统的后验分布,但是这种方法使采样阶段的计算量大大增加。为了减少粒子滤波器的计算量,提高效率,Fox 等人提出了自适应粒子滤波器,这种基于 Kullback – Leibler 距离(KLD)取样的粒子滤波器能够根据系统状态的不确定性自适应调整采样数的多少。蒋正伟[70]等人采用连续窗口滤波法根据估计状态不确定性刷新采样粒子数,通过仿真实验成功地解决了机器人定位非线性、非高斯分布的状态估计问题。Hähnel[71]等人通过扫描匹配算法修正了里程计的读数,改进了机器人的运动模型,获得了较好的提议分布,有效地完成了大范围环境下的地图创建。Grisetti[72]等人根据激光测距传感器感知环境时具有较高的峰值特点,假定感知模型和运动模型混合形成新的自适应提议分布仍然为高斯分布,不仅融合了当前的观测值,而且减少粒子滤波器的计算量,采用了自适应的运动模型来决定提议分布,根据提议分布和后验分布的差别,收缩或者扩张提议分布,也较好地估计了后验分布。

SLAM 算法的提出和应用得益于机器人硬件设备的推广。目前较为流行的 FastSLAM 同样离不开如激光、声纳等非视觉传感器获取的信息。从地图创建的角度考虑 FastSLAM,地图信息可能是记录的路标位置,也有可能是某一栅格存在障碍物的可能值。在大规模未知环境尤其是拥挤的非结构化环境中,通常不存在人工路标供机器人提取和匹配,由机器人提取自然特征作为地图路标是首要的选择。从激光传感器信息中提取的线段、曲线或拐角特征却难以区别于其他地点获取的同样特征,这就为 FastSLAM 在地图创建中的数据关联提出了难题。从实际应用的角度来看,地图创建的目的是为了定位和路径规划,当机器人被放置于已知的大规模环境中而初始位姿未知时,根据激光传感器获取的直线或拐角特征很难让机器人在地图中找到相应的坐标。所以,在 FastSLAM 创建的地图中实现机器人的"诱拐恢复"是一个极富挑战性的问题。

1.3.7 基于视觉的同时定位与地图生成(vSLAM)

基于视觉的同时定位与地图生成方法(vSLAM)在一定程度上解决了 FastSLAM 的上

述不足,原因是在视觉图像中包含了比激光传感数据更加丰富的环境信息。vSLAM 的提出得益于视觉图像处理技术的发展,Lowe 等人提出了一种比例不变特征变换(Scale Invariant Feature Transform,SIFT)[73],利用该方法提取的特征简称为 SIFT 特征。与从视觉图像或激光信息中提取的直线、角点特征相比,SIFT 特征对于图像的缩放、视角、光强等变化具有较好的不变性,这意味着 SIFT 特征具有更强的鲁棒性,在数据关联过程中不受环境光照变化、环境局部改变、特征部分遮挡以及机器人观察视角的影响。

Rao - Blackwellized 粒子滤波器因式分解技术同样被 vSLAM 所采用,所以 vSLAM 也可以称为基于视觉的 FastSLAM。由于 vSLAM 所使用的路标特征为 SIFT 特征,而每一个 SIFT 特征又具备区别于其他特征的性能(Distinctive),无论从地图创建还是从实际应用的角度来说,vSLAM 在数据关联上的可操作性要优于 FastSLAM。正如文献[74]中提到,在 vSLAM 中,机器人具有较强的“诱拐恢复”能力。主要原因是由 vSLAM 生成的地图中(如图 1.58 所示)存在从视觉图像中提取的路标。当机器人遭遇诱拐时,会根据路标匹配从诱拐中恢复过来。

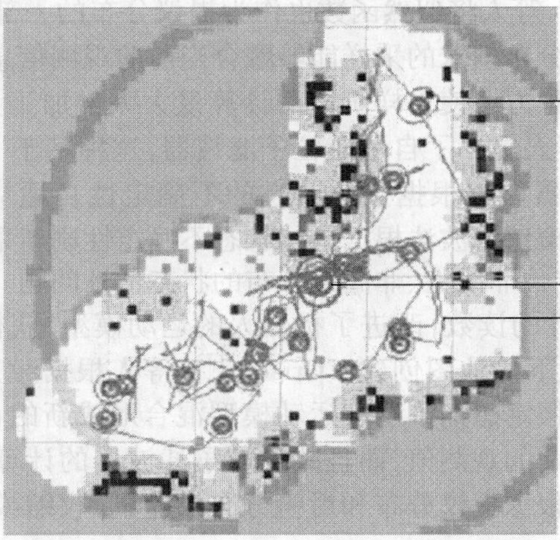

图 1.58　由 vSLAM 生成的地图

vSLAM 同样有其不足之处,正如前文所说,vSLAM 借助于 SIFT 特征的提取和匹配,当未知环境中的 SIFT 特征较为贫乏时,机器人将难以创建精确度较高的环境地图。换句话说,考虑某些极限情况,当周围的环境为纯色时,vSLAM 将无法正常使用。而在典型的室内或室外环境中,尤其是环境较为混乱时,vSLAM 却具有良好的性能,这与 FastSLAM 形成了鲜明的对照。

vSLAM 的另一个不足之处是难以提供障碍物精确的相对坐标,这意味着由 vSLAM 创建的环境地图在精度上要劣于 FastSLAM。因此,有些研究者采用双目立体视觉提高地图创建的精度。但由于视觉图像在深度信息上的丢失,视觉定位精度仍然受到图像匹配和摄像机参数校正的影响。

vSLAM 的最后一个不足之处是大规模环境的地图存储问题。在何时何处从环境中提取特征仍然是一个亟须解决的问题。现在较为常用的方法是采用定距离方式获取 SIFT 特征。也就是机器人每移动一段距离然后停下来从该地点的东南西北四个方向获取场景图像并提取 SIFT 特征作为路标。由于每一个场景包含几十到上百个 SIFT 特征，在大规模环境下的地图精度及地图规模是需要权衡的一对矛盾。从应用的角度来说，在 vSLAM 中的特征提取和特征匹配具有较高的计算负担，如何保证机器人在 vSLAM 所创建地图中导航时的实时性是一个不可忽略的问题。

1.3.8　基于拓扑地图的同时定位与地图生成

正如 FastSLAM 广泛应用于栅格地图一样，Howie 提出了一种基于拓扑地图的同时定位与地图生成算法[75]。该方法建立在广义 Voronoi 图（Generalized Voronoi Graph，GVG）的基础之上。图 1.59 给出了基于拓扑地图的同时定位与地图生成方法创建的 GVG 拓扑地图。图中线的交点为拓扑节点，代表特定地点。节点之间的连线代表连通的路径。

图 1.59　由 GVG 方法生成的拓扑地图

考虑平面上的一组点 P，对于 P 上任意一点 p_i，定义离 p_i 点较近而与其他点较远的区域为与 p_i 相关的 Voronoi 区域，表示为 V_i。这样平面上的所有点都必定属于某一区域。两个 Voronoi 区域 V_i 和 V_j 边界线上的所有点到 p_i 和 p_j 的距离相等并且小于到其他任何点的距离，定义这条边界线为 Voronoi 边，表示为 E_{ij}。Voronoi 边或者延伸到无限远处，或者与其他的 Voronoi 边相交，交点到平面上三点 p_i、p_j 和 p_k 的距离相等且小于到其他任何点的距离，则称该交点为 Voronoi 节点，表示为 N_{ijk}，并把与若干点集相对应的 Voronoi 节点和 Voronoi 边集合称为 Voronoi 图。

点集 P 的 Delaunay 三角剖分是指对于每一个 Voronoi 节点 N_{ijk}，总存在一个三角形 T，T 的顶点分别为 p_i、p_j 和 p_k，并且三角形 T 的三个边分别被 E_{ij}、E_{jk} 和 E_{ki} 中分。所以过 p_i、p_j 和 p_k 三点的外接圆以节点 N_{ijk} 为圆心，并且不包含平面上的所有其他点。Delaunay 三角剖分具有很多优良的品质，比如，三角剖分的结果不受点集旋转和平移操作的影响，并且小区域点的变化不会引起在整个 Voronoi 图上的传播，只会对局部的区域造成影响。

根据最短距离的定义不同，可以把 Voronoi 图分为很多种，比如 GVG 按照到物体而非到点的最短距离划分 Voronoi 图，可以视为单纯依靠传感器信息就能够跟踪的嵌入式道路地图（Road map）。所以，GVG 非常适合于拓扑地图的在线创建。

根据所知的文献,GVG 是目前唯一一种可以在线创建的拓扑地图,但是该方法仍然有其不足之处:首先,GVG 本身是一种道路地图,GVG 节点可以认为是不同通道的集结点,在大规模未知环境中,可能存在许多特征相似的节点,给地图创建或机器人定位时的数据关联带来了很大的困难。这一不足比 FastSLAM 有所改善,但仍然不能满足机器人在大规模复杂环境下的导航和探索要求。其次,GVG 对于环境的局部改变比较敏感,增加一个障碍物可能导致若干节点的产生,因此 GVG 不适合应用于动态环境,这一点妨碍了 GVG 在实际机器人探索、导航中的应用。

1.4 智能机器人自主导航综述

室内移动机器人的关键是自主导航,机器人自主导航是指在没有人的干预的条件下,机器人从一个地方安全地移动到另外一个地方。因此,自主导航是机器人的一个基本功能,也是完成其他任务的前提。在机器人的自主导航过程中,需要回答三个问题:"我在什么地方?"、"我到什么地方去?"与"我怎么才能到达目的地?"。第一个问题是机器人的定位问题,第二个问题是目标识别与跟踪问题,第三个问题是路径规划与避障问题。

1.4.1 仿人机器人步态规划

比起轮式机器人,仿人机器人最大的一个特点就是像人一样可以行走。这一特点使得仿人机器人可以像人类一样在各种复杂地形中进行有效的行走,同时对仿人机器人的行走研究能反过来进一步深入理解人类行走的机理。

1. 基于仿生学的步态规划

既然是仿人机器人,那么根据人类的运动模式来生成运动是个自然而然的想法。基于仿生学的步态规划就是用传感器记录下人类步行时的各个数据轨迹 HMCD(Human Motion Capture Data),然后经过修正处理之后直接用于仿人机器人上。国内外学者也对这种方法进行了大量研究,Ales Ude[76] 对人类运动和仿人机器人运动之间的相似性进行了研究,并提出了如何把 HMCD 转换成仿人机器人轨迹的一种方法,使机器人通过观察人类的运动就能直接进行全身运动的编程。他使用一种可以在视角中提供 3D 定位的光学跟踪仪器来捕获人类运动,并把问题分成三个部分:

(1) 区分正在观察的人类的运动学模型。

(2) 估计需要被模拟的运动的节点轨迹。

(3) 转换适合机器人动力学的运动数据。

Shinichiro 等人在 2005 年提出了一种任务模型,该模型由基本任务(做什么)和技能参数(如何去做)组成,基于这个模型,从人类的运动中检测到这些基本任务和技能参数,再在符合约束的情况下生成仿人机器人的运动,最后用 HRP - 2 机器人实现了模拟人类跳舞的运动[77]。Jeffrey 等人为了减轻仿人机器人在学习人类复杂运动时的大量编程耗时负担,提出了一种动态模拟方法[78]。该方法先从单目摄像机中提出人类动作的图像,系统自动检测图像中身体的各个不同部分最有可能的位置，然后对每帧图像对应一个候选的 3D 姿态并对其编号，形成一个动作序列，最后通过基于概率学习的方法得到一组动态稳定的动作模拟序列，直接发送给机器人运动控制系统。包志军等人利用从人类运动中捕捉到的数据中的速度信息实现了仿人机器人的步行轨迹运动的规划[79]。使用 HMCD 方法是最自然也是最直观的一种规划方法，但是由于仿人机器人与人体结构之间的差异，需要对人类运动的数据做进一步的分析才能应用于仿人机器人，使其更加自然地模拟人类的运动。

2. 基于动力学模型的步态规划

近似化是处理复杂系统的一种有效方法[80]。基于动力学模型的规划方法是根据仿人机器人的简化动力学模型直接计算出重心的运动轨迹，然后利用逆运动学方程得到关节角的轨迹。

(1) 倒立摆模型

ANUSZ[81] 在 1978 年把双足机器人全身的质量假设成一点，并且假设机器人与地面的接触可以通过一个可以转动的支点实现，即为一个简单的倒立摆模型。之后，很多学者基于倒立摆模型或者在其之上推出了更多的模型对仿人机器人的运动进行控制，获得了成功。Shuuji[82] 通过三维倒立摆动力学模型线性化综合步态，使用该模型可以无需任何事先的步态规划，并且在实际的仿人机器人 HRP - 2L 上获得了实验成功。之后 Shuuji 又在 2003 年把线性倒立摆模型和桌子 - 小车模型相比较，从而研究两种模型中的 ZMP 和质心 COM 之间的关系。通过比较发现，在线性倒立摆模型中，质心的运动由 ZMP 产生，而在桌子 - 小车模型中，ZMP 由质心运动生成[83]。Bram Vanderborght 等人设计了一个基于倒立摆模型的目标路径参数化规划器，该规划器可以保证机器人 ZMP 在稳定的情况下对步态长度、过渡腿的抬起和速度进行选择，并在 LUCY 仿人机器人上进行了测试[84]。然而，单自由度的倒立摆模型看起来简单，但无法完成描述仿人机器人运动的特性，一些研究者对其进行了进一步的假设，摆动腿看做振摆，支撑腿看做倒立摆。之后，仿人机器人的步行模型增加到 2 个自由度，并且使用双连杆的双倒立摆模型。Hurmuzlu 给出了一种双倒立摆的数学模型，并对仿人机器人运动过程的稳定性和冲击进行了研究[85]。Yi 等人在简化的两级连杆倒立摆模型中对机器人的踝关节采用被动控制，并在 9 连杆的仿人机器人上进行了测试[86]。由于单级倒立摆模型本质具有不稳定性，仿人机器人重心的轨迹需依赖于稳定的行走步态，这使得其行走速度在行走过程中很难得到改变，并且其行走周期将受到来自倒立摆自然频率的影响。除了步行之外，仿人机器人其他的自身运动也可以用倒立摆来简化，Kiyoshi 等人在仿人机器人倒地运动过程中假设其为一个 4 阶倒立摆模型，并根据倒地的不同阶段对其进行倒地优化控制，在 HRP - 2FX 型仿人机器人上进行了实验[87]。

(2) 连杆模型

仿人机器人的运动模型也可以由连杆来简化模拟，从最初的 Miura 和 Shimoyama[88] 等人研究和设计的 3 连杆仿人机器人到后来的 9 连杆模型。很多学者都对这些模型进行了深入研究。其中，典型的 5 连杆模型是由 1 个躯干和 2 条腿组成，每条腿又由 1 个大腿和

1个小腿构成。该模型最大的好处是非常简单,同时又可以进行有效的仿人运动描述,因此大量的研究人员都使用该模型。如果机器人的模型大于5个连杆,这对运动的描述将变得更精确,但同时却增加了系统的复杂性。如果在机器人的脚部再加入2个连杆,即组成了典型的7连杆模型。Huang[89]使用7连杆模型对具有12个自由度的仿人机器人的运动进行规划研究,Furusho等人则建立了9连杆的仿人机器人模型[90]。动力学模型的建立除了受到自由度的影响外,各种不同的运动模式和布局也需要各种不同的模型来进行描述。因此,包括3维运动,停止、起步、跑、跳、转弯、横行、爬行、倒地、起立、踢球、扑球等运动需要更复杂的模型进行描述。

3. 基于智能算法的步态规划

由于仿人机器人多自由度的复杂模型,不进行精确建模将制约其控制的发展,而智能控制算法的优点在于不需要精确的建模,同时可以改进算法的适应性和鲁棒性。在仿人机器人上使用最多的智能算法有神经网络、模糊控制、遗传算法、强化学习以及它们的结合构成的混合进化算法。

(1)神经网络

神经网络具有模糊性、容错性、自适应性和具有自学习能力的特点,相比于依靠推导数学模型、参数寻优的传统控制方法,具有一定优越性,在机器人运动控制中应用日益广泛。Yuan F. Zheng[24]等人在1990年就提出运用神经网络的双足步行机器人步态综合方法。仿人机器人逆动力学模型可以由神经网络代替,可以用神经网络学习机器人逆动力学模型,根据已有的知识及传感器信息,产生仿人机器人运动中各关节所需的控制力矩。之后,Salatian[91]使用神经网络对双足机器人爬斜坡进行了尝试研究。提出了两个学习算法,一个算法用来进行步态的更新,另外一个算法用来最小化能量的消耗。神经网络作为一种不依赖于模型的自适应函数估计器,已经在仿人机器人的步态学习方面得到广泛应用。它是一个用来进行步态分析和离线、在线步态校正的有效工具,同时能够在解决仿人机器人在不同环境中的静态和动态平衡问题起到重要的作用[92]。许多神经网络已成功应用于仿人机器人的步态分析与控制设计,W. Thoma[93]等人研究了基于神经网络在线学习的仿人机器人步行和动态平衡问题。该方法是先通过步态振荡器产生仿人机器人的基本步态,然后再利用多个基于CMAC的神经网络分别对仿人机器人的侧向、前向和脚与地之间的接触进行自适应控制。王强[94]等人提出了基于RBF神经网络的力矩补偿控制方法,该方法将神经网络的逆向控制和自适应模糊控制有效地结合起来,提高了系统的性能,改善了仿人机器人的步行特性。Juang[95]使用了三个BP神经网络分别作为控制器、仿真器和斜面信息指示器。控制器是预先在水平面上进行训练,仿真器用来识别机器人的动态性,而斜面信息指示器用来提供不同斜坡角度的补偿信号。

(2)模糊逻辑

模糊逻辑控制利用人类的专家控制经验来弥补机器人动态特性中的非线性和不确定因素带来的不利影响,具有较强的鲁棒性。它可应用于控制系统的执行层,如PID参数的产生和调节[96]。然后,由于模糊控制的综合定量知识的能力差,单独地使用模糊逻辑控制机器人的步态较少,一般都是结合神经网络,构成模糊神经网络或者与强化学习等学习算法结合构成混合控制模型进行机器人的运动控制[97]。

(3) 遗传算法

遗传算法最早是由美国Michigan大学的J. Holland博士提出的[98]。遗传算法规划法在使用时,首先设计一个带有反馈补偿的前馈控制系统,根据这个特定的控制系统实现各个关节的力矩控制。因为实现遗传算法需要把所求的问题参数化求解,所以只能先假设某个关节的运动曲线,再用多次函数插值实现问题的参数化,最后利用遗传算法,根据稳定性条件或其他寻优条件确定问题的各个参数,达到步态规划的目的[99]。遗传算法直接用于步态规划是有相当困难的。第一,对于某个关节的运动规律曲线事先完全无法知道。第二,运动规律往往不是一个初等函数,即使用了函数的插值,最后求得了问题的解,也只是解的一个近似,求解结果未必可用。第三,就算前面两种困难都可以忽略或者克服,在实际的步态规划中,还是有最大的一个问题 —— 计算的复杂性。在目前需要步态规划的机器人在行走中共有14个需要控制的自由度,以每个关节的运动规律都是最简单的二次曲线计,至少需要84条基因(14×6)的遗传算法才能完成步态的规划,计算量非常大。所以遗传算法并不适于直接用于步态规划,而常常用来做步态规划的后处理 —— 步态优化。

(4) 强化学习

强化学习的特点是试错法和延时奖励,它的这个特点使其非常适合步态学习,也符合人类学习行走的过程。Salatian[100] 等人利用传感器输入使用强化学习方式对双足机器人的斜坡步行进行控制。由于仿人机器人的多自由度的特点,完全应用强化学习进行步态生成将会非常耗时,因此,强化学习基本上被用来进行局部参数的调整。例如,Toddler应用强制学习获得控制器参数,而Hamid应用强化学习调整CMAC生成的步态。

(5) 软计算

由于机器人具有较多的复杂自由度,以上的方法大多不适合于实时的计算。为了能够实时控制机器人的运动,有必要开发一种适应性的步态规划系统。基于神经网络,模糊逻辑和遗传算法等不同组合所形成的软计算控制方式被证明是可以为复杂不确定、不精确的现实世界问题进行计算的。软计算的优点在于算法可以适应系统的参数,因此通过软计算可以进行不同地面的机器人行走控制尝试。Shouwen Fan[101] 等人提出了一种利用FNN模糊神经网络进行机器人步行训练的方法,其中,约束依靠ZMP和重心,代价函数由能量消耗最低为依据(由平均功率、功率方差、平均力矩消耗三部分组成)。利用B样条曲线对离散重心位置和身体姿态数据进行光滑处理,建立了前向和逆向的位移模型,利用该模型,可以把重心轨迹和理想的身体姿态映射到关节空间轨迹上来,并通过Matlab进行了实验。Pandu[102] 等人解决了双足机器人上升和下降时动态平衡的步态生成问题。在以上的研究中,下身腿部的运动利用逆动力学的概念和具有静态平衡的躯干生成。当确定完ZMP位置之后,整个步态生成通过动态平衡进行验证。同时,他们利用软计算也开发了一个合适的规划器用来进行动态平衡的上升和下降过程中的步态生成[103]。

4. 基于被动动力学的步态规划

自从STEVE[27] 等人于2005年在科学杂志上发表了《基于被动动力学理论的步行机

器人》论文之后,被动动力学模型成了研究仿人机器人步行的又一重要分支,并且近年越来越受到各国研究人员的青睐。被动动态行走被认为是一种有效并且简单的行走方法。早在1989年,Mcgeer[30] 就从生物机械研究和一种古老的行走玩具中得到启发,声称如果通过合理的机械设计,被动动态腿部运动(无驱)将生成很自然的行走方式。如果把机器人放在一个朝下的光滑斜坡上,这种行走运动将是稳定的,并且能够一直保持下去。用这种方法设计的机器人,行走的效率要比当时使用参考轨迹控制方法的机器人高10倍。被动行走对机器人的模型有一定的要求,一般要求膝关节是欠驱动的,因此研究是基于平台的。由于膝盖的引入,会导致机器人的行走产生不稳定的状态,Kentarou Hitomi[104] 等人使用强化学习的方法对被动动态行走机器人进行控制,经过长达1 000个学习周期之后,可以使机器人在不同的斜坡和外界突然干扰的情况下获得了较好的鲁棒控制。基于被动动力学的步态主要关注仿人机器人步行周期的稳定性、机构设计的合理性、步行各阶段的能量特点以及通过机器人与环境之间的交互学习来进行鲁棒控制等。Tadayoshi[105] 基于被动动态自动模型提出了一个三维双足动态行走控制方法,并且提出了一种针对该模型约束的完备算法用来控制行走速度和方向,最后用实验来验证了这种控制算法的有效性。由于被动动态行走的控制算法和机器人的平台结构相关性更高,Hirotake 等人考虑了各种不同脚形状对被动机器人的行走过程中性能的影响,使用二阶伯泽尔曲线来近似足部形状,同时计算虚拟踝关节力矩的值来验证足部形状的不同所带来的效果。最后通过一个数字仿真来验证足部形状和行走速度之间的关系[106]。清华大学的 H. Dong[49] 受被动动力学行走的启发,设计了虚斜坡行走,通过动态延长支撑腿同时缩短摆动腿的方式,使机器人能够像走下虚斜坡一样在平地上进行行走。通过对自主研制的Stepper-3D机器人的实验,获得了0.5 m/s的行走速度。

5. 其他步态规划方法

(1) 中枢模型发生器控制

中枢模型发生器CPG(Central Pattern Generator)是从人类的运动神经控制系统中得到启发的,该方法通过简单的数学模型可以得到稳定的机器人行走模式。所采用数学模型可以由多种不同的方式组成,Taga[107] 等人用该模型在仿人机器人具有各种干扰情况下实现了稳定的步行。Bay[108] 等人采用van der Pol方程作为CPG,通过试凑法调整方程参数的形式在仿人机器人上实现了稳定的步态,该方程可以根据参数的不同变化产生相应的步态。Miller则用CMAC神经网络作为CPG,CMAC的输出是机器人各个关节角的轨迹,而输入是步行步长、抬脚高度等,CMAC神经网络的训练来自于试探方法和仿人机器人的简化模型所产生相应的关节角轨迹。

(2) 虚模型控制

虚模型控制是由MIT的人工腿实验室的Pratt等人在2001年首次提出的[109]。该控制模型是在仿人机器人的腿上加上虚拟的机械元件(如弹簧、质量块、插销等),这样可以使机器人按照事先给定的轨迹进行运动,然后再对该运动所需要的各个关节力矩进行运算。上一级的控制系统和下一级的虚模型控制器可以一起调整虚构件的参数。来自上一级控制器的命令可以产生下级系统的平滑运动。如果不对虚拟的机械元件加以考虑,那么计算得到的力矩所产生的作用将与虚拟机械元件一样。因此,这些模型看上去貌似相连在机器人身上,故叫做虚拟模型控制。

(3) 顺应阻抗控制

Kawaji 等人将仿人机器人的步行看做是一项有韵律的运动,由上身和摆动腿所组成的子系统所作用在支撑腿上的力可以通过设置支撑腿上的柔顺系数来进行调节[110]。H. Park[111] 使用一种简单的阻抗控制方式:当检测到机器人的摆动腿着地时,通过控制率增大脚部的阻抗是临界值数 10 倍以上,而机器人上身的阻抗保持固定,以便保证跟踪特性的稳定,这种控制方法使用起来简单、有效。刘志远[38] 把仿人机器人实现动态行走的关键看成是对机器人的单 - 双腿过渡期和双腿支撑期的控制行为。单 - 双腿过渡期的控制则集中在对机器人踝关节的控制上,将采用主从控制、最优力反馈控制和阻抗控制这三种方案。主从控制是将机器人运动的闭链规划转化为开链规划,最优力反馈控制则是通过力传感器等设备直接对机器人所受到的来自地面的反力进行控制,阻抗控制是指机器人的关节阻抗变化是通过力矩反馈进行的。

6. 步态规划的优化

伴随着计算机技术的高速发展,最优化理论和各种方法也得以迅速发展与实现。同样,仿人机器人的步态规划也可以从优化的角度进行考虑。运动规划的优化方法是指将仿人机器人建为复杂的模型,通过各种优化方法规划机器人身上的每一个关节轨迹,并给出实现这些轨迹所需要的力矩随时间的变化情况,从而实现最优的稳定步态规划。仿人机器人的步态规划可以由离线的运动规划加上在线的动态调整两部分组成。

一般来说,对于所需要优化的轨迹,优化的目标函数如果相同,优化的方法也可以有很多不同。通常情况下,机器人运动规划中各个关节运动轨迹的过程中需要考虑的最优条件有:关节力矩最小、运动能量最少、各个关节的连续性和整体的稳定性等。

对于仿人机器人的步态规划来说,优化其各个关节的力矩具有非常重要的意义。优化力矩的方法通常有基于概率分析方法、遗传算法、3 次样条法和李代数法等[112]。优化力矩首先需要为仿人机器人的模型建立动力学的方程,并将该方程作为优化问题的约束条件之一。而仿人机器人本身由于众多的自由度,其动力学方程一般具有高维、非线性等特点,优化难度比较大,所以从整体上来说,对仿人机器人的关节力矩大小的优化速度非常低,而且不一定能求出最优解。

M. 伍科布拉托维奇是第一个从能量的观点出发来分析仿人机器人的运动问题,他得出的结论是:仿人机器人行走姿态越平滑,则运动系统所消耗的能量就越少[113]。G. Capi [114] 则以机器人关节力矩变化最小和所消耗的总能量最小为优化目标,生成仿人机器人稳定的步行轨迹。姜山用三次多项式方式拟合仿人机器人的髋关节和踝关节的运动轨迹,以基于能量最优为目标函数,用遗传算法来优化多项式的系数,最后得到能量最优的运动轨迹[41]。

一般情况下,我们需把机器人的稳定性作为进行优化所必须考虑的条件之一,而把实际 ZMP 与理想 ZMP 之间的误差最小作为优化目标。这样我们可以设定仿人机器人的髋关节的运动轨迹为多项式的形式(以三次多项式的形式居多),然后根据运动过程中的髋关节的几何关系,加上机器人步态的可重复性、连续性、对称性、机器人内部不发生碰撞等多个条件就可以唯一确定仿人机器人髋关节的运动轨迹[115]。使用这种方法,运算速度通常会很快,然而对仿人机器人的稳定性没有进行全面的分析。我们也可以设定仿人机器人髋关节轨迹为某些分段函数,通过迭代的方法对每个函数的参数进行求解,从而确保符合仿人机器人的稳定性这个最优条件,使用这种方法是从整体上对仿人机器人进行稳定性的分析,得到全局最优解,所以迭代的速度相对会比较慢。Q. Huang 使用 3 次样条插值和 3 次周期样条插值这两种方式来合成仿人机器人摆动腿的踝关节和髋关节的运动轨迹,同时提出了有效稳定区域的概念,通过使用迭代优化算法,在确保 ZMP 点尽量在足底支撑面的中心,即保持较宽的稳定裕度的同时,离线规划生成机器人稳定的平滑步态轨迹[43]。

基于优化的仿人机器人自身规划方法的特点是,优化所得到的机器人运动通常都能够很好地满足仿人机器人的稳定性条件和各个关节运动连续等优化指标。然而,通常仿人机器人的模型都比较复杂,需要优化变量的维数都很高,优化函数和约束条件之间的非线性都很强,因此往往导致搜索过程时间较长,从而无法保障计算的实时性,另外,优化后的结果也较难保证其是全局最优的。所以,大部分基于优化的仿人机器人运动规划方法都采用离线计算的方式。

1.4.2 仿人机器人复杂运动规划

除了基本的步行之外,仿人机器人还可以进行各种仿人的复杂运动。仿人机器人的复杂运动在学术界至今没有确切的定义,一般来说,可以是指模拟人类在 3D 空间的上下楼梯、跨越台阶和使用手臂一起进行全身运动规划的跑步、翻滚、爬行、守门、起立、跳舞以及跟目标物体接触的踢球、开门、搬运东西等一系列运动。这些运动的特点是需要建立各自运动的复杂模型,在规划中除了需要保证稳定性的前提,还必须考虑实时性和运动的合理性。对仿人机器人的复杂运动研究是仿人机器人的一个大的方向,这是使仿人机器人可以生活在人类的环境中所必须研究的内容。近些年,很多研究人员开始把研究目标从仿人机器人稳定的步行控制转移到规划适合人类生活环境的复杂运动中来。自从索尼公司研制的 QRIO 成为世界上第一台能跑步的机器人之后,ASIMO[10] 在 2004 年也实现了每小时 6 km 的跑步速度。Ryosuke 于 2009 年提出了一种仿人机器人快速跑步的控制方法,该方法使用一个运动生成器和平衡控制器。运动控制器可以同时迅速生成行走和跑步的轨迹,而平衡控制器则能够通过动态改变足部的接触点使机器人保持平衡。最后在仿人大小的机器人上实现了每小时 7 km 的跑步[116]。Pandu Ranga 提出了两种控制方式来控制机器人的上下斜坡运动,一种是 GA - NN,即遗传神经网络,还有一种是 GA - FLC,即遗传模糊控制器。神经网络的权值和模糊控制器的规则通过 GA 来进行离线优化。然后再通过神经网络或者模糊逻辑控制器对机器人的上下斜坡进行实时的控制[117]。Philipp Michel[118] 等人使用 HRP - 2 仿人机器人在 3D 空间中进行了上楼梯、避障等运动,他采用 GPU 加速的方式在 3D 空间对机器人运动的每一帧进行实时跟踪控制,这种加速方式对摄像机的偏移和抖动具有很好的鲁棒性。Chenglong Fu[119] 通过步态综合和传感器控制的方式在THBIP - I上实现了上楼梯运动。其中,反馈控制参数由强化学习方法进行每一步的自动调整。Yisheng Guan 等人对仿人机器人的越障可行性进行了详细分析,并建立复杂模型,同时对越障过程中的几何约束和稳定约束进行了分析,最后在HRP - 2 仿人机器人上进行了实验[120]。S′ebastien Lengagne 提出了一种踢球运动的快速重规划方法,该方法使用时间离散积分的方式来求解半有限规划问题,从最优运动开始计算经过离线规划生成的运动参数子集,最后在 HOAP - 3 仿人机器人上实现了踢球运动[121]。Fumio Kanehiro 等人使用 Mahalanobis 距离来进行仿人机器人的倒地起立控制。使用非冲突的相似状态组成一个集合,通过状态转换图来进行动作序列的规划。通过该方法,机器人可以从任意的位置进行起立运动[122]。Libeau 等人通过强化学习的方法来控制仿人机器人攀岩运动,经过对不同墙的地形的先前学习之后,机器人能够快速地进行攀岩运动[123]。Hitoshi Arisumi[124] 通过对门建立动态模型,并对其进行几何约束分析,提出让仿人机器人使用冲力的方法进行开门,最后通过仿真和实验验证了有效性。Eiichi Yoshida 等人设计了一种仿人机器人搬箱子的运动,这种运动需要机器人的手臂、腰部和腿部分别进行协调运动规划。并且需要考虑关节碰撞和稳定性的问题[125]。X. Zhao 等人采用相似性函数对采集到的人类打太极运动的数据进行评估,实现了仿人机器人 BHR 的打太极运动[126]。其他各种适合在人类生活环境中的复杂运动还有包括和人一起抬重物[127]、举东西[128]、钉钉子[129] 等仿人运动。由于对仿人机器人行走步态在各种复杂运动的研究上刚处于起步阶段,还没有构成成型的研究和控制方法。

1.4.3　机器人路径规划

1. 移动机器人路径规划

移动机器人的运动规划研究开始于20世纪60年代。1978年 Wesley 和 Lozano 第一次把位形空间(Configuration Space)的概念引入到运动规划器的设计中。在C空间中,每一个位姿代表机器人在空间中的方位和位置。而机器人则被看做是一个质点,那么运动规划问题就可以被看做是在位形空间中,寻找一条起始点到终点之间的路径问题。所谓的路径,就是位形空间中机器人位形的一个特定序列,但是不考虑机器人位形的时间因数。轨迹指的是何时到达路径中的每个地点,强调了时间的相关性[130]。机器人的运动规划就是对轨迹的规划,按照环境认知的不同,我们可以把移动机器人的运动规划分成局部路径规划和全局路径规划。

(1) 局部路径规划

局部路径规划指的是机器人在全局信息位置的情况下,依靠传感器信息进行的局部路径规划,主要可以分为人工势场法(Artificial Potential Field)、遗传算法、模糊逻辑算法、神经网络算法等。人工势场法最初由 Khatib 提出,其基本思想是引入一个称为势场的数值函数来描述机器人空间的几何结构,通过搜索势场的下降方向来完成运动规划。这种方法由于它的简单性和优美性而被广泛采用。但是也存在着一些缺点,如存在陷阱区、在相近的障碍物前不能发现路径、在障碍物前产生振荡以及在狭窄通道中摆动等。针对人工势场法的缺点,国内外许多专家学者不断寻找新的途径,以克服该方法所存在的弊端,文献[131] 采用预测与势场法相结合的算法解决移动机器人的导航问题,取得了良好效果。文献[132]通过引入虚拟障碍物使搜索过程跳出局部最优的陷阱,但引入虚拟障碍物可能会产生新的局部极小点,同时也增加了算法的复杂度。

遗传算法是一种多点搜索算法,因此能够更有效地搜索到全局最优解,这也是为什么遗传算法可以用来解决机器人路径规划中的局部极值问题的原因。但是遗传算法的运算速度不够快,在复杂环境问题规划过程中需要占用大量的存储空间和运算的时间。

模糊逻辑算法可以通过查表得到信息,完成路径的局部规划,克服了人工势场法所带来的陷入局部极小值的缺点。用于时变位置环境下的路径规划,实时效果较好。

孙增圻等在假设检验方法中引入了罚函数项,依靠优化罚函数的方法来寻求机器人运动的最优路径,同时利用神经网络模拟退火算法使其避免陷入局部最小值。他把移动物体的碰撞罚函数定义为各种障碍物与移动物体上的各个测试点之间的碰撞罚函数之和。路径的碰撞罚函数则为所有在路径点上的碰撞罚函数和路径总长之和[133]。谢宏斌提出了一种基于模糊概念的动态环境模型,并在该模型基础上结合模糊神经网络进行机器人的路径规划,他使用动态环境中物体的信息调整模糊神经网络权值的方式来加快算法的收敛速度,从而达到动态控制机器人下一步运动的目的[134]。

(2)全局路径规划

机器人的全局路径规划方法可以分为可视图法(Visibility Graph)、结构空间法(Configuration Space)、栅格法、拓扑法、随机路径规划法等。

可视图法是将移动机器人看做一点,把目标点、机器人和具有多边形的障碍物的各个顶点进行连接,要求机器人和障碍物各顶点之间、目标点和障碍物各顶点之间以及各障碍物顶点与顶点之间的连线,都不能穿越障碍物,这样形成的图称之为可视图。该方法的优点是可以求得最短路径,但缺乏灵活性,并且随着障碍物的顶点个数的增多存在组合爆炸问题[135]。

结构空间法是一种数据结构方法。移动机器人通过该数据结构来确定物体或自身的位姿。结构空间表示法有许多种,最具代表性的是Voronoi图法和四叉树(Quadtree)及其扩展算法。Voronoi图法的基本思想是:首先产生与环境障碍物中所有边界点等距离的Voronoi边,Voronoi边之间的交点称之为Voronoi顶点。然后,移动机器人沿着这些Voronoi边行走,不仅不会与障碍物相碰撞,而且一定在任意两个障碍物的中间。四叉树是一种递归网格,首先在移动机器人所处环境上建立一个二维直角坐标网格,然后用大的网格单元对机器人所处环境进行划分。倘若障碍物占用了网格单元的一个元素,则就把这部分分成四个小格子(四叉树)。如果这四个小格子中还有被占据的单元,则递归地对该单元再分割成更小的四个子网格[136]。

栅格法将移动机器人工作环境分解成一系列具有二值信息的网格单元,多采用二维笛卡儿矩阵栅格表示工作环境。每一个矩形栅格都有一个累积值CV,表示在此方位中存在障碍物的可信度,CV值越高,表征存在障碍物的可能性越高。用栅格法表示格子环境模型中存在障碍物可能性的方法起源于美国的CMU大学,通过优化算法在单元中搜索最优路径。由于该方法以栅格为单位记录环境信息,环境被量化成具有一定分辨率的栅格。因为栅格的大小直接影响着环境信息存储量的大小以及路径搜索的时间,所以在实用上具有一定的局限性[137]。

拓扑法是根据环境信息和运动物体的几何特点，将组成空间划分成若干具有拓扑特征一致的自由空间。根据彼此间的连通性建立拓扑网，从该网中搜索一条拓扑路径，即完成了路径规划的任务。该方法的优点在于因为利用了拓扑特征而大大缩小了搜索空间，其算法复杂性只与障碍物的数目有关，在理论上是完备的。但是，建立拓扑网的过程是相当复杂而费时的，特别是当增加或减少障碍物时如何有效地修正已经存在的拓扑网络以及如何提高图形搜索速度是目前亟待解决的问题。但是针对一种环境，拓扑网只需建立一次，因而在其上进行多次路径规划就可期望获得较高的效率[138]。

以上几种方法都是基于自由空间几何构造的规划，而快速随机搜索树算法RRT（Rapidly Exploring Random Tree）则是近年兴起的一种以解决高维姿态空间和复杂环境中运动规划为目的的基于随机采样的运动规划。1998年美国伊利诺伊大学（UIUC）的科学家S. M. La Valle在最优控制理论、非完整规划和随机路径规划的基础上提出了一种单一查询RRT。路径产生阶段，从目标状态点出发，找到父亲节点，依此直至到达起始状态点，即树根，就规划出从起始状态点到达目标状态点满足全局和微分约束的路径以及在每一时刻的控制输入参数。因为在搜索树的生成过程中充分考虑了机器人客观存在的微分约束（如非完整约束、动力学约束、运动动力学约束等），因而算法规划出来的轨迹合理性非常好，但算法的随机性导致其只能概率完备。

2. 仿人机器人路径规划

仿人机器人具有人类的特征，其制造的根本目的是要在人类的生活环境中运动。因此，除了2D环境下的移动机器人的无障碍物碰撞的路径规划方法可以被仿人机器人的路径规划所借鉴之外（Sabe将人工势场方法引入到仿人机器人路径规划中[139]），还需要考虑仿人机器人本身的特点。由于仿人机器人足迹的离散性，并且能够跨越或跨上障碍物，2D环境中的路径规划方法不再适用。Koichi Nishiwaki[140~142]等人考虑到双足步行机器人的行走过程中的稳定性要求以及足部落地的离散性要求，对双足步行机器人和环境做出如下假设：

（1）环境地面是平的并且不包含移动障碍物。

（2）离散可行的足迹放置位置以及相应的步态运动是预先计算好的。

（3）只有当前地面平面是容许放置脚的（不是障碍物，未考虑跨上和跨越障碍物）。

在这种假设条件下，仿人机器人的路径规划问题转换成机器人满足静态稳定性，障碍物固定不动并且不可跨越的路径规划问题，这样只需增加可行足迹集合就可直接应用移动机器人路径规划中的成熟算法，并成功地将该方法应用到H6和ASIMO的样机上。在随后的研究中，他们通过在环境模型中增加了一个高度信息，将问题扩展到2.5D，并成功地在H7，ASIMO上进行了实验研究。在动态环境下，可以采用基于传感信息融合的在线滚动路径规划的方法。该方法是一种实时路径规划方法，可以应用于动态的非结构化环境中。使用滚动规划的策略来解决动态环境下仿人机器人路径规划问题，不但可以适应环境障碍物的动态变化，而且用规划空间内路径的局部最优代替全局最优的方式可以大大降低所求问题的规模，具有较好的实时性。应用此方法，Philipp等人在ASIMO上取得了较好的实验效果[143]。

移动机器人路径规划的评价一般从时间最短或者路径最短来进行，而仿人机器人路径规划评价的前提是该路径规划的结果已经存在并且有效,因此它的评价应该是独立于规划算法之外的。在建立仿人机器人路径规划评价体系时,应该考虑到机器人运动学和动力学上的约束、全局环境信息、运动所产生的风险评估和运动所消耗的能量等因素。有些研究人员虽然已经提出关于仿人机器人路径规划的一些优化指标,但这些指标一般都是建立在机器人底层步态规划之上的,而仿人机器人的路径规划指标则需融合底层步态规划评价和全局路径规划[144]。

1.4.4 仿人机器人任务规划

仿人机器人的任务规划研究是抽象层上层决策规划的一种研究,由于对仿人机器人的路径规划问题还没有彻底得到解决,因此任务规划研究目前还处于探索阶段。很多学者在这方面也提出了一些相关方法。Eiichi Yoshida[145] 提出了一种仿人机器人动态任务规划的方法。该方法由两个阶段构成:首先,使用基于几何动力学的运动规划器计算仿人机器人的一条无碰路径,然后再用动态姿态生成器动态地生成可行的仿人运动,其中,包括像搬运物体或者操作等运动和任务的执行。如果在动态运动生成过程中由于自身的运动产生了碰撞,那么规划器需要重新进行路径规划,以便消除这些碰撞。这种迭代规划方式对任务的动态性具有很好的鲁棒控制效果。Manuel 提出了一种基于任务层的模拟学习,机器人可以通过观察物体的轨迹来学习任务,通过高斯混合模型的概率解码的应用让机器人学习所观察到的运动任务的重要元素。这些重要元素包括完成运动所需的避障等额外因素。通过人类给 ASIMO 示例任务演示表面所提的方法是进行交互式任务学习的好起点[146]。对于一个复杂的任务,可以分成若干的子任务组成任务集,Francois Keith[147] 等人针对顺序执行任务、集中的任务存在执行效率低、消耗能量多的缺点,提出了对任务集最优排列的方法。该方法在保证复杂的避障等约束的情况下实现执行时间上的最优,并通过 HRP - 2 机器人从冰箱里取罐头的实际任务验证了所提方法的有效性。

仿人机器人研究的最终目的是希望机器人能在人类的环境中生活,协助或者取代人类进行一些危险或者繁重的工作,服务于人类的生活。因此,研究适合在人类环境中执行各种复杂任务的仿人机器人也是必然趋势,这些复杂任务往往需要根据某种特定任务建立特定的模型,进行相应的分析研究,现在还没有形成一种统一的研究方法和控制策略。随着科技的不断发展和研究的不断深入,相信不久就能使仿人机器人真正“生活” 到我们之中来。

1.4.5 移动机器人自主定位

全局定位过程是在具有精确的环境信息的基础上,机器人通过外部传感器信息获得周围环境相对位置信息来确定自身位姿的过程。在全局定位中,由于机器人只能观测到环境中的一些局部信息,因而环境的对称性可能会使机器人在很多不同的位置获得完全相同的观测信息,产生多个可能的机器人位姿假设。全局定位中机器人位姿的后验概率分布是一个多峰分布,基于高斯分布的不确定性表示方法不适用于全局定位。在全局定位过程中如果在移动机器人里程计没有记录的情况下,将机器人从一个地方搬到另外一个地方会产生机器人“诱拐”(Kidnapped Robot) 现象[148]。

如图 1.60 所示，当将机器人从 A 点搬到 B 点时，机器人里程计无法记录实际位姿变化。根据传感器信息，机器人也不能立刻确定自己在环境中的位置，需要根据多次观测信息重新定位。所以很多研究者认为机器人“诱拐”问题也是一个机器人的全局定位问题。与全局定位不同的是，机器人可能不知道自己什么时候发生了“诱拐”，该方法常用来测试定位方法的鲁棒性。在全局定位过程中，存在很多不确定性因素。首先是机器人本身的不确定性，如轮子打滑所造成的里程计误差累积，传感器噪声所造成的读数不可信。其次是机器人所处的环境也是不可预知的，如人的走动和物体的移动所造成的环境变化。这些不确定性会使定位变得更加困难。因此，近来越来越多的研究者一方面采用可靠的传感器，如采用能感知丰富环境信息的视觉传感器和测距精度较高的激光测距器；另一方面把概率理论应用到移动机器人定位中，试图采用概率定位方法解决不确定性问题。

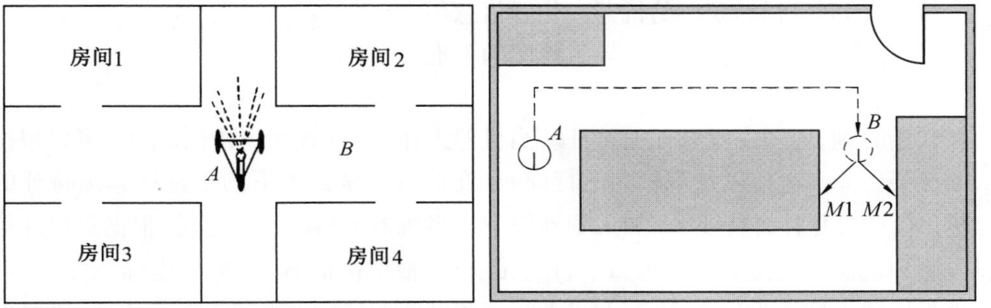

图 1.60　移动机器人全局定位

1. 移动机器人同时定位和地图创建(SLAM)原理

SLAM 的基本原理是利用已经创建的地图修正基于运动模型的机器人位姿估计误差，提高定位精度；同时根据可靠的机器人位姿，创建出精度更高的地图[149]。

未知环境下的 SLAM 方法的核心都是围绕和针对传感器信息和环境中存在的不确定性而展开的。关于传感器的不确定，以最常用的里程计为例，其典型的误差积累如图1.61 所示。其中，左图是独立利用里程计定位、独立利用激光传感器感知环境所创建的地图，由于没有进行里程计误差补偿，几次创建的地图差异很大，与实际环境也不符；右图是采

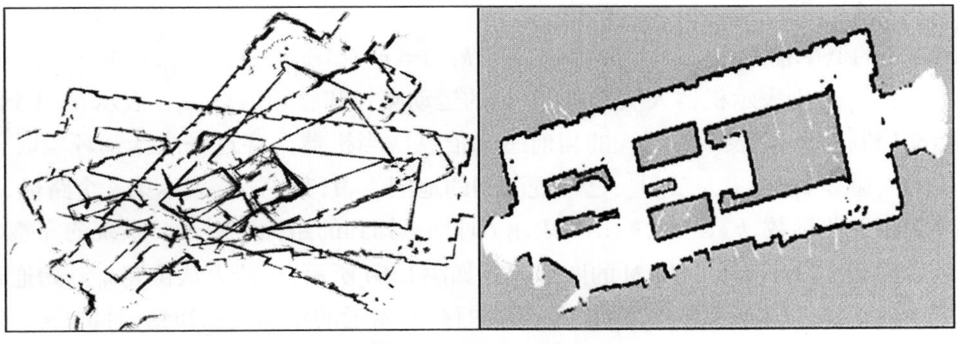

图 1.61　SLAM 误差

用 SLAM 创建的地图,基于 SLAM 可以利用已创建的地图修正里程计的误差。这样机器人的位姿误差就不会随着机器人的运动距离的增大而无限制增长,因此可以创建精度更高的地图,也同时解决了未知环境中的机器人定位问题。

在 SLAM 中,系统的状态由机器人的位姿和地图信息(包含各特征标志的位置信息)组成。假设机器人在 t 时刻观测到了特征 m_1,如图 1.62 所示。根据观测信息只能获得特征 m_1 在机器人坐标系 R 中的坐标,机器人需要估计机器人自己本身在世界坐标系 W 中的位姿,然后通过坐标变换才能计算特征的世界坐标。可见,在地图创建的过程中,必须计算机器人的位姿,也就是进行机器人的定位。然而,根据里程计获得的机器人位置信息很不准确,显然错误的位置信息将会导致地图的不准确。

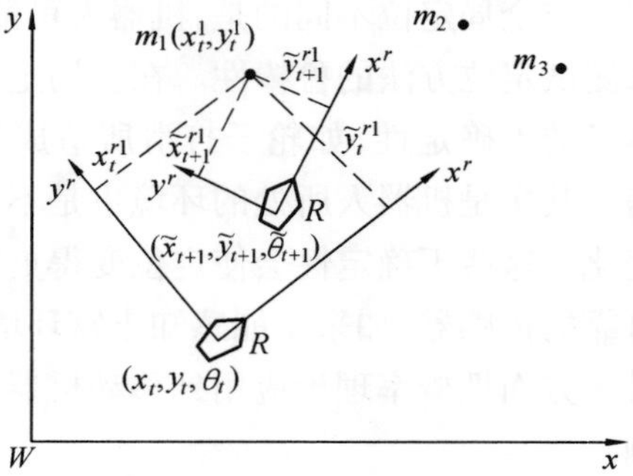

图 1.62　SLAM 的示意图

在初始时刻,地图中没有任何特征。当机器人在 t 时刻观测到特征 m_1 时,可以根据机器人的位姿(x_t, y_t, θ_t),以及观测到的特征 m_1 在机器人坐标系下的坐标计算出特征的世界坐标(x_t^1, y_t^1),并且将特征 m_1 加入到地图中。当机器人运动一步之后,根据里程计信息可以预测到机器人的位姿将变为$(\tilde{x}_{t+1}, \tilde{y}_{t+1}, \tilde{\theta}_{t+1})$。根据特征 m_1 的世界坐标(x_t^1, y_t^1) 可以计算出当机器人位姿为$(\tilde{x}_{t+1}, \tilde{y}_{t+1}, \tilde{\theta}_{t+1})$ 时 m_1 在机器人坐标系下的坐标。然而,机器人同时也会再次观测到特征 m_1,而且获得 m_1 在新的机器人坐标系下的坐标$(x_{t+1}^{\tilde{r}1}, y_{t+1}^{\tilde{r}1})$。实际观测到的特征坐标与计算获得的坐标$(x_{t+1}^{r1}, y_{t+1}^{r1})$ 将存在差别。这种差别是由两种原因引起的,其一是因为机器人的预测位姿$(\tilde{x}_{t+1}, \tilde{y}_{t+1}, \tilde{\theta}_{t+1})$ 不准确,其二是因为根据以前的观测信息计算获得的特征的世界坐标(x_t^1, y_t^1) 不准确。在 SLAM 中,根据这种差别重新计算特征的世界坐标(也就是地图创建),同时重新估计机器人的位姿(也就是机器人的定位)。当机器人继续运动时,它将观测到更多的特征,根据同样的方法,机器人会把它们加入到地图中,并且根据观测到的信息更新机器人的位姿以及它们的世界坐标。简单地说,SLAM 利用观测到的特征计算它们的世界坐标以实现地图创建,同时更新机器人的位姿以实现机器人的定位,如图 1.63 所示。

SLAM 的概率描述为:$p(s_{1:t}, M \mid z_{1:t}, u_{0:t}, k_{1:t}) = p(x_t \mid z_{1:t}, u_{0:t-1}, k_{1:t})$,其中,$s_{1:t} = s_1, s_2, \cdots, s_t$ 和 $z_{1:t}$ 分别表示机器人从 1 到 t 时刻的运动路径和感知信息,u_{t-1} 表示 $t-1$ 到 t 时刻的运动控制信息,z_t 表示机器人的当前感知信息。当机器人穿过一个未知环境时,设 t 时刻机器人位姿 $\boldsymbol{s}_t = [x_t, y_t, \theta_t]^{\mathrm{T}}$,已经观测到的地图为 M,其中,m_k 表示第 k 个路标,K 表示已经观测的路标数,$k_t \in \{1, \cdots, N\}$ 表示 t 时刻感知到的路标索引号。系统的完整状态可以表示为 $\boldsymbol{x}_t = [s_{1:t}, M]^{\mathrm{T}}$,SLAM 的图形模式如图 1.64 所示,机器人从位姿 s_0 开始通过控制命令序列 $u_0, u_1, \cdots, u_{t-1}$ 移动,随着机器人的移动,附近的路标被感知到,时刻 $t=1$,感知到路标 m_1,并获得测量数据 z_1(包括距离和方向),时刻 $t=2$,感知到路标 m_2,并在时刻 $t=$

3，重新感知到路标 m_1，现在已经形成的地图为：$M=\{m_1,m_2,m_n\}$。SLAM 的输入信息是，路标观测信息 $z_{1:t}$，以及运动控制信息 $u_{0:t-1}$。SLAM 的目的是，根据输入信息估计机器人运动路径 $s_{1:t}$ 以及地图 M。

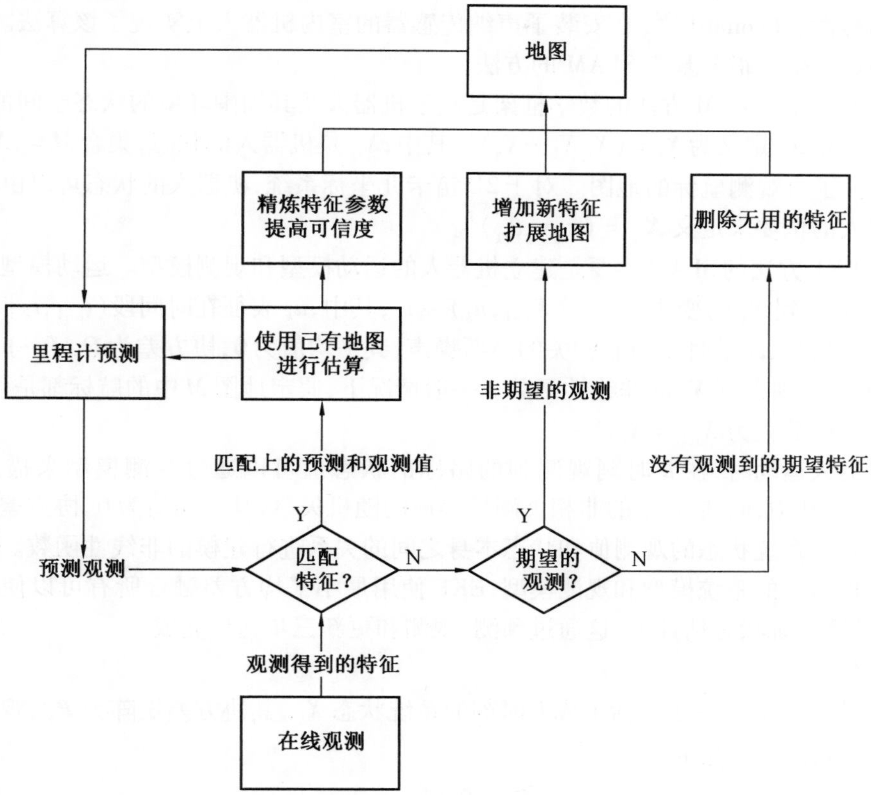

图 1.63　SLAM 的示意图

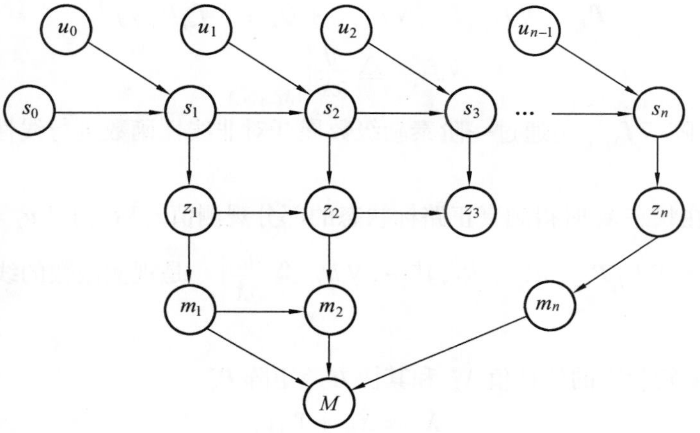

图 1.64　SLAM 问题的图形模式

2. 基于扩展卡尔曼滤波的 SLAM 方法

早期解决 SLAM 的方法是由 Smith[150] 等人采用 EKF 方法创建空间关系的随机地图来完成的。Moutarlier[151] 通过考虑航标和地图之间的关联噪声拓展了该方法，保证了滤波器的相容性。Leonard[152] 在安装了声纳传感器的室内机器人上实现了该算法。从此，在不同领域产生了很多基于 SLAM 的方法。

基于 EKF 的 SLAM 方法的数学框架是基于机器人及其周围环境的状态空间的表征，系统状态矢量 $\boldsymbol{X}_k$ 定义为 $\boldsymbol{X}_k=(X_{r_k}X_1\cdots X_n)^{\mathrm{T}}$，其中，$X_{r_k}$ 是机器人的状态，集合 $\boldsymbol{M}=\{X_i \mid 1\leqslant i\leqslant n\}$ 表征了可观测航标的地图。对于2D 笛卡儿坐标系统，机器人的状态可以由状态空间中机器人的位姿来定义 $\boldsymbol{X}_{r_k}=(x_{r_k}y_{r_k}\theta_{r_k})^{\mathrm{T}}$。

基于EKF方法的SLAM主要是建立机器人的运动模型和观测模型。运动模型用来获取从状态 $\boldsymbol{X}_{k-1}$ 到 $\boldsymbol{X}_k$ 的变化：$X_k=f(\boldsymbol{X}_{k-1},u_k)+v_k$，其中，$u_k$ 表征在时间段 $(t_{k-1},t_k]$ 所给定的控制输入信号，v_k 是时变的非相关的高斯噪声，其平均值为0，协方差为 Q_k，$f(\cdot)$ 是在给定 u_k 时从 $\boldsymbol{X}_{k-1}$ 映射到 $\boldsymbol{X}_k$ 的非线性函数。一般情况下，假定地图 M 中的航标都是静态的，航标模型可以简化为 $X_{i,k}=X_{i,k-1}$。

在机器人运动时，在 k 时刻观测到的路标的状态值可以通过观测模型来描述：$z_k=h(X_k)+\boldsymbol{w}_k$，其中，$\boldsymbol{w}_k$ 是时变的非相关测量噪声的随机矢量，其平均值为0，协方差矩阵为 $\boldsymbol{R}_k$，$h(\cdot)$ 是对系统状态的观测值和状态本身之间的关系进行建模的非线性函数。

对于机器人的系统模型和观测模型，EKF 使用最小平均方差融合所有可以使用的状态信息，计算系统状态估计值，这通过预测、观测和更新三步迭代完成。

(1) 预测

EKF 滤波器的第一步包括生成 k 时刻的系统状态 $\hat{X}_k^-$，其协方差矩阵为 $\boldsymbol{P}_k^-$，观测值为 $\hat{z}_k^-$。这些预测值计算如下

$$\hat{X}_k^-=f(\hat{X}_{k-1}^+,u_k)$$
$$\hat{z}_k^-=h(\hat{X}_k^-)$$
$$\boldsymbol{P}_k^-=\nabla\boldsymbol{f}_{X_{k-1}}\boldsymbol{P}_{k-1}^+\nabla\boldsymbol{f}_{X_{k-1}}^{\mathrm{T}}+Q_k+\nabla f_{u_k}U_k\nabla f_{u_k}^{\mathrm{T}}$$
$$\nabla\boldsymbol{f}_{X_{k-1}}\triangleq\left.\frac{\partial f}{\partial X}\right|_{(\hat{X}_{k-1}^+,u_k)}$$

其中，雅克比矩阵 $\nabla\boldsymbol{f}_{X_{k-1}}$ 是通过一阶泰勒级数展开对非线性函数进行线性化获得的。

(2) 观测

当机器人在状态 X_k 时得到真正路标状态的部分观测值 z_k 后，信息 $\boldsymbol{\nu}_k=z_k-\hat{z}_k^-$，对应的协方差矩阵 $\boldsymbol{S}_k=\nabla h_{X_k}\boldsymbol{P}_k^-\nabla h_{X_k}^{\mathrm{T}}+R_k$，其中，$\nabla h_{X_k}\triangleq\left.\frac{\partial h}{\partial X}\right|_{\hat{X}_k^-}$ 是观测函数的线性化。

(3) 更新

根据下式更新状态的估计值 $\hat{X}_k^+$ 和其协方差矩阵 $\boldsymbol{P}_k^+$

$$\hat{X}_k^+=\hat{X}_k^-+W_k\boldsymbol{\nu}_k$$
$$\boldsymbol{P}_k^+=\boldsymbol{P}_k^--W_kS_kW_k^{\mathrm{T}}$$
$$W_k=\boldsymbol{P}_k^-\nabla h_{X_k}^{\mathrm{T}}S_k^{-1}$$

其中，W_k 称为卡尔曼增益。

基于EKF的SLAM方法的主要缺点不仅表现在假设机器人运动模型和传感模型的噪声都是单模态高斯白噪声，且其计算复杂度与特征数的二次方成正比。这限制其在室外大环境地图生成中的应用。为降低SLAM的复杂度，Guivant[153]等人运用Compressed Extended Kalman Filter(CEKF)对EKF过程进行优化，降低复杂度。Thrun等人运用Extended Information filter(EIF)在信息空间中进行滤波处理，预测过程的时间复杂度是$O(1)$，观测更新过程的时间复杂度是$O(n)$。Bailey等人运用高斯和SOG(Sum Of Gaussian)来表示环境路标，得到一个全贝叶斯SLAM方案。

1.5 基于多机器人协作的路径探索综述

1.5.1 协作探索的定义

协作探索是指由多个机器人共同探索未知环境，机器人通过信息交换彼此共享对方的环境信息，并通过任务分配机制协调不同机器人之间的行为，从而提高探索任务完成的效率。多机器人协作探索的目的取决于其实际的应用，在大部分情况下地图创建和信息融合只是协作探索的中间环节，通过多任务分配机制提高探索的效率才是其最终目的。原因非常简单，如果探索的目的只是创建精确的环境地图而忽略了地图创建的效率，由单个机器人完成地图创建功能比由多个机器人协作地图创建要简单得多。

利用多个移动机器人协作探索未知环境与单机器人探索相比具有明显的优势。多机器人系统需要更短的时间去完成同样的任务。多机器人间的信息冗余有助于克服传感器信息的不确定性，实现机器人更加精确的定位和创建更加精确的地图。多机器人系统的容错性使单个机器人的功能丧失不会影响整个任务的完成。

1.5.2 协作探索的国内外研究现状

国内外学者重点从两个方面对多机器人协作探索进行了研究，即目标点发现和多任务分配。目标点的选取与地图的表示形式息息相关，本章从地图的角度出发，研究地图对协作探索效率的影响。多任务分配即如何选择合适的探索策略，是协作探索的核心所在。

Yamauchi[154]提出了一种分布式、异步式多机器人探索方法，该方法引入了边界(Frontier)的概念，把边界定义为已探索区域和未探索区域的交界。每一个机器人都把离自己最近的边界作为下一个目标点。显然，这种方法具有很强的容错性，某个机器人的失效并不会影响整体探索效率。然而，这种方法缺乏机器人之间的协作，可能出现多个机器人访问同一地点的情况，所以效率不高。

Parker[155]设计了一种分布式、基于行为的ALLIANCE结构，该结构对每一个机器人的动机进行数学建模并依此选择机器人的动作。在每一个循环，所有的任务按照机器人的有用性进行重新分配。

Simmons[156]等人提出了一种准分布式多机器人协作探索方法，该方法需要一个中枢智能体对所有其他机器人的投标(Bidding)作出评估,使多机器人系统在花费最少或移动距离最短的情况下获得最大的信息增益。Fujimura 和 Singh[157] 使用由异构机器人组成的分布式多机器人系统获取环境的地图信息。当机器人发现自己无法进入的未知区域时,会根据未扫描区域的数量,机器人的尺寸和机器人与待扫描区域的距离选择具备该能力的机器人完成任务。然而,该方法没有对探索效率进行研究。

Robert[158] 等人提出了一种基于市场经济的多机器人协作探索方法,仍然继承了 Simmons 等人提出的投标协议。该方法采用谈判(Negotiation)机制改善探索的可靠性、鲁棒性和效率,然而目标点产生效率明显不如基于边界的方法,而且谈判过程也比较复杂。

Gerkey 和 Mataric[159] 在他们的 MURDOCH 系统中提出了一种基于拍卖(Auction)机制的多机器人协作方法。充当“拍卖人”的智能体与 Simmons 等人提出的中枢智能体的功能比较接近。

Berhault[160] 等人研究如何使用组合拍卖(Combinatorial Auction)的方式对机器人提出的任务束进行分配。他们提出了不同的组合拍卖策略,并对不同策略的性能差异进行了比较。仿真试验证明,组合拍卖与单项拍卖和最优的集中式控制结构相比,能够取得更好的任务分配效果。

张飞[161] 等人针对提高机器人对未知环境的探索效率需要通过协商来解决多个机器人之间的任务分配问题,提出了改进市场法。该方法利用机器人提交的标的信息,采用数据融合方法更新其他机器人的本地地图,在连通条件下计算原先无法计算的花费,而且未增加额外的通信量。另外,还提出用目标点切换率这一新指标来衡量机器人之间的协作程度。仿真实验结果验证了改进算法的有效性。

1.5.3 协作探索中的关键问题

在多机器人协作探索中,有限带宽和地图拼接是亟待解决的两个关键问题。

1. 有限带宽

有限带宽限制了机器人之间的信息交互,当传递的信息量较大时容易引起网络堵塞,降低通信的效率。当机器人之间利用点对点方式通信时,单个机器人只能与有效工作半径内的机器人取得联系。有限带宽问题与多机器人系统结构密切相关。从控制的角度来看,多机器人系统可分为集中式(Centralized)、分散式(Decentralized)和分布式(Distributed)三种。集中式控制结构[162] 通常由一台主控机器人掌握全部环境信息及各受控机器人的信息,它是一种自上而下的层次控制结构。集中式控制结构的优点在于系统的协调性较好,实现起来较为直观,但实时性、灵活性、容错性、适应性等方面较差。另外,主控机器人和其他机器人之间还存在通信瓶颈问题,由于主控机器人承担着主要的通信任务,通信堵塞和通信延迟在很大程度上影响机器人协作探索的实际效果。并且主控机器人失效将会导致整个机器人系统的崩溃。在分散式控制结构[163][164] 中,机器人具有高度自治能力,自行处理信息、规划与决策、执行自己的任务,与其他机器人相互通信以协调各自行为而没有任何集中控制单元。这种结构具有较好的容错能力和可扩展性,但对通信要求较高,且多边协商效率较低,无法保证全局目标的实现。分布式控制方式[165][166]介于上述两者之间，是一种全局上各机器人等同的自主分布式分层结构而局部集中的结构方式。这种结构方式是分散式的水平交互和集中式的垂直控制相结合的产物，既提高了协调效率，又不影响系统的实时性、动态性、容错性和可扩展性。

通信是机器人之间进行交互和组织的基础。通过通信，多机器人系统中各机器人了解其他机器人的意图、动机、目标、动作、策略以及当前环境状态等信息，进而进行有效地协商、协作以完成任务。机器人之间通信大致可以分成隐式通信和显式通信两种。使用隐式通信的多机器人系统通过外界环境和自身传感器来获取所需的信息并实现相互之间的协作，机器人之间没有通过某种共有的规则和方式进行数据和信息交换来实现特定含义的信息传递[167][168]。隐式通信的优点在于不存在通信瓶颈问题，但由于各机器人相互之间没有数据、信息的显式交换，因此难以实现一些高级的协作策略。基于显式通信的群机器人系统利用特定的通信媒介，通过共有的规则和方式实现特定信息的传递，因此可以快速、有效地完成数据、信息的转移和交换，实现许多在隐式通信下无法完成的高级协作策略[169]。多机器人系统的显式通信虽然可以强化机器人之间的协作关系，但也存在问题：机器人的通信过程延长了系统对外界环境变化的反应时间；通信带宽的限制使机器人之间信息传递和交换出现瓶颈；随着系统中机器人数量的增加，通信所需时间大量增加，信息传递的瓶颈问题将会更加严重。

2. 地图拼接

多机器人协作探索中的地图拼接问题是单机器人地图创建中数据关联的扩展。对于单机器人而言，大部分文献假定机器人的初始位姿已知，换句话说，在未知环境中可以把机器人的初始位姿作为世界坐标系的原点。机器人重新回到地图中的某一地点，综合考虑机器人的当前坐标以及当前检测到的环境特征，可以实现传感器数据与相应地图数据的关联。

在多机器人系统中地图拼接却异常困难，原因在于：不同机器人之间的地图融合需要知道其中一个机器人在另外一个机器人局部地图中的相对位姿。Howard 和 Colleagues 利用机器人间的相互检测实现相互定位[170]。这种方法的优点是有益于系统的扩展，缺点是地图拼接后的精度在很大程度上取决于相对定位的精度，并且在大规模环境下，有可能机器人之间经历了很长的探索过程也无法相遇，这就很难保证某一机器人当前所在的区域是否已经被其他机器人访问过了。如果机器人无法检测其他机器人的相对位姿，那么在多机器人探索未知环境时必须从同一地点出发以获得统一的世界坐标系。

Fox 和 Ko 等人也使用相对位姿检测的方法融合共享地图，机器人可以从任意地点出发，各自创建自己的局部地图[171]。当检测到其他机器人的信息时，相互交互传感器数据以获得较好的假设，然后采用集结点方法验证这一假设。当假设成立时，机器人可以拼接它们的地图并由此产生协作策略。该方法的优点是不要求机器人从同一地点出发，改善了协作探索的效率；缺点是必须匹配机器人传感器数据与其他机器人的局部地图数据，当环境规模很大时，数据关联的效率在很大程度上取决于地图的表示形式。对于多机器人而言，一种好的地图表示方法不仅要易于创建和维护，而且要方便多个机器人共同完成。度量地图虽然能够提供环境精确的表示，但创建大规模地图需要处理大量的数据，难以保证实时性。尽管近几年关于度量地图的研究进展使大规模环境的简约表示成为可能，但拓扑地图在大规模地图创建中无疑具有独到的优势。很多学者因此采用混合地图的方式实现不同地图的优势互补。混合地图的生成一般有两种方式,一种方式是用度量信息注释拓扑地图,另一种方式是从度量地图中提取拓扑地图。前者拓扑地图的节点包含了节点插入区域的度量信息,该地图的缺点是计算量较大,通常以离线的方式使用。后者一般采用分割的方法把度量地图分为不同的区域,并且使用的地图通常为栅格地图。

第2章　智能机器人视觉系统

2.1　引言

人的环境感知信息有70% 是通过眼睛(视觉)获得的。视觉系统对机器人感知环境同样起着至关重要的作用,是行为规划系统和控制系统的基础。视觉传感器是机器人最重要的传感器之一,机器人运动的精度和速度很大程度上取决于视觉的精度和速度。如何通过优化软件算法来提高视觉系统的处理速度和处理精度以满足机器人对实时性和鲁棒性的要求是本章的重点研究内容,主要从全局视觉和嵌入式视觉两方面进行研究,并对仿人机器人和移动机器人两种机器人的视觉系统进行了介绍。

2.2　视觉系统的设计分析

视觉系统的主要任务是实时采集、处理和识别场地图像,获得场上目标物体的有关数据,供定位系统和决策系统使用。图像分割是视觉系统的基础和关键步骤,分割方法的选择对系统整体性能起着决定性的作用。

在图像处理和目标识别领域尚无通用的分割理论,因此现已提出的目标识别算法大都是针对具体的问题,并没有一种适合于所有视觉系统图像处理的通用办法。对于机器人视觉的目标识别问题,比较成熟的技术有彩色图像分割技术、边缘检测技术和纹理图像分割技术。颜色、边缘、轮廓、纹理等都是客观世界所固有的特征,人类视觉也要依靠这些特征进行目标识别。

物体的边缘是场景中变化较快的部分,边缘检测的目的就是确定不同物体的分界线和轮廓信息。边缘检测包括空域微分算子、边缘拟合、哈夫变换等检测方法。尽管边缘检测在处理图像时能取得令人满意的效果,但由于计算量大,在没有特殊硬件支持时无法达到机器人要求的实时性。纹理是指灰度在空间以一定的形式变化而产生的图案,与边缘检测技术一样,目前最快的纹理图像分割算法也远没有达到机器人视觉所要求的实时处理性能。

颜色是物体表面的基本特征,外部世界提供了丰富的颜色信息。对于机器人视觉和人类视觉,颜色都是进行物体识别和认知必不可少的信息。任何视觉系统离开了色彩缤纷的外部世界都是有缺陷的。颜色信息不但丰富,而且易于应用。目前彩色图像采集设备已经非常普及,彩色图像的每个像素直接对应着它的颜色,所以可以基于颜色进行图像分割。由于具有良好的实时性和鲁棒性,彩色图像分割技术在机器人视觉领域得到了广泛的应用。

根据仿人机器人足球比赛的规则,机器人、球、球门等目标物体都用人眼看来明显不同的颜色加以区分,足球机器人的图像处理算法主要是通过场地上鲜明的颜色聚类来实现的。虽然比赛场地比一般的室内环境简单,但它是一种动态的环境。机器人必须根据赛场上移动的机器人和球迅速做出反应。所以,为了快速地识别目标,基于颜色的图像分割技术是构建足球机器人视觉系统的最好方案。

2.3 颜色空间模型的研究

颜色是光谱中可视频段进入视觉系统的感知结果,物体的颜色不仅取决于物体本身,而且还与光源、周围环境的颜色,以及观察者的视觉系统都有关系。要对颜色进行规范化描述和度量,就必须建立一个表示颜色三属性(色调、饱和度和亮度)及各个量之间关系的色彩系统,即颜色空间。采用基于彩色图像分割的方法识别目标,首先要定义什么是目标的颜色,这就涉及选择合适的颜色空间,常用的颜色空间有 YUV、HSV、CMY 等,它们部分消除了 RGB 的相关性,因此它们比 RGB 模式更能适应光照强度变化的场合。同时,颜色空间的选择也直接影响到图像分割和目标识别的效果。足球机器人视觉系统寻找的目标是彩色的球,也就是说要根据目标的颜色特征来进行目标的分割与识别,图像数据传给仿人机器人的主控器,数据中含有每个像素点的信息,选择何种颜色空间来表示该信息,对色彩的分类和目标识别影响很大。

RGB 是最常用的颜色空间,其中亮度等于 R、G、B 3 个分量之和。颜色空间是不均匀的,两个颜色之间的视觉差异与空间中两点间的欧氏距离不成线性比例,而且 R、G、B 值之间的相关性很高,对同一颜色属性,在不同条件(光源种类、强度和物体反射特性)下,值很分散,对于识别某种特定颜色,很难确定其阈值和其在颜色空间中的分布范围。因此,通常会选择能分离出亮度分量的颜色空间,其中,常见的是 YUV 和 HSV 颜色空间。

YUV 亦称 YCrCb,是欧洲电视系统采用的一种颜色编码方法(属于 PAL 制标准)。YUV 主要用于优化彩色视频信号的传输,使其向后兼容老式黑白电视。与 RGB 视频信号传输相比,它最大的优点在于只需占用极少的带宽(RGB 要求三个独立的视频信号同时传输)。其中,Y 表示明亮度(Luma),也就是灰度值;而 U 和 V 表示的则是色度(Chrominance),作用是描述影像色彩及饱和度,用于指定像素的颜色。亮度是通过 RGB 输入信号来创建的,方法是将 RGB 信号的特定部分叠加到一起。色度则定义了颜色的两个方面:色调与饱和度,分别用 U 和 V 来表示。其中,U 反映了 RGB 输入信号红色部分与 RGB 信号亮度值之间的差异。而 V 反映的是 RGB 输入信号蓝色部分与 RGB 信号亮度值之间的差异。YUV 和 RGB 之间是线性转换的。人眼对于亮度的敏感程度大于对于色度的敏感程度,所以完全可以让相邻的像素使用同一个色度值,而人眼的感觉不会引起太大的变化,通过损失色度信息来达到节省存储空间的目的,这就是 YUV 的基本思想。

HSV 是接近人眼感知色彩的方式,H 为色调(Hue),S 为色饱和度(Saturation),V 为亮度(Value)。色调 H 能较准确地反映颜色种类,即所处的光谱颜色的位置,对外界光照条件变化敏感度低。该参数用一角度量来表示,范围从 0 到 360 度,红、绿、蓝分别相隔 120

度。互补色分别相差 180 度。纯度 s 为一比例值，范围从 0% 到 100%，它表示所选颜色的纯度和该颜色最大的纯度之间的比率，$s=0$ 时，只有灰度。v 表示色彩的明亮程度，范围从 0% 到 100%。HSV 对用户来说是一种直观的颜色模型，可以从一种纯色彩开始，即指定色彩角 h，并让 $v=s=1$，然后通过向其中加入黑色和白色来得到所需颜色。增加黑色可以减小 v 而 s 不变，同样增加白色可以减小 s 而 v 不变。图 2.1 是 HSV 颜色空间模型示意图。

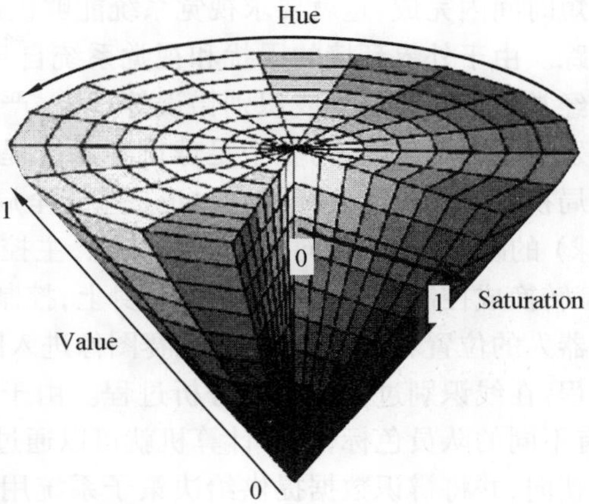

图 2.1　HSV 颜色空间示意图

RGB 到 HSV 的转换公式是非线性可逆的，即

$$
\begin{aligned}
H &= \cos^{-1}\left\{\frac{(R-G)+(R-B)}{2\sqrt{(R-G)^2+(R-B)(G-B)}}\right\} \quad \text{若 } R \neq G \text{ 或 } R \neq B \\
H &= 2\pi - H \quad \text{若 } B > G \\
S &= \frac{\max(R,G,B)-\min(R,G,B)}{\max(R,G,B)} \\
V &= \max(R,G,B)
\end{aligned}
\tag{2.1}
$$

足球机器人系统受外界的干扰是不可避免的，视觉子系统要能够快速而准确地识别出球和球门的位置，那么它就需要采用合适的颜色模型，对于外界的干扰具有一定的鲁棒性。图像的 R、G、B 三个分量之间的关联紧密，要识别某种颜色，三个分量缺一不可，当光照发生变化时最不稳定。YUV 与 RGB 一样，也是线性模型，其对颜色判断的主要依据是 U、V 这两个包含色度信息的参数，它大大改善了 RGB 模型受光照影响大、关联性强的问题。但是在颜色相近的条件下，其 Y、U、V 各值比较接近，一旦光线发生变化，那么 Y、U、V 值的偏移可能会造成颜色的误判。HSV 模型光照条件变化的条件下，其 H 值偏移不大，相对 RGB 模型和 YUV 模型而言更加稳定。不同颜色在 HSV 模型中，H 值分布范围不同。在两种颜色比较相近的情况下，两者的 H 值会十分接近，但其饱和度 S 值的区分十分明显，可利用 S 值作为辅助判断，将两种相近颜色区分出来。因此，在课题中准备采用 HSV 模型以获得比较好的颜色分辨能力，使整个视觉系统具备良好的稳定性。

2.4 仿人机器人全局视觉系统

2.4.1 全局视觉系统的构成

比赛过程中,机器人和球都是处于高速运动状态的目标,为保证控制的实时性,图像处理和目标识别必须在短时间内完成,这就要求视觉系统能够快速处理图像信息,并对目标进行准确的识别和跟踪。由于外界环境的干扰和视觉系统自身的原因,实际比赛过程中全局视觉足球机器人经常出现丢失目标或识别错误等现象,严重影响了比赛策略的执行和机器人技术的正常发挥。因此,能否为整个足球比赛系统提供一个稳定可靠的数据平台便成为评判一个全局视觉系统的重要标准。也正是基于全局视觉系统提供的包含每个运动目标(机器人和球)的瞬时位置、方向等的数据信息,主控机上的决策程序通过分析图像中的信息,将决策转换成控制命令传送到机器人身上,控制机器人完成比赛任务。

为了得到比赛中机器人的位置和方向,数字化比赛图像进入图像处理和分析步骤,此步骤可分为两个工作过程:在线识别过程和离线分析过程。由于比赛双方各有不同的颜色的队标,而机器人也有不同的队员色标,这样计算机就可以通过颜色分割辨识出全部机器人与球的坐标位置及朝向,并将辨识数据提供给决策子系统用于进行分析和决策。经过计算机对比赛图像的处理和分析,最后输出机器人的位置、方向以及足球的坐标。这就是基于彩色识别的视觉系统。

场地上方的 CCD 摄像机获取整个球场的实时模拟彩色图像信号,通过同轴电缆将图像传输到安装在主机内 PCI 插槽上的视频采集卡,采集卡将模拟彩色图像转换为数字彩色图像并存入主机内存。图像处理软件从内存中读入图像数据,通过搜索和扫描,计算出机器人和球的位置坐标及方向。视觉系统将各个机器人和球的图像数据传送给决策系统,完成一次图像采集、传输和处理循环。

数字图像处理又称为计算机图像处理,它是指将图像信号转换成数字信号并利用计算机对其进行处理的过程。常用的图像处理研究方向有图像变换、图像编码压缩、图像增强和复原、图像分割和图像识别、图像描述、图像分类(识别)等。在足球机器人的图像处理中,主要应用的研究领域为图像分割和图像编码压缩。本全局视觉系统的图像处理过程如图 2.2 所示。

通过图像获取将机器人周围的场景通过光学成像和数字化转换成数字图像。视觉系统的感觉过程是机器人获取图像的过程,这一过程基本包括两个方面:首先,图像从光信号转化为电信号,这个转化一般由摄像头完成。然后,模拟电信号转换为数字信号,并传输到计算机的内存上,这个过程由图像采集卡完成。

全局视觉系统中的初始人机交互操作过程主要完成图像预处理、特征提取和图像分割过程中一些参数选择或参数传递。例如,通过人机界面修改图像采集卡的色度、亮度的参数,可以改变图像的采集效果以及通过利用鼠标在图像中划定目标图像的区域来进行阈值的确定等操作。

寻找目标与非目标的差异的过程称为特征提取。为了使目标从图像背景中分离出来,需要提取目标图像的特征。机器人足球系统中主要的特征是颜色信息,所以采用彩色图像分割。足球机器人视觉系统寻找的目标是不同颜色的色标,也就是说,要根据颜色来区别目标与非目标,这样首先就应对不同目标进行颜色特征提取。最简单的图像分割结果就是二值化图像。系统对图像的特征进行处理,进而在图像中找出需要识别的目标,确定其身份并进行定位。由机器人足球比赛的规则知道,每个队都有自己的队标颜色。将颜色标签贴于机器人的顶部,除队标颜色外,每个机器人在其顶部还贴有队员颜色标签用于识别队员(各个队自己确定但不能与队标及场地颜色相同)。因此,机器人和球的坐标及位置可以通过全局视觉系统通过颜色特征进行确定。

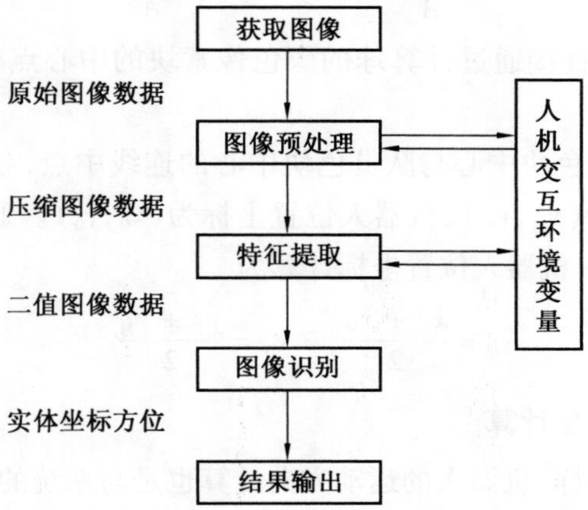

图 2.2　全局视觉系统的工作过程

一般来说,色标可根据各自系统的原理和需要而自由设计,但色标设计必须提供几个基本信息,包括机器人的位置和方向信息,本方队员之间的区别信息,对方队员之间的区别信息等。好的色标设计有助于排除干扰,提高识别精度。针对目前存在的色标设计方案,结合其优缺点,考虑到避免由于色标识别算法过于复杂所造成的效率低下,同时也要避免由于混色造成的识别误差大等因素,本系统采用了一种既简单,识别效果又比较精确的色标设计方法,如图 2.3 所示。该设计有效避免了色标交界处的区域混色现象的发生,同时具备算法简单、效率高的优点。对于仿人机器人比赛系统来讲,颜色可选取的空间也足够。

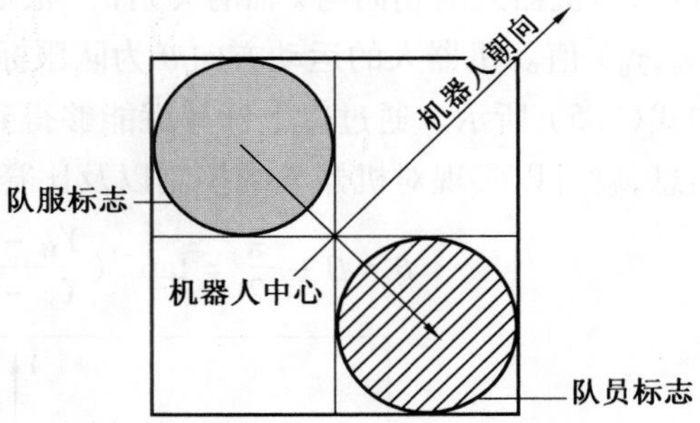

图 2.3　本系统所采用的机器人色标

目标信息包括机器人和球在平台中的坐标以及机器人的运动方向,这些位置参数计算的方法依赖于色标设计的方法。

1. 机器人位置参数计算

经过图像采集和处理步骤,得到的像素块就代表了目标在二维图像中的投影。在机器人足球系统中,需要找出这个像素块的中心位置,这是通过"质心法"来求取的。

对于一幅尺寸为 $m \times n$ 的二值化图像,编号为 c 的像素块的尺寸的计算方法为

$$A = \sum_{i=1}^{n}\sum_{j=1}^{m} B[i,j] \tag{2.2}$$

其中,当该点像素编号为 c 的时候,$B[i,j] = 1$,否则为0。

该像素块的中心坐标的计算方法为

$$\bar{x} = \frac{\sum_{i=1}^{n}\sum_{j=1}^{m} jB[i,j]}{A}, \bar{y} = \frac{\sum_{i=1}^{n}\sum_{j=1}^{m} iB[i,j]}{A} \tag{2.3}$$

对于球的位置来说,可以直接通过计算球的颜色像素块的中心点坐标,即上述公式来确定。

机器人的坐标是队服色块中心与队员色块中心的连线中点,令队服中心坐标为(x_T, y_T),队员标志中心坐标为(x_M,y_M),机器人位置坐标为(x_0,y_0)。通过式(2.3) 很容易计算出(x_T,y_T) 和(x_M,y_M)。机器人位置坐标计算为

$$x_0 = \frac{x_T + x_M}{2}, \quad y_0 = \frac{y_T + y_M}{2} \tag{2.4}$$

2. 机器人运动方向信息计算

同机器人坐标计算一样,机器人的运动方向计算也是与系统的色标设计直接相关的,以下是基于本系统的色标设计方案实现的。机器人的运动方向在平台中的表示如图2.4所示,即机器人的朝向与x轴的夹角θ。根据式(2.4) 的计算,可得到(x_T,y_T),(x_M,y_M) 和(x_0,y_0) 值。机器人的运动方向θ为队服标志中心与队员标志中心夹角β减去90°得到,如式(2.5) 所示。通过以上计算就能够得到关于机器人和球的相关位姿信息,通过这些信息,就可以实现对机器人的控制以及比赛策略。

$$\theta = \beta - \frac{\pi}{2} = \tan^{-1}\left(\frac{Y_M - Y_T}{X_M - X_T}\right) - \frac{\pi}{2} \quad (0 \leqslant \theta < 2\pi) \tag{2.5}$$

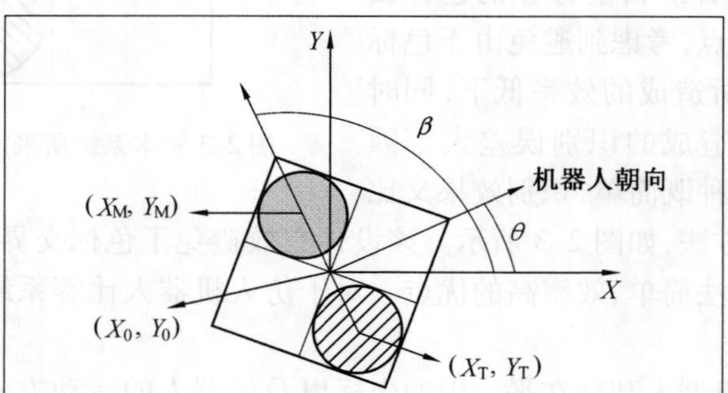

图2.4 机器人的位姿参数

2.4.2　全局视觉动态识别目标的分析与改进

精确定位,是设计全局视觉的最终目标。比赛过程中,机器人和球都是处于高速运动状态的目标。为保证控制的实时性,图像处理和目标识别必须在短时间内完成,这就要求视觉系统能够快速处理图像信息,并对目标进行准确的识别和跟踪。由于外界环境的干扰和视觉系统自身的原因,实际比赛过程中全局视觉足球机器人经常出现丢失目标或识别错误等现象,严重影响了比赛策略的执行和机器人技术的正常发挥。因此,分析影响识别效果的不利因素,并通过技术手段加以克服,对提高视觉系统的整体性能具有十分重要的意义。

1. 图像的径向畸变

场地作为视觉识别的背景,对其准确的识别可谓是极其重要。重点要测试门两边的坐标,球场中线两个端点的坐标,以及球场顶角的坐标。场地边界的测试数据如表 2.1。

表 2.1　球场边界定位实验数据

x,y	A	B	C	D	E	F
实际坐标	0,0	0,45	0,135	0,180	110,180	220,180
定位坐标	4.2,3.1	1.7,44	1.2,133.9	3.8,177.3	111,178.8	216.2,178

由测试数据发现,对于场地边界的位置识别呈现出一定的误差,靠近场地中心处的误差会逐渐变小,而 4 个角的误差最大。由于摄像机的光学系统有一定的非线性,加之镜头视角与摄像机的高度不匹配,摄取的图像会产生几何失真。这种失真从中间到边缘逐渐增大,称为桶形失真,也叫做径向畸变,镜头获取的实际图像如图 2.5 所示。桶形失真会造成图像边缘的直线识别为弧线。这种非线性失真必然影响视觉辨识的精度,因此要加以矫正。

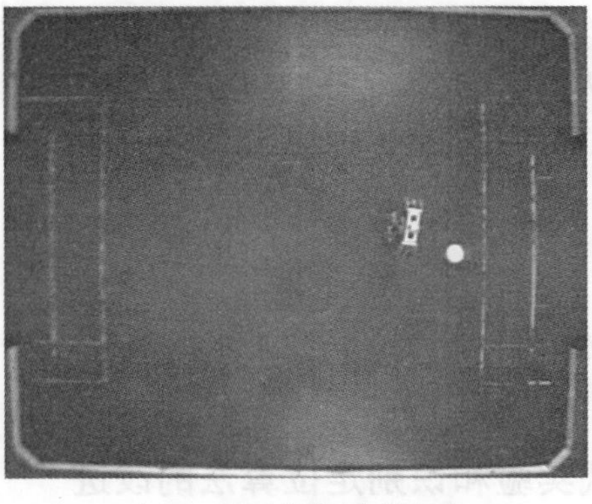

图 2.5　图像的桶形失真

光学镜头几何畸变的数学模型为

$$\begin{cases} x_1 = Ax_0 + B(x_0^2 + y_0^2)x_0 \\ y_1 = Ay_0 + B(x_0^2 + y_0^2)y_0 \end{cases} \tag{2.6}$$

式中，x_0, y_0 为畸变以前的原始坐标；x_1, y_1 为畸变后的坐标。图像采集卡所采集到的图像是畸变以后的图像，所以获得的是 x_1, y_1，要求的是 x_0, y_0。式(2.6) 中的参数 A, B 可由一些先验点(如四个角) 的对应关系通过求平均值的方法得到。式(2.6) 方程组采用牛顿迭代的方法求解，结果为

$$\begin{cases} x_0(k+1) = \dfrac{x_0(k+1)y_1}{x_1} \\ x_0(k+1) = x_0(k) - \dfrac{Ax_0(k) + B(1 + \dfrac{y_1^2}{x_1^2})x_0^3(k) - x_1}{A + 3B(1 + \dfrac{y_1^2}{x_1^2})x_0^2(k)} \\ k = 1, 2, \cdots \end{cases} \tag{2.7}$$

用这种方法解决图像的径向畸变的效果，将在后面的实验中验证。

2. 图像的投影畸变

将机器人分别放在平台中 9 个有代表性的位置，通过全局视觉分别获得 9 组坐标，将在测试中得到的坐标与实际测量得到的坐标进行比较。结果发现，对于机器人的定位误差也呈现桶形失真的特点，尤其是靠近场地边缘，误差达到 6 cm 以上，严重影响了全局视觉的定位。

足球机器人的颜色标志位于机器人顶部，由于机器人本身有一定的高度，摄像机也存在光学视角，对位于场地中心附近的目标，采集所得到的位置坐标与实际差别不大；而对距离场地中心较远的目标，所采集的位置坐标与实际位置坐标差别就比较大。这种畸变称为定位畸变，也叫做投影畸变，需要采取适当的方法进行矫正。投影畸变如图 2.6 所示。

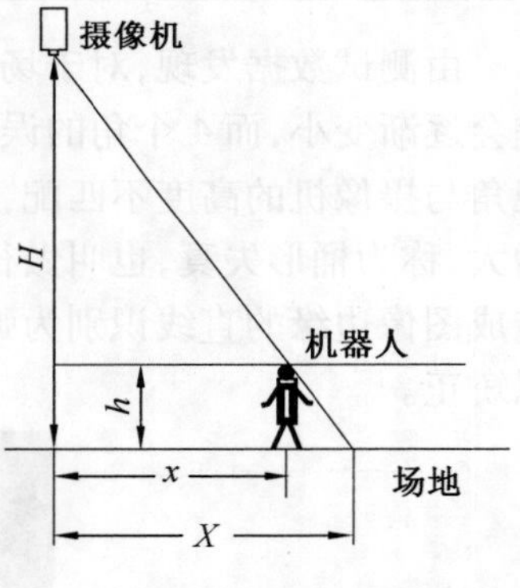

图 2.6 投影畸变

图中，H 为摄像机高度，h 为机器人高度，x 为机器人实际位置坐标，X 为机器人的图像坐标。现要将机器人投影的坐标矫正回机器人实际所在的坐标，根据相似三角形原理，于是有公式

$$\frac{x}{X} = \frac{H-h}{H} \tag{2.8}$$

实际场地上机器人位置坐标由 X 坐标和 Y 坐标组成，应分别进行矫正处理。对于识别算法改进的效果，在后面的实验中测试。

2.4.3 全局视觉测试实验和识别定位算法的改进

本实验按照前面描述的各个算法所实现的全局视觉系统，已经能够识别出机器人位置的相关信息。将该系统用于实践，在实际环境中测试识别出位置数据的准确性。

1. 场地边界的识别实验

场地作为视觉识别图像的背景，对其准确的识别非常重要。本实验主要用来测试经过调整后的图像识别的算法对于场地识别的精确度是否提高，图像的径向畸变是否得到有效的解决。重点要测试门两边的坐标、球场中线两个端点的坐标以及球场顶角的坐标。球场的实际平面尺寸以及各测试点的位置如图 2.7。

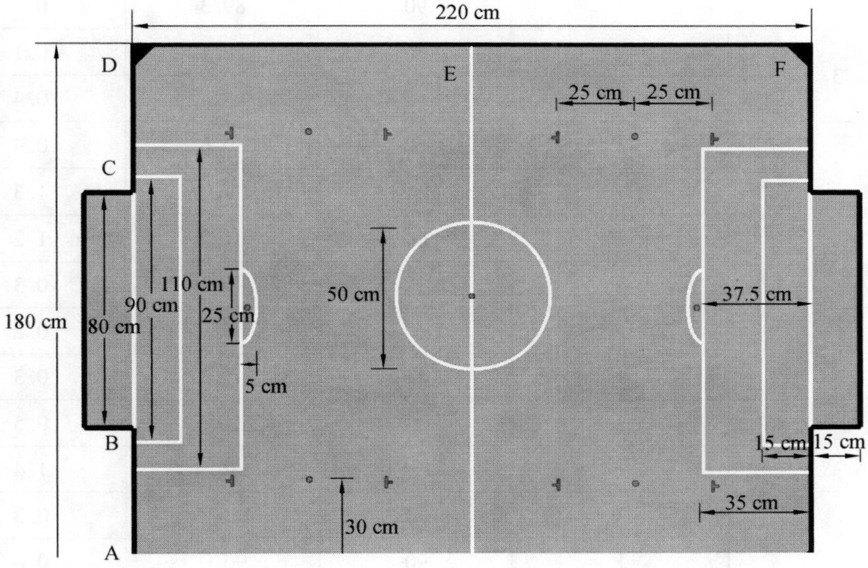

图 2.7　球场的平面尺寸

实验数据见表 2.2，实验结果表明，改进后的定位算法，可以有效矫正镜头引起的径向畸变，使实验数据的明显误差缩小，几乎不影响全局视觉系统的定位功能。

表 2.2　改进后球场边界定位实验数据

x,y	A	B	C	D	E	F
实际坐标	0,0	0,45	0,135	0,180	110,180	220,180
定位坐标	1.3,2.1	1.1,44.1	1,134.7	0.9,179.2	111,180.2	218.9,179

2. 机器人坐标定位实验

对于机器人的定位，是全局视觉系统中定位的核心。准确的定位可以为决策系统提供一个可靠的数据来源。但是由机器人高度引起的投影畸变，严重影响了对机器人的定位。本实验主要用于检验在前面提出的改进算法对于处理投影畸变的有效性。测试结果如表 2.3 所示。表中准确值是实际测量的结果，误差值 = 实验值 - 实际值。

可见，坐标误差控制在 ±1.4 cm 以内，这在正常运行程序时是可以接受的，对机器人的正常走位控制影响可以忽略。可见，改进后的算法，对投影畸变进行了很好的处理。

表 2.3　机器人定位实验数据

序　号	坐　标	准确值	实验值	误差值
1	*X*	20	18.4	1.6
	Y	135	136.1	1.1
2	*X*	20	21.1	1.1
	Y	90	89.3	0.7
3	*X*	20	20.1	0.1
	Y	45	45.4	0.4
4	*X*	60	59.6	0.4
	Y	135	136.3	1.3
5	*X*	60	61.2	1.2
	Y	90	89.7	0.3
6	*X*	60	60.2	0.2
	Y	45	45.3	0.3
7	*X*	110	109.5	0.5
	Y	135	136.4	1.4
8	*X*	110	110.3	0.3
	Y	90	90.0	0.0
9	*X*	110	109.7	0.3
	Y	45	43.9	1.1

3. 机器人角度测试实验

将机器人静止地放到平台上，使其朝向 y 轴正向，即朝向为 90°，对系统测得的角度进行采样，取得 30 个数据，观察角度抖动情况，如图 2.8 所示。可以看到，系统得到的最大角度为 92.9°，最小角度 87.1°，角度的最大抖动为 $\Delta\theta_{\max} = 5.8°$。这样的抖动幅度在识别机器人的朝向时是可以接受的。

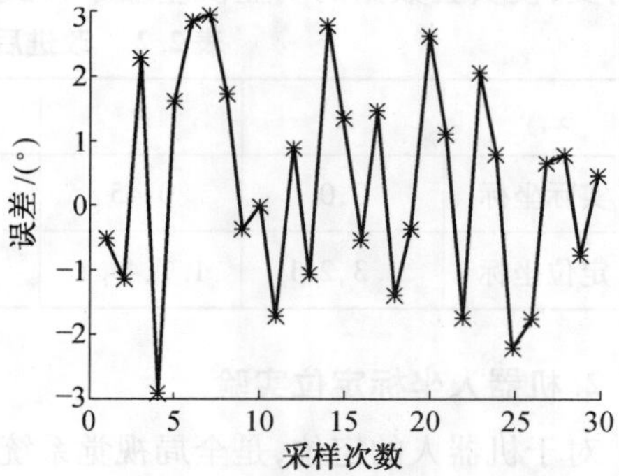

图 2.8　机器人的角度抖动

4. 不均匀光照条件下的识别实验

这一次实验的光照采取不均匀光照，用来测试采用 HSV 颜色空间和采用圆形色标，识别的抗干扰能力是否有所提高。不均匀的光照下摄像头捕获的实际图像如图 2.9 所示。识别出的图像如图 2.10 所示。由识别图像可以看出，该全局视觉系统在不均匀光源下依然可以准确稳定地识别出机器人的位置信息，从而可以判断，采用 HSV 颜色空间和圆形的色标是合理的。

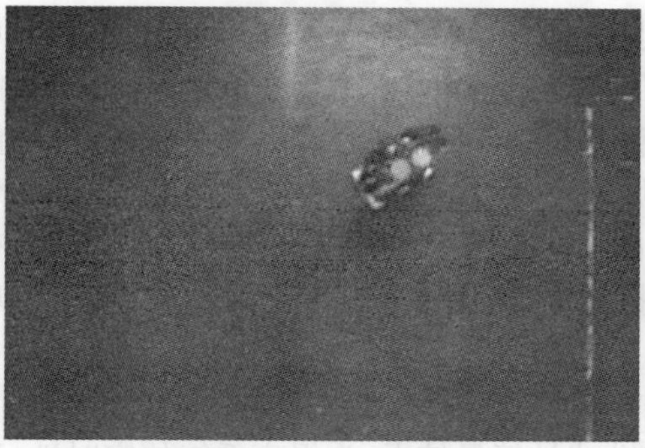

图2.9　不均匀光线下的图像

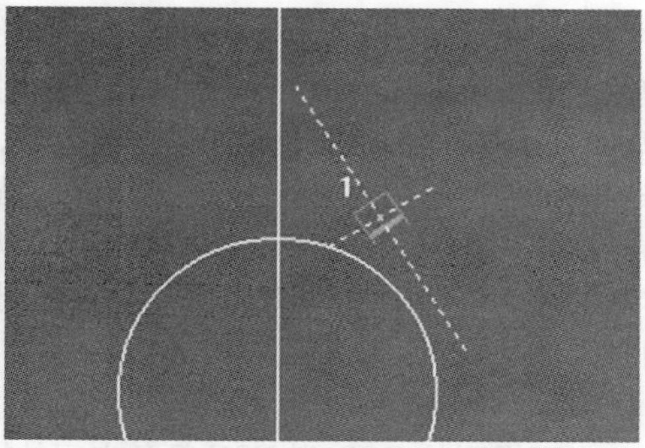

图2.10　机器人方位识别图像

通过以上四个实验可以看到,本全局视觉系统所采用的图像识别算法及色标设计基本能够满足仿人机器人足球比赛的需要,所取得的实验效果较为理想。在视觉系统的实际应用中,其识别精度可保证在比赛过程中,给决策模块提供可靠的视觉信息,且其最大识别偏差也在系统可承受的范围之内。

2.5　仿人机器人嵌入式视觉系统

2.5.1　嵌入式视觉多目标识别算法

本章提出了一种基于颜色的实时多目标识别算法,该算法的输入是摄像机采集的RGB图像,输出是目标物体的识别结果及其图像坐标位置。足球机器人多目标识别是从大量的信息中抽象出少量信息的过程,用到边界分割,即如何检查到不同对象及其边界,并采用合适的结构表示对象。目前所用到的边界分割算法是聚类,所谓聚类就是将同一类的像素点聚集起来到一个集合之中,并找到这一集合的简化描述。例如,搜索橙色的球,就可以将橙色的点全部找到,并求取其在图片中的中心坐标以及面积,进而得到球的球心和半径。

聚类过程中颜色识别是核心,以使算法认为该像素点是否应该属于不同的集合。颜色的识别采用门限法,即在颜色空间中划分出一片区域并认定属于该区域的点即为所需的颜色。根据上述各颜色空间模型的分析,RGB颜色空间并不能很好地通过门限法来确定颜色,所以采用HSV颜色空间模型。本章提出的基于颜色的多目标识别算法主要分为三个阶段:图像扫描与颜色域变换;基于颜色的多目标像素聚类;基于先验知识的目标识别。算法的基本流程如下:

(1) 图像扫描与颜色域变换:图像扫描,颜色域变换。

(2) 基于颜色的多目标像素聚类:颜色阈值的学习,变门限聚类算法,过滤算法。

(3) 基于先验信息的目标识别:球、球门、守门员等目标。

下面按照以上执行顺序详细讨论每一步算法的设计思想和实现方法。

1. 图像扫描与颜色域变换

(1) 图像扫描

图像处理即从该数据序列中搜索到感兴趣的对象并用简单的参数进行表达,在PDA图像坐标系下,x水平向右,y竖直向下,即图像的原点坐标在左上角。图像扫描就是从图片的左上角开始从上到下，从左到右，逐行逐列地扫描识别目标物体，直到扫描到右下角的像素点结束。在本章的系统中，扫描一副图像需要扫描 160 × 120 个像素点，由于我们识别的目标物体都是颜色纯净的连通色块，体积不是很小，所以为了加快扫描速度，我们采用隔行隔列的扫描方式，此时可以将扫描区域缩小到以前的 1/4，或者采用隔 2 行 2 列的扫描方式，此时可以将扫描区域缩小到以前的 1/9，这大大提高了扫描速度。因此，在本章的视觉系统中，识别足球采用隔行隔列的扫描方式，由于球门的区域比较大，识别球门时采用了隔 2 行 2 列的扫描方式。

(2) *颜色域变换*

上面提到的 RGB 到 HSV 颜色空间的转换公式计算量较大，为提高系统的实时性，采用 RGB 到 HSV 颜色空间的快速算法。

HSV 变换能体现出人眼辨别颜色的特点，比如人们会说一种颜色比较亮，或发红、发蓝，或比较鲜艳。但实际应用中，这样的定义计算量非常大，如果对图像每一点都计算的话，速度非常慢，且实际可能有 16 × 160 种颜色，建立颜色映射表也不可能。对此，作者提出了一种新的计算方法，对于 8bit 的 RGB 图像，计算同为 8bit 的 HSV 值，仍然能体现这一变换的特色。

计算色度：

① 将颜色的 RGB 分量排序，设结果为

$$C_1 \geqslant C_2 \geqslant C_3 \quad (C_i \in \{R,G,B\})$$

② 令 $D_1 \sim D_3$ 表示 3 个分界点的数值，若色度的最大值为 M，则

$$D_1 = \frac{1}{6}M, D_2 = \frac{1}{2}M, D_3 = \frac{5}{6}M; \text{令 } l = \frac{(D_2 - D_1)}{2}$$

③ 计算偏移量

$$offset = l \cdot \frac{C_1 - C_2}{C_1 - C_3}$$

④ 根据颜色的排序结果，按表 2.4 计算色度值 H。

表 2.4　色度计算公式

颜色排序	所在区域	色度计算公式	颜色排序	所在区域	色度计算公式
红 ≥ 绿 ≥ 蓝	Ⅰ	$D_1 - offset$	蓝 ≥ 绿 ≥ 红	Ⅳ	$D_2 + offset$
绿 ≥ 红 ≥ 蓝	Ⅱ	$D_1 + offset$	蓝 ≥ 红 ≥ 绿	Ⅴ	$D_3 - offset$
绿 ≥ 蓝 ≥ 红	Ⅲ	$D_2 - offset$	红 ≥ 蓝 ≥ 绿	Ⅵ	$D_3 + offset$

饱和度和亮度的计算公式不变，还按原来的公式计算。这样得出 RGB 到 HSV 颜色空间模型的快速转换公式

$$H = \begin{cases} \dfrac{(G - B)}{\max(R,G,B) - \min(R,G,B)} & R = \max(R,G,B) \\ 2 + \dfrac{(B - R)}{\max(R,G,B) - \min(R,G,B)} & G = \max(R,G,B) \\ 4 + \dfrac{(R - G)}{\max(R,G,B) - \min(R,G,B)} & B = \max(R,G,B) \end{cases} \tag{2.9}$$

$$H = H \times 60 \quad 若 H < 0, H = H + 360$$

$$S = \frac{\max(R,G,B) - \min(R,G,B)}{\max(R,G,B)}$$

$$V = \max(R,G,B)$$

H 的取值范围是 0 ~ 359，S 的取值范围是 0 ~ 1，V 的取值范围是 0 ~ 255。RGB 的每个颜色分量都占 8bit 位，为了在程序中计算方便，我们把 HSV 的三个分量值归一化，使它们的取值范围跟 RGB 颜色模型一样，都是 0 ~ 255，归一化后 RGB 到 HSV 的颜色空间模型的快速转换公式为

$$H = \begin{cases} \dfrac{(G - B) \times 255}{6 \times (\max(R,G,B) - \min(R,G,B))} & R = \max(R,G,B) \\ \dfrac{(2 \times (\max(R,G,B) - \min(R,G,B)) + B - R) \times 255}{6 \times (\max(R,G,B) - \min(R,G,B))} & G = \max(R,G,B) \\ \dfrac{(4 \times (\max(R,G,B) - \min(R,G,B)) + R - G) \times 255}{6 \times (\max(R,G,B) - \min(R,G,B))} & B = \max(R,G,B) \end{cases} \tag{2.10}$$

$$若 \quad H < 0, H = H + 256$$

$$S = \frac{255 \times (\max(R,G,B) - \min(R,G,B))}{\max(R,G,B)}$$

$$V = \max(R,G,B)$$

2. 基于颜色的多目标像素聚类

原始图像经过第一阶段处理后，就可以进行基于颜色的多目标像素聚类。首先根据目标区域 HSV 的分布直方图，进行颜色阈值的学习，然后基于颜色查表判断该像素点是否为识别目标；为了得到准确的处理结果，还采取了变门限聚类算法，即搜索可能点时缩小门限，搜索聚类时放大门限；最后再通过过滤算法，消除干扰区域，得到目标区域。

(1) *颜色阈值的学习*

在 HSV 颜色空间下进行图像分割。环境中的一个目标物体与一类颜色相对应。所以在视觉系统开始工作之前，视觉系统要在人的监督下对目标物体颜色进行学习，确定每类颜色在 HSV 空间的阈值。

颜色阈值学习过程如下。

步骤 1：用鼠标在原始图像上目标区域内划一个内接矩形 A。

步骤 2：设区域 A 内部的像素集合为 P。

步骤 3：初始化 $HMAX = SMAX = VMAX = 0, HMIN = SMIN = VMIN = 255$。

步骤 4：FOR 所有像素 pi 属于 PDO。

步骤 5：$HMAX = \max(Hi, HMAX)$；$HMIN = \min(Hi, HMIN)$。

步骤 6：$SMAX = \max(Si, SMAX)$；$SMIN = \min(Si, SMIN)$。

步骤 7：$VMAX = \max(Vi, VMAX)$；$VMIN = \min(Vi, VMIN)$。

这里提出的颜色学习方法实质是局部颜色直方图方法。所谓局部颜色直方图方法，是指生成局部区域上图像直方图，并通过比较模版（参考图像）与目标图像之间局部直方图值的相似性来检测图像中物体位置的方法。图 2.11 所示为 HSV 局部颜色直方图。

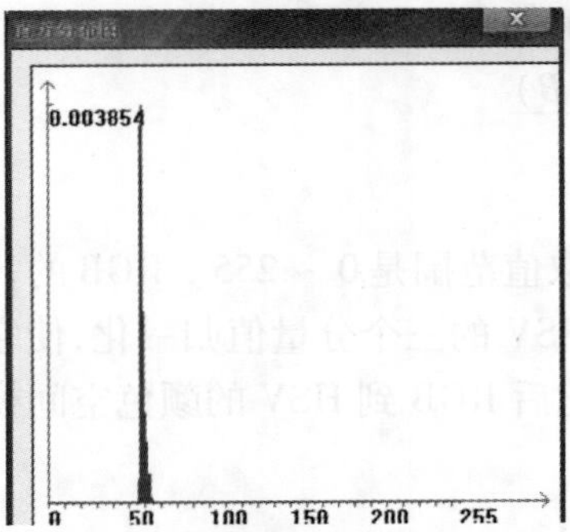

(a) H 直方分布图

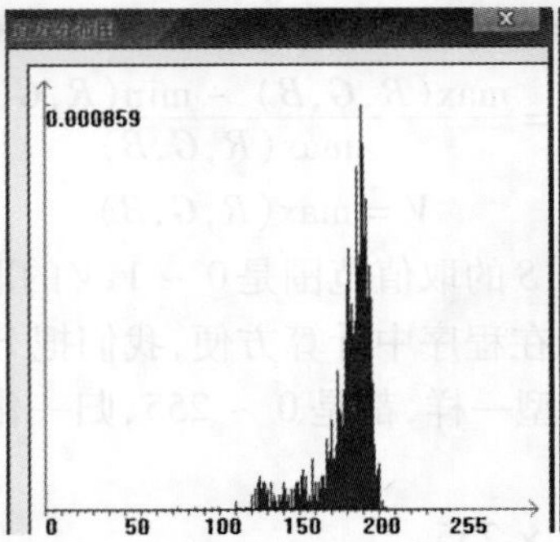

(b) S 直方分布图

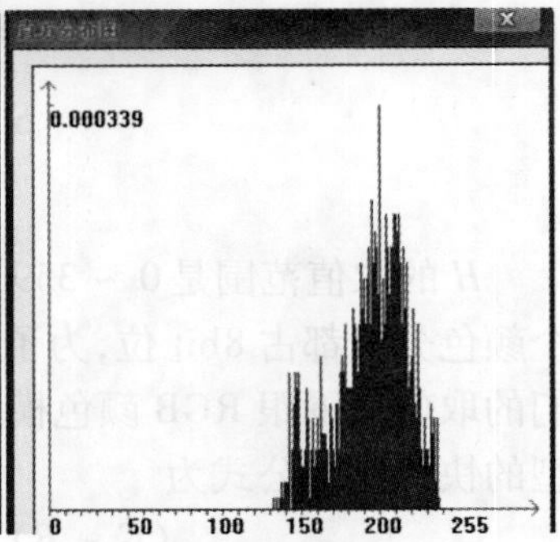

(c) V 直方分布图

图 2.11 HSV 局部颜色直方分布图

(2) 变门限聚类算法

彩色图像在各个颜色空间均可看做由三个分量构成,用每个点的三个颜色分量的值代表该像素。所以每一幅彩色图像可以看做颜色分量值构成的三幅灰度图像,而彩色图像分割就相当于将其对应的三幅灰度图像的分割结果叠加。

假设视觉系统需要识别 N 种不同的颜色,每一种颜色 $COLOR_i$ 分别对应一组 HSV 区间 $\{[HMIN_i, HMAX_i], [SMIN_i SMAX_i], [VMIN_i, VMAX_i]\}$,这相当于 HSV 颜色空间中一个长、宽、高分别为 $\Delta H_i, \Delta S_i, \Delta V_i$ 的正立的"箱子"(正立长方体的外表面),其中,$\Delta H_i = HMAX_i - HMIN_i, \Delta S_i = SMAX_i - SMIN_i, \Delta V_i = VMAX_i - VMIN_i$。$N$ 种颜色对应 N 个"箱子"。基于颜色的像素聚类(彩色图像分割)就是判断每一个像素在 HSV 颜色空间的坐标是否落在某一个"箱子"内部。如果像素 P_i 落在"箱子"BOX_i 内,则标记 P_i 属于颜色 $COLOR_i$。比较直观的聚类实现方法是把每个像素的 H、S、V 值分别同 N 种颜色对应的 HSV 区间比较,判断是否位于相应的区间内。比较过程描述如下:

Step1 FOR 颜色 $COLOR_i, i = 1, \cdots, N$ DO

Step2 IF $HMIN_i \leqslant H(Pi)$ AND $H(Pi) \leqslant HMAX_i$

AND $SMIN_i \leqslant S(Pi)$ AND $S(Pi) \leqslant SMAX_i$

AND $VMIN_i \leqslant V(Pi)$ AND $V(Pi) \leqslant VMAX_i$

THEN $Pi \in COLOR_i$

从以上过程描述可知,对每一个像素执行一次聚类操作都要执行 $N \times 6$ 次整型变量的比较运算和分支语句。相同的聚类操作要对彩色图像中所有像素都执行一遍,当使用流水线处理器执行上述聚类操作时,这种方法的效率甚低,极大地影响了目标识别的实时性。为了提高实时性,人们设计了可以对整幅图像的所有像素并行处理的硬件芯片,但是这类硬件缺乏灵活性而且价格昂贵。此外,人们还提出了各种软件加速算法,主要有两种加速思想:减少处理像素点的比较次数;利用查表法代替繁琐的比较操作。其中,基于前者的聚类算法有:移动网络扫描、动态窗口法、特征色标的跟踪方式;基于后者的聚类算法有相关点聚类法、查表聚类法。本章提出的算法是这两种思想结合的快速颜色空间聚类算法。

首先,要减少处理像素点的比较次数,在 HSV 颜色空间中,色度是各个对象差别最大的一个变量，所以色度的公式不变，即 $HMIN_i \leqslant H(Pi)$ AND $H(Pi) \leqslant HMAX_i$。当沿着 HSV 颜色锥径向变化时，即色彩的饱和度变化时，颜色的属性不变，但纯度发生变化，即颜色锥的靠外缘的部分颜色比较纯，比较鲜艳，靠中心的部分颜色不纯，并且逐渐趋向灰色。实际中，由于场上对象的颜色都比较纯，可以只设定一个饱和度的下界来滤除一些场内外的杂色，而不需要设定饱和度上界。例如在黄色灯光照射下，边线的颜色就会倾向于黄色球门或者球，但其饱和度很低，因此不能通过最低饱和度的限制，而被滤除掉。当沿着颜色锥以锥顶呈放射状变化时，色彩的亮暗程度会发生变化，在光线不好的情况下，黑色容易被误认为其他颜色，例如，黑色的柱子会被当作蓝色的门，因此，只需设置最低的 V 值用以防止误判断。这样对每一个像素执行一次聚类操作执行 $N \times 4$ 次整型变量的比较运算，比原来减少了 $2N$ 次。

然后，采用查找表的方式进一步加快聚类速度。大部分彩色图像采集设备用 8 位整型数表示颜色空间的每一个分量，所以每一个颜色分量都是0 到255 之间的整型数。查表法的原理是用$256 \times 256 \times 256$ 三维数组来表示颜色空间，把位于每一种颜色 $COLOR_i$ 的颜色区间内的数组元素标记为相应的颜色 $COLOR_i$。颜色空间聚类过程就是以像素的颜色分量值作为数组的索引输入，根据对应的数组元素值来确定像素的颜色类别。查表法用一次数组索引操作代替 $N \times 4$ 次比较运算，极大地提高了聚类算法的运算效率，但缺点是占用存储空间过大，一个用于表达颜色空间的字符型三维数组需要224Byte（16.7 MB）内存空间。这样的内存空间需求对于目前的个人电脑（P4 CPU + 1 GB 内存）是允许的，但是对于仿人机器人是不可行的，为此提出了改进查表法来完成颜色空间聚类。

首先，利用一个投影变换，将图像像素在颜色空间中所对应的坐标位置分别投影到三个颜色分量坐标轴上，从而把聚类查表数组的维数降低到一维，用三个一维的 32 位无符号整型数组（“unsigned int”，HClass[0…255]，SClass[0…255]，VClass[0…255]）表示颜色空间。HClass、SClass、VClass 数组分别表示颜色的一个分量值，每个数组元素的第 i 位表示第 i 种颜色的二值化结果，其中，$i = 0, \cdots, 31$。于是，我们就能够通过数组的“位与”运算 AND（C 语言中为‘&’运算符）来实现对像素点的聚类，即将一类特定的像素分到由数组表示的颜色类别中。

下面举例说明该方法的实现过程。假设把 HSV 颜色空间中的每一维颜色分量分成 10 等份（实际是 256 等份）。定义一种颜色类别（如“绿色”）的 HSV 区间分别为[1,3]，[5,9]，[5,9]，由于 S 和 V 的值都只需要下界，所以它们的上界值都是最大值，用以下三个 1 位整型数组表示该颜色

HClass[ ] = {0,1,1,1,0,0,0,0,0,0}；

SClass[ ] = {0,0,0,0,0,1,1,1,1,1}；

VClass[ ] = {0,0,0,0,0,1,1,1,1,1}；

像素聚类时，为了确定一个像素 HSV =（1,7,8）是否属于颜色类别“绿色”，我们只需计算表达式 HClass[1] AND SClass[7] AND VClass[8] 的值。如果计算值为 1，则表示这个像素点属于颜色类别“绿色”，如果计算值为 0，则表明该像素不属于颜色类别“绿色”。

这种方法的最大优点是，当定义了多种颜色时，可同时计算像素点与多种颜色类别的

隶属关系。该方法利用无符号整型数"位与"运算的并行性,仅计算一次"HClass[ ] AND SClass[ ] AND VClass[ ]"就能得到像素的颜色聚类结果。

下面举例说明该过程。假设除了"绿色"以外,还需要识别"黄色","黄色"的HSV区间分别为:[5,6],[6,9],[6,9],则用以下三个1位整型数组表示"黄色":

HClass[ ] = {0,0,0,0,0,1,1,0,0,0};

SClass[ ] = {0,0,0,0,0,0,1,1,1,1};

VClass[ ] = {0,0,0,0,0,0,1,1,1,1};

可以将"绿色"和"黄色"对应的两个1位整型数组用一个2位整型数组表示:

二进制

HClass[ ] = {00,10,10,10,00,01,01,0,0,0};

SClass[ ] = {00,00,00,00,00,10,11,11,11,11};

VClass[ ] = {00,00,00,00,00,10,11,11,11,11};

数组中每一个元素的高位表示"绿色",低位表示"黄色"。我们计算表达式HClass[1] AND SClass[7] AND VClass[8]的二进制结果是'10',表示该像素(1,7,8)属于预先定义的"绿色"而不是"黄色"。

以上是本章提出的基于改进查表法的判断像素点是否为目标像素点的方法。它本质上是基于查表法的多阈值彩色图像分割。该方法有两个突出优点:

① 采用32位的无符号整型数来表示数组元素,这样只要两次"位与"运算就能确定像素的颜色类别,大大提高了速度。如果采用算法1识别32个具有不同颜色的目标,则至少需要32 × 6(192)次比较运算才能得出结果。

② 把三维颜色空间投影到一维坐标轴,仅用三个一维数组表示颜色空间和预定义的颜色类别,极大地节省了内存空间。这种方法对于基于PDA的嵌入式视觉是非常适用的。

该方法最多能识别32种目标颜色,可以满足各类足球机器人视觉系统目标识别的要求。

通过上述方法,就可以快速地判定一个像素是否属于目标像素,从而可以把图像中的各个目标区域分开。这时需要对图像进行连通性分析,提取目标区域,即开始聚类。首先说明一下什么是连通性,连通的概念是建立在邻接的基础上的。邻接性按四邻接或八邻接定义。四邻接是指仅当两个点上下或左右相邻时才是邻接的,如图2.12所示。八邻接指的是除了上下左右外,还可以有四个斜向的邻接。如果图像上两个点按照四邻接性存在一条通路,那么称这两点是四连通的。八连通的定义同理。

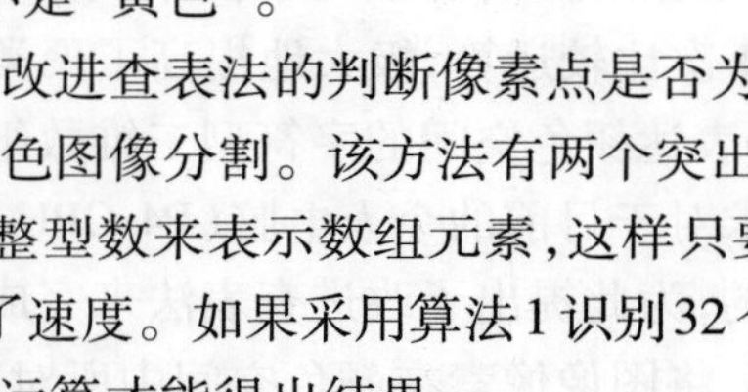

(a) 四邻接　　(b) 八邻接

图 2.12　两种邻接性定义

在连通性分析的方法中，比较常用的是游程长度编码算法。游程长度编码（RLE，Run Length Encoded）是指利用水平空间上相邻且灰度值相等的像素的个数（长度）来描述图像。每一组水平相邻且灰度值相等的像素对应着一个游程（Run-Length），游程的值就等于相应像素的个数。用游程来表示的图像就称为游程长度编码图像，简称 RLE 图像。当一幅图像被游程编码后，生成一幅 RLE 图像，接着按从上到下，从左到右的顺序对 RLE 图像进行两次扫描，完成连通区域提取。

上述算法需要进行多次图像扫描，因此聚类过程需要花费大量时间，不能满足基于 PDA 的嵌入式视觉系统的实时性要求。本章提出了扫描线种子填充快速聚类算法，可以在只扫描图像一次的情况下，生成所有聚类。

种子填充算法是交互式图形学常用的一类填充算法，它实现了对图像数据矩阵由边界或某种灰度的点集定义的四连通（或八连通）区域进行填充。种子填充算法的突出优点是速度快，只扫描图像一次，即可生成所有聚类，而且能对具有任意复杂边界的区域进行填充。下面是详细的算法描述。

步骤 1：初始化，用一个队列保存属于目标物体的像素点，并设置扫描指针和队尾指针，扫描指针指向要扫描的像素点，队尾指针指向队列中最后一个元素的后一个位置。另外，建立一个图像像素大小数组，来记录图像中的点是否已经被聚类。

步骤 2：从上到下，从左到右扫描图像数据。若扫描到的点属于某一待识别目标物体，则证明此点为一个新的聚类开始点，转入步骤 3；否则，该点不属于任何一个待识别的目标物体，继续扫描一下点。

步骤 3：将聚类开始点放入空队列中，此时队列中只有这一个像素点，扫描指针指向该点，队尾指针指向该点的后一个位置，并标记聚类开始点为已聚类。

步骤 4：按照四连通区域进行种子填充，判断扫描指针指向的像素点的相邻像素点是否为同一类像素点，按照左下右上的顺序扫描四个相邻点，如果是同一类像素点，加入队列，标记此点为已聚类，队尾指针后移。

步骤 5：根据当前扫描指针指向的像素点，重新计算该聚类的边界值，扫描指针后移，转到步骤 4。当扫描指针和队尾指针指向同一个位置时，此待识别物体的聚类过程结束。

一个实例，如图2.13所示，－号表示背景点，＋号表示待聚类点。

	0	1	2	3	4
0	－	－	－	－	－
1	－	－	＋	－	－
2	－	＋	＋	＋	－
3	－	－	＋	＋	－
4	－	－	－	－	－

图 2.13　算法实例图

在对图像进行扫描的过程中，首先扫描到目标点(1,2)，以该点为聚类初始点开始聚类，此时队列中的点为{[1,2]}，扫描指针指向该点，按照左下右上的顺序扫描相邻点，扫描后队列中点为{(1,2)，(2,2)}，扫描指针指向点(2,2)，扫描该点的相邻点，扫描后队列中点为{(1,2)，(2,2)，(2,1)，(3,2)，(2,3)}，扫描指针指向点(2,1)，扫描该点的相邻点，该点周围没有相邻的，为聚类的点，队列不变，扫描指针后移，指向点(3,2)，扫描该点的相邻点，扫描后队列中的点为

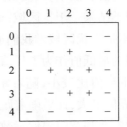

{(1,2),(2,2),(2,1),(3,2),(2,3),(3,3)},扫描指针指向点(2,3),扫描该点的相邻点,没有相邻点,扫描指针后移指向点(3,3),该点也没有相邻的,未被聚类的点,扫描指针后移,此时扫描指针与队尾指针指向同一位置,聚类结束。

上面提出的扫描线种子填充快速聚类算法,在光线均匀、目标物体颜色纯净的情况下,可以得到很好的识别效果,但是在光线不均匀的情况下,识别效果就会变差,此时可以调整色度H的阈值来改变识别效果。但是,如果H的阈值比较小,就有可能只能识别出部分目标物体,甚至识别不到目标物体,如果H的阈值比较大,可以识别出全部目标物体,不过也可能错误地识别出其他干扰色块,识别不准确。因此,本章提出的扫描线种子填充快速聚类算法是一种改进的算法,为了得到准确的处理结果,采取了变门限聚类算法,在扫描图像聚类初始点时缩小门限,聚类时放大门限,但是有时可能被其他错误色块干扰,如图2.14所示,将黄色的门当做了球。

图2.14 错误的图像处理结果

(3) 过滤算法

为了进一步得到准确的处理结果,可以在聚类结束后,通过过滤算法,消除干扰区域,得到目标区域。该过滤算法的基本思想是,由于在机器人足球赛中,目标物体都是纯色物体,所以在聚类过程中,记录目标物体中属于窄门限的像素数和宽门限的像素数,根据这两种像素数的比值,来过滤干扰区域。如果比值比较低,即窄门限像素数比宽门限像素数小很多,是干扰区域的可能性比较大,反之,比值较高,是目标物体的可能性比较大。

在过滤算法中,我们设定一组比值的下界值,如果聚类结果的比值小于下界值,则说明此聚类结果是干扰区域,如果聚类结果的比值大于等于下界值,说明此聚类结果是目标物体,不是干扰区域。我们通过多次实验,设定这组下界值,在不同的光照条件下,取不同的比值的最低值作为下界值。而且目标物体离摄像头的距离也影响此比值,当距离比较近时,下界值比较小,随着距离的增大,下界值逐步增大,当距离到达一个最合适的位置时,下界值最大,此后随着距离的增大,下界值逐步减小。如表2.5所示,不同距离下,窄门限像素数和宽门限像素数的下界比值。

相邻的行之间是线性关系,如果聚类结果的宽门限像素数落在两个相邻的行之间,利用线性关系计算此宽门限像素数对应的下界比值,如果宽门限像素数大于10 240,下界比值取0.3。通过此过滤算法,可以有效地去除干扰区域,得到准确的识别结果。

表 2.5　过滤算法下界比值表

宽门限像素数	下界比值
20	0.15
40	0.25
80	0.45
160	0.50
320	0.50
640	0.45
1 280	0.40
2 560	0.40
5 120	0.35
10 240	0.30

3. 基于先验信息的目标识别

在点球比赛中，需要识别的对象包括橙色的球，黄色的球门和绿色的门将，并标注各个特征区域的位置。图像聚类完成之后，图像中仅包含橙色、黄色和绿色等几个感兴趣的区域，根据每个区域的属性以及区域之间的邻接关系进行目标识别，可以识别出每个区域所代表的含义。

(1) 足球识别

根据球的颜色信息，在产生的候选色块中寻找面积最大的橙色色块，为了防止错误色块的干扰，需要对色块进行过滤，当该色块面积达到一定阈值时，进行下一步判断。根据色块属性，对球的位置属性进行判断。若以球的质心位置表示球的位置，由于在大部分情况下，球都是位于地面上，这样球心高度不能超出球半径的大小，当该位置属性超出一定范围时，就可以认为是干扰色块。

(2) 球门识别

球门为黄色，除黄色以外，还有固定的几何特征。首先，球门区域与地面区域邻接，其次，球门区域是场地上最大的黄色区域。依据这些特征，球门的判断条件为与场地连接的最大的黄色区域。

(3) 门将识别

我们直接用机器人身上贴着色标的连通区域作为门将的区域。除了颜色特征外，还有其他的几何特征。由于门将是站在球门处的，所以门将区域是与球门区域连通的，根据这两个特征可以识别出门将。

2.5.2　嵌入式视觉目标定位算法

目标定位意味着从二维的图像信息中获取三维空间中的位置信息。由于我们的仿人机器人目前只有一个摄像头，因此只能采用基于单目摄像头的目标定位算法。若用单目摄像机实现目标定位必须加以适当的约束。本章所做的约束是所有目标点在与地面水平的地面上。当单目摄像机的成像高度及其光轴与地面的夹角可测时,利用摄像机针孔成像原理,可以计算出地面上的目标与摄像机的距离。摄像机成像平面与实际物体的几何关系如图 2.15 所示。要研究的是如何从图像中的目标特征点 P' 的像平面坐标(u,v) 得到它在机器人坐标系 xoy 下的坐标 $P(x,y)$。

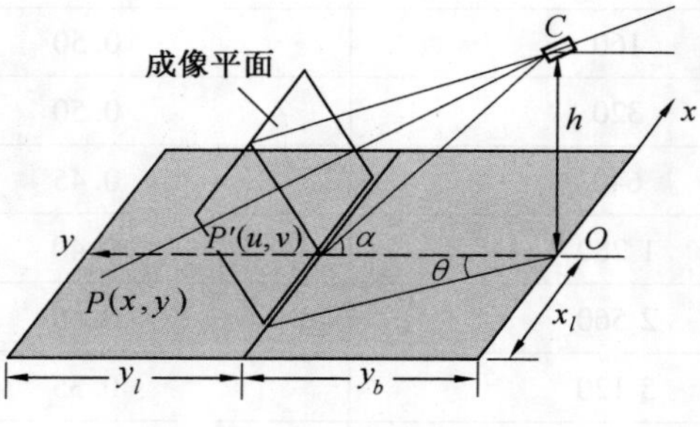

图 2.15 摄像机示意图

图中,C 是摄像机,P 是物体,P' 是物体在图像中的特征点,h 是摄像机到地面的高度,y_b 是摄像机垂直视角投影在地面上的最近距离,$y_b + y_l$ 是摄像机垂直视角投影在地面上的最远距离,x_l 是摄像机水平视角投影在地面上的最远距离,α 和 β 是摄像机垂直视角射线与地平面 y 轴夹角,θ 是摄像机水平视角在地面上的投影与地平面 y 轴夹角。由摄像机针孔模型的几何关系可知,α,β,θ 通过公式

$$\begin{cases}\alpha = \arctan^{-1}\left(\dfrac{h}{y_b}\right)\\ \beta = \arctan^{-1}\left(\dfrac{h}{y_b + y_l}\right)\\ \theta = \arctan^{-1}\left(\dfrac{x_l}{y_b + y_l}\right)\end{cases} \tag{2.11}$$

得到。其中,$h, y_b + y_l, x_l$ 可以测量,S_x 是图像的长度的一半,S_y 是图像的宽度,可以推出

$$\begin{cases}y = \dfrac{h}{\tan\left(\beta + \dfrac{(\alpha - \beta) \times v}{S_y}\right)}\\ x = y \times \tan\left(\dfrac{(u - S_x) \times \theta}{S_x}\right)\end{cases} \tag{2.12}$$

其中,(u,v) 是目标特征点 P' 的像平面坐标,(x,y) 是目标 P 在机器人坐标系 xoy 下的坐标。在定位实验中,用单目摄像机测量球的位置。图像大小为 160 × 120 像素点,图像较小,这在一定程度上影响了定位精度,但可保证系统的实时性,定位精度在近处较高,远处较低,对于移动机器人并不妨碍其对目标的跟踪,因为其对目标的定位是滚动进行的。

2.6 移动机器人单目摄像机对点的定位

我们设计的是异构双目视觉系统,上目与下目摄像机的图像采集速度相差很大,上目为 25 帧/s,下目为 10 帧/s。从图像采集到产生图像处理结果是一个比较耗时的过程,而机器人又时刻处在运动之中,因此必须考虑图像处理延时带来的误差。如 HIT - Ⅱ 机器人最大速度为 110 cm/s,假设图像处理的延时为 70 ms,若机器人正在朝目标作直线运动,则距离延时误差为 6 cm;若机器人正在作 160°/s 的旋转运动,则角度延时误差为 11°。延时误差相对于测量误差,已经相当大了。

HIT - Ⅱ 机器人的运动控制程序提供了可在任意时刻读取机器人当前坐标和方位角的里程计功能,虽然这些位姿信息是由推算航向法得到的,长距离运动会带来较大的累计误差,但在短时间内,从里程计推算出机器人的位姿改变量是可以信赖的[22]。设正在进行图像处理的坐标和方位角可表示为$(x_{r1},y_{r1},\theta_{r1})$,图像处理后为$(x_{r2},y_{r2},\theta_{r2})$,则得到当前时刻的目标相对于机器人的坐标$(x_c^r,y_c^r)$

$$\begin{bmatrix} x_c^r \\ y_c^r \end{bmatrix} = \begin{bmatrix} \cos\Delta\theta & \sin\Delta\theta \\ -\sin\Delta\theta & \cos\Delta\theta \end{bmatrix} \times \begin{bmatrix} x^r - \Delta x_r \\ y^r - \Delta y_r \end{bmatrix} \tag{2.13}$$

其中,$\Delta x_r = x_{r2} - x_{r1}$,$\Delta y_r = y_{r2} - y_{r1}$,$\Delta\theta = \theta_2 - \theta_1$。

2.7 仿真与实验结果

2.7.1 多目标识别结果

根据足球比赛中的规则,我们需要对红色、蓝色和黄色等多目标进行同时的识别,采用本章所提的识别算法,经过识别处理后的各个色块的 HSV 值如图 2.16、2.17 和 2.18 所示。

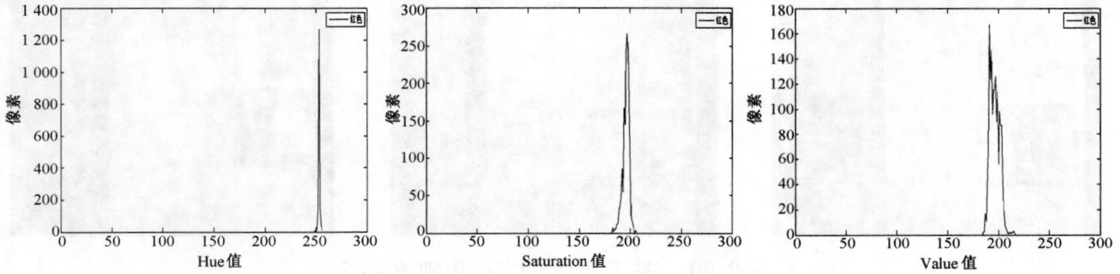

图 2.16　红色色块 HSV 值分布图

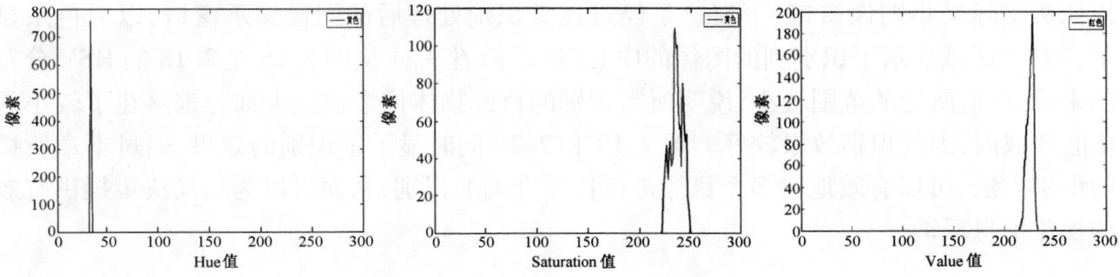

图 2.17　黄色色块 HSV 值分布图

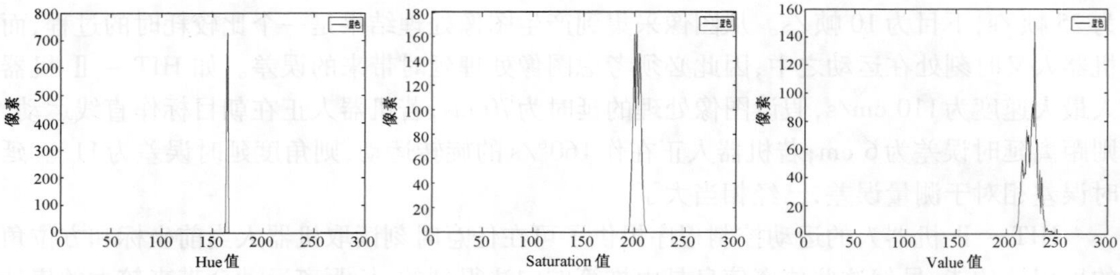

图 2.18　蓝色色块 HSV 值分布图

多色块识别的结果图如图 2.19 所示。

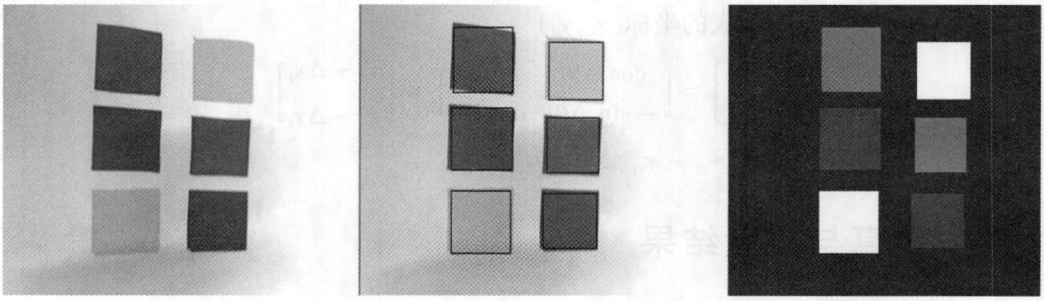

图 2.19　多色块识别结果图

通过预先的色块识别，测定当前环境光照下的各种色块的 HSV 值、增益等数值，然后通过 PDA 现场还原识别效果，实际识别效果图如图 2.20 所示。

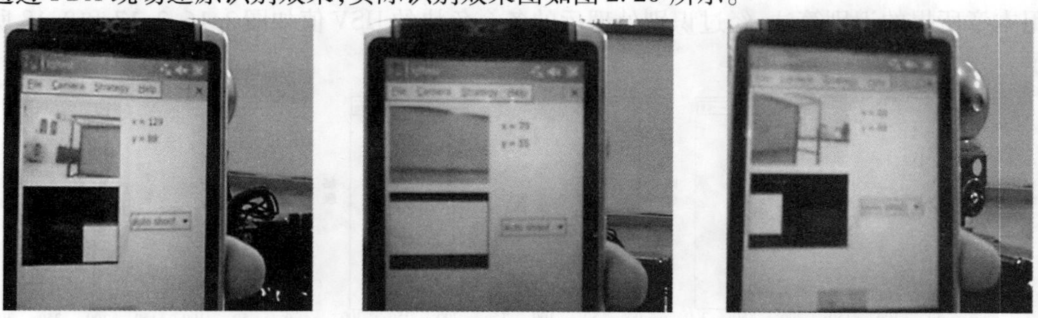

图 2.20　基于 PDA 的实际识别效果图

图中从左到右依次显示了黄色球门从左到右偏离视角的识别效果图，其中上窗口是摄像头实际采集图像窗口，下窗口是经过视觉识别处理后的图像显示窗口，以白色来显示。右上区域显示了识别到的图像的中心点(x,y)坐标。从图 2.16 至 2.18 的 HSV 分布图来看，H 值所处的范围较小，说明所需识别的目标物体像素值绝大部分都落在了较小的 H 值领域内，因此识别效果较好。图 2.19 和 2.20 同时显示了识别的效果，通过本章所提的识别方法，可以有效地对多个目标进行快速准确的识别，从而可以为运动决策提供有效的视觉信息反馈。

2.7.2　双目识别结果

在定位实验中,我们用上目摄像机测量球位置。图像大小为 160 × 120 像素点,图像较小,这在一定程度上影响了定位精度,但可保证系统的实时性,定位精度在近处较高,远处较低,对于移动机器人并不妨碍其对目标的跟踪,因为其对目标的定位是滚动进行的。摄像机参数如下:$\angle AOB = 71°$;$\angle MON = 54°$,$h = 32$ cm,$\beta = 31°$。定位实验结果如图2.21所示。

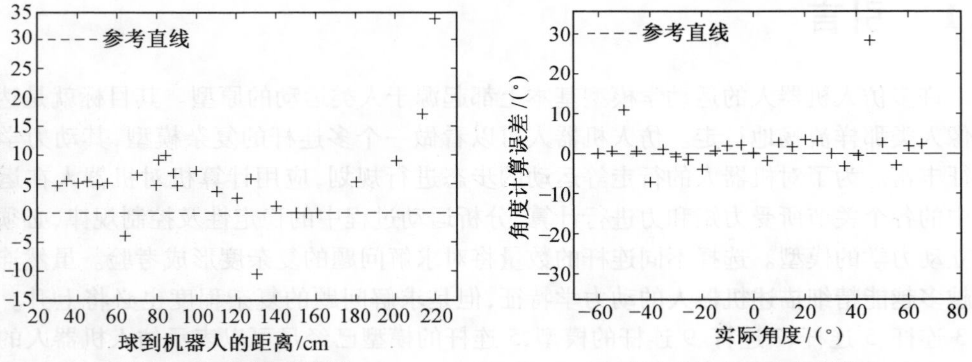

(a) 目标定位的距离误差图　　(b) 目标定位的角度误差图

图 2.21　单目摄像机目标定位实验结果

2.8　小结

视觉是自主机器人最重要的环境感知手段。摄像机采集的环境信息丰富,而且结构简单、体积小、价格便宜。视觉传感器最大的缺点是缺乏深度信息、大多数图像处理算法耗时、不能满足机器人实时运动规划的要求。所以,本章在以前研究成果基础上,重点研究了如何提高软件算法的运行效率,使视觉系统的图像处理速度能赶上摄像机采集图像的速度。本章提出了基于颜色的实时多目标识别算法和基于单目摄像机的定位算法。算法能够在普通计算机上,分别以 25 帧 /s 的速度同时处理两个摄像机采集的彩色图像(320 ×240),并对识别的目标物体进行定位。

本章首先介绍了基于颜色的目标分割和识别的算法,设计了合理的色标方案,提出了仿人机器人全局视觉定位算法,还研究了仿人机器人的嵌入式视觉系统,重点研究如何提高软件算法的运行效率,使视觉系统的图像处理速度能匹配摄像机采集图像的速度,其中采用了变门限聚类算法,并加入过滤算法,保证了图像识别的准确性,提出了基于单目视觉的目标定位算法。

第3章 仿人机器人运动规划

3.1 引言

许多仿人机器人的运动学模型基本上都起源于人类运动的原型。其目标就是达到可以像人类那样流畅地行走。仿人机器人可以看做一个多连杆的复杂模型,其动力学模型特征丰富。为了对机器人的行走等运动的步态进行规划,应用计算机对机器人在运动过程中的各个关节所受力矩和力进行计算,分析运动过程中的稳定性及控制规律,必须给其建立动力学的模型。选择不同连杆的数量将对求解问题的复杂度形成考验。虽然连杆数量越多越能精细描述机器人的动力学特征,但是求解问题的复杂程度也必将上升。目前有3连杆、5连杆、7连杆、9连杆的模型,5连杆的模型已经足可以表示仿人机器人的行走运动过程,如果考虑脚步的规划,则7连杆模型是最佳的选择。

由于仿人机器人采用双足仿人行走,考虑到成本和动态性,足部的支撑面不可能做得很大,这给行走等一系列的运动带来了稳定性的问题。人类经过了几百万年的进化,才学会双足的直立行走,并且依靠较小的脚底支撑面能够稳定地进行各种运动。仿人机器人的稳定性研究始终是解决机器人在人类生活中自如运动的第一因数,也是区别于其他机器人的最大的特征。对仿人机器人的稳定性评价方法有许多种,而对运动过程中稳定性的控制方法也有多种。一般都是给定一个参考轨迹作为输入,而目的是根据这个输入实时地对实际运动进行修正。在一些稳定性最优控制问题中,Kagami[172] 等人设计了一个动态平衡算法,通过使机器人的节点跟踪错误最小化,使COM的投影在预先定义的点上,并且限制ZMP在内部支撑域内。Hurmuzlu[173] 等人提出了一个二次规划框架,在保证ZMP在预期区域内的同时来最小化节点加速度。在已有的文献中,如果从最优化的角度来考虑,仿人机器人的动态平衡问题可以看做处于各种不同假设下所使用的诸多不同方法。如固定COM投影并且限定ZMP在支撑域内时最小化节点空间跟踪错误,保持节点跟踪错误域度时的最小化ZMP距离支撑中心的偏移,而这些问题往往都可以由一个基于凸集最优的框架来解决。

仿人机器人比起轮式机器人,具有进行越障、上下楼梯等在各种复杂环境中运动的优点。但是在进行这样的复杂运动甚至是一些基本的步行运动中,摔倒在所难免。尽管现在对仿人机器人的行走等各种运动有了深入的研究,并且已经实现了比较稳定的控制,但是还是不能确保机器人百分之百不摔倒。这是因为比起四足行走机器人或者轮式机器人,仿人机器人的重心较高、底部支撑面较小的特点使其本身就是一个不稳定结构,特别是在不确定的环境下进行工作,或者受到未知外力干扰的情况下的机器人,摔倒难以幸免[174]。摔倒对机器人造成的影响显而易见。例如,在机器人足球竞赛这样的激烈运动中,机器人的未加任何措施地摔倒有可能直接损坏各种硬件设备。随着机器人的体积增大,特别是当机器人与普通人一样身高时,摔倒对机器人所造成伤害将变得巨大。在对摔倒研究的过程中我们可以发现造成机器人行走不稳定的主要因素,从而反过来使这些因素对机器人的稳定运动起到促进作用。

在防止摔倒的研究中,一般采用两种方式:第一,如何进行有效的动作补偿,使机器人能够消除外界的不稳定状态,避免摔倒。第二,既然不能避免倒地,那么在如何使机器人造成的伤害达到最小方面进行研究,其中可以包括一些额外添加的保护措施(例如护膝、护肘等),最主要的还是如何控制倒地的动作。本章采用第二种方式,即研究如何最优地进行倒地动作的控制。

为了使仿人机器人能够“生活”在人类的环境中,必须使其能够进行一些复杂的运动。例如,上下楼梯、跨越障碍物、开门、端水等。在对这些运动进行规划的时候,一般有两种方法:第一种首先根据运动的种类建立相应的模型,然后对运动的轨迹进行规划,一般通过参数插值的方式假设踝关节和髋关节的运动轨迹,再根据几何关系推出其他关节的轨迹,最后通过优化算法根据稳定性最高或者能量最少等各项优化指标来确定最优轨迹;第二种是首先根据稳定行走条件或者最优的优化指标设计理想运动轨迹,根据逆运动学求解实现理想轨迹的各个关节运动,然后在实际运动过程中,调整实际轨迹与理想运动轨迹之间的误差。本章将采用第一种方法,对仿人机器人的上下楼梯、上下斜坡进行运动规划的控制。

近年来,遗传算法(Genetic Algorithm,GA)、进化规划(Evolutionary Programming,EP)和微粒群(Particle Swarm Optimization,PSO)等进化类算法在理论和应用两个方面发展迅速,并开始逐渐走向融合,形成了一种新颖的模拟进化的实现方法和形式,统称为进化算法(Evolutionary Algorithm,EA)。进化算法是求解优化问题的一种随机算法,在发展过程中出现了多个具有代表性的重要分支,分别代表了进化计算的不同侧面,各具特点。

仿人机器人上下楼梯运动规划涉及全身十多个自由度的轨迹规划与控制,是一个高维的非线性复杂系统。在求解这类复杂优化系统或者某个特定的复杂优化问题时,现有的大多数优化方法可能都不适用,而适用的少数方法的求解速度和求解结果又不太理想。这时,可以考虑采用进化算法对问题进行控制。由于几乎所有的进化类算法均具有很强的通用性,对目标函数的解析性质几乎没有要求,因此,将进化类算法作为求解复杂优化问题是非常值得研究的方向。

本章首先建立一个具有7连杆的仿人机器人模型,采用简化多级倒立摆的形式对其进行运动学分析,推导出控制动力学方程。建立倒地动作模型和上下楼梯与斜坡的复杂运动模型。详细地对现有的一些仿人机器人稳定性判断准则进行分析比较,采用一种二阶锥控制方法对机器人的稳定进行控制。然后,对仿人机器人的两种倒地动作进行研究,重点对向前倒地进行动力学的深入分析,使用极小值原理和参数化控制分别对倒地运动进行最优控制,提出倒地控制自适应算法,使其在触地时刻的地面冲击、触地位置和倒地之后的稳定性三个方面得到最优。最后对仿人机器人的各种运动约束进行分析,以上楼梯复杂运动为例对其进行可行性分析,并推导上下楼梯、上下斜坡运动的运动学方程,分别使用混合微粒群算法、混合微粒群结合神经网络方法、混合微粒群结合模糊逻辑方法三种不同的智能优化方法对仿人机器人的上楼梯运动进行规划控制，通过多组实验结果比较各种不同方法。

3.2 仿人机器人运动学与动力学模型

通常情况下，在研究姿态或者简单的诸如摇摆这样的运动的时候，采用两级倒立摆或者3连杆双足模型[173]就足够了。但是如果要更好地理解仿人机器人的行走，以上这类模型是远远不够的。一般来说，人类在纵垂面（Sagittal Plane）上行走的许多特性可以通过一个5连杆的双足模型来表示。但是近些年来，越来越多的学者开始把脚部的关节也考虑到步行之中，7连杆的双足模型也因此开始成为建模的主流。

3.2.1 行走运动模型

在本章中，我们建立一个7连杆的仿人机器人模型。机器人身体的各个部分（先不考虑双臂和头部）由刚性的连杆组成，连杆与连杆之间由关节连接，通过控制关节的转动可以带动连杆的运动。7个连杆分别表示两双脚部，两条小腿部，两条大腿部和一个上身部。为方便起见，以纵垂面即 $z-x$ 坐标下的运动模型为例，不考虑横垂面即 $z-y$ 坐标下的情况，具体模型如图3.1所示。

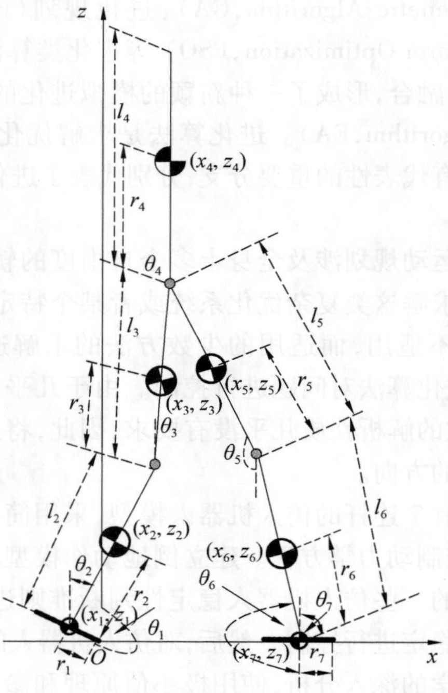

图3.1 7连杆仿人机器人简单模型图

图中，假设每个连杆的质量都集中于连杆的中心，$\theta_{i(i=1,\cdots,7)}$ 为连杆与地面垂直线的夹角。仿人机器人的行走可以看做单腿支撑和双腿支撑不断交替执行的过程。由于双腿支撑在整个步行周期里所占时间较短,因此我们可以简单忽略这个周期,而只考虑单腿支撑周期的过程。在机器人单腿支撑周期内,可以简化成多级倒立摆形式[175]。以图中机器人的左支撑腿的脚尖为原点,我们可以通过几何关系得到机器人各个连杆的质心坐标 $(x_i, z_i)_{(i=1,\cdots,7)}$ 的表达式

$$
\begin{aligned}
x_1 &= S\theta_1 r_1 \\
z_1 &= C\theta_1 r_1 \\
x_2 &= S\theta_2 r_2 + S\theta_1 r_1 \\
z_2 &= C\theta_2 r_2 + C\theta_1 r_1 \\
x_3 &= S\theta_3 r_3 + S\theta_2 l_2 + S\theta_1 r_1 \\
z_3 &= C\theta_3 r_3 + C\theta_2 l_2 + C\theta_1 r_1 \\
x_4 &= S\theta_4 r_4 + S\theta_3 l_3 + S\theta_2 l_2 + S\theta_1 r_1 \\
z_4 &= C\theta_4 r_4 + C\theta_3 l_3 + C\theta_2 l_2 + C\theta_1 r_1 \\
x_5 &= S\theta_5 (l_5 - r_5) + S\theta_3 l_3 + S\theta_2 l_2 + S\theta_1 r_1 \\
z_5 &= C\theta_5 (l_5 - r_5) + C\theta_1 r_1 + C\theta_3 l_3 + C\theta_2 l_2 \\
x_6 &= S\theta_6 (l_6 - r_6) + S\theta_5 l_5 + S\theta_3 l_3 + S\theta_2 l_2 + S\theta_1 r_1 \\
z_6 &= C\theta_6 (l_6 - r_6) + C\theta_5 l_5 + C\theta_1 r_1 + C\theta_3 l_3 + C\theta_2 l_2 \\
x_7 &= S\theta_7 r_7 + S\theta_6 l_6 + S\theta_5 l_5 + S\theta_3 l_3 + S\theta_2 l_2 + S\theta_1 r_1 \\
z_7 &= C\theta_1 r_1 + C\theta_3 l_3 + C\theta_2 l_2 + C\theta_5 l_5 + C\theta_6 l_6 + C\theta_7 r_7
\end{aligned}
\tag{3.1}
$$

其中,S 是 sin 的缩写;C 是 cos 的缩写;$r_i(i=1,\cdots,7)$ 表示第 $i-1$ 与第 i 关节的连接点距离第 i 关节质心的距离;$l_i(i=1,\cdots,7)$ 表示关节 i 的长度,则根据式(3.1)可以得到机器人的动能 T 为

$$
T = \sum_{i=1}^{7} \frac{1}{2} m_i (\dot{x}_i^2 + \dot{y}_i^2) + \frac{1}{2} I_i \dot{q}_i^2 = \frac{1}{2} \dot{q}^{\mathrm{T}} J \dot{q} \tag{3.2}
$$

其中,q_i 和 $\dot{q}_i$ 分别为图3.1中机器人第 i 关节的转动角度和转速;I_i 为第 i 连杆的转动惯量;m_i 为第 i 连杆的质量,质量惯性矩阵为

$$
\boldsymbol{J}(\theta) = [L_{ij}\cos(\theta_i - \theta_j)]_{i \times j \in 7 \times 7}
$$

通过式(3.1),(3.2)的简单推导,我们可以得到 L_{ij} 的表达式

$$
\begin{aligned}
L_{11} &= I_1 + (m_1 + m_2 + m_3 + m_4 + m_5 + m_6 + m_7) r_1^2 \\
L_{22} &= I_2 + m_2 r_2^2 + (m_3 + m_4 + m_5 + m_6 + m_7) l_2^2 \\
L_{33} &= I_3 + m_3 r_3^2 + (m_4 + m_5 + m_6 + m_7) l_3^2 \\
L_{44} &= I_4 + m_4 r_4^2 \\
L_{55} &= I_5 + m_5 (l_5 - r_5)^2 + (m_6 + m_7) l_5^2 \\
L_{66} &= I_6 + m_6 (l_6 - r_6)^2 + m_7 l_6^2 \\
L_{77} &= I_7 + m_7 r_7^2 \\
L_{12} &= L_{21} = m_2 r_1 r_2 + (m_3 + m_4 + m_5 + m_6 + m_7) r_1 l_2
\end{aligned}
$$

$$L_{13} = L_{31} = m_3r_1r_3 + (m_4 + m_5 + m_6 + m_7)r_1l_3$$
$$L_{14} = L_{41} = m_4r_1r_4$$
$$L_{15} = L_{51} = m_5r_1(l_5 - r_5) + (m_6 + m_7)r_1l_5$$
$$L_{16} = L_{61} = m_6r_1(l_6 - r_6) + m_7r_1l_6$$
$$L_{17} = L_{71} = m_7r_1r_7$$
$$L_{23} = L_{32} = m_3l_2r_3 + (m_4 + m_5 + m_6 + m_7)l_2l_3$$
$$L_{24} = L_{42} = m_4r_4l_2$$
$$L_{25} = L_{52} = m_5(l_5 - r_5)l_2 + (m_6 + m_7)l_2l_5$$
$$L_{26} = L_{62} = m_6(l_6 - r_6)l_2 + m_7l_2l_6$$
$$L_{27} = L_{72} = m_7r_7l_2$$
$$L_{34} = L_{43} = m_4r_4l_3$$
$$L_{35} = L_{53} = m_5(l_5 - r_5)l_3 + (m_6 + m_7)l_3l_5$$
$$L_{36} = L_{63} = m_6(l_6 - r_6)l_3 + m_7l_3l_6$$
$$L_{37} = L_{73} = m_7r_7l_3$$
$$L_{45} = L_{54} = 0$$
$$L_{46} = L_{64} = 0$$
$$L_{47} = L_{74} = 0$$
$$L_{56} = L_{65} = m_6(l_6 - r_6)l_5 + m_7l_5l_6$$
$$L_{57} = L_{75} = m_7r_7l_5$$
$$L_{67} = L_{76} = m_7r_7l_6$$

动力学普遍方程指出，在理想约束的条件下，质点系的各个质点在任一瞬时所受到的主动力和惯性力在虚位移上所做的功的和等于零。但是动力学普遍方程是以直角坐标表示的方程，由于系统存在约束，这个方程中的各个质点的虚位移可能不全是独立的，因此，解题时还要找出虚位移之间的关系，有时还很不方便。拉格朗日方程是由动力学普遍方程推出的用独立的广义坐标表示的力学方程，可以方便地求解非自由质点系的动力学问题。

由于本章研究的机器人结构没有诸如弹簧之类的挠性部件，因此机器人的势能 V 仅由其重力产生，根据式(3.1)，可以得到势能 V 为

$$V = \sum_{i=1}^{7} m_i g z_i = \sum_{i=1}^{7} N_i g \cos\theta_i \tag{3.3}$$

其中，通过式(3.1)的简单数学推导可以得到

$$N_1 = (m_1 + m_2 + m_3 + m_4 + m_5 + m_6 + m_7)r_1$$
$$N_2 = m_2r_2 + (m_3 + m_4 + m_5 + m_6 + m_7)l_2$$
$$N_3 = m_3r_3 + (m_4 + m_5 + m_6 + m_7)l_3$$
$$N_4 = m_4r_4$$
$$N_5 = m_5(l_5 - r_2) + (m_6 + m_7)l_5$$
$$N_6 = m_6(l_6 - r_6) + m_7l_6$$
$$N_7 = m_7r_7$$

根据拉格朗日动力学定理可以得到公式

$$
\begin{aligned}
&L = T - V \\
&\frac{\mathrm{d}}{\mathrm{d}t}\left(\frac{\partial L}{\partial \dot{\theta}_i}\right) - \frac{\partial L}{\partial \theta_i} = \tau_i, \quad i = 1,\cdots,7 \\
&\frac{\mathrm{d}}{\mathrm{d}t}\left(\frac{\partial T}{\partial \dot{\theta}_i}\right) - \frac{\partial T}{\partial \theta_i} + \frac{\partial V}{\partial \theta_i} = \tau_i
\end{aligned}
\tag{3.4}
$$

其中,L 用来表示机器人机械能;τ_i 为关节的广义坐标;θ_i 所对应广义力。由式(3.4) 可以得到机器人在单腿支撑周期内的动力学模型表达式

$$\boldsymbol{A}(\theta)\ddot{\theta} + \boldsymbol{B}(\theta,\dot{\theta})\dot{\theta} + \boldsymbol{C}(\theta) = \tau \tag{3.5}$$

其中,$\boldsymbol{A}$ 是惯性矩阵;$\boldsymbol{B}$ 是一阶的微分矩阵,它由向心力和科氏力组成;$\boldsymbol{C}$ 是与重力相关的矩阵。由式(3.2) ~ 式(3.4) 可得

$$
\begin{aligned}
&\boldsymbol{A}(\theta) = \boldsymbol{J}(\theta) = [L_{ij}\cos(\theta_i - \theta_j)]_{7\times 7} \\
&\boldsymbol{B}(\theta,\dot{\theta}) = [L_{ij}\sin(\theta_i - \theta_j)\dot{\theta}_j]_{7\times 7} \\
&\boldsymbol{C}(\theta) = [N_i g\cos\theta_i]_{7\times 1}
\end{aligned}
$$

由于 τ 是广义驱动力,并不等于实际的关节控制力矩,因此我们还需要做一个简单的几何转换,即用 $q_i(i = 1,\cdots,7)$ 表示相邻杆 $i - 1$ 与 i 之间的夹角,即转动关节的转动角度 q_i,由几何关系可以很容易得到

$$q = \boldsymbol{K}\theta \tag{3.6}$$

其中,$q = [q_1,\cdots,q_7]^{\mathrm{T}}$,我们假定支撑脚的脚尖处 $q_1 = \theta_1$

$$
\boldsymbol{K} = \begin{bmatrix}
-1 & 0 & 0 & 0 & 0 & 0 & 0 \\
1 & -1 & 0 & 0 & 0 & 0 & 0 \\
-1 & 1 & 0 & 0 & 0 & 0 & 0 \\
0 & 0 & 1 & -1 & 0 & 0 & 0 \\
0 & 0 & 0 & 1 & 1 & 0 & 0 \\
0 & 0 & 0 & 0 & -1 & 0 & 1 \\
0 & 0 & 0 & 0 & 0 & 0 & 1
\end{bmatrix}
$$

由虚位移原理可得,$u^{\mathrm{T}}\delta\theta = \tau^{\mathrm{T}}\delta q$,则由式(3.6) 可以得到 $\tau = H^{\mathrm{T}}u$。因此,动力学方程(3.5) 可以修改为

$$\boldsymbol{A}(\theta)\ddot{\theta} + \boldsymbol{B}(\theta,\dot{\theta})\dot{\theta} + \boldsymbol{C}(\theta) = H^{\mathrm{T}}u \tag{3.7}$$

其中,$u = [u_1,\cdots,u_7]^{\mathrm{T}}$ 为各个关节的电机驱动力矩。

3.2.2　倒地动作模型

仿人机器人的倒地动作是十分重要的动作,对于仿人机器人的倒地运动,我们只考虑在纵平面内发生,所以可以分成向前倒地和向后倒地两个过程。对于向后倒地,触地点和重心非常接近,可以把机器人简化为一个二维的倒立摆,如图 3.2 所示。而对于向前倒地,由于是膝盖触地,距离全身的重心具有

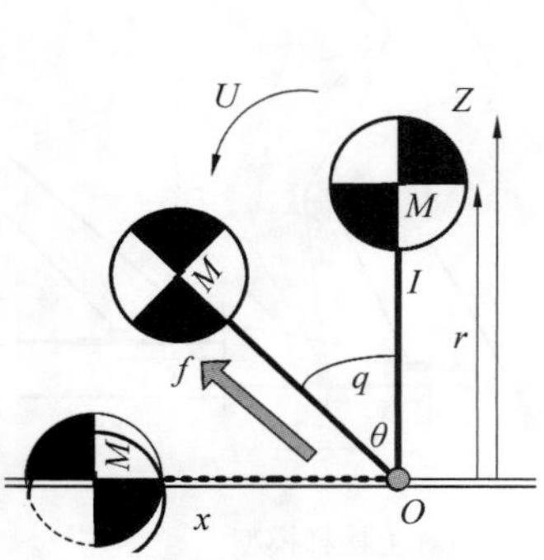

图 3.2　仿人机器人向后倒地模型

一定的距离,因此需把机器人简化为四个二维倒立摆的组合,如图 3.3 所示。

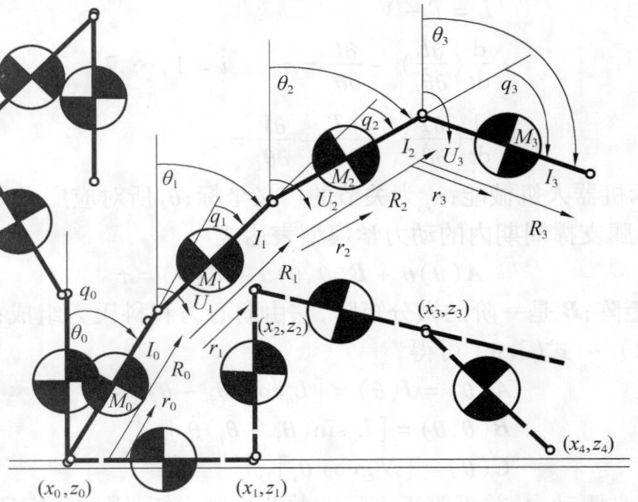

图 3.3　仿人机器人向前倒地模型

其中,θ_i,q_i 分别表示连杆 R_i 与垂线的夹角($i=0,1,2,3$)和连杆 R_j 延长线与连杆 R_{j+1} 之间的夹角($j=0,1,2$);M_i 和 I_i 分别表示连杆 R_i 的质量和转动惯量;r_i 为连杆节点到 R_i 质心的距离;U_k 为连杆 R_{k-1} 与连杆 R_k($k=1,2,3$)之间的转动力矩。

3.2.3　复杂运动模型

仿人机器人在复杂的环境中除了避障之外,还可以进行越障和爬障。这也是区别于传统轮式机器人的一大特点。对这些可以在人类相似的环境中进行的复杂运动的研究将有助于加快仿人机器人服务于社会的进程。

1. 上下楼梯模型

仿人机器人的上下楼梯模型如图 3.4 所示。

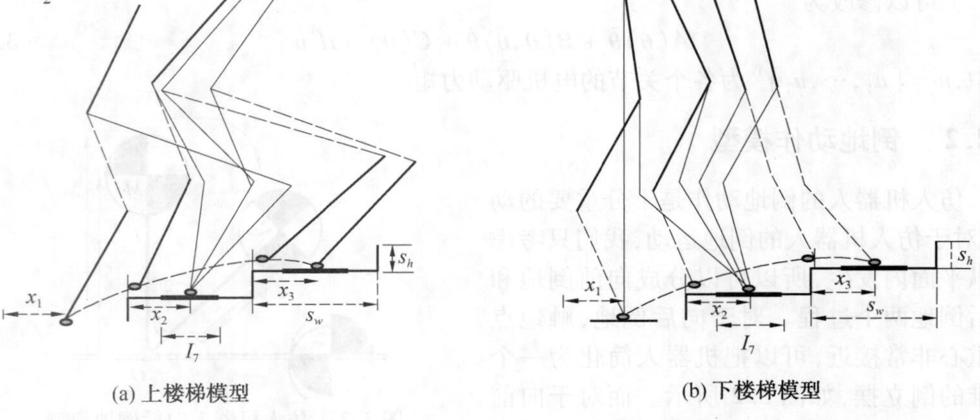

(a) 上楼梯模型　　　　(b) 下楼梯模型

图 3.4　仿人机器人上下楼梯过程模型

其中，x_1,x_2,x_3 分别是仿人机器人脚宽度的中心距离各阶楼梯边缘的距离；l_1,l_7 分别表示机器人左右脚宽度；s_w,s_h 分别为楼梯的宽度和高度。

2. 上下斜坡模型

与上下楼梯类似，仿人机器人也可以进行上下斜坡的复杂运动。上下斜坡的运动模型如图 3.5 所示。

其中，α 表示斜坡的倾斜度；S_L 表示行走一步的距离。

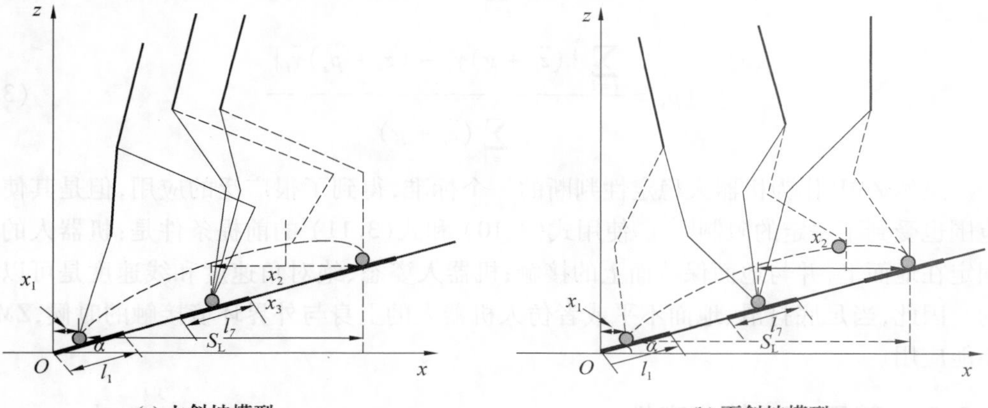

图 3.5　仿人机器人上下斜坡过程模型

3.3　仿人机器人稳定性分析

仿人机器人与传统的轮式机器人相比，其稳定性更值得研究。仿人机器人稳定性的判断依据有很多种类型，其中最主要的是 ZMP，FRI，COP 等。这几种判断依据都有其一定的使用限制范围。迄今为止，还没有一种判断依据可以完全取代其他类型。

3.3.1　基于 ZMP 的稳定性

ZMP 又叫做零力矩点[176][177]，是用来判断机器人稳定性的最广泛的一种方式。图3.6 给出了仿人机器人足底所受到的作用力的分布例子。地面反力的合力 F 通过的作用点称为零力矩点，简称为 *ZMP* 点。只要机器人在运动的时候，其 *ZMP* 点在支撑多边形内，则机器人被认为能够保持其稳定。

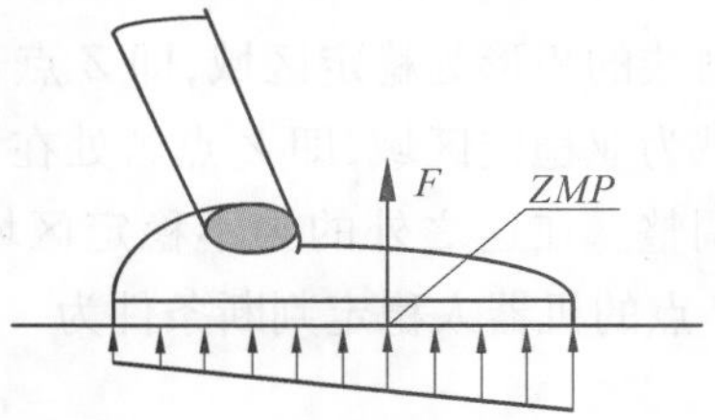

图 3.6　零力矩点模型示意图

仿人机器人双足运动时的 *ZMP* 点可以由以下公式得到[80]

$$p_x = \frac{Mgx + p_z\dot{P}_x - \dot{L}_y}{Mg + \dot{P}_z} \tag{3.8}$$

$$p_y = \frac{Mgy + p_z\dot{P}_y - \dot{L}_x}{Mg + \dot{P}_z} \tag{3.9}$$

其中,$\dot{P} = Mg + f$,为动量与地面作用力之间的关系;$\dot{L} = c \times Mg + \tau$,为角动量与地面作用力的力矩之间的关系。如果对机器人的各个连杆绕其自身质心的惯性张量忽略不计,则可以得到简化的 *ZMP* 点表达式

$$p_x = \frac{\sum_{i=1}^{N} \{(\ddot{z}_i + g)x_i - (z_i - p_z)\ddot{x}_i\}}{\sum_{i=1}^{N} (\ddot{z}_i + g)} \tag{3.10}$$

$$p_y = \frac{\sum_{i=1}^{N} \{(\ddot{z}_i + g)y_i - (z_i - p_z)\ddot{y}_i\}}{\sum_{i=1}^{N} (\ddot{z}_i + g)} \tag{3.11}$$

虽然 ZMP 作为机器人稳定性判断的一个标准,得到了很广泛的应用,但是其使用的范围也受到了一定的限制[62]。使用式(3.10)和式(3.11)的前提条件是:机器人的足底固定在地面上,并与地面保持面上的接触;机器人姿态、绝对角速度和线速度是可以测到的。因此,当足底打滑、地面不平或者仿人机器人的上身与外界环境接触的时候,ZMP 就不能应用。

3.3.2 基于 FRI 的稳定性

脚板转动指示法(Foot Rotation Indicator)[178][179]在定义上与 ZMP 没有本质的区别,但是它与 ZMP 的区别在于它可以允许在地面支撑多边形外。虽然这种状态是非平衡状态,但是 *FRI* 点与支撑多边形之间的距离却由此可以用来衡量不稳定步态的度量,即可以指示机器人倾倒的可能性。仿人机器人的单脚支撑期稳定域如图 3.7 所示,其中 *Z* 点假设为 *FRI* 点,

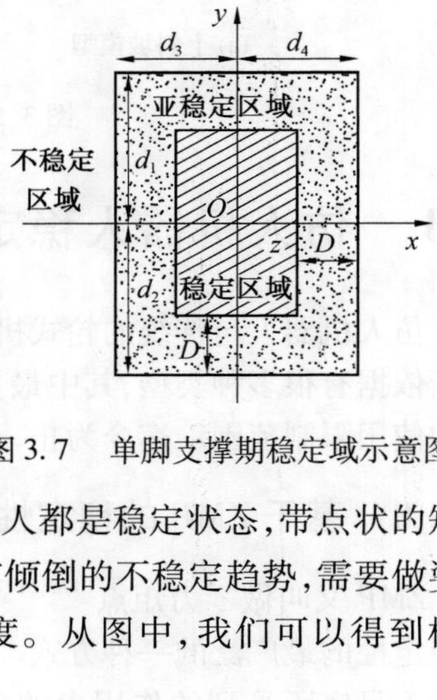

图 3.7 单脚支撑期稳定域示意图

带斜线的矩形为稳定区域,即 *Z* 点若在该区域之内,机器人都是稳定状态,带点状的矩形区域为亚稳定区域,即 *Z* 点若处在该区域内,机器人具有倾倒的不稳定趋势,需要做姿态的调整。在这之外的为不稳定区域。*D* 为最小稳定裕度。从图中,我们可以得到根据 *FRI* 点的机器人稳定判断条件为

$$-d_3 + D \leqslant Z_x \leqslant d_4 - D \tag{3.12}$$

$$-d_2 + D \leqslant Z_y \leqslant d_1 - D \tag{3.13}$$

3.3.3 基于 COP 的稳定性

COP 是压力中心(Center of Pressure)的简称,定义为地面反作用力的合力作用在地面的一点[179]。当机器人的足部与地面接触时有两种力,分别是垂直于脚底的普通力和平行于切线的摩擦力。COP 与 ZMP 不同之处在于 COP 是脚底直接接触所产生的合力点,而 ZMP 是由机器人身上的电机力矩和机器人自身重力所产生的合力点。根据 COP 的定

义，我们可以在机器人的脚底安装四个压力传感器，如图 3.8 所示，t_1、t_2 分别为左、右脚趾上的传感器，h_1、h_2 分别为左、右脚后跟上的传感器。由这四个压力传感器和地面接触，传来的压力数据经过计算，可以得到 COP 点的计算公式

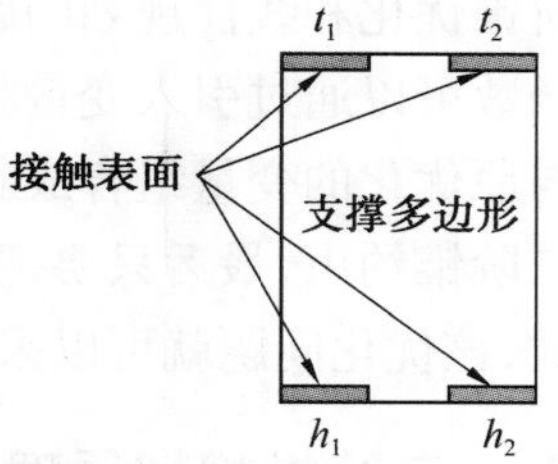

图 3.8　COP 脚底示意图

$$COP_y = \frac{l_1(F_{R1} + F_{R3}) - l_2(F_{R2} + F_{R4})}{F_{R1} + F_{R2} + F_{R3} + F_{R4}} \quad (3.14)$$

$$COP_z = \frac{l_3(F_{R1} + F_{R2}) - l_4(F_{R3} + F_{R4})}{F_{R1} + F_{R2} + F_{R3} + F_{R4}} \quad (3.15)$$

其中，$l_i(i = 1,2,3,4)$ 分别是脚底四个部位距离脚底中心的水平距离；$F_{Ri}(i = 1,2,3,4)$ 表示从脚底四个传感器部位传来的压力数据。

在机器人行走过程的单腿支撑周期内，Goswami[178] 已经证明 COP 点与 ZMP 点对保持机器人的行走平衡所起的作用是一样的。ZMP 点由于计算比较容易，常用于行走步态的生成，而 COP 则由于容易直接测量得到，更适合用于对机器人行走进行控制。当然，COP 法和 ZMP 法一样，适用的前提是机器人保持不滑行并且满足脚底和地面保持接触的条件。

图 3.9 所示的是以上三种平衡判断标准的示例图。左图显示了当 ZMP 点与 COP 点相同时的状态；中图则显示当不平衡状态发生时，FRI 点所处的位置，此时脚部将进行旋转运动；右图则显示了脚部运动即将选择的趋势，此时 ZMP 点和 COP 点也相同。

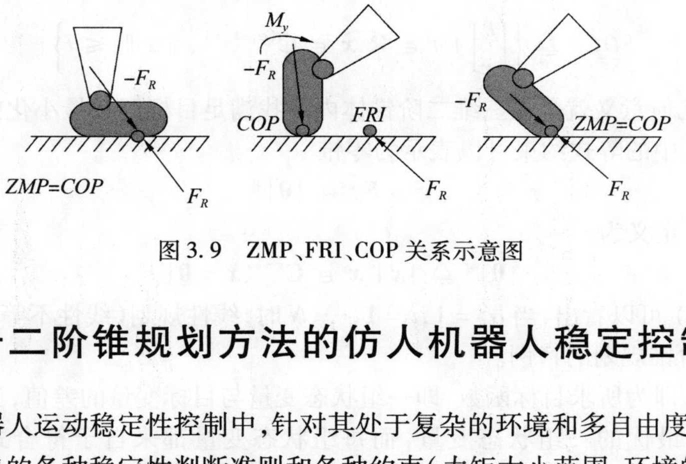

图 3.9　ZMP、FRI、COP 关系示意图

3.4　基于二阶锥规划方法的仿人机器人稳定控制

在仿人机器人运动稳定性控制中，针对其处于复杂的环境和多自由度的控制系统，通常需要以上提出的各种稳定性判断准则和各种约束（力矩大小范围、环境的摩擦力等）同时作用。这时需要一种能够有效地对多个性能优化指标和约束进行兼顾的控制方法。

二阶锥方法是可以对多个指标进行优化的设计方法[180]，对于范数准则（包括单一范数准则和混合范数准则）均可以通过二阶锥的方法来实现[181]，除此之外，二阶锥方法还可以实现时域、空域等各种鲁棒滤波器[182]。在二阶锥的解法问题上，由于它是一类特殊的凸集优化问题，通常采用罚函数高效的内点法就可以解决，一般经过 30 次左右的迭代就能寻到理想的数值，而且通常迭代次数不受维数的影响[183]。Bai 则利用 kernel 函数解

决二阶锥优化和线性规划问题的对偶内点算法[184]。二阶锥规划的思想是待优化问题的目标函数可以通过引入变量将其转化为约束函数,然后通过适当的变换,将新的目标函数变量与原优化的变量组合成新的优化变量,而原二阶锥约束则可以转化为关于新优化变量的二阶锥约束,最后只要把优化问题中的目标函数和约束函数表达为符合二阶锥规划的形式,该优化问题就可以采用二阶锥规划方法进行求解。

3.4.1 二阶锥规划原理

二阶锥规划是凸规划问题的一个子集,它是在满足一组二阶锥约束和线性等式约束的条件下使某线性函数最小化,它表述为[183]

$$\min_{y} \boldsymbol{b}^{\mathrm{T}}\boldsymbol{y} \tag{3.16a}$$

$$\text{Subject to } \|\boldsymbol{A}_i\boldsymbol{y}+\boldsymbol{b}_i\| \leqslant \boldsymbol{c}_i^{\mathrm{T}}\boldsymbol{y}+d_i,\quad i=1,2,\cdots,I \tag{3.16b}$$

$$\boldsymbol{F}\boldsymbol{y}=\boldsymbol{g} \tag{3.16c}$$

其中,$\boldsymbol{b}\in\mathbf{C}^{\alpha+1}$,表示求解问题的参数;$\boldsymbol{y}\in\mathbf{C}^{\alpha+1}$,表示最优化的变量;$\boldsymbol{A}_i\in\mathbf{C}^{(\alpha_i-1)\times\alpha}$,$\boldsymbol{b}_i\in\mathbf{C}^{(\alpha_i-1)\times 1}$,$\boldsymbol{c}_i\in\mathbf{C}^{\alpha\times 1}$,$\boldsymbol{c}_i^{\mathrm{T}}\boldsymbol{y}\in\mathbf{R}$,$d_i\in\mathbf{R}$,$\boldsymbol{F}\in\mathbf{C}^{g\times\alpha}$,$\boldsymbol{g}\in\mathbf{C}^{g\times 1}$;$\|\cdot\|$ 表示 Euclid 范数,例如 $\|\boldsymbol{u}\|=(\boldsymbol{u}^{\mathrm{T}}\boldsymbol{u})^{1/2}$;$(\cdot)^{\mathrm{T}}$ 表示转置;$\mathbf{C}$ 表示复数集;$\mathbf{R}$ 表示实数集。

式(3.16b)中的每个约束可以表示为二阶锥

$$\begin{bmatrix}\boldsymbol{c}_i^{\mathrm{T}}\\ \boldsymbol{A}_i\end{bmatrix}y+\begin{bmatrix}d_i\\ \boldsymbol{b}_i\end{bmatrix}\in SOC_i^{\alpha_i}$$

其中,$SOC_i^{\alpha_i}$ 是 C^{α_i} 空间的二阶锥,定义为

$$SOC_i^{\alpha_i}\triangleq\left\{\begin{bmatrix}t\\ \boldsymbol{x}\end{bmatrix}\mid t\in\mathbf{R},\boldsymbol{x}\in\mathbf{C}^{(\alpha_i-1)\times 1},\|\boldsymbol{x}\|\leqslant t\right\}$$

二阶锥优化的几何意义就是在三维二阶锥体内寻找满足目标函数最小化的最优点。

式(3.16c)中的等式约束可以表示为零锥

$$\boldsymbol{g}-\boldsymbol{F}\boldsymbol{y}\in\{\boldsymbol{0}\}^{g}$$

其中,零锥 $\{\boldsymbol{0}\}^{g}$ 定义为

$$\{\boldsymbol{0}\}^{g}\triangleq\{\boldsymbol{x}\mid\boldsymbol{x}\in\mathbf{C}^{g\times 1},\boldsymbol{x}=\boldsymbol{0}\}$$

从式(3.16)可以看出,当 $\alpha_i=1,i=1,\cdots,N$ 时,线性规划(线性不等式约束)和凸二次规划就是二阶锥规划的特例。

式(3.16a)即为所求目标函数,即一组状态变量与目标变量的差值,当差值趋于无穷小时,即可得到最优的一组状态变量,而每组状态变量都来自于符合式(3.16b)和式(3.16c)所组成的一个圆锥体内的点,其中式(3.16b)表示圆锥体除封口之外的形状,而(3.16c)则是圆锥体的封口。不断地对每组符合式(3.16b)和(3.16c)的控制变量进行迭代,相应产生的状态变量使用式(3.16a)进行比较,在达到迭代次数或者满足一定的求解精度之后停止,这时的控制变量所产生的状态即为最优的状态。

3.4.2 构造仿人机器人平衡约束

由于仿人机器人的重心较高,双足支撑面较小,这些特点使其在运动过程中成为一个

不稳定的结构。本章采用二阶锥规划方法，以 ZMP、摩擦力和行走过程中的动能对仿人机器人同时约束的方式，对其运动过程中的稳定性进行有效的控制。

1. ZMP 约束

根据 ZMP 的定义[176]，当 ZMP 点位于多边形 S 内部时，ZMP 点的范围可以表示为

$$p_{ZMP} \in \{ \sum_{i=1}^{N} \alpha_i p_i \mid p_i \in S(i=1,2,\cdots,N) \} \tag{3.17}$$

其中，$\alpha_i = f_{iz} / \sum_{i=1}^{N} f_{iz}$，为地面作用力的垂直分量比；$p_i \in S(i=1,2,\cdots,N)$，为支撑域内的离散点。如果给定矩阵 $\boldsymbol{A}_s$ 和矢量 $\boldsymbol{b}_s$，则可以构造和式(3.17) 相同含义的不等式形式

$$\boldsymbol{A}_s p_{ZMP} + \boldsymbol{b}_s \leqslant 0 \tag{3.18}$$

通常，总是在符合式(3.18) 的情况下，给定期望的 ZMP 轨迹 p_{ZMP}^d 作为输入，实际 ZMP 与期望的 ZMP 之间存在的误差，ε_{ZMP} 符合不等式关系

$$\| p_{ZMP} - p_{ZMP}^d \| \leqslant \varepsilon_{ZMP} \tag{3.19}$$

2. 摩擦约束

为了防止机器人脚步滑动，对地面的强力相切和正常异动情况都应考虑。在机器人一只脚着地的情况下，基本摩擦约束可以描述为

$$\| \boldsymbol{P}_{xy} \boldsymbol{F}_o \| \leqslant \mu F_1 \tag{3.20}$$

$$\| \boldsymbol{P}_{mz} \boldsymbol{F}_o - \boldsymbol{p}_{ZMP} \times \boldsymbol{P}_{xy} \boldsymbol{F}_o \| \leqslant \mu_r F_2 \tag{3.21}$$

$$F_1 + F_2 \leqslant \boldsymbol{P}_z \boldsymbol{F}_o \tag{3.22}$$

其中，$\boldsymbol{P}_{xy}$，$\boldsymbol{P}_{mz}$ 和 $\boldsymbol{P}_z$ 分别是 $x-y$ 平面力向量、和与 z 坐标相切力的投影矩阵；变量 μ 为摩擦系数；μ_r 为正常移动时的扭动摩擦系数；F_0、F_1 和 F_2 分别是前向运动、切向运动和正常运动时阻止机器人产生摩擦的阻力。对于静态脚步，只要确定的强制力的和必须小于 $P_z F_o$ 即可。

3. 动能约束

仿人机器人的运动过程中的动能公式可以由式(3.2) 得到，假设仿人机器人的转动关节的转动角度响应为 $\boldsymbol{q} = [\dot{q}(1), \dot{q}(2), \cdots, \dot{q}(L)]^{\mathrm{T}}$，它在仿人机器人某一运动时刻的动能可以表示为

$$T(t) = \sum_{l=1}^{L} q(l) p(l) = \boldsymbol{p}^{\mathrm{T}}(l) \boldsymbol{q} \tag{3.23}$$

其中，$\boldsymbol{p}(t) = \dot{\boldsymbol{q}}^{\mathrm{T}} \boldsymbol{J}(ij)$。

假设时间上的采样点分别为 $f_k \in F(k=1,2,\cdots,K)$，这些采样点可以是均匀或非均匀间隔的。求解仿人机器人动态平衡问题就是使误差加权范数

$$\{ \sum_{k=1}^{K} \lambda_k \mid T_d(t_k) - T(t_k) \mid^p \}^{\frac{1}{p}} \tag{3.24}$$

最小。其中，$T_d(t_k)$ 是优化设计在时间 t_k 的期望响应，是非负加权系数，用于调节不同参数的拟合紧密程度。典型地，误差范数一般取 L_1，L_2 或范数 L_∞，即 $p=1,2,\mathrm{or},\infty$。这三种范数准则下的动能优化控制问题分别表示为

$$\min_{q}\sum_{k=1}^{K}(\lambda_k\,|\,T_d(t_k)-\boldsymbol{p}^{\mathrm{T}}(t_k)\boldsymbol{q}\,|)\tag{3.25}$$

$$\min_{q}\sum_{k=1}^{K}(\lambda_k\,|\,T_d(t_k)-\boldsymbol{p}^{\mathrm{T}}(t_k)\boldsymbol{q}\,|^2)\tag{3.26}$$

$$\min_{q}\max_{k}(\lambda_k\,|\,T_d(t_k)-\boldsymbol{p}^{\mathrm{T}}(t_k)\boldsymbol{q}\,|)\tag{3.27}$$

3.4.3 二阶锥问题的构造

以式(3.26) 所示的 L_2 范数准则为例,我们可以将该优化问题转化为式(3.16) 所示的二阶锥规划问题求解。

引入一组非负变量 $\boldsymbol{\varepsilon}_k(k=1,2,\cdots,K)$,式(3.26) 可以写为

$$\min_{q}\sum_{k=1}^{K}(\lambda_k\varepsilon_k)$$

$$\text{Subject to}\,|\,T_d(t_k)-\boldsymbol{p}^{\mathrm{T}}(t_k)\boldsymbol{q}\,|^2\leqslant\varepsilon_k,k=1,2,\cdots,K\tag{3.28}$$

其中,约束条件为式(3.18) ~ (3.20)

$$\boldsymbol{A}_s p_{ZMP}+\boldsymbol{b}_s\leqslant 0$$

$$\|p_{ZMP}-p_{ZMP}^{d}\|\leqslant\varepsilon_{ZMP}$$

$$\|\boldsymbol{P}_{xy}F_o\|\leqslant\mu F_1$$

3.4.4 二阶锥问题的解法

对于式(3.28) 中的二次不等式约束,有

$$|\,T_d(t_k)-\boldsymbol{p}^{\mathrm{T}}(t_k)\boldsymbol{q}\,|^2\leqslant\varepsilon_k\Leftrightarrow|\,2T_d(t_k)-2\boldsymbol{p}^{\mathrm{T}}(t_k)\boldsymbol{q}\,|^2+1+\varepsilon_k^2-2\varepsilon_k\leqslant1+\varepsilon_k^2+2\varepsilon_k\Leftrightarrow$$

$$\left\|\begin{matrix}2T_d(t_k)-2\boldsymbol{p}^{\mathrm{T}}(t_k)\boldsymbol{q}\\ \varepsilon_k-1\end{matrix}\right\|^2\leqslant(\varepsilon_k+1)^2\Leftrightarrow$$

$$\left\|\begin{matrix}2T_d(t_k)-2\boldsymbol{p}^{\mathrm{T}}(t_k)\boldsymbol{q}\\ \varepsilon_k-1\end{matrix}\right\|\leqslant\varepsilon_k+1\tag{3.29}$$

定义 $\boldsymbol{y}=[\varepsilon_1,\varepsilon_2,\cdots,\varepsilon_K,\boldsymbol{q}^{\mathrm{T}}]^{\mathrm{T}}$ 和 $\boldsymbol{b}=[\lambda_1,\lambda_2,\cdots,\lambda_K,\boldsymbol{0}_{1\times L}]^{\mathrm{T}}$ 使 $\boldsymbol{b}^{\mathrm{T}}\boldsymbol{y}=\sum_{k=1}^{K}(\lambda_k\varepsilon_k)$,其中,$\boldsymbol{0}_{1\times L}$ 表示 $1\times L$ 维零向量,式(3.28) 成为

$$\min_{y}\boldsymbol{b}^{\mathrm{T}}\boldsymbol{y}$$

$$\text{Subject to}\left\|\begin{bmatrix}2T_d(t_k)\\-1\end{bmatrix}-\begin{bmatrix}\boldsymbol{0}_{1\times K} & 2\boldsymbol{p}^{\mathrm{T}}(t_k)\\-\boldsymbol{m}^{\mathrm{T}}(k) & \boldsymbol{0}_{1\times L}\end{bmatrix}\boldsymbol{y}\right\|\leqslant1+[\boldsymbol{m}^{\mathrm{T}}(k)\quad\boldsymbol{0}_{1\times L}]y,k=1,2,\cdots,K\tag{3.30}$$

其中,$\boldsymbol{m}(k)=[m_1,m_2,\cdots,m_n,\cdots,m_K]^{\mathrm{T}},m_i=\begin{cases}0, & n\neq k\\1, & n=k\end{cases}$

对于式(3.30),可以采用罚函数中的内点法[176] 进行求解,这里不再赘述。

3.5 仿人机器人倒地过程分析

如果只考虑纵平面(Sagittal plane) 的运动,仿人机器人的倒地可以分成向前倒地和向后倒地两种方式,由于横垂面(Lateral plane) 上仿人机器人进行侧倒的概率较低,本章将不对其进行研究。

3.5.1 倒地动力学分析

向后倒地与向前倒地的模型示意图如前图3.2和图3.3所示,其中向后倒地被简化成一个一阶的倒立摆模型,而向前倒地则简化成一个四阶的倒立摆模型[87]。

1. 向后倒地

对于一个二维的倒立摆,其动力学方程可用微分方程

$$\ddot{r} - r\dot{\theta}^2 + g\cos\theta = f/M \tag{3.31}$$

$$r^2\ddot{\theta} + 2r\dot{r}\dot{\theta} - gr\sin\theta = \tau/M \tag{3.32}$$

来描述[80]。其中,r 是质心到地面的垂直距离;θ 是倒地旋转的角度;f 是伸缩力,用来控制倒地的实现;M 是机器人质量;τ 是旋转力矩。显然,对于不同的输入,f 具有不同的触地速度,减少触地速度可以减少机器人倒地过程中的伤害。因此,控制向后倒地过程的目的变成如何选取 f 来确保倒地速度的最小化。

方程(3.32) 可以通过简单变换写成如下的状态形式

$$\dot{x} = f(x,u)$$

$$f(x,u):=\begin{bmatrix} g\sin\dot{\theta} - 2\dot{r}\dot{\theta} \\ \dot{\theta} \\ u \end{bmatrix} \tag{3.33}$$

其中,状态函数 $\boldsymbol{x} = [\dot{\theta}\theta r]^{\mathrm{T}}$。方程(3.33) 即为一般化非线性系统形式,可以使用多种非线性求解方法进行最优化求解。

2. 向前倒地

向前倒地是一个比较复杂的过程,期间具有膝盖触地和手着地两个子过程。因此,不能简单地把向前倒地看做一级二维倒立摆,我们把向前倒地过程看做一个四级倒立摆组成的模型,根据拉格朗日方程(3.4) 经过前文中类似的推导,可以得到机器人的倒地过程的动力学模型

$$A\ddot{\theta} + B\dot{\theta}^2 + C\sin\theta = Du \tag{3.34}$$

其中

$$A = \{L_{ij}\cos(\theta_i - \theta_j)\}$$

$$B = \{L_{ij}\sin(\theta_i - \theta_j)\}$$

$$C = -\operatorname{diag}(gG)$$

$$D = \boldsymbol{K}^{\mathrm{T}}\boldsymbol{K}_m$$

$$L_{ij}=\frac{\sum_{n=0}^{2}M_n\alpha_{ni}\alpha_{nj}(i\neq j)}{\sum_{n=0}^{2}M_n\alpha_{ni}^2+I_i(i=j)}$$

$$\boldsymbol{K}=\begin{pmatrix}1&0&0&0\\-1&1&0&0\\0&-1&1&0\\0&0&-1&1\end{pmatrix}$$

$$\boldsymbol{K}_m=\begin{pmatrix}0&0&0\\1&0&0\\0&1&0\\0&0&1\end{pmatrix}$$

$$q=K\theta$$

$$G=\alpha^{\mathrm{T}}M$$

$$M=[M_0M_1M_2M_3]^{\mathrm{T}}$$

$$\theta=[\theta_0\theta_1\theta_2\theta_3]^{\mathrm{T}}$$

$$q=[q_0q_1q_2q_3]^{\mathrm{T}}$$

$$I=[I_0I_1I_2I_3]^{\mathrm{T}}$$

其中,第一阶段指的是机器人从站立姿态到膝盖触地阶段,第二阶段指的是从机器人膝盖触地姿态到手触地姿态的阶段。θ_n 是第 n 个关节和地面垂直线之间的夹角;q_n 是第 n 个节点的相对夹角;I_n 表示第 n 关节的转动惯量;u_n 表示第 n 节点的力矩输入,因为节点0是固定的,所以没有力矩输入;M_i 是机器人各个关节的质量。

3.5.2 地面反力

当机器人膝盖或者手触地时,地面将有一个垂直的反力 f_z,根据方程(3.31) 可以得到方程

$$f_z/M=-\alpha\mathrm{diag}(\sin\theta)\ddot{\theta}-\alpha\mathrm{diag}(\cos\theta)\dot{\theta}^2+g \tag{3.35}$$

其中,α 分为膝盖触地和手触地两种情况。

3.5.3 触地分析

当机器人的膝盖或者手触地时,机器人的总动量可以由方程

$$P=\sum_{j=1}^{4}m_j\dot{c}_j \tag{3.36}$$

得到[87]。其中,$\dot{c}_j$ 是第 j 个倒立摆质心的速度,可按方程

$$\dot{c}_j=v_j+\dot{\theta}_j\times(R_j\bar{c}_j)$$

计算得到。其中,$v_j,\dot{\theta}_j,R_j$ 表示第 j 个倒立摆的速度和角速度和姿态;$\bar{c}_j$ 是相对于局部坐标系的质心。

对于触地之后的瞬时角动量可以由方程

$$L_j=c_j\times P_j+R_jI_jR_j^{\mathrm{T}}\omega_j \tag{3.37}$$

得出。其中，c_j 表示第 j 个连杆的质心；I_j 表示第 j 个连杆相对于其局部坐标系的惯性张量。因此，根据方程(3.36) 可以得出本章机器人倒地时的角动量方程

$$L_j = M[\dot{x}_c(x_c - x_j) + \dot{z}_c(z_c - z_j)] + I\dot{\theta} \tag{3.38}$$

为了简单起见，其中，x_c，z_c 表示整个机器人的质心，当 $j = 1$ 时为第一阶段，即机器人膝盖触地阶段，当 $j = 4$ 时为第二阶段，即机器人手触地阶段。

3.6　倒地参数化优化控制策略

在优化的过程中，为了得到可实现的最优解，除了对优化对象的系数做一定的调节外，还需要对一些参数进行约束控制。其中触地点的距离地面的反作用力 f_z 受到一定的约束，各个转动关节的转动角度必须在一定的范围内，而触地点也应该在理想的范围内。由此得到约束方程

$$\int_0^T f_z \mathrm{d}t \leqslant U_Z \tag{3.39}$$

$$\int_0^T J_{F_i} \mathrm{d}t \leqslant U_F \tag{3.40}$$

其中，$i = 0$ 表示第一阶段，$i = 1$ 表示第二阶段；U_Z，U_F 为阈值。

机器人在站立的时候，如果力矩只由地面产生，则当机器人静止站立时，力矩由重力来平衡，角动量的变化为零，如果力矩不平衡，则角动量将很快增加，机器人就开始跌倒。要使机器人能够安全地着地，那么需要尽量减少倒地时刻的角动量。

我们根据参数化优化的特点，与方程(3.33) 类似，对方程(3.34) 进行相应的变化，得到方程

$$\dot{x} = f(x, u) \tag{3.41a}$$

$$x = \begin{bmatrix} \theta \\ \dot{\theta} \end{bmatrix} \tag{3.41b}$$

$$f(x, u) = \begin{bmatrix} \dot{\theta} \\ A^{-1}(Du - B\dot{\theta}^2 - C\sin\theta) \end{bmatrix} \tag{3.41c}$$

优化指标函数为[87]

$$J = J_T + \int_0^{\mathrm{T}} J_t \mathrm{d}t \tag{3.42}$$

其中，J_t 为时间 $t(0 \leqslant t \leqslant T)$ 内的变量；J_T 表示时间 T 的状态。状态 J_T 由方程 $J_T = P_A(P)^2 + P_B(L_j)^2 + P_C(J_C)^2 + P_D(J_D)^2 + P_E(J_E)^2 + P_F(J_F)^2$ 得出；变量 J_t 则由方程 $J_t = P_D(J_D)^2 + P_E(J_E)^2 + P_F(J_F)^2$ 得出。其中，$P_i(i = A, B, \cdots, F)$ 为待定参数；J_C，J_D，J_E，J_F 分别为

$$J_C = \begin{cases} Z_1(\text{第一阶段}) \\ Z_4(\text{第二阶段}) \end{cases}, J_F = \begin{cases} J_{F_0}(\text{第一阶段}) \\ J_{F_1}(\text{第二阶段}) \end{cases}$$

$$J_D = f_z, J_E = q_1 + q_2 + q_3$$

$$J_{F_0} = z_1 + z_2 + z_3 + z_4, J_{F_1} = z_0 + z_2 + z_3 + z_4$$

$$
\begin{aligned}
z_1 &= R_0\cos\theta_0 \\
z_2 &= R_0\cos\theta_0 + r_1\cos\theta_1 \\
z_3 &= R_0\cos\theta_0 + R_1\cos\theta_1 + r_2\cos\theta_2 \\
z_4 &= R_0\cos\theta_0 + R_1\cos\theta_1 + R_2\cos\theta_2 + r_3\cos\theta_3 \\
x_1 &= R_0\sin\theta_0 \\
x_4 &= R_0\sin\theta_0 + R_1\sin\theta_1 + R_2\sin\theta_2 + r_3\sin\theta_3
\end{aligned}
$$

则仿人机器人向前倒地优化控制问题就如式(3.41)和(3.42)所示,其中约束为式(3.39)和(3.40)。这是具有不等式约束的非线性最优化问题,可以使用各种不同的优化方法进行优化。由于不同的优化方法效果不同,我们将采用极小值原理和参数化最优两种优化方法进行优化控制。

3.7 使用极小值原理进行最优控制

苏联学者庞特里亚金等人提出的极小值原理成为控制向量受约束时求解最优控制问题的有效工具,并广泛应用于连续系统和离散系统中,它是求解最优控制问题中的哈密顿函数,是经典变分法的求函数极值的一种扩充[185]。

对于方程(3.41)和(3.42),为使 J 值最小,定义哈密顿函数为

$$H(\boldsymbol{x},u,\boldsymbol{\lambda}) = \boldsymbol{\lambda}^{\mathrm{T}} f(\boldsymbol{x},u) - J_t \tag{3.43}$$

其中,$\boldsymbol{\lambda}$ 是和 $\boldsymbol{x}$ 具有相同维数的协状态向量,则对 x 求偏导得

$$\dot{\boldsymbol{\lambda}} = -\left(\frac{\partial H}{\partial \boldsymbol{x}}\right) = -\left(\frac{\partial f}{\partial \boldsymbol{x}}\right)^{\mathrm{T}}\boldsymbol{\lambda} + \left(\frac{\partial J_t}{\partial \boldsymbol{x}}\right) \tag{3.44}$$

其中,终端条件为

$$\boldsymbol{\lambda}^{\mathrm{T}} = -\left(\frac{\partial J_T}{\partial \boldsymbol{x}}\right) \tag{3.45}$$

梯度函数 J_u 为

$$J_u = -\left(\frac{\partial f}{\partial u}\right)^{\mathrm{T}}\boldsymbol{\lambda} + \left(\frac{\partial J_t}{\partial u}\right) \tag{3.46}$$

其中,$\boldsymbol{\lambda}$ 通过对方程(3.44)在时间 $t \in [0,T]$ 之间的积分得到,通过使用 J_u 的迭代,即可获取最优控制 u。

3.8 基于参数化最优的控制

用极小值原理的方法解决仿人机器人倒地动作的最优控制问题,虽然具有原理简单,算法可靠等优点,但是由于迭代次数较多,计算量巨大。另外,使用该方法的最大缺点就是需要对构建哈密顿函数中的协状态变量的初值进行猜测,初值本身对于仿人机器人倒地动作具有很强的敏感性。为了避免以上缺点,本节引入参数化最优控制方法对仿人机器人的倒地动作进行最优控制。

3.8.1　参数化优化与强化控制方法

所谓参数最优化问题是指不考虑时间因素影响的最优控制问题。它反映了系统达到稳定后的静态关系，并且大多数生产过程受控对象可以用静态最优化问题来处理。参数化控制及强化控制方法由 Kok-Lay Teo，Heung Wing Joseph Lee[186][187] 等人于 1977 年提出。该参数化方法的主要思想是用若干段常数去逼近最优解，将最优解控制转换成参数优化问题。再利用经典的参数优化方法即可求出最优控制的一个近似解。强化控制方法就是通过一种时间轴进行适当变换，将每段参数的持续时间转变为一组新的参数，从而将求取指标泛函对于原来时间轴上每段跳跃时间点的导数转换成在新的时间轴上指标泛函对参数的导数，这样就使问题难度大大降低。参数化控制在月球车的软着陆[188][189] 和导弹姿态控制上得到了较好的应用，对于解决高维的非线性复杂优化问题具有良好的寻优效果。

1. 最优化问题的一般描述

考虑一般化的非线性系统

$$\dot{x} = f(t,\boldsymbol{x}(t),\boldsymbol{u}(t)) \tag{3.47}$$

其中

$$\boldsymbol{x}(t) = [x_1(t),x_2(t)\cdots x_{ns}(t)]^{\mathrm{T}} \in R^{n_s} \tag{3.48}$$

$$\boldsymbol{u}(t) = [u_1(t),u_2(t)\cdots u_{nc}(t)]^{\mathrm{T}} \in R^{n_c} \tag{3.49}$$

其中，R^{n_s} 表示 n 维的状态空间；R^{n_c} 表示 n 维的控制空间；$t \in [0,t_f]$；$\boldsymbol{f} = [f_1\cdots f_{ns}]^{\mathrm{T}} \in R^{n_s}$，是连续可微的函数。系统(3.47) 的初始条件为

$$\boldsymbol{x}(0) = \boldsymbol{x}^0 \tag{3.50}$$

其中，$\boldsymbol{x}^0 = [x_1^0,\cdots,x_{ns}^0]^{\mathrm{T}} \in R^{n_s}$，表示给定的一组向量。

令 U 为所允许的控制信号集合。对于任何的 $u \in U$，令 $x(t\mid u)$ 为相应状态的向量函数，且在区间$[0,t_f]$ 上连续，并几乎能处处满足式(3.47) 和其初始条件式(3.50)，则称 $x(t\mid u)$ 为系统(3.47) 对应于 u 的解。

给定标准的非线性最优化问题的规范类型如下。

问题 3.1　对于给定的系统(3.47)，设计一个控制函数 $u \in U$ 最小化指标泛函

$$J = \Theta_0(x(t_f\mid u)) + \int_0^{t_f} P_0(t,x(t\mid u),u(t))\mathrm{d}t \tag{3.51}$$

满足约束条件

$$h_i(u) = \Theta_i(x(t_f\mid u)) + \int_0^{t_f} P_i(t,x(t\mid u),u(t))\mathrm{d}t \geqq 0, i = 0,1,\cdots,N \tag{3.52}$$

其中，$\geqq$ 表示等于或者大于等于，分别代表等式约束和不等式约束；Θ_i 和 P_i，$i = 0,1,\cdots,N$，为给定的实数向量函数。我们假设本文中的以下条件得到满足：

条件 3.1

$$f:[0,t_f]\times R^{n_s}\times R^{n_c}\to R^{n_s}$$
$$\Theta_i:R^{n_s}\to R,i=0,1,\cdots,N$$
$$P_i:[0,t_f]\times R^{n_s}\times R^{n_c}\to R,i=0,1,\cdots,N$$

条件 3.2

存在正数 N 满足对于所有的 $(t,x,u)\in[0,t_f]\times R^{n_s}\times V$，均有 $|f(t,x,u)|\leqslant N(1+|x|)$，其中，$V\subset R^{n_c}$，是 R^{n_c} 中任意紧致闭子集。

条件 3.3

泛函 f 和 $P_i,i=0,1,\cdots,N$，关于 x 和 u 的偏导数在 $[0,t_f]$ 内均是分段连续的。

条件 3.4

$\Theta_i,i=0,1,\cdots,N$，对于 x 和 u 是连续可微的。

2. 参数化最优控制器设计

首先选取一组单调递增的序列 $t_{i-1}^p<t_i^p,i=0,1,\cdots,n_p$，且满足以下方程 $t_0^p=0,t_{n_p}^p=T$ 和一组参数 $\sigma_k^p,k=1,2,\cdots,n_p$，构造形如

$$u^p(t)=\sum_{k=1}^{n_p}\sigma_k^p\chi_{[t_{k-1}^p,t_k^p)}(t)\tag{3.53}$$

所示的参数化分段常数控制器。其中，p 是维数，$\chi_{[t_{k-1}^p,t_k^p)}(t)$ 是符号函数，定义为

$$\chi_{[t_{k-1}^p,t_k^p)}(t)=\begin{cases}1 & t\in[t_{k-1}^p,t_k^p)\\0 & 其他\end{cases}\tag{3.54}$$

令 $\boldsymbol{\sigma}^p=[\sigma_1^p,\cdots,\sigma_{n_p}^p]$。将式(3.53)代入系统的方程(3.47)可以得到

$$\dot{x}(t)=\tilde{f}(t,x(t),\boldsymbol{\sigma}^p)\tag{3.55}$$

其中

$$\tilde{f}(t,x(t),\boldsymbol{\sigma}^p)=f(t,x(t),\sum_{k=1}^{n_p}\sigma_k^p\chi_{[t_{k-1}^p,t_k^p)})\tag{3.56}$$

同理，将式(3.53)代入方程(3.51)可以得到参数最优化问题如下所示：

问题 3.2 给定含参数的非线性系统(3.55)，寻找一组最优参数 $\boldsymbol{\sigma}^p$ 最小化指标函数

$$J(\boldsymbol{\sigma}^p)=\Theta_0(x(t_f\mid\boldsymbol{\sigma}^p))+\int_0^{t_f}\tilde{P}_0(t,x(t\mid\boldsymbol{\sigma}^p),\boldsymbol{\sigma}^p)\mathrm{d}t\tag{3.57}$$

且满足约束

$$g_i(\boldsymbol{\sigma}^p)=\Theta_0(x(t_f\mid\boldsymbol{\sigma}^p))+\int_0^{t_f}\tilde{P}_0(t,x(t\mid\boldsymbol{\sigma}^p),\boldsymbol{\sigma}^p)\mathrm{d}t\leqslant 0,\quad i=0,1,\cdots,N\tag{3.58}$$

其中

$$\tilde{P}_i(t,x(t\mid\boldsymbol{\sigma}^p),\boldsymbol{\sigma}^p)=P_i(t,x(t\mid\sum_{k=1}^{n_p}\sigma_k^p\chi_{[t_{k-1}^p,t_k^p)}),\sum_{k=1}^{n_p}\sigma_k^p\chi_{[t_{k-1}^p,t_k^p)}),i=0,1,\cdots,N$$

其中，t_f 为终端约束，下标 f 是 final 的缩写。以上给出了参数化控制器的设计方法，可以看出，将这种控制器代入最优问题后，可得到一系列收敛的参数最优化问题。文献[186]已

经证明,当 $p\to+\infty$ 时,问题 3.2 的最优解收敛于问题 3.1 的最优解。通过求解这些问题即可得到原始问题任意精度的近似解。从而可以使最优化问题的求解难度大大降低。对于指标泛函和约束条件的关于参数 σ^p 的梯度公式,可以由以下的定理给出。

定理 3.1　问题 3.2 中的指标函数与约束条件关于参数 σ^p 的梯度公式可以分别由公式

$$\frac{\partial J(\sigma^p)}{\partial\sigma^p}=\int_0^{t_f}\frac{\partial\widetilde{H}_0(t,x(t\mid\sigma^p),\sigma^p,\lambda_0(t\mid\sigma^p))}{\partial\sigma^p}\mathrm{d}t \tag{3.59}$$

$$\frac{\partial g_i(\sigma^p)}{\partial\sigma^p}=\int_0^{t_f}\frac{\partial\widetilde{H}_i(t,x(t\mid\sigma^p),\sigma^p,\lambda_i(t\mid\sigma^p))}{\partial\sigma^p}\mathrm{d}t,\quad i=1,2,\cdots,N \tag{3.60}$$

给出。其中

$$\begin{aligned}&\partial\widetilde{H}_i(t,x(t\mid\sigma^p),\sigma^p,\lambda_i(t\mid\sigma^p))=\\&\widetilde{P}_i(t,x(t\mid\sigma^p),\sigma^p,\lambda_i(t\mid\sigma^p))+\boldsymbol{\lambda}^{\mathrm{T}}f(t,x(t\mid\sigma^p),\sigma^p)\\&i=0,1,\cdots,N\end{aligned}$$

$$\boldsymbol{\lambda}=[\lambda_1\cdots\lambda_{n_s}]^{\mathrm{T}} \tag{3.61}$$

$$\dot{\lambda}_i(t\mid\sigma^p)=-\frac{\partial\widetilde{H}(t,x(t\mid\sigma^p),\sigma^p,\lambda_i(t\mid\sigma^p))}{\partial x(t\mid\sigma^p)}$$

边值条件为

$$\lambda_i(t_f)=\frac{\partial\widetilde{\Theta}_i(x(t_f\mid\sigma^p))}{\partial x(t_f\mid\sigma^p)}$$

以上是参数化控制器设计方法,以及指标函数和约束函数关于参数的梯度公式,如果将这种控制器代入到最优化问题之后,可以得到一系列收敛的参数化最优问题。通过求解这些问题,即可得到原始问题任意精度的近似解。从而可以使最优化问题求解的难度大大的降低。

3. 约束变换方法

要使参数在满足约束的条件下,最小化指标函数是很困难的,求解含有不等式约束问题的常用方法是惩罚因子法。该方法对于部分问题是有效的,但是对于一些复杂问题最优解的完备性就不能得到保障并且无法避免连续状态下不等约束的微小抖动。K. L. Teo[190~192] 等人于 1993 年给出了一种约束变换技术,该方法将不等式约束转化成一系列收敛的参数优化问题,从而可以使不等式约束问题的求解得以可行。即对于约束条件 $h(t,x(t),u(t))\geqslant 0,\forall t\in[t_s,t_f]$ 等价于

$$G(u)=\int_{t_s}^{t_f}\min\{h(t,x(t),u(t)),0\}\,\mathrm{d}t=0 \tag{3.62}$$

但是,在 $h(t,x(t),u(t))=0$ 时并不光滑,因此我们可以用光滑函数 $g_\varepsilon(h)$ 近似代替 $g=\min\{h,0\}$,如图 3.10 所示。

定义 $G_\varepsilon(u)=\int_{t_s}^{t_f}g_\varepsilon(t,x(t),u(t))\mathrm{d}t$,因此我们可以用不等式约束方程

$$G_\varepsilon(u)+\tau\geqslant 0 \tag{3.63}$$

来近似代替式(3.62)。

其中
$$g_{\varepsilon}(h)=\begin{cases}0, & h \geqslant \varepsilon \\ -(h-\varepsilon)^{2}/4\varepsilon, & -\varepsilon < h < \varepsilon \\ h, & h \leqslant -\varepsilon\end{cases}$$

$\varepsilon > 0, \tau > 0$,为调节参数。文献[192]证明当$\varepsilon$足够小的时候,存在一个$\tau(\varepsilon) > 0$,使得对于任何满足$0 < \tau < \tau(\varepsilon)$的$\tau$能够令式(3.63)对式(3.62)满足近似要求。

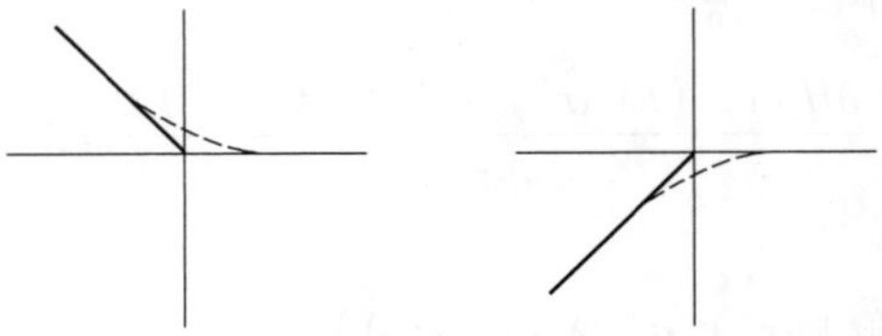

(a) min{h,0}函数　(b) −min{h,0}函数

图3.10　函数min{h,0}和函数 − min{h,0}的光滑效果示意图

4.强化控制方法

以上所提出的参数化控制器只是将变量σ看做参数,而时间变量t_k则取为定值。时间变量的取值不同,也会影响到参数化控制对最优控制器的逼近程度。如果直接将其看做参数,则求解参数梯度时难度很大。为此,可以利用强化控制方法来解决这一问题。

考虑一个新的时间变量$s \in [0,1]$。定义时间尺度变换:从时间变量$t \in [0,t_{\mathrm{f}}]$到$s \in [0,1]$。

$$\frac{\mathrm{d}t(s)}{\mathrm{d}s}=v(s) \tag{3.64}$$

其初始条件为$t(0)=0$,终端条件为$t(1)=t_{\mathrm{f}}$。其中,f是final的缩写,函数$v(s)$被称为强化控制。令$v(s)$由如下非负分段恒值函数给出$v(s)=\sum_{i=1}^{n_p}\gamma_i^p \chi_i(s)$,其中,$\gamma_i^p > 0, i=1,\cdots;n_p$为决策变量;$\chi_i(s)$为符号函数,由

$$\chi_i(s)=\begin{cases}1, & s \in [\xi_{i-1}^p,\xi_i^p) \\ 0, & 其他\end{cases}$$

给出。其中,$\xi_i^p \in [0,1]$,为预先给定的分段点。将时间尺度变换(3.64)代入系统(3.55)中,得到增广系统

$$\begin{cases}\dot{\tilde{x}}(s)=v(s \mid \gamma^p)\tilde{f}(t(s),\tilde{x}(s),\sigma^p,\gamma^p) \\ \dot{t}(s)=v(s \mid \gamma^p)\end{cases} \tag{3.65}$$

系统的初始条件$\begin{cases}\tilde{x}(0)=x_0 \\ t(0)=0\end{cases}$,终端约束为$t(1)=t_{\mathrm{f}}$。

把以上的系统代入式(3.57),(3.58),可以得到如下的方程。即给定非线性系统(3.65),以及边值条件,给定一组时间分段点$\xi_i^p, i=1,2,\cdots,n_p$,求取参数$\sigma^p$和$\gamma^p$最小化指标泛函

$$J(\sigma^p,\gamma^p)=\Theta_0(\tilde{x}(1\mid\sigma^p,\gamma^p))+\int_0^1\hat{P}_0(t(s),\tilde{x}(s\mid\sigma^p,\gamma^p),\sigma^p,\gamma^p)\mathrm{d}s \tag{3.66}$$

且满足约束

$$\begin{gathered}g_i(\sigma^p,\gamma^p)=\Theta_i(\tilde{x}(1\mid\sigma^p,\gamma^p))+\int_0^1\hat{P}_i(t(s),\tilde{x}(s\mid\sigma^p,\gamma^p),\sigma^p,\gamma^p)\mathrm{d}s\leqslant 0\\ i=0,1,\cdots,N\end{gathered} \tag{3.67}$$

其中，N 表示约束的个数

$$\hat{P}_i(t(s),\tilde{x}(t(s)\mid\sigma^p,\gamma^p),\sigma^p,\gamma^p)=v(s\mid\gamma^p)\tilde{P}_i(t(s),x(t(s)\mid\sigma^p),\sigma^p) \tag{3.68}$$

而指标函数(3.66)，约束方程(3.67)关于 γ^p 的梯度可以由如下定理给出[186~188]。

定理 3.2　考虑问题(3.66)关于参数 γ^p 的梯度由公式

$$\begin{aligned}\frac{J(\sigma^p,\gamma^p)}{\partial\gamma^p}=&\frac{\partial\Theta_0(\tilde{x}(1\mid\sigma^p,\gamma^p))}{\partial\gamma^p}+\\&\int_0^1\frac{\partial\hat{H}_0(t(s),\tilde{x}(s\mid\sigma^p,\gamma^p),\sigma^p,\gamma^p,\lambda_0(s\mid\sigma^p,\gamma^p))}{\partial\gamma^p}\mathrm{d}s\end{aligned} \tag{3.69}$$

$$\begin{aligned}\frac{\partial g_i(\sigma^p,\gamma^p)}{\partial\gamma^p}=&\frac{\partial\Theta_i(\tilde{x}(1\mid\sigma^p,\gamma^p))}{\partial\gamma^p}+\\&\int_0^1\frac{\partial\hat{H}_i(t(s),\tilde{x}(s\mid\sigma^p,\gamma^p),\sigma^p,\gamma^p,\lambda_i(s\mid\sigma^p,\gamma^p))}{\partial\gamma^p}\mathrm{d}s,\quad i=0,1,\cdots,N\end{aligned} \tag{3.70}$$

给出。其中

$$\begin{aligned}&\lambda_i=[\lambda_{it}\lambda_{ix}]\\&\hat{H}_i(t(s),\tilde{x}(s\mid\sigma^p,\gamma^p),\sigma^p,\gamma^p,\lambda_i(s\mid\sigma^p,\gamma^p))=\\&\hat{P}_i(t(x),\tilde{x}(s\mid\sigma^p,\gamma^p),\sigma^p,\gamma^p)+\lambda_{it}v^p(s\mid\gamma^p)+\\&\lambda_{ix}v^p(s\mid\gamma^p)f(t(x),\tilde{x}(s\mid\sigma^p,\gamma^p),\sigma^p,\gamma^p)\end{aligned} \tag{3.71}$$

协状态变量 $\lambda_i(s\mid\sigma^p,\gamma^p)$，$s\in[0,1]$ 可由方程组

$$\frac{\partial\lambda_{it}(s)}{\partial s}=-\frac{\partial\hat{H}_i(t(s),\tilde{x}(s\mid\sigma^p,\gamma^p),\sigma^p,\gamma^p,\lambda_i(s\mid\sigma^p,\gamma^p))}{\partial\tilde{x}(s\mid\sigma^p,\gamma^p)} \tag{3.72}$$

$$\frac{\partial\lambda_{ix}(s)}{\partial s}=-\frac{\partial\hat{H}_i(t(s),\tilde{x}(s\mid\sigma^p,\gamma^p),\sigma^p,\gamma^p,\lambda_i(s\mid\sigma^p,\gamma^p))}{\partial t(s)} \tag{3.73}$$

解得。边值条件为

$$\lambda_{ix}(1)=\frac{\partial\Theta_i(\tilde{x}(1\mid\sigma^p,\gamma^p))}{\partial\tilde{x}}$$

$$\lambda_{it}(1)=\frac{\partial\Theta_i(\tilde{x}(1\mid\sigma^p,\gamma^p))}{\partial t}$$

通过强化控制方法和定理 3.2 的梯度公式，式(3.53)中的分段时间点 t_k^p 已转化成可以用来优化的决策参数，且梯度很容易由式(3.72)和式(3.73)得到。

3.8.2　优化过程中的处理技术

在仿人机器人的运动过程中，考虑到有些虚拟约束条件非常严格，比如膝关节相对转

角不能超过 180°,上身保持基本直立等。惩罚函数法不能处理这种状态约束需要严格满足的情况,同时采用渐进二次规划方法(SQP) 求解静态优化问题,需要用到约束函数对决策变量的一阶梯度,用简便的数值方法求得该梯度可以大大提高优化过程的计算效率和计算精度。

采用参数化优化技术可以让函数原点处的约束做平滑的处理,另外约束条件可以转化为与目标函数已知的正则形式,但是最终求解仍然是 SQP 问题,而仿真结果表明优化初值的选取仍然对最后的结果很敏感,由于最后的寻优采用的是传统的 SQP 算法,因此该方法不能明显地提高计算效率。因此,本节针对此现象,在文献[186] 的基础上,针对原先算法对初值敏感的情况,首先对任意初值进行筛选,使初值的范围可以有效地大幅度减少,然后采用参数化优化技术,代入初始状态和约束条件,对机器人的运动状态轨迹和控制变量进行优化计算,修改了参数化寻优的过程,使用了一种基于改进的 SQP 滤子算法[193],每次迭代只需解一个二次规划子问题并自动修正了可行方向,以避免 Marotos 效应,并在较弱的条件下保持算法的全局收敛性。

1. 初始状态集筛选

由于参数化优化方法对初始状态敏感,实验证明对于不同的初始状态集,求解的速度不同,有时候会容易在短期内陷入局部最优。针对这种情况,我们采用一种初始状态筛选的方法,根据仿人机器人的特性,在原初始状态集上进行自我碰撞检测、稳定性检测、奇异姿态筛选的处理,最后生成新的初始状态,供参数化优化技术的初始状态输入。流程示意图参见图 3. 11。

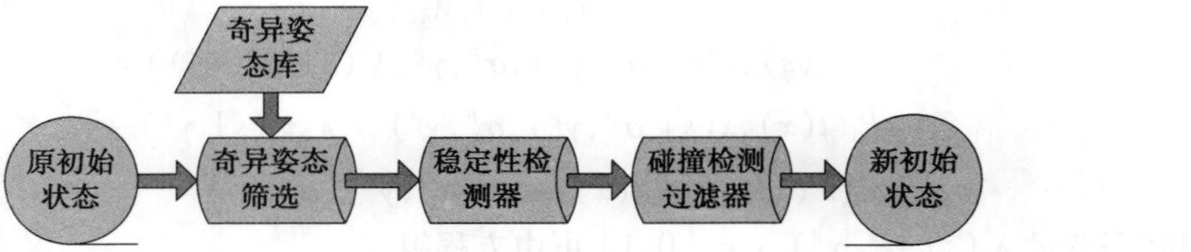

图 3. 11 初始状态筛选过程示意图

如图所示,首先建立仿人机器人的奇异姿态库[80],然后对原始的初始状态集进行奇异姿态的筛选,根据前面介绍的稳定性判断方法对姿态再次进行稳定筛选,最后通过自身碰撞检测过滤器进行碰撞过滤,最后剩余的状态作为新的初始状态。其中碰撞检测将在第 4 章详细介绍,整个流程的算法如下。

步骤 1:随机从初始状态全集 $S\{\theta_i^j\}$ 中选取一组初始状态 $S\{\theta_i^r\}$,其中,$\theta_i^i \in R \cup (-\pi \leqslant \theta_i^j \leqslant \pi)$;$i \in N$;$j \in R$。

步骤 2:判断状态 $S\{\theta_i^r\}$ 是否属于奇异姿态库 $S_b\{\theta_i^j\}$,若属于,则转步骤 6。

步骤 3:使用稳定性检测器对状态 $S\{\theta_i^r\}$ 进行检测,如果不满足约束条件,转步骤 6。

步骤 4:使用碰撞检测过滤器对状态 $S\{\theta_i^r\}$ 进行判断,如果属于碰撞范围,转步骤 6。

步骤 5:把该状态作为参数化技术处理的初始输入状态,结束。

步骤 6:从原初始状态集中减去该状态 $S\{\theta_i^j\} - S\{\theta_i^r\}$,转步骤 1。

2. 基于改进的 SQP 滤子算法

传统的 SQP 算法都是利用价值罚函数进行线搜索来判断迭代点的好坏的。在 2002 年,随着 Fleteher 和 Leyrfer 提出求解非线性优化问题的滤子法,从另一层面上发展了 SQP 算法,由于滤子法免去了价值罚函数的使用,从而也解决了选择罚函数参数难的问题[194]。在该方法中,如果目标函数或者约束违反度能在试探点非单调地下降,那么就接受这个点为迭代点。事实上,这个方法的目的是放宽接受条件,使得试探点能够较容易被接受。特别值得注意的是,滤子算法的数值结果非常好,所以研究人员将它与很多方法相结合。

本章提出了一种将滤子方法应用于线搜索罚函数的方法,如果罚函数在试探点不能充分地下降,就用滤子方法来放宽接受条件。也就是说,如果约束违反度能够非单调地下降,那么也接受该试探点。这样使得接受一个试探点的条件简单一些。该方法总结了滤子方法和价值函数方法各自的优点,并把它们有机地结合起来,提出一种线搜索的滤子方法。

约束违反度和惩罚函数定义为[194]

$$h(x) = \sum_{i=1}^{m} \| g_i(x) \| + \sum_{i=m+1}^{n} \max\{0, g_i(x)\} \tag{3.74}$$

$$\Phi(x) = f(x) + \rho h(x) \tag{3.75}$$

定义 3.1　数对 $(h(x_k), \Phi(x_k))$ 控制另一个数对 $(h(x_l), \Phi(x_l))$ 当且仅当 $h(x_k) \leqslant h(x_l)$,且 $\Phi(x_k) \leqslant \Phi(x_l)$。

定义 3.2　滤子是一列互不控制的数对。若数对 $(h(x_k), \Phi(x_k))$ 不被该滤子中的任何一个数对控制,则称 $(h(x_k), \Phi(x_k))$ 被该滤子接受。记为 $F_k = \{(j < k) \mid (h(x_j), \Phi(x_j))\}$ 在当前的滤子中。一个试探点 x 被此例子接受当且仅当 $h(x) < (1-\gamma)h(x_k)$ 或者 $\Phi(x) < \Phi(x_k) - \gamma h(x)$ 对任意的 $k \in F_k$ 都成立。将 x_k 加到滤子中,是指将数对 $(h(x_k), \Phi(x_k))$ 加到滤子中,并且移除那些被 $(h(x_k), \Phi(x_k))$ 控制的数对。而 $h(x) \leqslant u$,u 为上界。算法流程如下[194]。

步骤 1:给定初始点 $x_0 \in R^n$,初始参数 $r \in (0,1)$,$\sigma \in (0, \frac{1}{2})$,$k = 0$。

步骤 2:求解 $QP(x_k, H_k)$ 的子问题,得到解 d_k。

步骤 3:如果 x_k 是问题的一个 KKT 点,则停止,否则 $\alpha := 1$。

步骤 4:如果 α 满足 $\Phi(x_k + \alpha d_k) \leqslant \Phi(x_k) + \alpha\sigma(\nabla f(x_k) d_k - \rho h(x_k))$ 转步骤 9。

步骤 5:若 $-\nabla f(x_k) d_k \geqslant \frac{1}{2} d_k^{\mathrm{T}} H_k d_k$ 则转步骤 8。

步骤 6:若 x_k 或者 $x_k + \alpha d_k$ 不被滤子接受,转步骤 8,否则转步骤 9。

步骤 7:若 $x_k + \alpha d_k$ 不被点 x_k 接受,则转步骤 8,否则转步骤 9。

步骤 8:$\alpha := r\alpha$ 转步骤 4。

步骤 9:$\alpha_k := \alpha$;$x_{k+1} := x_k + \alpha d_k$。

步骤 10:如果 $h(x_k) > 0$ 且 $-\nabla f(x_k) d_k < \frac{1}{2} d_k^{\mathrm{T}} H_k d_k$,那么将 x_k 加到滤子中,否则保持

滤子不变。

步骤 11:计算 H_{k+1},置 $k=k+1$,转步骤 2。

该算法的全局收敛性已经在文献[195]中得到证明。使用此方法进行 SQP 问题的求解可以不需要可行性恢复阶段,也不需要具有复杂参数的开关条件。

3.8.3 基于参数化控制的仿人机器人运动控制

1. 模型转换

利用参数化强化控制方法对仿人机器人倒地运动优化控制进行转换,式(3.41)问题可以由方程

$$\theta=[x(1)x(2)x(3)x(4)]^{\mathrm{T}}$$
$$\dot{\theta}=[x(5)x(6)x(7)x(8)]^{\mathrm{T}}$$
$$u=[u(1)u(2)u(3)]^{\mathrm{T}}$$

描述。其中,$\theta,\dot{\theta}$ 为系统状态变量,u 为控制变量。

令 $\hat{x}(s)=\left[\dfrac{x(t(s))}{t(s)}\right]$,$\hat{u}(s)=\left[\dfrac{u^p(t(s))}{v^p(s)}\right]$,则得到增广系统

$$\frac{\mathrm{d}\hat{x}}{\mathrm{d}s}=\left(\frac{v^p(s)f(x(t(s)),u^p(t(s)),t(s))}{v^p(s)}\right)$$

其中,$v^p(s)=\sum\limits_{i=1}^{n_p}\delta_i^p\chi_{[\zeta_{i-1}^p,\zeta_i^p)}(s)$,$\delta_i^p=(\delta_{i1}^p,\delta_{i2}^p,\cdots,\delta_{i,n_p}^p)$,且满足等式约束

$$\sum_{k=1}^{n_p}\frac{\delta_k^p}{n_p}=t_{\mathrm{f}}$$

以及系统的初始化条件为 $u_1(0)=\xi_1$,$u_2(0)=\xi_2$,$u_3(0)=\xi_3$。其中,ξ_1,ξ_2,ξ_3 是待优化的参数。选取初始状态参数以及控制参数 ξ_1,ξ_2,ξ_3,计算方程(3.42)的值,且满足不等式约束

$$U_M-\int_0^1 J_E\mathrm{d}t\geqslant 0 \tag{3.76}$$

$$U_L-\int_0^1 J_F\mathrm{d}t\geqslant 0 \tag{3.77}$$

2. 优化算法

进行以上的模型转换之后,利用经典的参数优化算法配合约束变换技术即可求出仿人机器人倒地过程最优控制问题的一组逼近解。利用此算法,增加时间的分段个数 p,重新进行优化,经过多次优化即可得到满意精度的最优解。具体算法如下所示。

步骤 1:任意选取一组参数 δ_i^p,选取参数 ξ_1,ξ_2,ξ_3 满足 $\xi_1\geqslant 0,\xi_2\geqslant 0,\xi_3\geqslant 0$,确定分点个数 n_p 和约束变换技术中的参数 λ_i 和 ε 的值。

步骤 2:将参数代入方程(3.42)和不等式方程(3.76),(3.77),利用方程(3.62)所示的自由化问题修正参数 δ_i^p 和 ξ_1,ξ_2,ξ_3 使不等式(3.76),(3.77)成立。

步骤 3:利用方程(3.69)求取指标函数关于参数的梯度。

步骤 4:利用改进的 SQP 滤子算法更新 δ_i^p 和 ξ_1,ξ_2,ξ_3。

步骤 5：判断更新后的参数是否满足不等式(3.76)，(3.77)，满足则退出程序，否则转步骤 2。

3.9 仿人机器人运动约束

约束可以定义为系统中的质点速度和位置上附加的运动学和几何限制，有了这种限制，质点系在其空间中不能进行任意运动或者占据任意位置。约束对于仿人机器人的运动来说，是多种多样的，如果只考虑和地面的接触的约束的话，可以分为两种类型：一种是确保地面非滑行的约束，另外一种是触地时合理接触点的范围约束，也就是第 2 章中介绍的压力中心约束。

在动态模型中抽取出来的解决方案中，如果其中符合某种限制，我们则称为未知可行性约束，而这些未知可行性约束则可以用公式来表示。例如对于一个多连杆的刚体系统，这些未知的参数可以包括拉格朗日的相位变量或者状态变量，因为这些参数对身体部分进行了位置和速度的描述。另外，参数还可以包括驱动力矩。由于工业技术上的限制，这些变量的可行集是有限的，同时有需要符合生物机械系统中的生理特点的原因。如果把这些因素加到约束中去，这些约束将关系到系统形态的结构，同时也关系到地面双足运动的进展。

3.9.1 奇异姿态约束

奇异姿态约束指的是对于某些机器人的姿态，对应的雅可比矩阵的逆不存在，我们称这样的姿态为奇异姿态[80]。通常解决奇异性的方法是控制机器人运动，使其能够避开这些奇异姿态。为此，可以建立一个奇异姿态库，在运动控制中，所规划的姿态通过和奇异姿态库的比较从而删除属于该库的姿态。

3.9.2 工业技术上的限制

机器人运动中的电机的转动由于工业技术的限制，有其一定的限制。考虑电机驱动的有限性，我们可以得到如下的关节力矩驱动有界形式

$$t \in [t_s, t_e], \tau_i^{\min} \leqslant \tau_i(t) \leqslant \tau_i^{\max}, i = 1, \cdots, 7 \tag{3.78}$$

其中，$[t_s, t_e]$ 表示电机的转动时间，从开始到结束；$[\tau_i^{\min}, \tau_i^{\max}]$ 表示各个关节力矩的输出范围。虽然电机厂家对电机的转速有一定的保护范围，但是在控制过程中，电机的转速也必须有所限制。关节电机转速的有界形式为

$$t \in [t_s, t_e], q_i^{\min} \leqslant q_i(t) \leqslant q_i^{\max}, i = 1, \cdots, 7 \tag{3.79}$$

其中，$[t_s, t_e]$ 表示电机的转动时间，从开始到结束；$[q_i^{\min}, q_i^{\max}]$ 表示各个关节电机转速输出范围。

3.9.3 外部非碰撞约束

仿人机器人的外部非碰撞约束可以分为腿部(这里以考虑类人机器人的下半身为

主）与外界的碰撞及脚步与地面的碰撞两种情况。

仿人机器人腿部与外界障碍物之间的约束在矢平面内可以由一个2维的几何约束来描述[103]。由计算几何中的一个基本定理可以得知：给定三个点p_1，p_2，p_3，那么点p_3是在有向线段$\overrightarrow{p_1p_2}$的左侧（右侧）当且仅当这三个点所构成的面积$A_{p_1p_2p_3}>0(<0)$。并且点p_3和线段$\overrightarrow{p_1p_2}$是在同一直线上的当且仅当$A_{p_1p_2p_3}=0$。如图3.12中所示，$A_{p_1p_2p_3}$则可以很容易地由p_1，p_2，p_3三点所在的坐标值计算得出。计算公式为

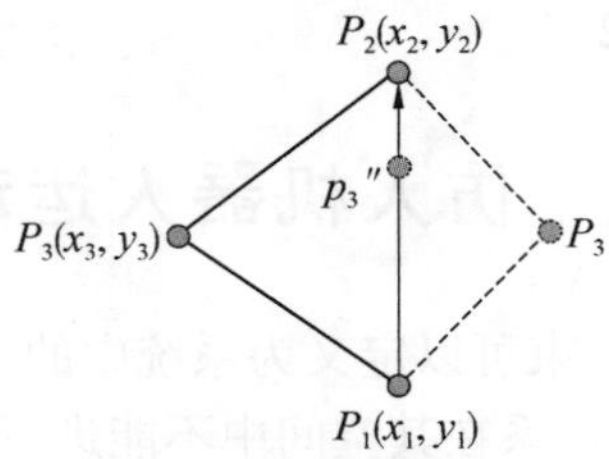

图3.12　线段距离示意图

$$A_{p_1p_2p_3}=\frac{1}{2}[x_1(y_2-y_3)+x_2(y_3-y_1)+x_3(y_1-y_2)] \tag{3.80}$$

当仿人机器人在不平地面行走时，其脚步运动轨迹若处理不当，很容易和外界障碍物发生碰撞，从而使机器人失去稳定。我们以单腿支撑周期内机器人脚步跨越障碍物为例进行约束分析。如图3.13所示，假设抬脚始点在$s(s_x,0)$点，落地终点在$e(e_x,0)$点，障碍物最高点在$c(c_x,h)$点，其高度为h。定义函数f是一个四阶多项式函数，则f经过以上三点，并且满足$f'(s)=f'(c)=f'(e)=0$，经过简单的数学迭代，可以得到$f(s_x,e_x,c_z)=0$的表达式。在机器人运动的过程中，只要保证脚后跟(h_x,h_z)和脚趾(t_x,t_z)始终在运动轨迹之上即可避开障碍物碰撞，即$h_z\geqslant f(h_x)$，并且$t_z\geqslant f(t_x)$。

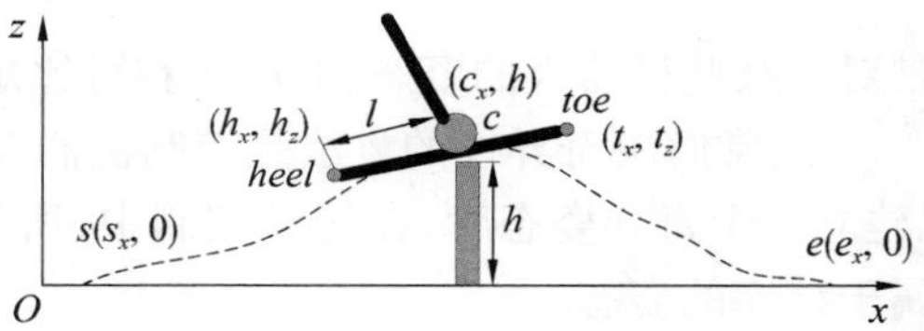

图3.13　摆动腿足部越障运动模型示意图

3.10　仿人机器人上下楼梯运动

仿人机器人的一个广泛的应用价值就是其能够在复杂的环境中行走。这个复杂环境包括各种障碍物，比如楼梯，斜坡等。那么在对待这种障碍物时，有些障碍物可以跨越，或者在上面行走，有些障碍物却不可以，只能进行避障[196]。那么如何进行这种可行性的分析呢，本节主要依据几何上的约束，对仿人机器人的越障能力进行分析。分析的结果可以作为仿人机器人进行复杂环境中运动的先验知识，使其能够为顺利进行运动规划做好准备。

3.10.1　可行性分析

1. 几何约束

根据第2章中的稳定性约束内容，我们以仿人机器人上楼梯为例，如图3.14所示。

根据式(3.80),结合仿人机器人上楼梯的几何模型,可以得到双腿支撑周期内的约束为

$$\begin{cases} \max(A_{z_0z_1S_{h_1}}A_{z_0z_1S_{h_2}}, A_{z_0S_{h_2}S_{h_1}}A_{S_{h_1}z_1S_{h_2}}) > 0 \\ \max(A_{z_2z_1S_{h_1}}A_{z_2z_1S_{h_2}}, A_{z_2S_{h_2}S_{h_1}}A_{S_{h_1}z_1S_{h_2}}) > 0 \\ A_{z_1z_2z_4} > 0 \\ -\dfrac{l_1}{2} \leqslant x_{\mathrm{com}} \leqslant S_w - x_1 + x_2 + \dfrac{l_7}{2} \end{cases} \tag{3.81}$$

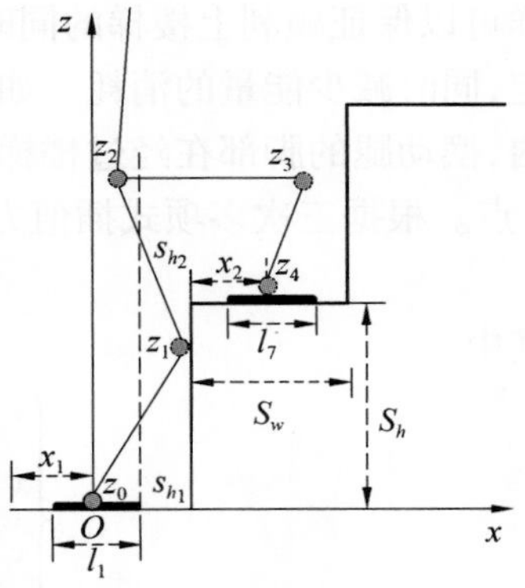

图 3.14　仿人机器人上楼梯可行性模型示意图

式中,S_w 和 S_h 分别为一每个楼梯的宽度和高度;$z_i(i=0,1,2,3,4)$ 分别为机器人腿部的关节点;l_1,l_7 分别为机器人左右足的宽度;x_1,x_2 为足部中心距离楼梯边缘的距离;x_{com} 表示机器人重心的横坐标。下楼梯的时候与上楼梯的情况类似,如图 3.15 所示。

几何约束公式为

$$\begin{cases} \max(A_{z_0z_3S_{h_1}}A_{z_0z_3S_{h_2}}, A_{z_0S_{h_2}S_{h_1}}A_{S_{h_1}z_3S_{h_2}}) > 0 \\ \max(A_{z_3z_4S_{h_1}}A_{z_3z_4S_{h_2}}, A_{z_3S_{h_2}S_{h_1}}A_{S_{h_1}z_4S_{h_2}}) > 0 \\ A_{z_0z_3z_4} > 0 \\ -\dfrac{l_1}{2} \leqslant x_{\mathrm{com}} \leqslant S_w - x_1 + x_2 + \dfrac{l_7}{2} \end{cases} \tag{3.82}$$

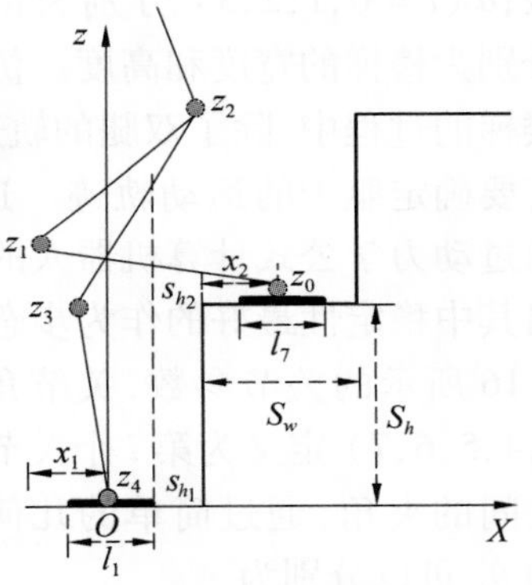

图 3.15　仿人机器人下楼梯可行性模型示意图

2. 稳定性约束

根据前面提到的各种稳定性判断条件,在仿人机器人的稳定性约束中,主要考虑机器人足部与楼梯之间的摩擦力应该足够大,并且保证机器人在运动过程中不滑行,根据稳定性约束的主要依据判断机器人的 *ZMP* 点(零力矩点)是否在支撑范围内。

3.10.2　上下楼梯运动学分析

1. 上楼梯运动学分析

机器人上楼梯周期 T 与平地行走周期类似,可以分为双脚支撑周期 T_{d} 和单脚支撑周期 T_{s}。我们以矢平面运动为例,假设机器人初始位置为右腿在楼梯上,左腿在右腿之下,距离右腿一个楼梯高度。机器人一个步行楼梯周期 T 之后到达终止位置,即左腿在右腿之上,并且距离右腿一个楼梯高度。运动过程参见前图 3.4(a)。图中,x_1 为机器人初始位置时,左脚中心距离楼梯的距离;x_2 为右脚中心距离楼梯的距离;x_3 为终止位置左脚中心距离楼梯的距离;S_w 和 S_h 分别为每个楼梯的宽度和高度;l_1 和 l_7 则分别为机器人左右脚的宽度。

为了保证机器人能够顺利上楼梯,根据前面的可行性分析,为了简化模型,我们假设机器人的摆动腿在摆动上楼梯时,摆动腿踝关节运动,以脚部垂直楼梯的方式上楼梯。这

样可以保证顺利上楼梯的同时，又能减少由于摆动腿摆动高度过高所导致的机器人不稳定，同时减少能量的消耗。如前图 3.4(a) 所示，我们假设机器人在一个运动周期 $T_d + T_s$ 内，摆动腿的脚部在经过楼梯上方时刚好垂直于楼梯，摆动腿的踝关节轨迹则经过确定的 4 点。根据三次多项式插值方式，我们可以确定踝关节的轨迹为[117]

$$z_f(x) = d_0 + d_1x + d_2x^2 + d_3x^3 \tag{3.83}$$

其中

$$\begin{cases} x = 0, & z_f = 0 \\ x = S_w - x_1, & z_f = S_h + l_1/2 \\ x = 2S_w - x_1, & z_f = 2S_h + l_1/2 \\ x = 2S_w - x_1 + x_3, & z_f = 2S_h \end{cases} \tag{3.84}$$

式中，z_f 为踝关节 x 坐标和 z 坐标的轨迹函数；$d_i(i = 0,1,2,3)$ 分别为待定系数；S_w，S_h 分别为楼梯的宽度和高度。仿人机器人在上楼梯的过程中，除了双腿的轨迹确定以外，还需要确定躯干的运动轨迹。这样，我们可以通过动力学公式计算机器人的 *ZMP* 轨迹，选出其中稳定性最好的作为步态结果。根据图 3.16 所示的关节参数，关节角度 $\theta_i(i=1,2,3,4,5,6,7)$ 定义为第 i 个关节连杆与垂直线之间的夹角，通过简单的几何关系，其中 θ_5 和 θ_6 可以分别为

$$\theta_6 = \arccos\left(\frac{L_2^2 + H_2^2 + l_6^2 - l_5^2}{2l_6\sqrt{L_2^2 + H_2^2}}\right) - \arctan\left(\frac{L_2}{H_2}\right) \tag{3.85}$$

$$\theta_5 = \pi - \arccos\left(\frac{l_5^2 + l_6^2 - L_2^2 - H_2^2}{2l_5l_6}\right) - \theta_6 \tag{3.86}$$

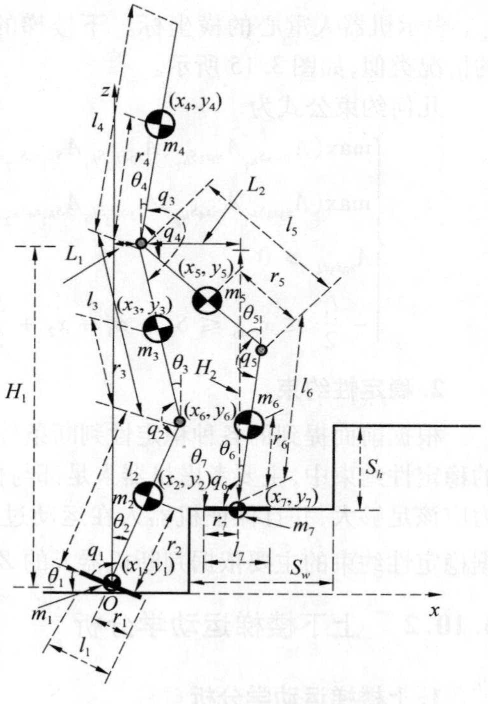

图 3.16　仿人机器人上楼梯模型参数示意图

式中，L_2 为髋部距离右腿脚部中心的水平距离；H_2 为髋部距离右腿脚部中心的水平距离；$l_i(i=5,6)$ 为机器人的腿部关节长度。在上楼梯的过程中，我们假设支撑腿的脚底与水平面的夹角 θ_7 由于一直保持不动，设为0。各个参数的示意图见图 3.16。

机器人在单支撑周期内，可以近似地看成多级倒立摆运动，假设机器人的连杆质量均匀，则每个连杆的质心坐标$(x_i,z_i)(i = 1,2,\cdots,7)$为

$$x_1 = x$$

$$z_1 = z_f$$

$$x_2 = r_2 \times \sin(\theta_2) + x$$

$$
\begin{aligned}
&z_2 = r_2 \times \cos(\theta_2) + z_f \\
&x_3 = - r_3 \times \sin(\theta_3) + l_2 \times \sin(\theta_2) + x \\
&z_3 = r_3 \times \cos(\theta_3) + l_2 \times \cos(\theta_2) + z_f \\
&x_4 = r_4 \times \sin(\theta_4) - l_3 \times \sin(\theta_3) + l_2 \times \sin(\theta_2) + x \\
&z_4 = r_4 \times \cos(\theta_4) + l_3 \times \cos(\theta_3) + l_2 \times \cos(\theta_2) + z_f \\
&x_5 = (l_5 - r_5) \times \sin(\theta_5) - l_3 \times \sin(\theta_3) + l_2 \times \sin(\theta_2) + x \\
&z_5 = - (l_5 - r_5) \times \cos(\theta_5) + l_3 \times \cos(\theta_3) + l_2 \times \cos(\theta_2) + z_f \\
&x_6 = (l_6 - r_6) \times \sin(\theta_6) + l_5 \times \sin(\theta_5) - l_3 \times \sin(\theta_3) + l_2 \times \sin(\theta_2) + x \\
&z_6 = - (l_6 - r_6) \times \cos(\theta_6) + l_5 \times \cos(\theta_5) + l_3 \times \cos(\theta_3) + l_2 \times \cos(\theta_2) + z_f \\
&x_7 = S_w - x_1 + x_2 - l_7/2 \\
&z_7 = S_h
\end{aligned} \tag{3.87}
$$

式中，r_i 为关节点到连杆质心的距离；l_i 是连杆的长度（$i = 1, 2, \cdots, 7$）；x, z_f 为踝关节的轨迹。根据式(3.83)～(3.87)，可以通过式(3.88)得到机器人在上楼梯过程中的 ZMP 在 x 轴上的轨迹

$$
x_{ZMP} = \frac{\sum_{i=1}^{7} (m_i(\ddot{z}_i + g)x_i - m_i\ddot{x}_i z_i - I_{ix}\ddot{\theta}_{ix})}{\sum_{i=1}^{7} m_i(\ddot{z}_i + g)} \tag{3.88}
$$

式中，m_i 为各个连杆的质量；I_{ix} 为各个连杆的转动惯量；$\ddot{\theta}_{ix}$ 为关节转动的角加速度（$i = 1, 2, \cdots, 7$）。

2. 下楼梯运动学分析

仿人机器人的下楼梯运动与上楼梯基本类似，其运动学方程与上楼梯过程也类同。下楼梯过程的模型示意图见前图 3.4(b)。这里不再对下楼梯进行讨论。

3.11　仿人机器人上下斜坡运动

仿人机器人的上下斜坡运动与上下楼梯运动在原理上基本类似，只有初始状态等个别几处有差异，这里就差别之处加以讨论。上下斜坡的模型示意图见前图 3.5[117]。上下斜坡与上下楼梯的差别在于摆动腿足部踝关节轨迹的变化的不同。仍旧采用三次多项式插值的方式对仿人机器人上下斜坡的摆动腿踝关节的轨迹做如下多项式插值。

$$
z = d_0 + d_1 x + d_2 x^2 + d_3 x^3
$$

$$
\begin{cases}
x = x_1, & z = \tan \alpha x_1 \\
x = 1/2S_L + x_1, & z = \tan \alpha (1/2S_L + x_1) + 1/2l_1 \\
x = S_L + x_1 - 1/2x_2, & z = \tan \alpha (S_L + x_1 - 1/2x_2) + 1/2l_1 \\
x = S_L + x_1, & z = \tan \alpha (S_L + x_1)
\end{cases} \tag{3.89}
$$

整个上下斜坡的运动过程中的各个关节角度的轨迹与上下楼梯运动过程相同，上下斜坡过程中的各个参数示意图见前图 3.17。

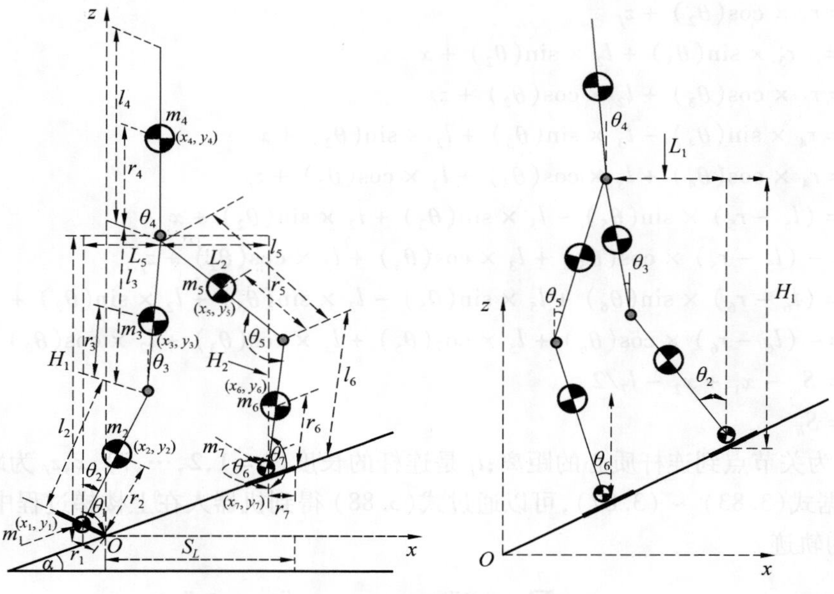

图 3.17 仿人机器人上下斜坡过程参数示意图

3.12 混合微粒群进化算法

微粒群算法是在 1995 年由美国社会心理学家 James Kennedy 和电气工程师 Russell Eberhart 共同提出的[197]，其基本思想是受他们早期对鸟类群体行为研究结果的启发，并利用了生物学家 Frank Heppner 的生物群体模型。作为一种简单、有效的随机搜索算法，其机理使得它在处理实值优化问题上比遗传算法等有很大的优势，而神经网络的参数学习就是一个多峰的实值优化问题，因而 PSO 算法在神经网络学习中获得了成功的应用[198]。

自微粒群算法提出以来，由于它的计算快速性和算法本身的易实现，引起了国际上相关领域众多学者的关注和研究。其研究大致可以分为：算法的改进、算法的分析以及算法的应用。在微粒群算法的改进方面，首先是由 Kennedy 和 Eberhart 在 1997 年提出的二进制 PSO 算法[199]，为 PSO 算法与遗传算法的性能比较提供了一个有用的方式，该方法可用于神经网络的结构优化。其次，为了提高算法的收敛性能，Shi 和 Eberhart 于 1998 年对 PSO 算法的速度项引入了惯性权重 w[200]，并提出在进化过程中动态调整惯性权重以平衡收敛的全局性和收敛速度，该进化方程已被相关学者称之为标准PSO算法。Clerc 于 1999 年在进化方程中引入收缩因子以保证算法的收敛性[201]，同时使得速度的限制放松。有关学者已通过代数方法对此方法进行了详细的算法分析，并给出了参数选择的指导性建议。

Angeline 于 1999 年借鉴进化计算中的选择概念，将其引入 PSO 算法中。通过比较各个微粒的适应值淘汰掉差的微粒，而将具有较高适应值的微粒进行复制以产生等数额的微粒来提高算法的收敛性。而 Lovbjerg 等人进一步将进化计算机制应用于 PSO 算法，如复制、交叉等,给出了算法交叉的具体形式,并通过典型测试函数的仿真实验说明了算法的有效性[202]。

在解决复杂优化问题方面,微粒群算法已经被证实是非常有效的。然而,同其他的进化算法相同,微粒群算法也存在容易陷入局部最优解的问题。如何保持群体的多样性,避免算法过早地陷入局部极值是改进微粒群算法的一个直接的出发点。群体智能算法的最大特点是依靠群体的力量解决问题,基于多种群思想是一些进化算法改进的策略之一[203],并在解决实际问题中已经取得很好的效果[204][205]。本章在文献[203]提出的基于粒子位置矢量择优思想的 PSO 算法基础上,引入遗传算法中的杂交思想,可以使算法有效地跳出局部最优解,通过对仿人机器人上下楼梯的仿真显示,获得了较好的效果。

3.12.1　标准微粒群算法

微粒群算法与其他进化类算法相类似,也采用“群体”与“进化”的概念,同样也是依据个体(微粒)的适应值大小进行操作。所不同的是,微粒群算法不像其他进化算法那样对于个体使用进化算子,而是将每个个体看做在 n 维搜索空间中的一个没有质量和体积的微粒,并在搜索空间中以一定的速度飞行。该飞行速度由个体的飞行经验和群体的飞行经验进行动态调整。

PSO 算法首先初始化一群随机粒子(随机解),然后粒子们就追随当前的最优粒子在解空间中进行搜索,即通过不断的迭代的方式找到最优解。假设 d 维搜索空间中的第 i 个粒子的位置和速度分别为 $X^i=(x_{i,1}x_{i,2}\cdots x_{i,d})$ 和 $V^i=(v_{i,1}v_{i,2}\cdots v_{i,d})$,在每一次迭代中,粒子通过跟踪两个最优解来更新自己,第一个就是粒子本身所找到的最优解,即个体极值 $pbest$, $P^i=(p_{i,1}p_{i,2}\cdots p_{i,d})$;另一个是整个种群目前找到的最优解,即全局最优解 $gbest$, p_g。在找到这两个最优值时,粒子根据式

$$\begin{cases}v_{i,j}(t+1)=wv_{i,j}(t)+c_1r_1[p_{i,j}-x_{i,j}(t)]+c_2r_2[p_{g,j}-x_{i,j}(t)]\\x_{i,j}(t+1)=x_{i,j}(t)+v_{i,j}(t+1)\end{cases}\tag{3.90}$$

来更新自己的速度和位置。式中,$x_{i,j}$ 和 $v_{i,j}$ 分别表示粒子 i 在 j 维空间的位置和速度;w 为惯性权重因子;c_1, c_2 为正的学习因子;r_1, r_2 是 0 到 1 之间均匀分布的随机数;$p_{i,j}$, $p_{g,j}$ 分别为 i 粒子在 j 维空间的个体最优值和全局最优值。

3.12.2　混合微粒群(MPSO)进化算法思想

为了提高微粒群优化算法的求解精度,学者们提出了大量的改进策略,主要是通过动态调整算法中的各项参数,平衡粒子的“开拓(exploration)”能力与“开掘(exploitation)”能力之间的关系,使算法在迭代后期具有较强的局部搜索能力,从而达到提高算法求解精度的目的。文献[203]在深入分析微粒群算法基本原理、粒子飞行轨迹及个体极值更新速率的基础上,提出一种既简单又高效的改进算法:一种新型粒子矢量位置择优更新的微粒群优化算法。具体思想如下:

传统的 PSO 算法的位置更新只涉及 $x_{i,j}(t+1)$ 和 $x_{i,j}(t)$ 两点,实际上,中间点 $x_1(t+1)$, $x_2(t+1)$ 在式(3.90)已经被计算过了,而这两点可能优于 $x_i(t+1)$,因此将式(3.90)的单步连加改成分布计算,产生以上的两个中间点,分别表示为

$$x_1(t+1)=x_i(t)+v_i(t+1) \tag{3.91}$$

$$x_2(t+1)=x_1(t+1)+c_1\cdot r_1\cdot(pbest_i(t)-x_i(t)) \tag{3.92}$$

接下来计算两个中间位置的函数值，然后把它们和目标函数值 $f(x_i(t+1))$ 进行比较，取函数值较小位置点作为 $x_i(t+1)$ 的更新值。算法的公式描述为

$$v_1(t+1)=v_i(t);x_1(t+1)=x_i(t)+v_1(t+1) \tag{3.93}$$

$$v_2(t+1)=v_1(t+1)+c_1\cdot r_1(pbest_i(t)-x_i(t));x_2(t+1)=x_1(t+1)+v_2(t+1) \tag{3.94}$$

$$v_3(t+1)=v_2(t+1)+c_2\cdot r_2(gbest_i(t)-x_i(t));x_3(t+1)=x_2(t+1)+v_3(t+1) \tag{3.95}$$

$$x_i(t+1)=\begin{cases}x_1(t+1), & f(x_1(t+1))\leqslant f(x_2(t+1))\text{ 且 }f(x_1(t+1))\leqslant f(x_3(t+1))\\ x_2(t+1), & f(x_2(t+1))\leqslant f(x_1(t+1))\text{ 且 }f(x_2(t+1))\leqslant f(x_3(t+1))\\ x_3(t+1), & \text{其他}\end{cases} \tag{3.96}$$

该算法把标准微粒群中速度的单步更新公式分解成三步更新，取所生成的 3 个位置矢量中的最好位置进行粒子下一步进化，细化了粒子的搜索轨迹，提高了个体极值的更新速率。

该算法在不增加算法复杂性并且保持微粒群算法简单高效的设计思想基础上达到了改进算法性能的目的。但是该方法在跳出局部最优的问题上存在一定的缺陷。针对此现象，我们在文献[203]的基础上，借鉴遗传算法中的杂交概念，在每次迭代中，根据杂交概率选取指定数量的粒子放入杂交池内，池中的粒子随机两两杂交，产生同样数目的子代粒子(child)，并用子代粒子替换亲代粒子(parent)。子代位置由父代位置进行算术交叉得到

$$child(x)=p\cdot parent_1(x)+(1-p)\cdot parent_2(x) \tag{3.97}$$

其中，p 是 0 到 1 之间的随机数。子代的速度为

$$child(v)=\frac{parent_1(v)+parent_2(v)}{|parent_1(v)+parent_2(v)|}|parent_1(v)| \tag{3.98}$$

同时，为了平衡 PSO 算法的全局搜索能力和局部改良的能力，采用非线性的动态惯性权重系数公式，其表达式为

$$w=\begin{cases}w_{\min}-\dfrac{(w_{\max}-w_{\min})\cdot(f-f_{\min})}{(f_{\text{avg}}-f_{\min})}, & f\leqslant f_{\text{avg}}\\ w_{\max}, & f\geqslant f_{\text{avg}}\end{cases} \tag{3.99}$$

其中，$w_{\max}$、$w_{\min}$ 分别表示 w 的最大值和最小值；f 表示粒子当前的目标函数值；f_{avg} 和 $f_{\min}$ 分别表示当前所有微粒的平均目标值和最小目标值。当各微粒的目标值趋于一致或者区域局部最优时，将惯性权重增加，而各微粒的目标值比较分散时，将使惯性权重减少，同时对于目标函数值优于平均目标值的微粒，其对应的惯性权重因子较小，从而保护了该微粒，反之对于目标函数值差于平均目标值的微粒，使其对应的惯性权重因子较大，使得该微粒向较好的搜索区域靠拢。

3.12.3　混合微粒群进化算法流程

步骤 1：随机初始化粒子的位置 $x_{i,j}$，速度 $v_{i,j}$，并且初始化个体极值 *pbest* 及全局极值 *gbest*。

步骤 2：评价每个微粒的适应度，将当前各微粒的位置和适应值存储在各微粒的 *pbest* 中，将所有的 *pbest* 中适应值最优个体的位置和适应值存于 *gbest* 中。

步骤 3：使用式(3.93)～(3.96)进行速度和位置的更新。

步骤 4：使用式(3.99)更新权重。

步骤 5：对每个微粒，将其适应值与其经历过的最好位置作比较，如果较好，则将其作为当前的最好位置，比较当前所有的 *pbest* 和 *gbest* 值，更新 *gbest* 值。

步骤 6：根据杂交概率选取指定数量的粒子放入杂交池内，池中的粒子随机两两杂交产生同样数目的子代粒子，根据式(3.97)和(3.98)计算子代的位置和速度。

步骤 7：若满足停止条件(预设的运算精度或迭代次数)，搜索停止，输出结果，否则返回步骤 3 继续搜索。

3.13　基于混合微粒群进化算法的仿人机器人上楼梯运动控制

进化算法直接用于步态规划是有相当困难的。第一，对于某个关节的运动规律曲线事先完全无法知道。第二，运动规律往往不是一个初等函数，即使用了函数的插值，最后求得了问题的解，也只是解的一个近似，求解结果未必可用。第三，就算前面两种困难都可以忽略或者克服，在实际的步态规划中，还是有最大的一个问题——仍是计算的复杂性。目前步态规划的机器人在行走中共有 14 个需要控制的自由度，若每个关节的运动规律都是最简单的二次曲线计，以遗传算法为例，则至少需要84(14×6)条基因的遗传算法才能完成步态的规划，计算量非常大。所以进化算法并不适合直接用于步态规划，而常常用来做步态规划的后处理——步态优化[206]，把已经初步规划的步态做函数插值参数化，优化参数值，得到能耗最小或者稳定裕度最大的最优解。

混合 PSO 算法在进化过程中同时保留和利用位置与速度(即位置的变化程度)信息，在细化局部寻优的过程中又使用遗传算法中的杂交概念可以跳出局部最优的方式来对仿人机器人的上下楼梯运动进行控制。

3.13.1　控制模型

在仿人机器人上下楼梯的过程中，必须保证其步态的稳定，综合仿人机器人的特点，本章采用第 2 章前文中介绍的 ZMP 法来进行稳定性的判断。由图 3.4(a)可以得到 *ZMP* 点在 x 上的约束条件为

$$S_w - x_1 + x_2 - \frac{1}{2}l_7 \leqslant x_{ZMP} \leqslant S_w - x_1 + x_2 + \frac{1}{2}l_7 \tag{3.100}$$

其中各个参数的具体含义在前面已经给出。同时,根据式(3.88)*ZMP* 计算公式可以得到 *ZMP* 的稳定裕度

$$F = \frac{l_7}{2} - |x_{ZMP}| \tag{3.101}$$

对机器人的上楼梯过程采用直接优化控制的方式,对每个关节 θ_i 的轨迹 $f(\theta_i)$ 进行三次多项式插值,即

$$f(\theta_i) = a_i^1 x^3 + a_i^2 x^2 + a_i^3 x + a_i^4 (i = 1,2,\cdots,7) \tag{3.102}$$

这样,上楼梯运动规划成为符合 θ_i 转动范围,确定28个插值系数,并在式(3.100)约束条件下使稳定域度 F 达到最大化的优化问题。

3.13.2 控制算法流程

根据混合微粒群算法流程对仿人机器人的上楼梯过程进行优化控制。其具体的算法流程如下。

步骤1:对各个参数进行编码,确定微粒群的规模,即粒子的个数 M 和每个粒子的维数 N。

步骤2:确定解空间的搜索范围,即根据式(3.102)确定各个粒子的取值范围。

步骤3:随机初始化粒子的位置 $x_{i,j}$,速度 $v_{i,j}$,并且初始化个体极值 *pbest* 及全局极值 *gbest*。

步骤4:根据式(3.93)~(3.96)进行速度和位置的更新。

步骤5:使用式(3.99)更新权重。

步骤6:对每个微粒,根据式(3.101)计算其适应值,并将其值与其经历过的最好位置作比较,如果较好,则将其作为当前的最好位置,比较当前所有的 *pbest* 和 *gbest* 值,更新 *gbest* 值。

步骤7:根据杂交概率选取指定数量的粒子放入杂交池内,池中的粒子随机两两杂交产生同样数目的子代粒子,根据式(3.97)和式(3.98)计算子代的位置和速度。

步骤8:若满足停止条件(迭代次数 >1 000),搜索停止,输出结果,否则返回步骤4继续搜索。

步骤9:输出满足条件的最好的 *gbest* 值,同时选出与其对应的参数值,并且输出相应的关节轨迹。

3.14 基于混合微粒群进化算法优化的神经网络系统设计

在仿人机器人运动控制中,逆运动学问题成为一个非线性超越方程的数值求解问题。为了适应实时控制,机器人控制系统通常要求实时计算逆运动学,而常规的数值解法的迭代性质使得解的精度不高或花时太多。人工神经网络在解决非线性映射方面的问题时有强大的逼近能力,在机器人领域可用于操作手运动学、路径优化以及机器人控制等一系列问题。本章采用了BP神经网络,通过正运动学产生的样本进行网络的训练学习,实

现了机器人从位置变量空间到关节变量空间的非线性映射，从而避免了求解位置逆解时公式推导和编程计算等繁杂的过程，且满足了控制过程的实时性要求。

人工神经网络的计算通常分为两个阶段[207]：第一为学习阶段，这个阶段的主要工作是调节并确定权值；第二为应用阶段，在已确定权值的基础上，用确定权值的神经网络去解决实际问题。对于特定的神经网络，当权值为固定值时，给定一组输入，则很容易计算得出输出值，但通常对于神经网络的期望是：对任意给定的输入，网络的输出尽可能地与实际值相吻合。因此，在解决实际问题中，应该建立什么样的网络模型、如何确定适当的权值、采用何种学习方法，才能使神经网络具有高度的智能性，从而正确地去求解问题很重要。学习的目的是使均方误差达到最小。这一目标是通过反复学习、不断调整权值而实现的。传统的BP学习算法采用基于梯度信息调整权值的学习规则，学习过程中权值可按公式进行调整。从上述分析中可知，BP 算法为多层前馈网络的训练提供了有效的学习方法，但是如果采用基于梯度信息调整连接权的学习规则，则在训练求解复杂问题的神经网络时，往往存在着计算复杂、学习速度慢且易于陷入局部极值等缺陷[208]。

由于进化算法具有较强的全局收敛能力和较强的鲁棒性，且不需要借助问题的特征信息，如导数等梯度信息。因此，将两者相结合，不仅能发挥神经网络的泛化映射能力，而且能够提高神经网络的收敛速度及学习能力。

进化计算用于神经网络优化主要有两个方面：一是用于网络训练，即优化网络各层之间的连接权值；二是优化网络的拓扑结构。

采用进化计算去优化神经网络，比起基于梯度的BP学习算法，无论是精度还是速度，均有了很大的提高。作为一种简单、有效的随机搜索算法，PSO 同样可用来优化神经网络。尽管这一方面的研究尚处于初级阶段，但是已有的研究成果表明 PSO 在优化神经网络方面具有很大的潜力[209]。

3.14.1　神经网络设计

根据仿人机器人上楼梯过程控制模型的特点，设计了两个三层前向神经网络，第一个网络的输入层为机器人上台阶双支撑周期时的两个参数 X_1 和 X_2，隐含层为 M 个神经单元，输出层为 L_2 和 H_2。根据不同的输入 X_1 和 X_2，以

$$F_d = \left| ZMP_x - \frac{X_2}{2} - \frac{1}{4}(l_1 + l_7) \right|$$

为适应度函数，即机器人初始状态时 ZMP 点处于双腿支撑的中心。产生稳定性最好的参数输出 L_2 和 H_2。网络模型如图 3.18 所示，图中 $V_{ij}^1(i = 1,2;j = 1,2,\cdots,M)$ 为输入层与隐藏层之间的权值；$W_{ij}^1(i = 1,2,\cdots,M;j = 1,2)$ 为隐藏层与输出层之间的权值。

稳定的 L_2 和 H_2 确定之后，根据式(3.85)，(3.86) 得到双腿支撑周期内的最稳定状态下的 $\theta_i(i = 5,6)$ 值。在单腿支撑周期内，通过增加 θ_i 值为 $\delta\theta_i(i = 5,6)$ 作为第二个神经网络的输入，输出为 $\delta\theta_i(i = 1,2,3,4)$，适应度函数为式(3.101)，即 ZMP 点距离支撑腿脚部中心最大的裕度。网络模型如图 3.19 所示，图中 $V_{ij}^2(i = 1,2;j = 1,2,\cdots,N)$ 为输入层与

隐藏层之间的权值，$W_{ij}^2(i=1,2\cdots N;j=1,2,3,4)$ 为隐藏层与输出层之间的权值。

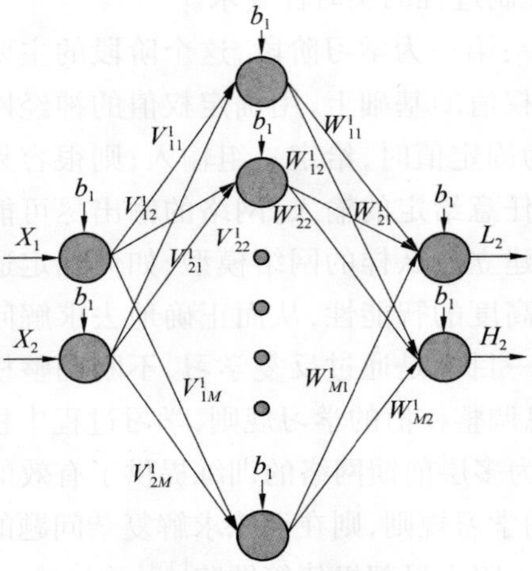

图 3.18 三层前向神经网络结构[117]

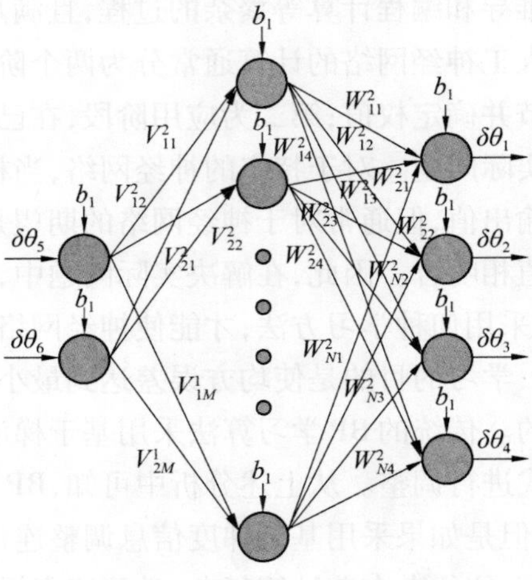

图 3.19 三层前向神经网络结构[117]

3.14.2 基于混合微粒群进化算法优化神经网络(MPSONN)

BP 网络虽然有严格的理论证明和逼近任意非线性函数的能力，但是基本 BP 算法存在训练时间长、训练速度慢、易于陷入局部极值等诸多问题。由于 BP 算法核心思想为梯度下降法，则决定 BP 算法和基于梯度的改进算法都是局部寻优算法，不具备全局寻优能力。与 BP 算法相比，使用 PSO 训练神经网络的优点在于不使用梯度信息。另外，虽然微粒群算法的全局收敛性相对较好，但是后期收敛速度较慢。因此，采用混合 PSO 算法来训练神经网络的权重。

对于给定的神经网络结构，只需对连接权进行编码，将其映射为码串表示的个体，同时对每一组权值进行适应度函数的评价，计算其适应值，此时神经网络的训练问题就可转化为寻找一组使适应度函数最大的最佳连接权值的优化问题。

步骤 1：选择合适的隐藏层单元，并初始化神经网络。

步骤 2：对微粒群的粒子进行向量编码，由 V_{ij}^1，W_{ij}^1 和 b_i 组成。

步骤 3：初始化粒子的位置 $x_{i,j}$，速度 $v_{i,j}$，个体极值 $pbest$ 及全局极值 $gbest$。

步骤 4：把每一个粒子映射为网络的权值，组成网络。

步骤 5：从样本空间随机抽取样本构成训练样本集进行训练。

步骤 6：对每一个粒子进行评价，计算其适应值 F_d 或式(3.101)。将当前的各微粒的位置和适应值存储在各微粒的 $pbest$ 中，将所有的 $pbest$ 中的适应值最优个体的位置和适应值存储于 $gbest$ 中。

步骤 7：使用式(3.93) ~ (3.96)更新每个粒子的速度 $x_{i,j}$ 与位置 $v_{i,j}$。

步骤 8：使用式(3.99)更新权重。

步骤 9：对每一个微粒，将其适应值与其经历过的最好位置作比较，如果较好，则将其作为当前的最好位置。

步骤 10:比较当前所有的 *pbest* 和 *gbest* 值,更新 *gbest* 值。

步骤 11:根据杂交概率选取指定数量的粒子放入杂交池内,池中的粒子随机两两杂交产生同样数目的子代粒子,根据式(3.97) 和(3.98) 计算子代的位置和速度。

步骤 12:若满足停止条件(迭代次数 > 2 000),搜索停止,否则更新每个粒子的速度与位置,返回步骤 4 继续进行搜索。

步骤 13:输出满足条件的最好的 *gbest* 值,输出一组权值作为优化结果供神经网络使用。

3.15　基于混合微粒群进化算法优化的模糊逻辑系统设计

模糊控制利用人类的专家控制经验来弥补机器人动态特性中的非线性和不确定因素带来的不利影响。而其不依赖于对象的数学模型使模糊控制具有较好的鲁棒性。但是模糊控制也有缺点,其综合定量知识的能力差,控制规则和隶属函数一经确定便无法修改。

Park[210] 设计了一个基于 ZMP 的模糊逻辑轨迹生成器,使用腿的轨迹作为输入,通过计算机仿真测试了算法的有效性。通过这种算法所生成的 *ZMP* 轨迹能够增加运动的稳定性。然而,这种算法的主要缺点就是基于模糊逻辑的控制器由于缺乏优化器而不能达到最优。Zhou[97] 提出了一种模糊强化学习结构,可以用来保持双足机器人运动的动态稳定性。通过仿真显示,机器人在开始的时候具有启发式知识,然后逐步调整学习率,这样机器人可以通过学习来改进性能。但是,由于该算法采用梯度下降学习方法,容易产生局部最优。而跳出局部最优的一种方法就是采用智能优化算法,PSO 对目标函数的依赖性较少,因此可以用来进行模糊控制器的规则优化。

本节使用基本 PSO 和混合 PSO 优化算法来优化模糊控制系统(MPSOFLC),通过 PSO 来对模糊逻辑控制器的规则库进行离线优化。使用两个模糊逻辑控制器,第一个模糊控制器用来计算机器人双支撑周期内的节点角度,而第二个则用来确定单支撑周期内的节点变化角度。两个控制器同时用来保持机器人的动态稳定性。

3.15.1　模糊逻辑设计

假设两个模糊逻辑控制器的输入输出变量隶属度函数分布图如图 3.20 和 3.21 所示[117]。

其中,VL、L、M、H、VH 分别表示很小、小、中、高、很高;NL、NS、Z、PS、PL 分别表示负大、负小、零、正小、正大。

3.15.2　基于混合微粒群进化算法优化模糊逻辑系统(MPSOFLC)

在模糊控制中,决定控制效果好坏的最大因素是规则库和隶属度。因为用试凑法很难进行控制规则和隶属度的正确选取,从而造成控制规则的不完整,影响系统控制的效果。因此,如果采用随机方法进行多组控制规则分别去控制对象,然后,通过 PSO 等优化算法根据控制效果来确定最优的控制规则,这将使控制系统的性能不断得到完善。基于混合 PSO 优化的模糊逻辑控制器系统的框图如图 3.22 所示。

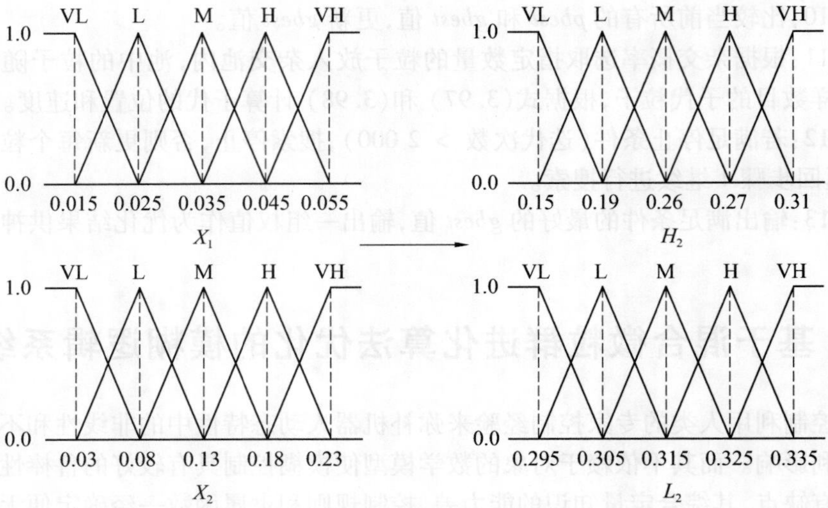

图 3.20 第一个模糊逻辑控制器输入输出隶属度函数

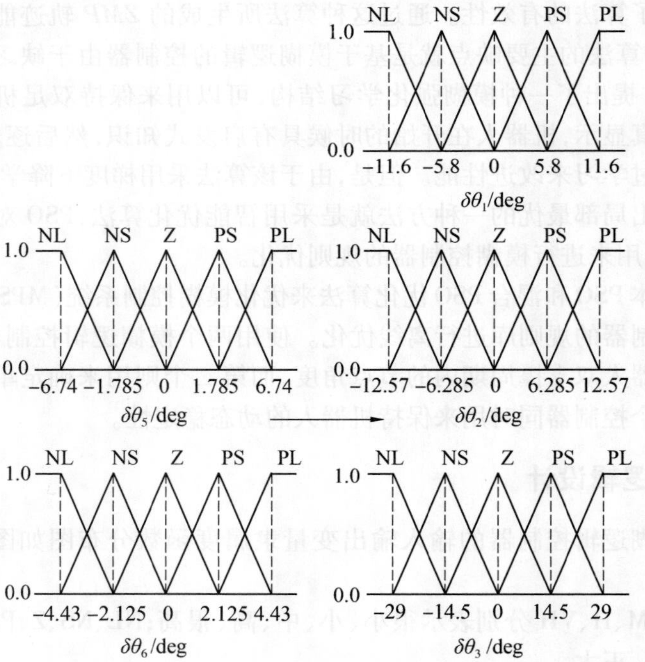

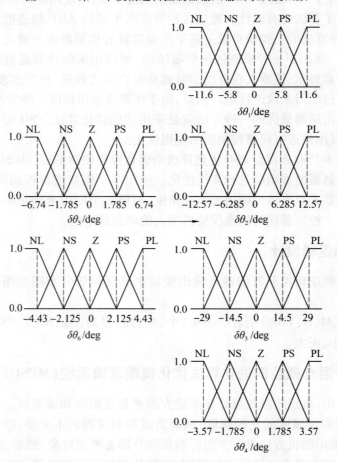

图 3.21 第二个模糊逻辑控制器输入输出隶属度函数

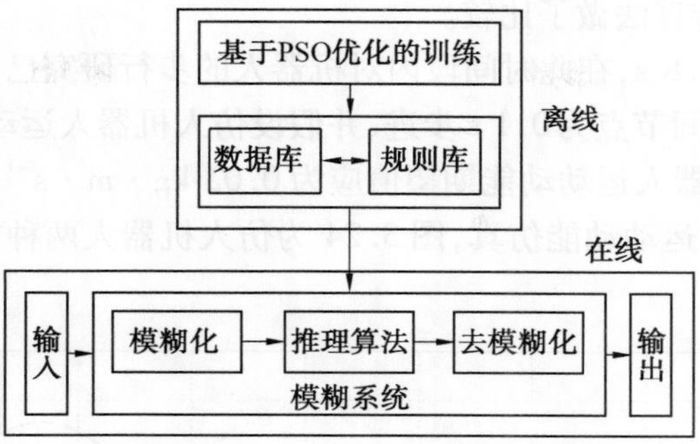

图3.22　基于混合PSO优化的模糊逻辑控制器系统

如图所示,MPSO首先对模糊系统中的规则库进行离线训练,从数据库中随机选取规则,根据控制目标(仿人机器人上楼梯过程中的稳定裕度最大)来训练形成最优的控制规则库。训练完成之后使用基于最优规则库的模糊逻辑控制器,进行在线控制。针对第一个模糊控制器,两个输入变量分别有 VL、L、M、H、VH 5个语言变量,所以,共有25条规则,首先人工产生25条规则的条件部分,然后随机生成2组整数,其中每组为25个[-2,2]之间的整数,同时把-2对应于 VL,-1对应于 L,依次对应所有的语言变量。这样随机生成的2组整数可以分别对应于 X_1 和 X_2 模糊控制规则的结果部分(L_2 和 H_2)。针对第二个模糊控制,与第一个类似,人工生成25条规则,随机生成4组整数,可以分别对应于 $\delta\theta_5$ 和 $\delta\theta_6$ 模糊控制规则的结果部分($\delta\theta_i, i=1,2,3,4$)。因此,可以设置每个PSO粒子的向量维数为150($25\times2+25\times4$),其中,每个粒子代表一种规则集,具体控制算法如下。

步骤1:选择合适的隶属度函数,并确定模糊论域和模糊推理方法。

步骤2:对微粒群的粒子进行向量编码,由 VL、L、M、H、VH 和 NL、NS、Z、PS、PL 语言变量组成。

步骤3:初始化粒子的位置 $x_{i,j}$,速度 $v_{i,j}$,个体极值 $pbest$ 及全局极值 $gbest$。

步骤4:随机给出一组粒子值,组成模糊逻辑控制器的规则。

步骤5:根据规则进行模糊控制结果输出。

步骤6～12与训练神经网络权值中的步骤相同。

步骤13:输出满足条件的最好的 $gbest$ 值,输出一组规则作为优化结果供模糊逻辑控制器使用。

3.16　仿真与实验结果

3.16.1　二阶锥稳定性控制实验

采用MOSEK公司提供的Matlab工具箱来解二阶锥最优化的问题,并假设机器人的力矩足够保持动态平衡,假设地面摩擦系数 $\mu=0.6$,扭动摩擦系数 $\mu_r=0.65$。

分别采用LMS(最小均方误差)自适应方法和二阶锥规划优化设计方法,利用Matlab仿真实现了任意时间节点的仿人机器人动态平衡控制,将此方法的迭代误差效果以及位移误差效果分别与遗传算法做了比较。

选取测试时间为0.8 s,在此时间段内对机器人的步行研究已足够满足其瞬时行走的稳定性要求,同时取时间节点为0.1 s步进,并假设仿人机器人运动速度$v=0.2$ m/s,仿人机器人质量为m,则机器人运动动能期望值应为0.02 kg·m·s^{-1},仿真结果如下图所示,其中,图3.23为机器人运动动能仿真,图3.24为仿人机器人两种方法的行走优化设计在时延方面的对比。

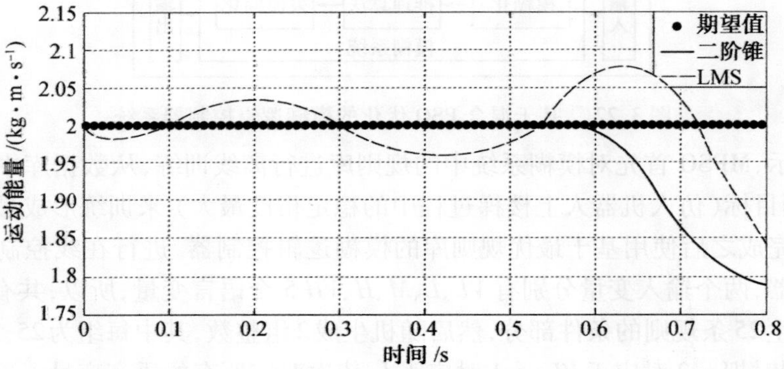

图3.23　动能随时间变化

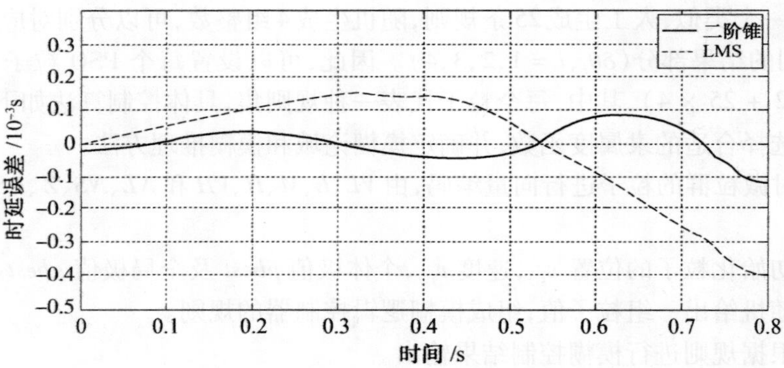

图3.24　时延误差

为了证明二阶锥优化方法在优化设计方面的优越性,将此方法迭代误差效果以及位移误差效果分别与GA做了比较。

图3.25为二阶锥优化算法与GA在迭代误差效果方面的比较图,其中,GA的初始种群为12个,维数为7维,变异概率取0.6%,迭代次数为500次。

图3.26为二阶锥优化算法与GA在位移误差效果方面的比较图,指定仿人机器人沿直线标记线路行走,测试距离为5 m,分别采用二阶锥优化算法和遗传算法对机器人步态进行优化,并测试机器人偏离标记路线的误差。

由图3.25可知,二阶锥最优化的迭代误差效果在一开始收敛速度要比GA快,并且在迭代160步左右即开始趋于最优值附近,而GA的震荡比较强烈,在接近280步才开始趋于平稳。

在仿人机器人沿标记直线直走5 m的过程中,由于地面的不平滑等客观因素的制约,加之机器人没有视觉导航指引，不免偏离指定轨道，由图 3.26 可知，二阶锥最优化的位移误差效果好于 GA 优化算法。

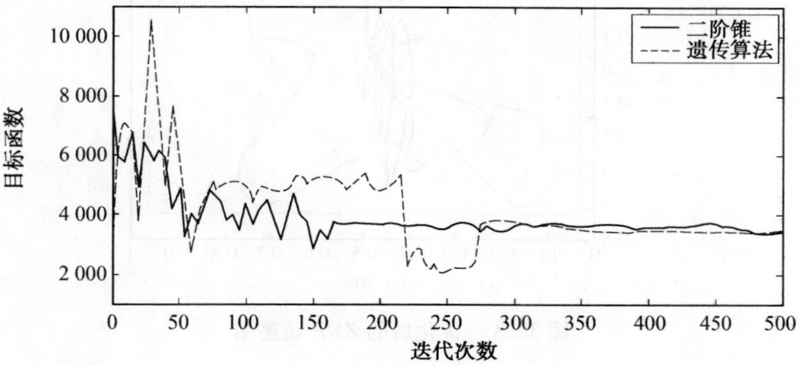

图 3.25　迭代误差效果与 GA 比较图

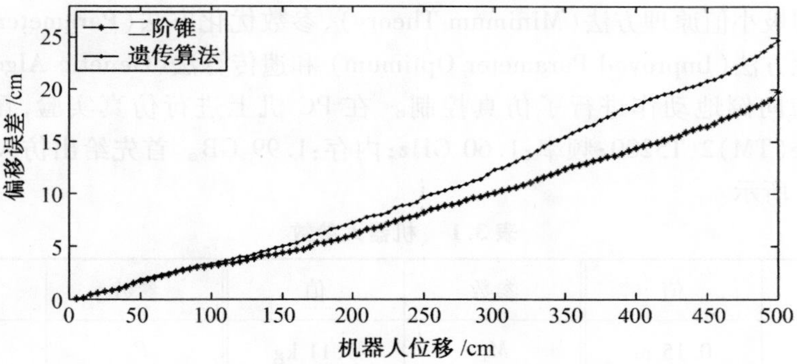

图 3.26　位移误差效果与 GA 比较图

图 3.27 和图 3.28 分别显示了使用优化算法前后的机器人运动时的 *ZMP* 轨迹。由图可知，使用算法优化之前的 *ZMP* 轨迹不能保证在支撑多边形（图中虚线所示）内，而使用二阶锥控制方法之后，*ZMP* 轨迹基本保证在支撑多边形以内。

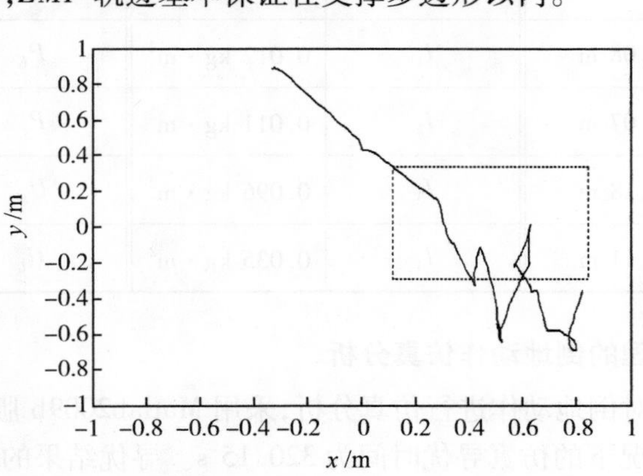

图 3.27　优化前的 *ZMP* 轨迹图

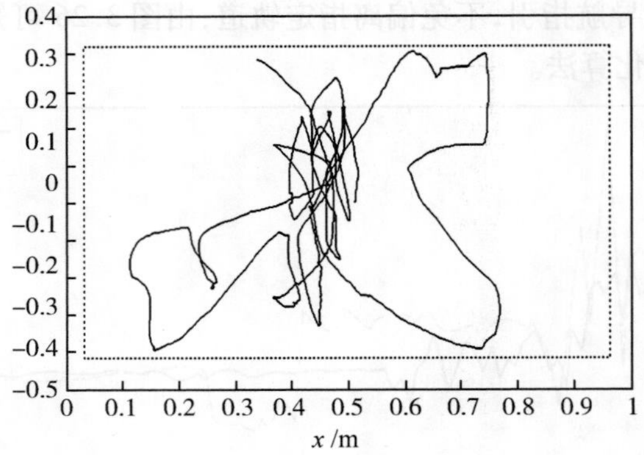

图 3.28 优化后的 *ZMP* 轨迹图

3.16.2 仿人机器人倒地动作控制实验

分别使用极小值原理方法(Minimum Theory)、参数优化方法(Parameter Optimum)、改进参数优化方法(Improved Parameter Optimum)和遗传算法(Genetic Algorithm)对仿人机器人的前向倒地动作进行了仿真控制。在 PC 机上进行仿真实验,配置为 CPU:Intel(R) Core(TM)2,T5200;频率:1.60 GHz;内存:1.99 GB。首先给出仿人机器人仿真参数如表 3.1 所示。

表 3.1 机器人参数

参数	值	参数	值	参数	值
R_0	0.15 m	M_1	1.11 kg	P_A	2 000
R_1	0.15 m	M_2	1.01 kg	P_B	1 000
R_2	0.30 m	M_3	2.14 kg	P_C	200
R_3	0.20 m	M_4	1.77 kg	P_D	100
r_0	0.08 m	I_1	0.012 kg · m^2	P_E	100
r^1	0.07 m	I_2	0.011 kg · m^2	P_F	100
r_2	0.18 m	I_3	0.096 kg · m^2	U_M	0.2
r_3	0.11 m	I_4	0.035 kg · m^2	U_L	0.8

1. 基于极小值原理的倒地动作仿真分析

使用极小值原理对倒地动作进行仿真分析,采用 Matlab2009b 版本仿真软件,在初值 $q(0)=50$ deg/s 的情况下的仿真寻优时间为 320.15 s。寻优结果的状态变量和控制变量如图 3.29 和 3.30 所示。

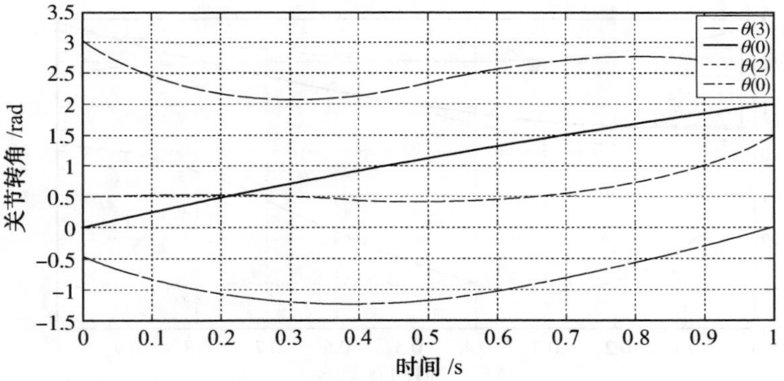

图 3.29　极小值优化方法下的状态变量图

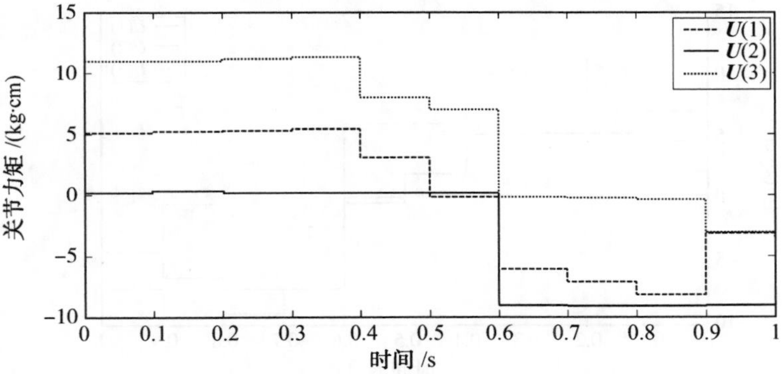

图 3.30　极小值优化方法下的控制变量

表 3.2　基于极小值优化的不同初速度下的各个参数优化结果

初速度 /(deg · s^{-1})	P_1/(N · s)	P_4/(N · s)	L_1/(m^2 · s)	L_4/(m^2 · s)	J_t
50	16.2	39.4	30.6	16.9	630
60	14.3	98.4	30.9	46.2	1 123
80	22.4	130	60.9	53.7	503
100	36.4	76.3	55.8	42.7	1 495
120	72	85.5	94.3	63.1	875
140	95.8	101.4	165.4	103.3	1 916

2. 基于参数化优化的倒地动作仿真分析

基于参数化优化方法的机器人倒地动作的仿真采用澳大利亚西澳大学 Jennings 教授开发的基于 Matlab 平台的 Miser3 最优化控制工具箱,版本为 Matlab Beta Version 2.0。在初值 $q(0)=50$ deg/s 的情况下,仿真寻优时间为 220.75 s。如果采用改进的参数化寻求方式,则在速度上可以提高至 190.34 s。寻优结果的状态变量和控制变量图如图 3.31 和 3.32 所示。

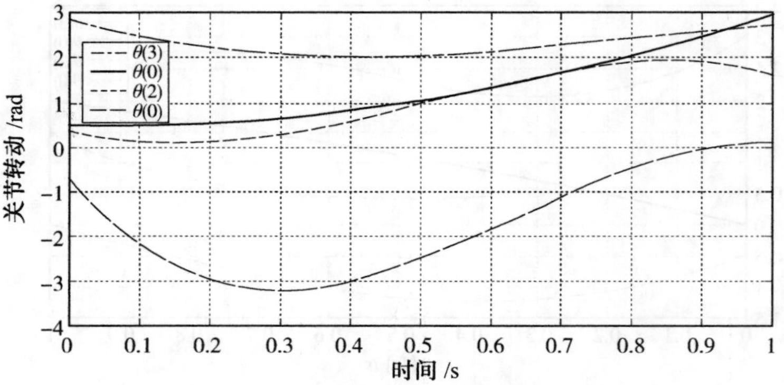

图 3.31　参数化优化方法下的状态变量图

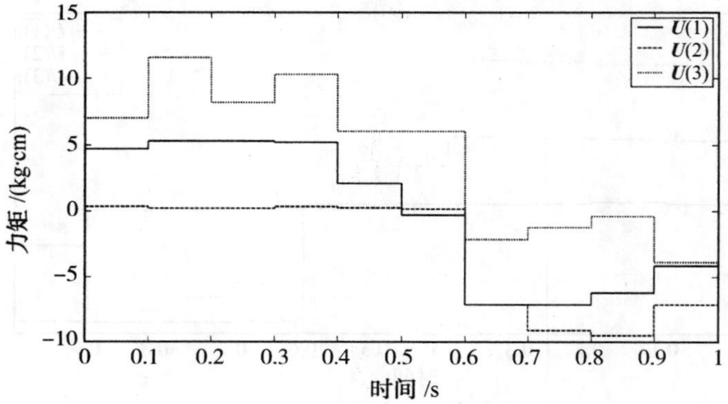

图 3.32　参数化优化方法下的控制变量图

对于不同的初速度情况下的优化结果如表 3.3 所示，以初速度为 50deg/s 为例，经过优化之后的仿人机器人倒地仿真过程如图 3.33 所示。

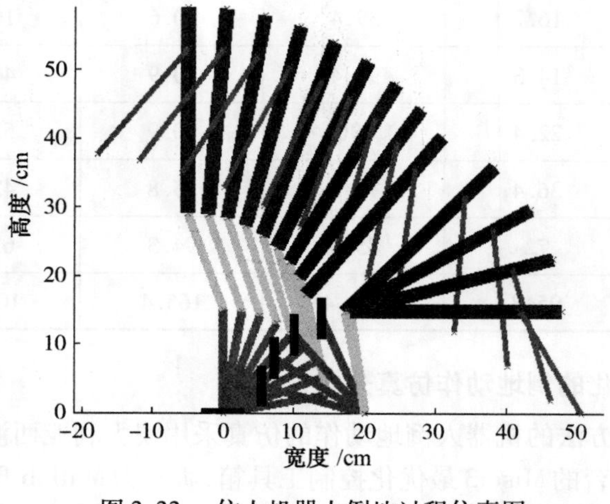

图 3.33　仿人机器人倒地过程仿真图

3. 不同方法之间的比较

极小值原理和参数化优化控制方式都可以对仿人机器人的倒地动作进行优化控制，优化后的各个关节的轨迹和控制方式对极小值、参数优化、改进的参数优化与遗传算法（GA）进行比较，如图 3.34 所示，其中，初速度为 50 deg/s，其他各个参数如表 3.3 所示，GA 的初始种群为 8 个，维数为 11 维，变异概率取 0.8%，迭代次数为 200 次。

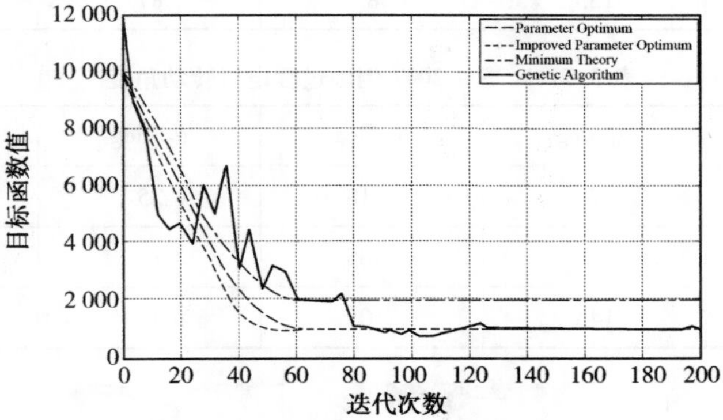

图 3.34 各种方法优化效果比较图

表 3.3　基于参数化优化的不同初速度下的各个参数的优化结果

初速度 /(deg · s^{-1})	P_1/(N · s)	P_4/(N · s)	L_1/(m^2 · s)	L_4/(m^2 · s)	J_t
50	17.2	35.4	31.6	17.9	662
60	16.8	78.9	32.8	44.0	1 223
80	12.9	100.8	40.9	43.8	523
100	16.5	66.9	35.8	32.7	1 190
120	22.7	55.7	44.6	43.9	465
140	35.8	51.4	65.6	42.8	719

由图 3.34 可得，极小值原理方法和参数化优化强化控制方法的效果在一开始收敛速度要比遗传算法快，并且在迭代 60 步左右趋于最优值附近，而遗传算法的震荡比较强烈，在 125 步左右趋于平稳。相比其他方法，极小值原理方法对目标值的优化效果没有其他方法的好。改进的参数化方法在迭代次数上优于其他方法，在 40 次左右就趋于平衡。在寻优时间上，在相同初速度的情况下，极小值原理方法最耗时间，大概为 350 s 左右，而普通参数化寻优方式则为 250 s 左右，采用改进的参数化寻优方式，则为 200 s 左右。遗传算法由于种群规模和维数的不同，在寻求时间上存在很大的不确定性。由表 3.2 和 3.3 可得，倒地过程中，当初速度在 80 deg/s 以内的时候，两种方法的优化效果相差不大，当速度变快时，参数化优化方法优化的效果要明显优于极小值原理方法。

4. 仿人机器人倒地过程实验

在仿人机器人 Mini – HIT 和 MOS – 2007 上进行了实验，实验中的电机角度参数如表 3.4 和 3.5 所示，图 3.35 和 3.36 则是这两款机器人的倒地过程。

表 3.4 Mini - HIT 倒地过程电机转动角度

状态＼电机	θ_0/deg	θ_1/deg	θ_2/deg	θ_3/deg
直立	5	- 15	20	190
膝盖触地	89	- 85	9	85
手触地	135	8	87	45

表 3.5 MOS - 2007 倒地过程电机转动角度

状态＼电机	θ_0/deg	θ_1/deg	θ_2/deg	θ_3/deg
直立	7	- 18	25	180
膝盖触地	79	- 85	15	86
手触地	145	10	77	55

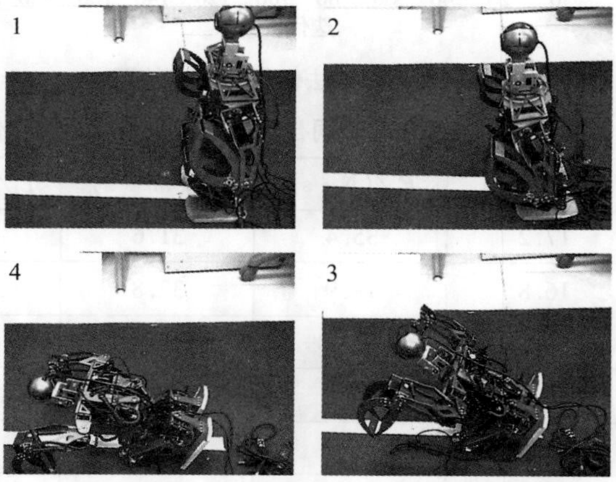

图 3.35 Mini - HIT 型仿人机器人前向倒地过程截图

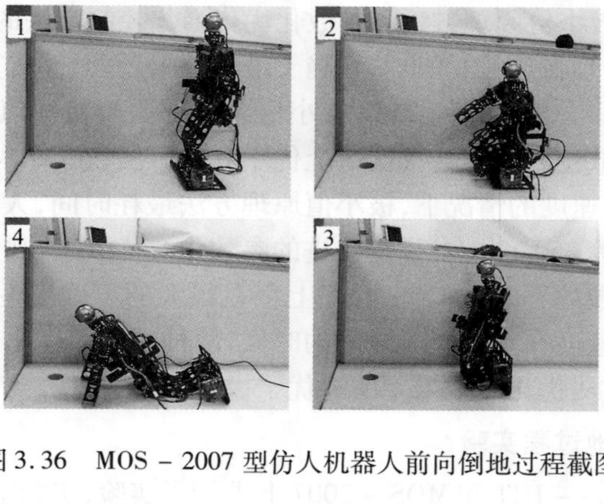

图 3.36 MOS - 2007 型仿人机器人前向倒地过程截图

3.16.3　仿人机器人上下楼梯运动控制实验

采用 Matlab 软件对仿人机器人的上楼梯运动进行仿真,其中,使用的 PC 机配置和前述仿真实验一样,机器人各个关节参数如表 3.6 所示。

表 3.6　机器人参数

关节	质量 /m	长度 L/m	长度 r/m	转动惯量 /(kg · m²)
1	0.4	0.05	0.02	0.000 5
2	1.8	0.10	0.15	0.092 2
3	4.8	0.15	0.16	0.188 2
4	12	0.25	0.40	3.700 4
5	4.8	0.15	0.16	0.188 2
6	1.8	0.10	0.15	0.092 2
7	0.4	0.05	0.02	0.000 5

另外,楼梯的宽度 S_w 和高度 S_h 分别为 0.10 m 和 0.05 m,斜坡倾斜角度 α 为 10°。

1. 基于混合微粒群进化的仿人机器人上楼梯仿真

选用微粒群的维数为 28 维,粒子数为 30 个,学习因子 c_1,c_2 都为 2,惯性权重 w 取 0.7,迭代步数取 1 000 次。训练完之后的各个关节轨迹图如图 3.37 所示。

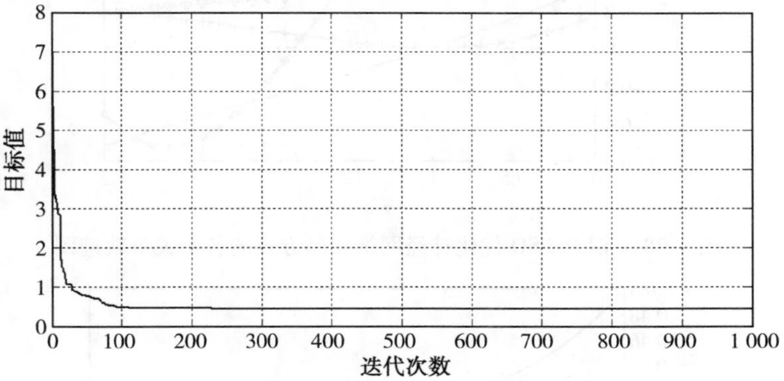

图 3.37　使用混合微粒群控制机器人上楼梯的迭代过程图

2. 基于混合微粒群进化优化神经网络的仿人机器人上楼梯仿真

采用常用的 BP 神经网络作为运动控制网络,BP 神经网络的隐藏层单元选择 M 和 N,各为 8 个,各层之间的传递函数分别选择线性传递函数(purelin),正切 S 型传递函数(tansig)和对数 S 型传递函数(logsig),对 500 个实验样本进行训练,学习速率为 0.3,误差为 10^{-5},选用微粒群的维数为 62 维,粒子数为 30 个,学习因子 c_1,c_2 都为 2,迭代步数取 500 次。

优化后的神经网络权值如表 3.7 所示。

表 3.7 经过混合 PSO 算法优化后的神经网络权值

V_{ij}^1	$i=1$	$i=2$	W_{ij}^1	$j=1$	$j=2$				
$j=1$	0.95	1.01	$i=1$	0.97	0.73				
$j=2$	0.94	1.02	$i=2$	1.02	0.95				
$j=3$	0.98	0.99	$i=3$	0.93	0.86				
$j=4$	0.76	1.03	$i=4$	1.05	0.77				
$j=5$	0.91	0.92	$i=5$	0.99	0.94				
V_{ij}^2	$i=1$	$i=2$	W_{ij}^2	$j=1$	$j=2$	$j=3$	$j=4$	$j=5$	$j=6$
$j=1$	0.84	1.23	$i=1$	1.06	0.92	0.76	0.56	1.03	1.21
$j=2$	0.82	0.51	$i=2$	1.21	1.03	1.02	1.11	0.45	0.53
$j=3$	0.96	0.69	$i=3$	0.54	0.92	0.44	0.56	0.56	1.23
$j=4$	0.86	0.94	$i=4$	0.76	0.64	1.34	1.03	1.67	0.93
$j=5$	0.90	0.82	$i=5$	1.23	0.86	0.84	1.02	1.55	0.69

上一个台阶过程中的各个关节轨迹如图 3.38、3.39、3.40 所示。

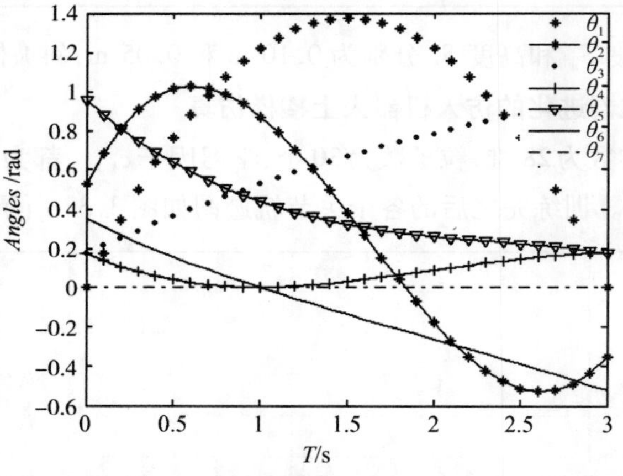

图 3.38 混合 PSO 优化神经网络控制方式的各个关节轨迹图

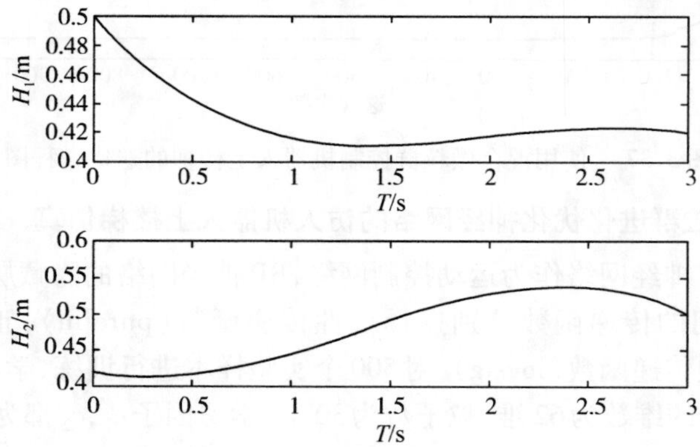

图 3.39 上楼梯过程 H_1, H_2 轨迹图

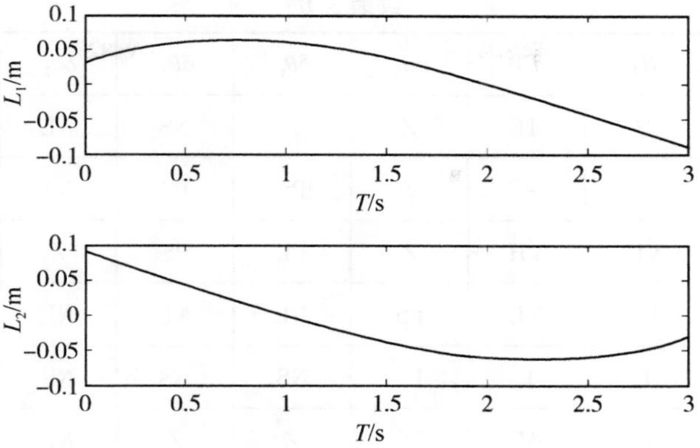

图 3.40　上楼梯过程 L_1,L_2 轨迹图

3. 基于混合微粒群进化优化模糊逻辑的仿人机器人上楼梯仿真

使用 Matlab 仿真软件,对基于混合粒子群优化模糊逻辑控制器进行仿真设计,采用最常用的 Mamdani 的 max-min 合成法进行推理,隶属度函数使用常用的三角函数,采用隶属度函数加权平均判决法,即

$$u=\frac{\sum_{i=1}^{n}\mu(U_i)\cdot U_i}{\sum_{i=1}^{n}\mu(U_i)}$$

进行去模糊化过程。微粒群的粒子数为30个,学习因子 c_1,c_2 都为2,迭代步数取500次。经过微粒群优化之后的两个模糊规则库如表 3.8 所示。

表 3.8　优化后的模糊控制器规则库

X_1	X_2	H_2	L_2	$\delta\theta_5$	$\delta\theta_6$	$\delta\theta_1$	$\delta\theta_2$	$\delta\theta_3$	$\delta\theta_4$
VL	VL	—	—	NL	NL	NL	NL	NL	NL
VL	L	L	L	NL	NS	NS	NS	NS	NS
VL	M	—	—	NL	Z	Z	Z	NL	Z
VL	H	H	H	NL	PS	NL	Z	NL	NS
VL	VH	VH	VH	NL	PL	NS	NL	NS	Z
L	VL	L	VL	NS	NL	Z	NS	Z	PL
L	L	—	—	NS	NS	PS	Z	NL	NL
L	M	L	M	NS	Z	PL	PS	S	NS
L	H	L	VH	NS	PS	—	—	—	—
L	VH	VL	L	NS	PL	NL	NS	PS	PL
M	VL	VH	VL	Z	NL	NS	Z	Z	PS
M	L	L	L	Z	NS	—	—	—	—

续表 3.8

X_1	X_2	H_2	L_2	$\delta\theta_5$	$\delta\theta_6$	$\delta\theta_1$	$\delta\theta_2$	$\delta\theta_3$	$\delta\theta_4$
M	M	H	H	Z	Z	NS	NL	NS	PL
M	H	—	—	Z	PS	PS	NS	Z	PL
M	VH	VH	VH	Z	PL	PS	Z	NL	PL
H	VL	VL	VL	PS	NL	NL	NL	NS	NL
H	L	L	L	PS	NS	NS	NS	Z	NS
H	M	H	M	PS	Z	Z	NL	NL	Z
H	H	H	H	PS	PS	NL	NS	NS	PL
H	VH	—	—	PS	—	—	—	—	—
VH	VL	VL	VL	PL	NL	Z	PS	PL	NS
VH	L	L	L	PL	NS	NS	NL	NL	Z
VH	M	VH	M	PL	Z	Z	NS	NS	NS
VH	H	H	H	PL	PS	NL	Z	Z	Z
VH	VH	VH	VH	PL	PL	NL	PS	PS	PS

经过 MPSOFLC 方式控制后，上楼梯过程各个关节轨迹图如图 3.41 所示。

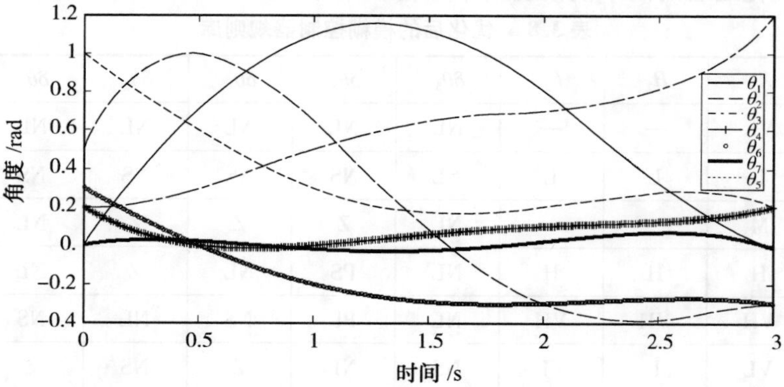

图 3.41　混合 PSO 优化模糊控制方式的各个关节轨迹图

4. 各种方法的比较

(1) *微粒群优化方法比较*

在使用基本微粒群和混合微粒群分别优化神经网络权值的过程中，为了方便比较，采用相同的粒子数、同一的随机初始种群，并设相同的学习因子 c_1,c_2 分别为 2，进行 500 次的迭代，误差为 10^{-5}，迭代过程如图 3.42 所示。

同样,分别使用基本微粒群和混合微粒群来优化模糊逻辑控制器的规则,微粒群维数为 150 维,粒子数为 40 个,采用相同的随机初始种群,并设相同的学习因子 c_1,c_2 分别为 2。迭代过程如图 3.43 所示。

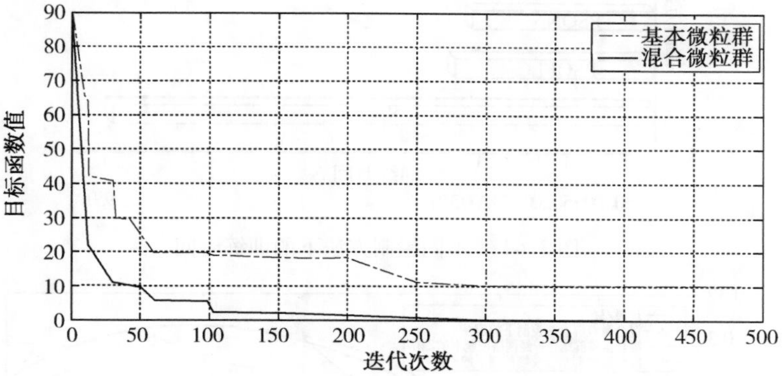

图 3.42　神经网络迭代过程

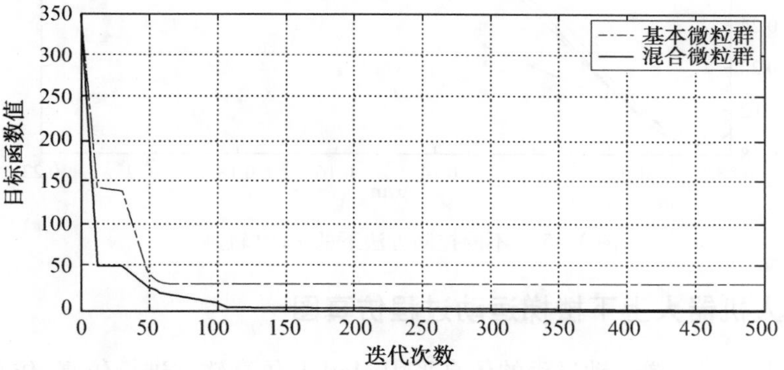

图 3.43　模糊逻辑控制器规则迭代过程

(2) 控制方法的比较

在仿人机器人上楼梯的过程中,分别对本章所讨论的基本微粒群直接控制法、混合微粒群结合神经网络控制法和混合微粒群结合模糊逻辑控制方法这三种方法在离线训练时间和上楼梯过程中机器人稳定性方面进行比较。其中训练时间比较图如图 3.44 所示,稳定性比较图如图 3.45 所示。

从图 3.44 可得,在对神经网络的训练方法中,基本 PSO 方法需要 320 s 左右的时间,而混合 PSO 方法只需要 180 s 左右,如果不采用任何优化方法对神经网络进行训练,那么整个过程需要消耗长达950 s时间。在对模糊逻辑控制器优化过程中,基本 PSO 方法需要耗时350 s,而对应的混合 PSO 方法则只需200 s。从图3.45 可得,使用混合微粒群直接控制机器人上下楼梯的方式的稳定性最差,实验也证明其优化结果的不确定性也较大,该方法不适合用来控制实际机器人运动。而混合微粒群结合神经网络和模糊逻辑控制器的方法可以较好地获得稳定控制效果。相比之下,神经网络在最初与理想轨迹拟合较好,而模糊逻辑则在后半段过程与理想轨迹之间的误差较小。

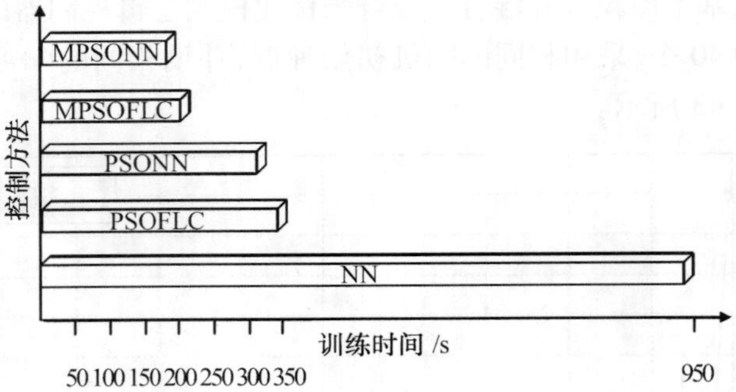

图 3.44 不同控制方法下的训练时间

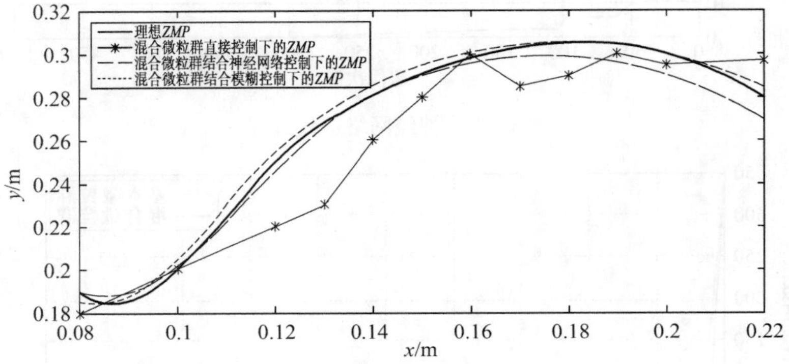

图 3.45 不同控制方法下的 *ZMP* 轨迹

3.16.4 仿人机器人上下楼梯运动过程仿真图

仿人机器人上下楼梯运动过程的仿真采用 Matlab 仿真软件进行仿真,仿真的机器人参数如表 3.1 所示,上下楼梯运动过程图如图 3.46 所示。

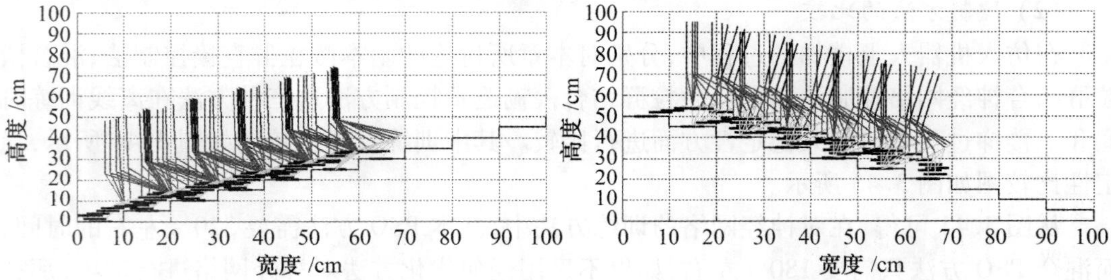

图 3.46 仿人机器人上下楼梯运动过程仿真图

仿人机器人上下楼梯运动过程截图是分别对 MOS2007 型和 Nao 仿人机器人进行上下楼梯运动的实验,其中,每个阶梯采用基于颜色的视觉识别,阶梯的长宽度为20 cm × 10 cm,高度为5 cm。MOS2007 整个运动过程耗时 55 s,Nao 耗时 112 s。两种机器人运动过程截图如图 3.47 所示。

图 3.47　MOS2007 型和 Nao 机器人上下楼梯过程截图

3.17　小结

本章首先对仿人机器人的 7 连杆模型进行建模,并对其运动学和动力学进行分析。并对后面两章将要研究的倒地动作规划和上下楼梯及上下斜坡复杂运动规划进行简单建模,然后,对现有的仿人机器人稳定性判断准则进行深入分析,并对各自的使用范围进行比较。针对多目标优化的特点,采用二阶锥控制方法,对仿人机器人运动过程中的各种稳定性因素进行分析,并构架成二阶锥控制方式。针对仿人机器人倒地动作的特点,根据两种倒地模型,分别对其进行动力学上的分析,然后使用极小值原理和参数化优化两种优化控制方法对仿人机器人的向后倒地动作进行优化控制。在参数化优化控制中,针对初值敏感问题,采用机器人状态初值筛选,在问题求解过程中引入一种改进的 SQP 滤子算法,大大地改进了问题求解速度。根据仿人机器人的特点,对其上下楼梯和上下斜坡复杂运动进行分析,最后以上楼梯为例,对该过程进行建模并建立运动学方程。针对基本 PSO 算法在寻优过程中容易陷入局部最优的缺点,在已有改进方法的基础上,提出了一种混合 PSO 优化算法,并使用该方法对机器人上楼梯过程进行直接控制,针对神经网络训练速度慢和模糊逻辑规则人为依赖性强的缺点,使用改进的混合 PSO 算法分别对神经网络的权值和模糊逻辑控制器的规则集进行优化,并使用离线训练、在线控制的方式对机器人上楼梯过程进行最优控制。

第 4 章　智能机器人地图创建中的环境特征表示方法

4.1　引言

智能移动机器人安全导航能力是建立在环境感知的基础之上的，环境感知则依赖一定的传感器获取环境特征信息。环境特征信息在机器人自主导航中占据着举足轻重的位置，拥有精确和全局一致的环境表示，也一直是许多研究者关注的热点。

环境特征的表示就是以某种数据形式描述机器人所在环境的障碍物或者特征标记。采用什么样的特征来描述环境对于提高地图的精度与性能十分重要。目前应用最广泛的是激光特征，激光特征具有测角和测距精度高的优点。近年来计算视觉技术的快速发展，采用视觉特征来描述环境的方法在机器人领域受到了越来越多的重视。因此，本章主要讨论视觉特征和激光特征环境表示方法。

许多研究者对机器人基于距离传感器（声纳、激光测距仪）的度量地图创建进行了研究，并且提出了一些实用的地图创建方法，但这些方法都假设在地图创建过程中能精确确定机器人的位置。实际上，由于采用里程计进行定位存在很大的累积误差，因此在大环境中创建的地图偏差会很大。一种解决的方法是在地图创建的过程中，同时利用已经创建的地图进行机器人的自主定位。这就是移动机器人的同时定位与地图创建（Simultaneous Localization and Mapping，SLAM）。由于其重要的理论与应用价值，被很多学者认为是实现真正全自主移动机器人的关键[211][212]。

近几年来，SLAM 的研究取得了很大的进展，但大多数的 SLAM 方法都是基于扩展卡尔曼滤波器（Extended Kalman Filter，EKF）的[213~215]。这些方法的时间复杂度与空间复杂度都为 $O(N^2)$，其中，N 表示地图中的路标数，尤其对应采用激光测距仪获得的数据量非常庞大，因此基于 EKF 的 SLAM 不能适用于大环境中的地图创建。

最近，Montemerlo 等人提出了一种基于粒子滤波器的 SLAM 算法，并称为快速同时定位与地图创建（Fast Simultaneous Localization and Mapping，FastSLAM）[216][217]。FastSLAM 的时间复杂度为 $O(N\log_2 K)$，其中，N 是粒子的数量，K 是地图中的路标数量。目前这种方法在 SLAM 中得到了广泛的重视。但是在传统的 FastSLAM 中，通常需要大量的粒子数，由于每一个粒子对应一个路标地图，如果粒子数过多，会大大加重计算负担和存储量，并且每一个路标地图的更新采用 EKF，因此受到 EKF 局限性的限制。

因此，本章用无偏卡尔曼滤波（Unscented Kalman Filter，UKF）[218] 代替 EKF，并结合本章的极坐标扫描匹配（Polar Coordinates Scan Matching，PCSM）方法[219][220]，应用本章提出的无偏快速同时定位与地图创建（Unscented FastSLAM，UFastSLAM）创建了度量地图，通过实验证明了本章方法的性能。

4.2　基于 SIFT 算法的视觉环境特征

最早的视觉特征是在环境中设立一些容易识别的标记,如颜色块以及信号灯等,但是这种方法需要改变环境,在很多的情况下不方便。另外一种方法是采用简单的特征点或者线来描述环境,如通过从图像中提取直线与角点特征来描述环境。但是这种特征的可识别性差,给特征的匹配带来很大的困难。

Lowe[221] 提出一种叫做 SIFT(Scale Invariant Feature Transform) 的特征点提取方法,提取的特征点简称 SIFT 特征点,它们对图像的尺度缩放、旋转、光照强度和摄像机观察视角的改变具有不变性。另外,该方法也减少了噪声扰动对特征点提取的影响。SIFT 特征点的高度辨别性,使得一个特征点能够在特征点的大型数据库中,以很大概率找到与之匹配的特征点,从而为后续工作奠定了坚实的基础。SIFT 特征点之所以具有高度辨别性,是因为它采用了 128 维的特征点描述器,如图 4.1 所示。

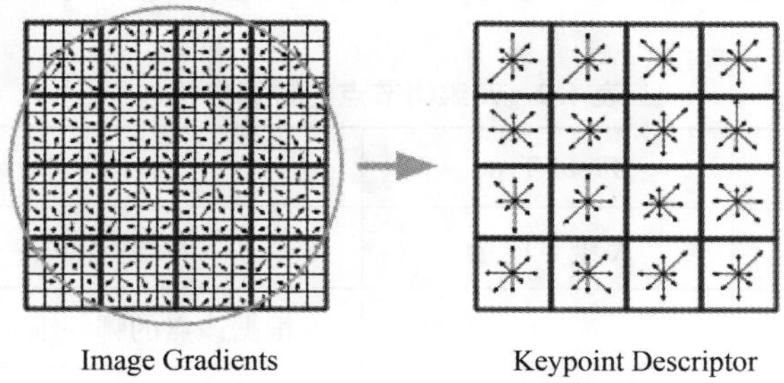

图 4.1　SIFT 特征点描述器示意图

为了提高匹配的准确性,降低误匹配,本章提出一种有效的 DD - BBF 特征匹配方法。

SIFT 算法通过如图 4.2 所示的 4 个步骤实现。

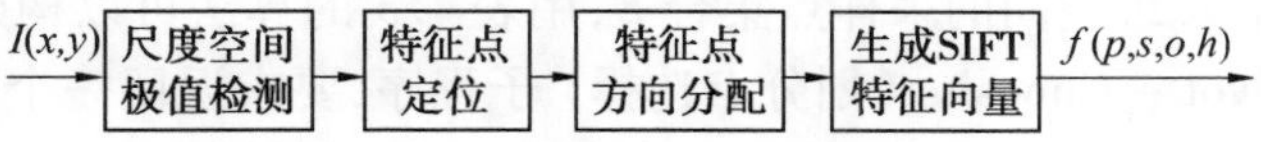

图 4.2　SIFT 算法的四个步骤

一个完整的 SIFT 特征点包含图像坐标系下的位置 p、尺度 s、主方向 o 及 128 维的特征描述器四个部分,即 $f=\{p,s,o,h\}$。本章 SIFT 特征点数据结构如表 4.1 所示。

表 4.1　SIFT 特征点的数据结构

域　　名	类　　型		说　　明
Image Coord	u	double	特征点的图像坐标
	v	double	
ImgId	int		该特征点所在的图像帧号
Scale	double		提取特征点时的尺度
Orientation	double		特征点的方向
Descriptor	double[128]		特征点描述器(128 维信息)

4.2.1 基于 DD - BBF 的 SIFT 特征点匹配

从图像中生成的 SIFT 特征数量取决于图像大小、图像纹理及 SIFT 算法参数。SIFT 特征根据特征描述器向量的相似程度进行匹配,设 E 和 E' 是两个 SIFT 特征集合,$d \in E'$,$d', d'' \in E$,如果 $|d-d'|/|d-d''| < \alpha$,则称 d 与 d' 是一对匹配点,其中,α 为匹配阈值,d' 和 d'' 分别是 d 的最/次邻近点。如果依次计算 E 中所有点与 d 的欧氏距离,从而找到 d 的最/次邻近点,时间复杂度为 $O(N)$,N 为 E 中点的数目。考虑到 SIFT 特征向量是 128 维的浮点数,此算法时间开销太大。基于 KD - Tree 的邻近点搜索算法[217],可以将时间复杂度降低到 $O(\log_2 N)$。

K 维树是一种存储 K 维空间点集的数据结构,每个节点的描述如表 4.2 所示,表中 d 表示该节点存储的空间点向量,设 split 的值为 i,划分超平面是指经过点 d 且垂直于第 i 维方向的面,left 和 right 分别表示位于划分平面"左"、"右" 子空间的点。一个点位于左(右) 子空间当且仅当它的第 i 维元素小于(大于)d 的第 i 维元素。如果一个节点没有儿子,就不需要划分。

表 4.2　*K* 维树节点的数据结构

Field Name	Field Type	Description
d	*K* 维点向量	*K* 维空间的一个点向量
split	int	根据该点的哪一维元素划分 *K* 维空间
left	KD - Tree	指向所有在划分超平面左侧的节点
right	KD - Tree	指向所有在划分超平面右侧的节点

如果给定一个 K 维空间的采样点集合 E,用表 4.3 的算法可以构建一棵 K 维树。其中,第 2 步调用 Pivot - Choosing(划分点选择) 子程序,要求返回一个点作为根节点来划分子空间以及根据哪一维元素进行划分。K 维树的左右子树应尽量平衡,空间的划分也应尽量均衡,因此可以采用下面的方法:首先选出根据哪一维进行划分,即 split,对 K 维空间的每一维 i,通过比较采样点集合 E 中所有点的第 i 维元素得到该维的最大值 $\max_i$ 和最小值 $\min_i$。接着选出 $\max_i - \min_i$(跨度) 最大的那一维,并求出该维的中间值。然后选出划分点 d,通过比较 E 中所有点第 split 维元素与上述中间值之间的距离,取距离最小者作为划分点。

表 4.4 是基于 K 维树的 SIFT 特征点的匹配算法。基于 KD - Tree 的邻近点搜索算法在 K 较小即小于 10 的低维空间表现出良好的性能,但在高维空间中受到回溯的困扰,采用 BBF 算法对基于 KD - Tree 的算法做逼近,可有效解决该问题,可进一步减低时间开销。

表4.3　创建 *K* 维树算法

输入:采样点集合 E,数据类型:K 维点向量
输出:kd,数据类型:K 维树
step 1 如果 E 为空,则返回一棵空 K 维树
step 2 调用 Pivot - Choosing 子程序,它返回两个值:d: = E 中的一个点,split: = 划分空间的第 i 维
step 3 E′: = E - d
step 4 left: = $\{d' \in E' \mid d'_{split} \leqslant d_{split}\}$
step 5 right: = $\{d' \in E' \mid d'_{split} > d_{split}\}$
step 6 kd - left: = 对 left 递归调用 Constructing K 维树过程
step 7 kd - right: = 对 right 递归调用 Constructing K 维树过程
step 8 返回 kd: = < d,split,kd - left,kd - right >

表4.4　基于 *K* 维树的 SIFT 特征点的匹配算法

输入:图像1的 SIFT 特征点集合 kplist1,数据类型:128 维点向量
图像2的 SIFT 特征点集合 kplist2,数据类型:128 维点向量
输出:匹配的 SIFT 特征点对的链表 matchlist
step 1 调用 Constructing K 维树过程:参数为 kplist1,返回 kdtree
step 2 for 在 kplist2 中的每一个 SIFT 特征点 kp
step 3 调用 Nearest Neighbor in a K 维树:参数为(kdtree,kp);返回最邻近点 kp1 和次邻近点 kp2
step 4 if $\lvert kp - kp1 \rvert / \lvert kp - kp2 \rvert < \alpha$ then 将(kp1,kp) 添加到 match list
step 5 else do nothing

上述方法实现的是单向匹配$\{E \leftarrow E'\}$,本章实验中发现,采用双向(Double Direction - Best Bin First,DD - BBF) 匹配,即$\{E \leftarrow E'\} \cap \{(E \leftarrow E') \rightarrow E'\}$,可在匹配时间少量增加条件下,去除大多数误匹配,因为误匹配点,同时在两个方向中出现的概率比单向中出现的概率要小得多,即使在发生较大的尺度和旋转变化条件下,仍能取得良好的匹配结果,如图4.3。

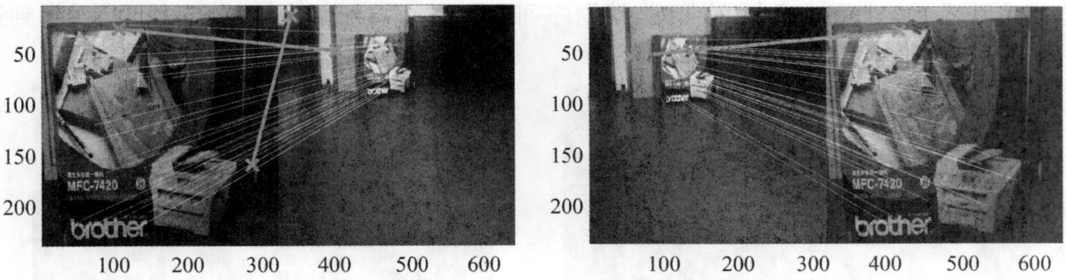

图4.3　双向匹配实验结果(白色的粗线为误匹配)

4.2.2　基于 SIFT 特征三维重建的环境表示

本章机器人基于单目视觉提取到的特征在三维重建前是没有深度信息的。三维重建方法如下,三维空间点 $P(X_w, Y_w, Z_w)$ 与在图像上的针孔模型投影点 $p(u,v)$ 之间的关系为

$$Z_c\begin{bmatrix}u\\v\\1\end{bmatrix}=\begin{bmatrix}\alpha_x&0&u_0&0\\0&\alpha_y&v_0&0\\0&0&1&0\end{bmatrix}\begin{bmatrix}\boldsymbol{R}&\boldsymbol{T}\\0^{\mathrm{T}}&1\end{bmatrix}\begin{bmatrix}X_w\\Y_w\\Z_w\\1\end{bmatrix}=\boldsymbol{M}\begin{bmatrix}X_w\\Y_w\\Z_w\\1\end{bmatrix}\tag{4.1}$$

其中,$\boldsymbol{R}$ 和 $\boldsymbol{T}$ 分别是摄像头坐标系在世界坐标系下的旋转矩阵与平移矢量,运动模型可为每一幅图像提供 $\boldsymbol{R}$ 和 $\boldsymbol{T}$。如果机器人在 t_1 和 t_2 两时刻观察到特征点 $P(X_w,Y_w,Z_w)$,如图 4.4 所示,那么 P 的三维坐标与两时刻的图像坐标 $p_1(u_1,v_1)$ 与 $p_2(u_2,v_2)$ 的关系为

$$\begin{aligned}z_{c_1}[u_1v_11]^{\mathrm{T}}&=\boldsymbol{M}_1[x_wy_wz_w1]^{\mathrm{T}}\\z_{c_2}[u_2v_21]^{\mathrm{T}}&=\boldsymbol{M}_2[x_wy_wz_w1]^{\mathrm{T}}\end{aligned}\tag{4.2}$$

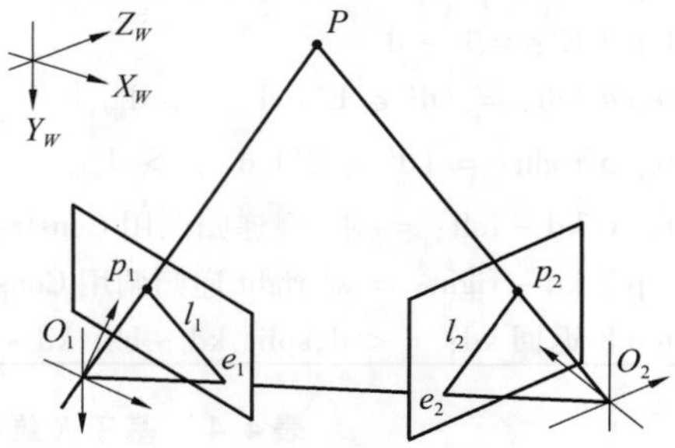

图 4.4 特征点的三维坐标估计

其中,z_{C_1} 与 z_{C_2} 分别表示 P 在摄像头坐标系 C_1 与 C_2 下的 z 坐标,$\boldsymbol{M}_1$ 与 $\boldsymbol{M}_2$ 分别是 t_1 和 t_2 时刻的投影矩阵。如果投影矩阵与图像坐标已知,根据以上方程,消除未知参量 z_{C_1} 与 z_{C_2},并利用最小二乘法可以获得 P 的三维坐标。计算投影矩阵所用到的摄像机参数通过离线标定获得,如表 4.5 所示,其中,$(x_{c_r},z_{c_r},\theta_{c_r})$ 表示摄像机相对于机器人的世界坐标关系。

表 4.5 摄像机标定参数

内部参数		外部参数	
α_x	368.826 20 mm	x_{c_r}	2.103 9 mm
α_y	369.902 39 mm	z_{c_r}	100.174 2 mm
u_0	159.670 29 mm	θ_{c_r}	90°
v_0	121.541 36 mm		

采用上述三维重建方法,进行了基于SIFT特征的三维重建实验,图4.5是在序列图像之间追踪匹配的特征点形成的曲线,根据序列图像之间的匹配点,进行三维重建,得到这些匹配点的三维空间位置,如图 4.6 所示。

图 4.5 特征点的跟踪

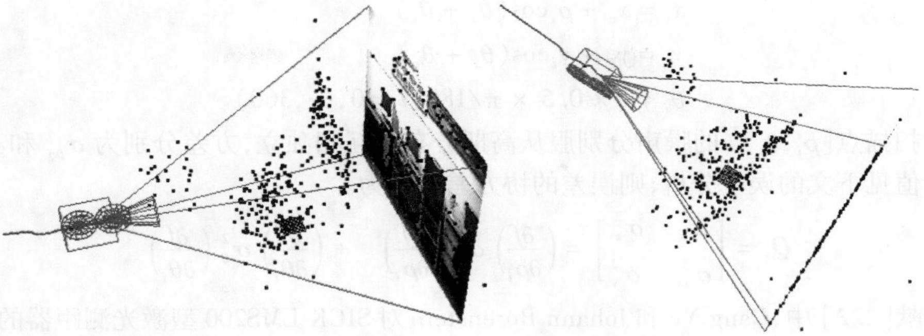

图 4.6　基于 SIFT 特征三维重建的环境表示

4.3　激光测距器模型

Pioneer 3 – DX 机器人实验平台主要采用的外部测距传感器是激光测距器 SICK LMS200，如图 4.7(a) 所示。该测距仪的扫描范围为 180°(– 90 ~ 90°)，测量精度高(角度分辨率为 0.5°/1°，对应扫描点数为 361/180，距离分辨率为 10 mm)，响应时间短(13 ~ 53 ms)，测距范围大(最远 80 m)，因此被广泛应用于移动机器人上。激光测距器是一种用红外激光束来扫描周围环境的光电传感器，一般采用脉冲法和相位法测量距离，SICK LMS200 采用脉冲法，其扫描的原理是不需要单独的接收和发送器，传感器只需要测量从发出到收到反射光的时间，它发射非常短的激光脉冲，如果红外激光遇到障碍会反射回来，通过计算发出和收到反射光的时间(Δt)，激光距离传感器就能够确定其与障碍物的距离。同时激光距离传感器中有一面匀速旋转的镜子，能够扫描环境的半圆区域。通过计算镜子在某个时刻的角度，LMS 激光距离传感器能够决定物体相对于激光距离传感器的角度信息。激光距离传感器能够通过测得物体相对于传感器的距离和角度来确定障碍物所处的位置，从而得到关于环境的水平剖面图。图 4.7(b) 为激光测距原理图。

(a) SICK LMS 200

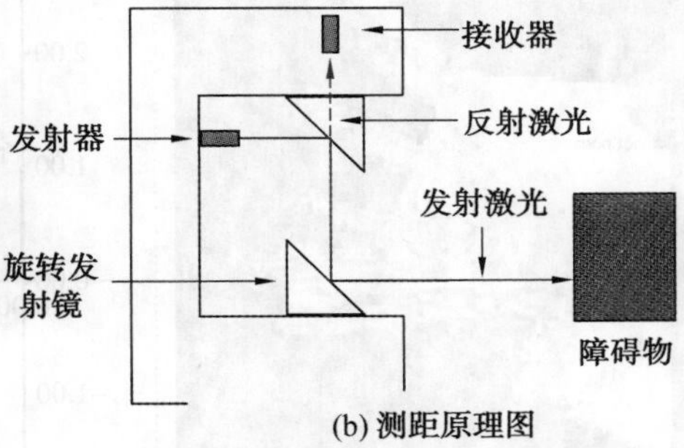

(b) 测距原理图

图 4.7　激光测距器

扫描数据本身是基于极坐标系的，如果获得 361 个扫描点 $f_i = [\rho_i, \theta_i]^T$，并且激光测距器的中心位置在机器人坐标系中的坐标为 $[x_c, y_c, \theta_c]^T$，则每个扫描点在机器人坐标系的笛卡儿直角坐标 $f_i = [x_i, y_i]^T$ 为

$$
\begin{aligned}
x_i &= x_c + \rho_i \cos(\theta_i + \theta_c) \\
y_i &= y_c + y_i \cos(\theta_i + \theta_c) \\
\theta_i &= i \times 0.5 \times \pi/180 (i = 0, \cdots, 360)
\end{aligned} \tag{4.3}
$$

设扫描点$[\rho_i, \theta_i]^{\mathrm{T}}$的噪声分别服从高斯分布且互相独立，方差分别为$\sigma_{\rho_2}$和$\sigma_{\theta_2}$时，具体取值见下文的误差分析，则误差的协方差矩阵为

$$
\boldsymbol{Q}_i = \begin{bmatrix} \sigma_x^2 & \sigma_{xy}^2 \\ \sigma_{xy}^2 & \sigma_y^2 \end{bmatrix} = \left(\frac{\partial f}{\partial \rho_i}\right) \sigma_\rho^2 \left(\frac{\partial f}{\partial \rho_i}\right)^{\mathrm{T}} + \left(\frac{\partial f}{\partial \theta_i}\right) \sigma_\theta^2 \left(\frac{\partial f}{\partial \theta_i}\right)^{\mathrm{T}} \tag{4.4}
$$

文献[222]中，Cang Ye 和 Johann Borenstein 对 SICK LMS200 型激光测距器的特点和性能参数进行了详尽的介绍，指出主要受数据传输速率、漂移、物体表面的光学特性、激光光束入射角以及混合像素现象的影响，Pioneer 3 – DX 机器人采用激光测距器 SICK LMS200。该测距仪的扫描范围为180°（–90 ~ 90°），测量精度的角度分辨率为0.5°，距离分辨率为 10 mm，在测距 8 m 的情况下，测距的系统误差为 ±15 mm，标准偏差为 ±5 mm。

4.4 基于激光扫描匹配算法的环境表示

4.4.1 激光扫描匹配的概念

激光测距仪传感器的测量结果为距离扫描（Range Scan），是一个长度有限的离散的数字序列，每个元素表示对应角度方向上最近目标的距离。用 r 来表示距离，α 表示扫描角度。激光扫描测距仪的信号以光束形式发射，使用旋转反射镜将一系列距离测量值合并成二维扫描值，扫描数据是环境的2D 切面。本章所使用的激光测距仪的所有测量数据都在一个平面上，扫描范围为 180°，每隔 0.5° 一个扫描数据，扫描一次获得 361 个数据点。图 4.8 为一次激光扫描数据结构，其中，左图为占位栅格表示法，右图为占位点表示法。本章采用后者以便于观察。

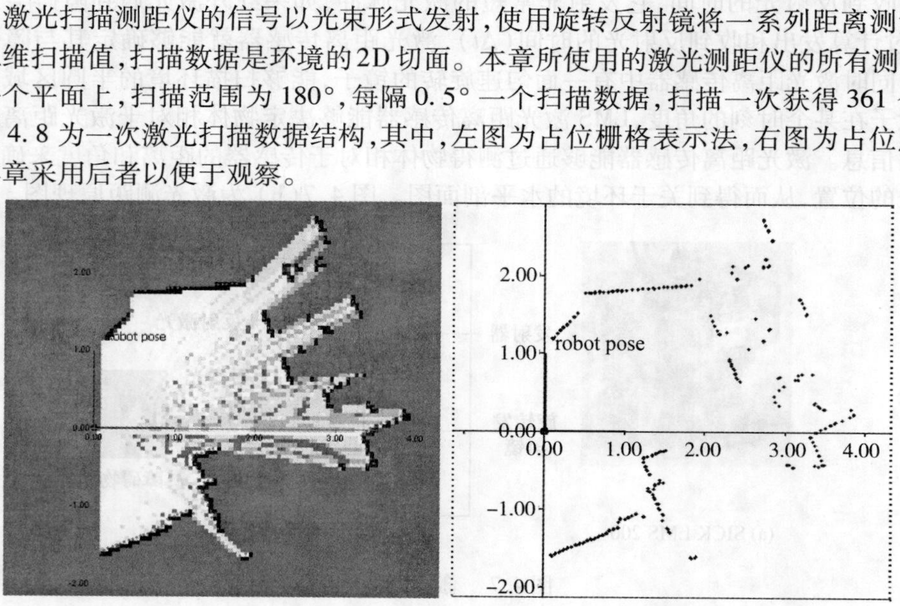

图 4.8 激光扫描数据图

距离扫描数据是激光束和环境中物体的交叉点序列。设扫描点用极坐标表示，原点在传感器的扫描中心，机器人前进方向极角为零，每一个扫描点使用激光束的方向和沿着

该方向的距离测量值来描述。$O(x,y,\theta)$ 代表扫描位姿，(x,y) 是传感器在全局坐标系统中的位置，θ 是传感器的有效方向。假定机器人在位姿 P_r 处的参考扫描为 S_r，机器人在位姿 P_c 处的扫描为 S_c，如图 4.9 所示，"a" 代表 P_r，"b" 代表 P_c，S_c 和 S_r 中的扫描点是在机器人局部坐标系中的扫描点，扫描数据代表了机器人前方 180° 范围内的二维反射切面环境轮廓。

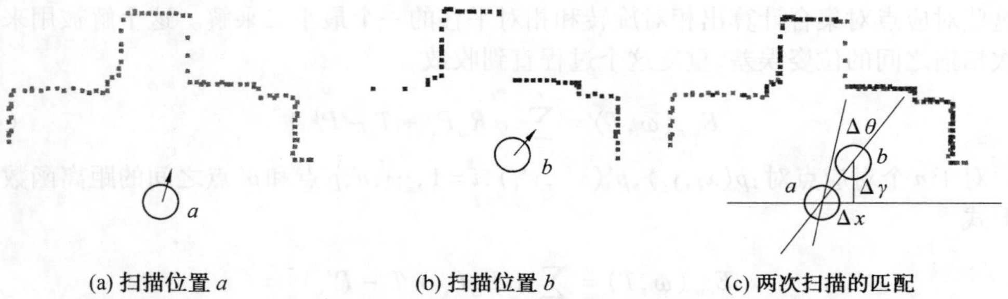

图 4.9　基于扫描匹配的机器人位姿估计

P_c 与 P_r 之间的相对变化可通过里程计获得，但由于车轮的滑移等因素，导致较大误差。而为了生成全局一致性地图，则必须找到位姿 P_c 关于位姿 P_r 的一个相对比较精确的变化。因此，尽可能在 S_r 与 S_c 之间找到一个较好的匹配，从而计算出 P_c 与 P_r 之间的旋转角度和平移距离的变化，计算的结果用于修正 P_c。根据修正后的 P_c，把 S_c 转换到全局坐标系中，从而得到全局一致性地图。对于静态环境中的点，两次扫描中描述同一个实际点的数据应是基本对准的。图 4.9(c) 显示了两次扫描之间的一个完美匹配。图中 $(\Delta\theta, \Delta x, \Delta y)$ 表示匹配后机器人的 P_c 和 P_r 之间位姿变化值。

假定机器人在位姿 P_0 处开始运动，产生一个扫描数据集 S_r，作为参考扫描，当机器人到达一个新位置 P，产生一个新的扫描数据集 S_c，作为当前扫描，根据里程计读数给出 P_0 与 P 的相对位姿变化 $q(R,t)$ 的初始估计，扫描匹配算法的任务是通过匹配 S_r 和 S_c 来确定 $q(R,t)$ 的精确值。扫描匹配算法使用迭代来解决这个问题。

4.4.2　激光扫描匹配算法分类

激光扫描匹配算法可分为局部的和全局的扫描匹配，局部扫描匹配也称为顺序扫描匹配，实现局部扫描匹配时，机器人的初始位姿一般由里程计估计给出，对相邻的扫描进行匹配比较，通过迭代搜索最优匹配，使两个扫描之间的匹配误差最小，同时校正机器人的位姿估计。实现全局扫描匹配算法时，无需提供机器人的初始位姿，直接将当前扫描与地图或者扫描数据库匹配。常用的局部扫描匹配方法有 ICP 和 IDC 算法。常用的全局扫描匹配方法有交叉关联函数法(Cross Correlation Function, CCF)[223] 和 Anchor 点相关法(Anchor Point Relation, APR)[224]。

扫描匹配算法可以根据其所使用的特征抽象来分类，例如激光扫描数据可抽象成特征 - 特征、点 - 特征、点 - 点的匹配法等，其中，点 - 点对应方法直接匹配两个扫描中的距离数据，从而计算出相对位姿关系。该方法的一个核心问题是定义一个合适的规则来确定当前扫描与参考扫描中点的对应关系。最近点规则(Closest Point, CP)是一种常用的规则，它选择参考扫描上的最近点作为当前扫描数据点的对应点。

Arya 和 Mount 根据该规则提出了一个通用的迭代最近点算法(Iterative Closest Point,ICP)[225],并证明了该算法在最小方差距离函数意义下可以单调收敛到局部最小点。如果旋转分量较小,ICP 算法可以较好地求解平移分量,而且环境无需具有特殊的几何特征,因此 ICP 算法可以处理非多边形环境。ICP 扫描匹配算法思想是,对于 S_c 中的每一个点 p_i,使用对应性规则在 S_r 上确定一个与其对应的点 p'_i,找到所有的对应点对后,利用这些对应点对集合计算出相对旋转和相对平移的一个最小二乘解。这个解被用来减少两次扫描之间的位姿误差,重复这个过程直到收敛。

$$E_{\text{dist}}(\omega,T)=\sum_{i=1}^{n}|R_\omega P_i+T-P'_i|^2 \tag{4.5}$$

对于 n 个对应点对:$p(x_i,y_i),p'(x'_i,y'_i),i=1,\cdots,n$,$p$ 点和 p' 点之间的距离函数有如下形式

$$E_{\text{dist}}(\omega,T)=\sum_{i=1}^{n}|R_\omega P_i+T-P'_i|^2=$$

$$\sum_{i=1}^{n}((x_i\cos\omega-y_i\sin\omega+T_x-x'_i)^2+(x_i\sin\omega-y_i\cos\omega+T_y-y'_i)^2) \tag{4.6}$$

通过最小化 E_{dist},可以得到 T_x,T_y 和 ω 的闭环解,即

$$\begin{aligned}
\omega&=\arctan\frac{S'_{xy}-S'_{yx}}{S'_{xx}+S'_{yy}}\\
T_x&=\bar{x}'-(\bar{x}\cos\omega-\bar{y}\sin\omega)\\
T_y&=\bar{y}'-(\bar{x}\sin\omega-\bar{y}\cos\omega)\\
\bar{x}&=\frac{1}{n}\sum_{i=1}^{n}x_i,\bar{y}=\frac{1}{n}\sum_{i=1}^{n}y_i\\
\bar{x}'&=\frac{1}{n}\sum_{i=1}^{n}x'_i,\bar{y}'=\frac{1}{n}\sum_{i=1}^{n}y'_i\\
S'_{xx}&=\sum_{i=1}^{n}(x_i-\bar{x})(x'_i-\bar{x}')\\
S'_{yy}&=\sum_{i=1}^{n}(y_i-\bar{y}')(y'_i-\bar{y}')\\
S'_{xy}&=\sum_{i=1}^{n}(x_i-\bar{x})(y'_i-\bar{y}')\\
S'_{yx}&=\sum_{i=1}^{n}(y_i-\bar{y})(x'_i-\bar{x}')
\end{aligned} \tag{4.7}$$

ICP 算法的不足是收敛速度较慢,尤其当环境呈现出曲线形状时,其在接近局部最小值时收敛速度非常慢。并且使用最近点规则得到的点对应所包含的旋转分量较少,因此对旋转分量的估计较差。为此,Feng Lu 对 ICP 算法进行了改进,提出了基于迭代最小方差解的迭代双元对应(Iterative Dual Correspondence,IDC)算法,在 IDC 算法中,不仅使用最近点规则选择对应点,还使用距离匹配规则来选择对应点,即选择到原点距离相同的点作为对应点。这两个规则的使用确保了 IDC 算法可以非常精确地估计出旋转分量和平移分量,而且收敛速度也明显快于 ICP 算法。

但在实际中,IDC 算法的计算量仍然比较大,为了解决这个问题,Gutmann[226] 使用一

个特殊的滤波器来减少参与对应的距离数据的数目。该滤波器使用一组数据点的重心代替原始数据参与对应匹配,改进后算法的复杂性为 $O(n_2)$,其中,n 表示数据点的个数。

点 – 点对应方法由于在匹配中采用了更多的原始数据,因此一般具有比基于特征方法更好的鲁棒性和精度,而且对环境没有特殊要求,可用于非多边形环境。但是数据量较大,因此收敛速度较慢。

4.4.3　极坐标扫描匹配算法

激光扫描匹配算法将当前扫描与参考扫描相匹配以保证距离残差平方和最小化,并且假定在参考扫描坐标系中描述的当前扫描的初始位姿已经给定(一般由里程计给出)。当前扫描数据为:$C=(x_c,y_c,\theta_c,\{r_{ci},\varphi_{ci}\}_{i=1}^{n})$,其中,$(x_c,y_c,\theta_c)$ 表示在当前扫描坐标系中产生当前扫描的机器人位姿,$\{r_{ci},\varphi_{ci}\}_{i=1}^{n}$ 描述在当前扫描坐标系中 n 个在方向 φ_{ci} 上测量的距离 r_{ci},$\{r_{ci},\varphi_{ci}\}_{i=1}^{n}$ 在方向上按照逆时针增序排列。参考扫描数据为:$R=\{r_{ri},\varphi_{ri}\}_{i=1}^{n}$。假如在当前扫描和参考扫描中产生第 i 个距离测量值的方向不变,那么 $\varphi_{ri}=\varphi_{ci}$。扫描匹配工作如下:在扫描预处理后,随着平移和旋转变换,扫描投影迭代进行,本章采用极坐标扫描匹配算法 PCSM(Polar Coordinates Scan Matching) 实现机器人位姿修正。

PCSM 算法主要包括以下步骤:(1) 扫描数据预处理,去除噪声,约减数据,提高匹配的精度和效率。(2) 扫描投影,将当前扫描数据转换到参考坐标系。(3) 平移估计,估计当前扫描与参考扫描的平移距离。(4) 旋转估计,估计当前扫描与参考扫描的旋转角度。(5) 误差协方差估计。

1. 原始数据中值滤波

激光扫描数据中会存在一些不适合匹配的点,包括:

(1) 混合点

在距离不连续的地方,激光扫描测距仪常常在两个物体中间的空区域产生一些测量值,称之为混合点。

(2) 最大距离的测量

当在激光扫描测距仪的有效测量范围内不存在物体时,将返回这样的读数,一些物体表面(如光滑的玻璃表面) 因为反射不能显示激光点,它们的测量距离也为最大的测量距离。如果距离测量值大于这个值,那么相邻的两个扫描点之间的距离也很大,因此,无法判断这两个相邻的扫描点是否属于一个物体。

为了提高每次激光扫描数据的可信度,采用快速滤波器方法对这些数据进行滤波。为了去除扫描点异常的影响,采用中值滤波器将某一数据点的值用其周围 n 个点(本章 $n=5$) 的中值来代替。

2. 扫描数据分割

对于每一帧距离数据,首先把激光扫描点分割成不同的区块。如果连续两个扫描点的距离小于一个阈值,这两个扫描点属于同一个区块。如果连续两个扫描点的距离大于一个阈值,数据帧就从这个地方分割开。最后,把一帧距离数据分割成几个区块。分割的区块表示为 $R_i(i=1,2,\cdots,Q$,其中,Q 是分割的区块数),每一个区块包含 N_i 个点。由于扫描点的分布并不是均匀的,通常情况下,离传感器近的扫描点密度大一些,而远离传感器的扫描点密度小一些,所以进行距离数据分割时,应当使用自适应变阈值分割方法。例如,当某个扫描点离传感器中心的距离为 D 时,分割阈值选择为 d,当扫描点离传感器中心的距离为 $3D$ 时,阈值选择为 $3d$。除此之外,也可以选用其他的线性或非线性函数来定义自适应分割阈值。总之,在不同的扫描点选用不同的分割阈值,以求距离数据的分割区块能够更好地与实际环境特征模型一致。如果激光的有效测距距离为 8 m,并且角度分辨率为 1°,则相邻扫描点之间的距离最小为 $2 \times 8\ \text{m} \times \sin(0.5°) = 14\ \text{cm}$。根据该值可以设定合适的分隔阈值。

对不同的区块标识为不同的数字,其中,图中标识为 0 的区块表示扫描点数较少的区块,因此它不能用来扫描匹配。数据分割算法的时间复杂度为 $O(N)$。

3. 坐标变换

为了实现扫描匹配算法,需要设置当前扫描坐标系相对于参考扫描坐标系的坐标变换,如图 4.10 所示,得到 $\boldsymbol{T}_1 + \boldsymbol{T}_\text{L} + \boldsymbol{T}_3 = \boldsymbol{T}_2 + \boldsymbol{T}_\text{L}$。其中,$\boldsymbol{T}_1$ 是机器人参考坐标系到全局坐标系的各向同性变换矩阵,$\boldsymbol{T}_2$ 是机器人当前坐标系到全局坐标系的变换矩阵,$\boldsymbol{T}_3$ 是当前激光扫描坐标系到参考激光扫描坐标系的变换矩阵,$\boldsymbol{T}_\text{L}$ 是激光扫描坐标系到机器人坐标系的变换矩阵。当前扫描坐标系到参考扫描坐标系转换为 $\boldsymbol{T}_3 = \boldsymbol{T}_\text{L} - \boldsymbol{T}_1 - \boldsymbol{T}_2 \times \boldsymbol{T}_\text{L}$。

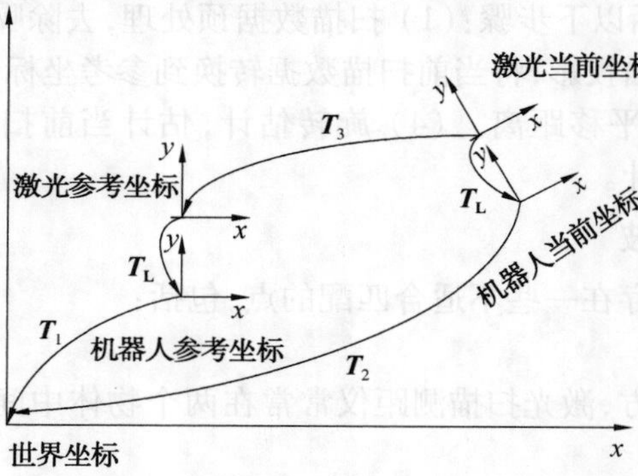

图 4.10　参考坐标系和当前坐标系

一般情况下,在室外平坦地面上运动时,机器人的位姿可以表示为一个三元组:$P = (x, y, \theta)$,其中,位置为 (x, y),方向为 θ。设 $(x_{rr}, y_{rr}, \theta_{rr})$ 和 $(x_{cr}, y_{cr}, \theta_{cr})$ 分别表示在全局坐标系下机器人在参考位置和当前位置处的位姿,(x_c, y_c, θ_c) 和 (x_l, y_l, θ_l) 分别表示激光测距仪在参考坐标系下和机器人坐标系下的位姿,则

$$\boldsymbol{T}_3 = \begin{bmatrix} \cos\theta_c & -\sin\theta_c & x_c \\ \sin\theta_c & \cos\theta_c & y_c \\ 0 & 0 & 1 \end{bmatrix}, \boldsymbol{T}_1 = \begin{bmatrix} \cos\theta_{rr} & -\sin\theta_{rr} & x_{rr} \\ \sin\theta_{rr} & \cos\theta_{rr} & y_{rr} \\ 0 & 0 & 1 \end{bmatrix}$$
$$\boldsymbol{T}_\text{L} = \begin{bmatrix} \cos\theta_l & -\sin\theta_l & x_l \\ \sin\theta_l & \cos\theta_l & y_l \\ 0 & 0 & 1 \end{bmatrix}, \boldsymbol{T}_2 = \begin{bmatrix} \cos\theta_{cr} & -\sin\theta_{cr} & x_{cr} \\ \sin\theta_{cr} & \cos\theta_{cr} & y_{cr} \\ 0 & 0 & 1 \end{bmatrix} \tag{4.8}$$

可以得到在参考坐标系下当前位姿 (x_c, y_c, θ_c) 的表达式

$$\theta_c = \theta_{cr} - \theta_{rr}$$
$$x_c = x_l(\cos\beta - \cos\theta_l) + y_l(\sin\beta - \sin\theta_l) + (x_{cr} - x_{rr})\cos\gamma + (y_{cr} - y_{rr})\sin\gamma$$
$$y_c = -x_l(\sin\beta - \sin\theta_l) + y_l(\cos\beta - \cos\theta_l) - (x_{cr} - x_{rr})\sin\gamma + (y_{cr} - y_{rr})\cos\gamma \tag{4.9}$$

其中，$\beta = \theta_l + \theta_{rr} - \theta_{cr}\gamma = \theta_l + \theta_{rr}$。

4. 扫描投影

扫描匹配算法中的最重要的一步就是如何将当前扫描变换至参考扫描坐标系。如图2.11(a)所示，当前扫描在位置 C 处产生，参考扫描发生在位置 R 处。在参考扫描坐标系 R 中，当前扫描的这些点的距离和方向分别为

$$r''_{ci} = \sqrt{(r_{ci}\cos(\theta_c + \varphi_{ci}) + x_c)^2 + (r_{ci}\sin(\theta_c + \varphi_{ci}) + y_c)^2}$$
$$\varphi''_{ci} = a\tan 2(r_{ci}\sin(\theta_c + \varphi_{ci}) + y_c, r_{ci}\cos(\theta_c + \varphi_{ci}) + x_c) \tag{4.10}$$

在图4.11(b)中，垂直虚线表示图4.11(a)中 R 处的激光测距器的取样方向 ϕ_{ri}，PCSM 算法中采用的对应性规则是对点的方向进行匹配，因此在图4.11(b)中参考扫描方向 ϕ_{ri} 上的距离 r''_{ci} 可以通过插值计算，其目的是估计在位姿 R 处激光扫描仪所测量的距离值。

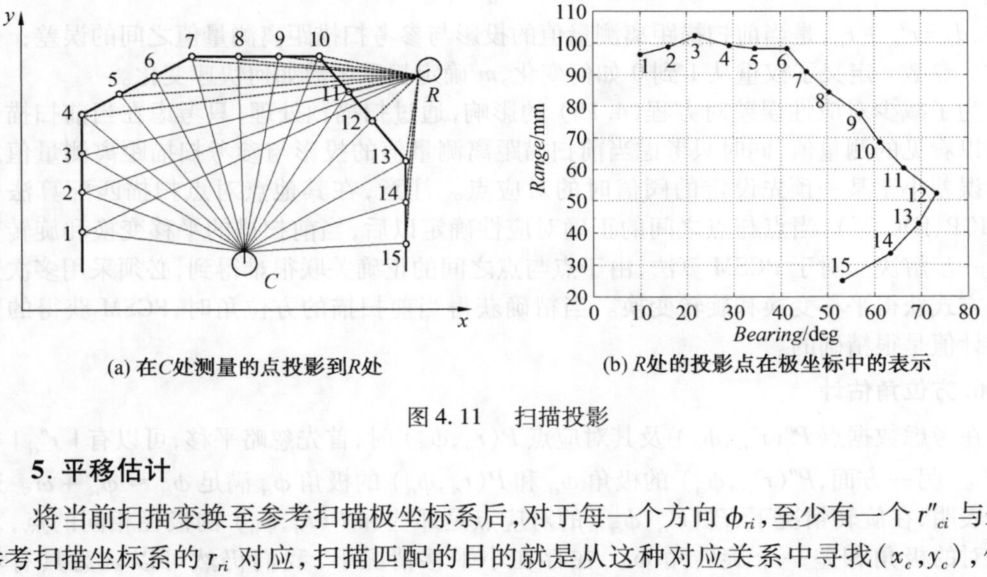

(a) 在C处测量的点投影到R处　　(b) R处的投影点在极坐标中的表示

图4.11　扫描投影

5. 平移估计

将当前扫描变换至参考扫描极坐标系后，对于每一个方向 ϕ_{ri}，至少有一个 r''_{ci} 与来自参考扫描坐标系的 r_{ri} 对应，扫描匹配的目的就是从这种对应关系中寻找(x_c, y_c)，使得 $\sum w_i(r_{ri} - r''_{ci})^2$ 值最小，其中，w_i 是用来减少不好匹配影响的权重因子。为了使加权差平方和最小，使用线性回归理论对式(4.10)进行线性化，即

$$\Delta r_i \approx \frac{\partial r''_{ci}}{\partial x_c}\Delta x_c + \frac{\partial r''_{ci}}{\partial y_c}\Delta y_c = \cos(\phi_{ri})\Delta x_c + \sin(\phi_{ri})\Delta y \tag{4.11}$$

$\dfrac{\partial r''_{ci}}{\partial x_c} = \cos\phi_{ri}$ 是由以下方式推导得到的

$$\frac{\partial r''_{ci}}{\partial x_c} = \frac{1}{2}\frac{2(r_{ci}\cos(\theta_c + \phi_{ci} + x_c))}{\sqrt{(r_{ci}\cos(\theta_c + \phi_{ci}) + x_c)^2 + (r_{ci}\sin(\theta_c + \phi_{ci}) + y_c)^2}} =$$

$$\frac{(r_{ci}\cos(\theta_c+\phi_{ci})+x_c)}{r''_{ci}}=\frac{r''_{ci}\cos\phi_{ci}}{r''_{ci}}=\cos\phi_{ri} \tag{4.12}$$

$\dfrac{\partial r''_{ci}}{\partial y_c}$ 的推导与上式类似。当前扫描距离的投影值与参考扫描距离读数之间的距离差可以表示为

$$(\boldsymbol{r}''_c-\boldsymbol{r}_r)=J\begin{bmatrix}\Delta x_c\\ \Delta y_c\end{bmatrix}+\boldsymbol{\nu},J=\begin{bmatrix}\dfrac{\partial r''_{c1}}{\partial x_c} & \dfrac{\partial r''_{c1}}{\partial y_c}\\ \dfrac{\partial r''_{c2}}{\partial x_c} & \dfrac{\partial r''_{c2}}{\partial y_c}\\ \cdots & \cdots\end{bmatrix} \tag{4.13}$$

其中，$\boldsymbol{\nu}$ 是噪声矢量；$\boldsymbol{r}''_c$，$\boldsymbol{r}_r$ 分别为 r''_{ci}，r_{ri} 的矢量。那么可以通过加权最小二乘法来计算当前扫描的平移偏差 Δx_c，Δy_c，即

$$\begin{bmatrix}\Delta x_c\\ \Delta y_c\end{bmatrix}=(J^{\mathrm{T}}\boldsymbol{W}J)^{-1}J^{\mathrm{T}}\boldsymbol{W}(\boldsymbol{r}''_c-\boldsymbol{r}_r) \tag{4.14}$$

$\boldsymbol{W}$ 是权重对角矩阵，元素 w_i 的计算式为

$$w_i=1-\frac{d_i^m}{d_i^m+c^m} \tag{4.15}$$

其中，$d_i=r''_{ci}-r_{ri}$，是当前扫描距离测量值的投影与参考扫描距离测量值之间的误差；c 是常数。参数 c 定义了权重从 1 到 0 如何变化，m 确定权重函数如何快速变化。

为了减少对应性误差对方程（4.15）的影响，通过扫描预处理，只考虑在当前扫描位置可以看见的测量值，同时只考虑当前扫描距离测量值的投影与参考扫描距离测量值之间的误差小于某一预先设定的阈值时的对应点。注意，在其他点对点扫描匹配算法中（如 ICP、IDC 等），当点与点之间的正确对应性确定以后，当前扫描的平移变换和旋转变换可一步解决。对于 PCSM 算法，由于点与点之间的正确关联很难得到，必须采用多次迭代的方式获得平移变换和旋转变换。当精确获得当前扫描的方位角时，PCSM 获得的平移估计值是很精确的。

6. 方位角估计

在考虑数据点 $P''(r''_{ci},\phi_{ci})$ 及其对应点 $P(r_{ri},\phi_{ri})$ 时，首先忽略平移，可以有 $|r''_{ci}|\approx|r_{ri}|$。另一方面，$P''(r''_{ci},\phi_{ci})$ 的极角 ϕ_{ci} 和 $P(r_{ri},\phi_{ri})$ 的极角 ϕ_{ci} 满足 $\phi_{ci}\approx\phi_{ri}+\omega$。这一切表明，在旋转情况下，$P''(r''_{ci},\phi_{ci})$ 的对应点是那些和 $P(r_{ri},\phi_{ri})$ 的极径相同的点，对应点对的极角相差一个旋转角 ω。在存在小平移情况下，我们仍然可以认为具有和 $P(r_{ri},\phi_{ri})$ 一样极径的点 $P''(r''_{ci},\phi_{ci})$ 是 P 的真正对应点的一个较好的估计点。这种估计对应性可以提供关于旋转角 ω 的丰富信息。为了确保发现唯一可靠的对应点，我们只在靠近 $P''(r''_{ci},\phi_{ci})$ 的局部区域内搜索极径相匹配的点。假设我们可以估计旋转角 ω 的边界为 B_w，例如 $|\omega|\leqslant B_\omega$，那么 $\phi_{ri}=[\phi_{ci}-B_\omega,\phi_{ci}+B_\omega]$。这表明 $P''(r''_{ci},\phi_{ci})$ 应该落在扇区 $\phi_{ri}\pm B_\omega$ 内。因此，我们可以假定在已知当前扫描的正确位置条件下，如果参考扫描和当前扫描都包含相同的静态对象的测量值，当前扫描的正确方位可以通过将当前扫描的投影 (r''_{ci},ϕ_{ri}) 移动直到其覆盖当前扫描为止得到。

对于每一个移动角度，可以计算极径残差的绝对平均值 $e(x_c,y_c)$。通过 5 个最近点

的值拟合抛物线方程，从而求得最小的绝对平均误差，计算出最小误差的横坐标来估计方位修正值，如图 4.12。

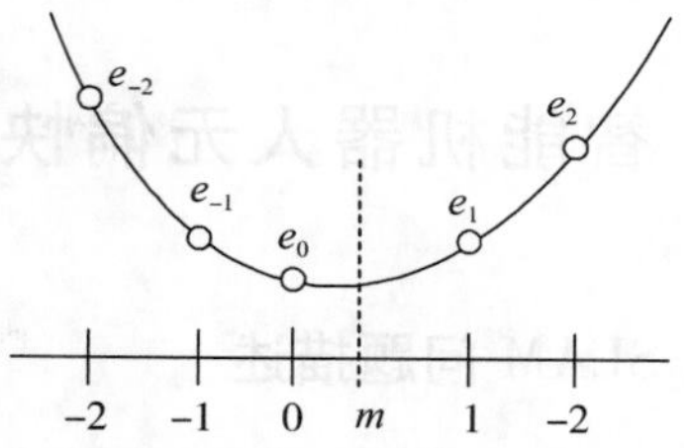

图 4.12　通过插值改进方位角的估计值

最小误差的横坐标计算如下：假定误差函数的 5 个最近点分别为 $(-2, e_{-2})$，$(-1, e_{-1})$，$(0, e_0)$，$(1, e_1)$ 和 $(2, e_2)$，那么可以获得抛物线方程 $e = at^2 + bt + c$ 的最小误差 e_m 的横坐标 m 值。给定一个抛物线的方程，最小值的横坐标为

$$\frac{\partial e}{\partial t} = 0 \Rightarrow 2am + b = 0 \Rightarrow m = -\frac{b}{2a} \tag{4.16}$$

为了获得 a, b 的值，将 5 个已知点带入抛物线方程

$$\begin{bmatrix} a \\ b \\ c \end{bmatrix} = \begin{bmatrix} \frac{1}{7} & -\frac{1}{14} & -\frac{1}{7} & -\frac{1}{14} & \frac{1}{7} \\ -\frac{1}{5} & -\frac{1}{10} & 0 & \frac{1}{10} & \frac{1}{5} \\ -\frac{3}{35} & \frac{12}{35} & \frac{17}{35} & \frac{12}{35} & -\frac{3}{35} \end{bmatrix} \begin{bmatrix} e_{-2} \\ e_{-1} \\ e_0 \\ e_1 \\ e_2 \end{bmatrix} \tag{4.17}$$

最小绝对平均误差的横坐标为

$$m = -\frac{b}{2a} = \frac{14e_{-2} + 7e_{-1} - 7e_1 - 14e_2}{20e_{-2} - 10e_{-1} - 20e_0 - 10e_1 + 20e_2} \tag{4.18}$$

假定在图 4.12 中相对于 0 的正确方位角为 $\Delta\theta_1$，0 和 1 之间的距离为 $\Delta\phi$，那么方位角修正值为

$$\Delta\theta_c = \Delta\theta_1 + m\Delta\phi \tag{4.19}$$

具体的极坐标扫描匹配算法的描述如表 4.6 所示。

表 4.6　极坐标扫描匹配算法

输入：参考扫描数据 S_{ref}；当前扫描数据 S_{cur}；初始变换 q_0；中断阈值 E_{th}

输出：坐标变换 q_{final}

步骤 1：扫描预处理去除激光扫描数据中的噪声

步骤 2：将当前扫描数据投影到参考扫描极坐标系 $S_{\text{curq}} = Transform2Data(S_{\text{cur}}, q)$

步骤 3：利用极坐标方向角匹配规则，搜索对应点，计算极径的残差平方和 $E(x_c, y_c) = \sum_{i=1}^{neff} w_i \left(r_{ri} - r''_{ci}\right)^2$

步骤 4：计算对应点对的权重 $w_i = 1 - \frac{d_i^m}{d_i^m + c^m}$，获得权值对角矩阵 $\boldsymbol{W}$

步骤 5：估计当前扫描位置和参考扫描位置之间平移分量

(a) 计算残差矢量 $e(x_c, y_c)$ 的雅克比矩阵 $\boldsymbol{J}$

(b) 用加权最小二乘法来计算当前扫描的平移偏差 $\Delta x_c, \Delta y_c$

(c) 对机器人的平移变换进行估计 $x_c(k+1) = x_c(k) + \Delta x_c, y_c(k+1) = y_c(k) + \Delta y_c$

步骤 6：估计当前扫描位置和参考扫描位置之间旋转变换分量

步骤 7：重复步骤 2 ~ 6，直到满足迭代中断条件

4.5 智能机器人无偏快速同时定位与地图创建

4.5.1 SLAM 问题描述

SLAM 的基本思想是地图创建与机器人定位是同时进行的，利用已经创建的地图校正基于运动模型的机器人位姿估计误差，提高定位精度，同时根据可靠的机器人位姿，可以创建出精度更高的地图[68][70]。

当机器人穿过一个未知环境时，设 t 时刻机器人位姿 $s_t=[x_t,y_t,\theta_t]^{\mathrm{T}}$，已经观测到的地图为 M，其中，m_k 表示第 k 个路标，K 表示已经观测的路标数，$k_t\in\{1,2,\cdots,N\}$ 表示 t 时刻感知到的路标索引号。系统的完整状态可以表示为 $x_t=[s_{1:t},M]^{\mathrm{T}}$，其中，$s_{1:t}=s_1,s_2,\cdots,s_t$ 表示机器人从 1 到 t 时刻的运动路径，同样，u_{t-1} 表示 $t-1$ 到 t 时刻的运动控制信息，z_t 表示机器人的当前感知信息。SLAM 的图形模式如图 4.13 所示，机器人从位姿 s_0 开始通过控制命令序列 $u_0,u_1,\cdots,u_{t-1}$ 移动，随着机器人的移动，附近的路标被感知到，时刻 $t=1$，感知到路标 m_1，并获得测量数据 z_1（包括距离和方向），时刻 $t=2$，感知到路标 m_2，并在时刻 $t=3$ 重新感知到路标 m_1，现在已经形成的地图为：$M=\{m_1,m_2,m_n\}$。SLAM 的输入信息是路标观测信息 $z_{1:t}$，以及运动控制信息 $u_{0:t-1}$。SLAM 的目的是，根据输入信息估计机器人运动路径 $s_{1:t}$ 以及地图 M。

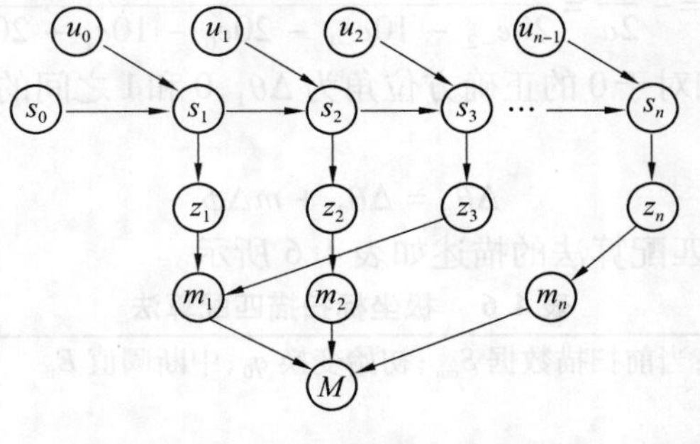

图 4.13 SLAM 问题的图形模式

SLAM 的概率描述形式可以表示为

$$p(s_{1:t},M\mid z_{1:t},u_{0:t},k_{1:t})=p(\mathrm{x}_t\mid z_{1:t},u_{0:t-1},k_{1:t}) \tag{4.20}$$

根据贝叶斯规则，我们可以得到

$$\begin{aligned}&Bel(x_t)=p(x_t\mid z_{1:t},u_{0:t-1},k_{1:t})=\\&\eta p(z_t\mid s_t,m_{k_t},k_t)\int p(s_t\mid s_{t-1},u_{t-1})p(s_{1:t-1},M\mid z_{1:t-1},u_{0:t-2},k_{1:t-1})\,\mathrm{d}s_{1:t-1}=\\&\eta p(z_t\mid s_t,m_{k_t},k_t)\int p(s_t\mid s_{t-1},u_{t-1})Bel(\mathrm{x}_{t-1})\,\mathrm{d}s_{1:t-1}\end{aligned} \tag{4.21}$$

其中，η 是标准化常数。上式根据给定的分布 $p(z_t\mid s_t,m_{k_t},k_t)$ 和 $p(s_t\mid s_{t-1},u_{t-1})$ 可以递归的估计地图和路径的后验概率分布，分别表示机器人的感知模型和运动模型

$$p(z_t\mid s_t,m_{k_t},k_t)=g(s_t,m_{k_t})+\varepsilon_t,\varepsilon_t\sim N(0,R_t) \tag{4.22}$$

$$p(s_t \mid s_{t-1},u_{t-1}) = h(s_{t-1},u_{t-1}) + \delta_t, \delta_t \sim N(0,P_t) \tag{4.23}$$

式(4.21)给出了SLAM问题的迭代形式,是SLAM问题的核心。要实现SLAM,也就是要对该式进行求解。对SLAM来说,很难获得$Bel(x_t)$的解析形式,因此粒子滤波器(Particle Filter,PF)用n个加权的粒子近似$Bel(\mathrm{x}_t)=\{x_t^{(i)},w_t^{(i)}\}_{i=1,\cdots,n}$,但由于系统状态包括的地图中通常有大量的路标,不能采用PF直接进行求解,因此,首先需要对SLAM问题进行分解。由于路标之间的相关性是由机器人的位姿不确定而引起的,如果机器人的位置完全确定,那么路标之间是不相关的,这样式(4.21)根据Rao－Blackwellized粒子滤波器(Rao－Blackwellized Particle filter,RBPF)可以分解为

$$\begin{aligned} p(s_{1:t},M \mid z_{1:t},u_{0:t-1},k_{1:t}) &= p(M \mid s_{1:t},z_{1:t},u_{0:t-1},k_{1:t})p(s_{1:t} \mid z_{1:t},u_{0:t-1},k_{1:t}) = \\ & p(s_{1:t} \mid z_{1:t},u_{0:t-1},k_{1:t})\prod_{k=1}^{K} p(m_k \mid s_{1:t},z_{1:t},k_{1:t}) \end{aligned} \tag{4.24}$$

其中,K表示地图中的路标数,即SLAM可以分解为$K+1$个估计问题,其中一个是估计机器人的路径$s_{1:t}$,其他K个是估计环境中的路标位置。

FastSLAM采用一个包含n个粒子的集合$\Psi_t=\{\chi_t^{(i)} \mid i=1,2,\cdots,n\}$来表示系统状态的后验概率$p(s_{1:t},M \mid z_{1:t},u_{0:t-1},k_{1:t})$,每一个粒子$\chi_t^{(i)}=\{x_t^{(i)},w_t^{(i)}\}$,$i=1,2,\cdots,n$,其中粒子的状态

$$x_t^{(i)} = [s_{1:t}^{(i)},M^{(i)}]^{\mathrm{T}}$$

式中,$s_{1:t}^{(i)}$表示第i个粒子代表的机器人运动路径;$M^{(i)}$表示根据运动路径$s_{1:t}^{(i)}$创建的地图。对于每个粒子来说,它所表示的机器人位姿是完全确定的,因此可以保证式(4.24)能够正确成立。传统的FastSLAM分为以下几步。

1. 机器人新位姿采样

机器人新位姿采样是对$t-1$时刻粒子集中的每个粒子,根据运动模型计算机器人在t时刻的可能位姿

$$s_t^{(i)} \sim p(s_t \mid s_{t-1}^{(i)},u_t) \tag{4.25}$$

其中,$s_t^{(i)}$表示t时刻第i个粒子所表示的机器人位姿。然后,将采样$s_t^{(i)}$加入第i个粒子所表示的机器人的运动路径中,即令

$$s_{1:t}^{(i)} = \{s_{1:t-1}^{(i)},s_t^{(i)}\}$$

2. 计算粒子的权重

由于在进行机器人的位姿预测时,粒子是按照运动模型抽取的,所以粒子的权重为

$$w_t^{(i)} = w_{t-1}^{(i)}\frac{p(z_t \mid s_t^{(i)})p(s_t^{(i)} \mid s_{t-1}^{(i)},u_t)}{p(s_t^{(i)} \mid s_{t-1}^{(i)},u_t)} = w_{t-1}^{(i)}p(z_t \mid s_t^{(i)}) \tag{4.26}$$

然后对粒子的权重进行归一化。

3. 路标位置更新

在FastSLAM中,每个粒子都拥有一个地图。如果地图中包含K个路标,而且每个路标由它的世界坐标的均值与方差进行描述,即路标估计服从高斯分布,那么第i个粒子的状态可以表示为

$$x_t^{(i)} = [s^{t,(i)},\{\mu_{t,1}^{(i)},\Sigma_{t,1}^{(i)}\},\cdots,\{\mu_{t,j}^{(i)},\Sigma_{t,j}^{(i)}\},\cdots,\{\mu_{t,K}^{(i)},\Sigma_{t,K}^{(i)}\}]^{\mathrm{T}} \tag{4.27}$$

其中，$\mu_{t,j}^{(i)}$ 与 $\Sigma_{t,j}^{(i)}$ 分别表示第 i 个地图中路标 j 的世界坐标的均值与方差。路标更新就是根据新观测信息 z_t 重新计算每个路标的世界坐标的均值与方差。路标的更新过程取决于在 t 时刻这个路标是否被机器人看到，如果没有被机器人看到，那么它的位置均值与方差保持不变，即

$$\{\mu_{t,j}^{(i)},\Sigma_{t,j}^{(i)}\}=\{\mu_{t-1,j}^{(i)},\Sigma_{t-1,j}^{(i)}\} \tag{4.28}$$

如果在 t 时刻路标 $m_{tj}^{(i)}=\{\mu_{tj}^{(i)},\Sigma_{tj}^{(i)}\}$ 被机器人看到，那么有

$$p(m_{tj}^{(i)}\mid s^{t,(i)},z^{t,(i)})=\eta p(z_t\mid s_t^{(i)},m_{tj}^{(i)})p(m_{tj}^{(i)}\mid s^{t-1,(i)},z^{t-1,(i)}) \tag{4.29}$$

因为概率 $p(m_{tj}^{(i)}\mid s^{t-1,(i)},z^{t-1,(i)})$ 在 $t-1$ 时刻服从高斯分布 $\{\mu_{(t-1)j}^{(i)},\Sigma_{(t-1)j}^{(i)}\}$，因此在 t 时刻的估计应该也是高斯的，FastSLAM 线性化感知模型为 $p(z_t\mid s_t^{(i)},m_{tj}^{(i)})$，并且一阶泰勒扩展(Taylor Expansion)近似感知函数 g，即

$$\begin{aligned}g(m_{tj}^{(i)},s_t^{(i)})&\approx\underbrace{g(\mu_{tj}^{(i)},s_t^{(i)})}_{\hat z_t^{(i)}}+\underbrace{g'(\mu_{(t-1)j}^{(i)},s_t^{(i)})}_{G_t^{(i)}}(m_{tj}^{(i)}-\mu_{(t-1)j}^{(i)})=\\&\hat z_t^{(i)}+G_t^{(i)}(m_{tj}^{(i)}-\mu_{(t-1)j}^{(i)})\end{aligned} \tag{4.30}$$

根据该近似，路标位置的后验估计服从高斯分布，则按照标准 EKF 的测量更新获得新的均值和方差为

$$\begin{aligned}K_t^{(i)}&=\Sigma_{(t-1)j}^{(i)}G_t^{(i)}(^{\mathrm T}+R_t)-1\\\mu_{tj}^{(i)}&=\mu_{(t-1)j}^{(i)}+K_t^{(i)}(^{z}_{t}-\hat z_t)T,\Sigma_{tj}^{(i)}=(I-K_t^{(i)}G_t^{(i)\mathrm T})\Sigma_{(t-1)j}^{(i)}\end{aligned} \tag{4.31}$$

4. 重新采样

对粒子权重进行归一化后，根据粒子的权重，对粒子进行重新采样，即权重小的粒子被忽略掉，权重大的粒子被复制，并保证粒子数不变。

4.5.2　FastSLAM 存在的问题

FastSLAM 粒子滤波器中的新位置粒子是从提议分布 - 运动模型 $p(s_t\mid s^{t-1},u^{t-1})$ 中抽取的。如果提议分布和实际的后验分布的形状相似，那么根据提议分布抽取的粒子在利用权重函数进行补偿后能够很好地表示后验分布。但是由于提议分布没有考虑当前的感知信息，如果后验分布位于提议分布尾部较窄的一块区域内，则在权重函数取值较大区域对应的采样很少，如图 4.14 所示。此时采样所表示的概率分布与实际的后验分布存在很大的差别，从而导致粒子滤波器的发散，这就是粒子滤波器的损耗问题。

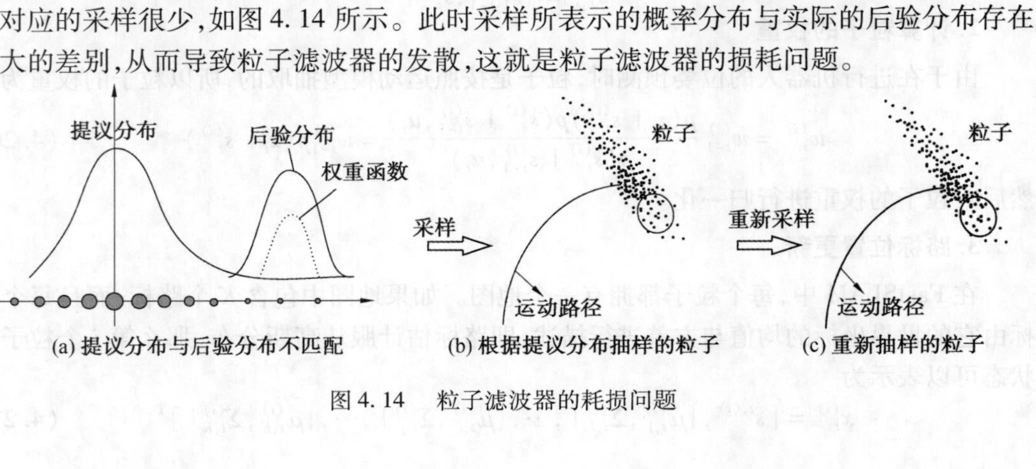

(a) 提议分布与后验分布不匹配　(b) 根据提议分布抽样的粒子　(c) 重新抽样的粒子

图 4.14　粒子滤波器的耗损问题

粒子滤波器的另一个问题是早熟问题(Premature Problem),也称为退化问题(Degeneracy Problem),即在经过若干次迭代之后,大多数的粒子权重都趋于零,从而只有少数的粒子真正对系统状态的估计起作用。虽然通过重新采样可以在一定程度上避免这种现象,但是由于权重大的粒子会被多次复制,权重小的粒子会被忽略,因此有可能忽略掉好粒子,并且粒子会集中在某一个较小的区域。如果机器人在自相似的环境中进行全局定位,则需要同时对多个机器人位姿假设进行长时间的跟踪,而早熟现象将会导致错误定位。

针对粒子滤波器存在的缺陷,一些研究者提出了改进的方法。为了使粒子能够更好地表示系统的后验分布,Thrun[227] 等人提出了混合形式的提议分布。按照这种提议分布抽取的粒子能更好地表示系统的后验分布,但是这种方法使采样阶段的计算量大大增加。为了减少粒子滤波的计算量,Fox[228] 提出了自适应粒子滤波器,这种新型的粒子滤波器能够根据系统状态的不确定性自适应地调整采样数的多少,但是这种滤波器更容易产生早熟现象。为了防止粒子滤波器的早熟现象,Milstein[229] 等人提出了基于聚类的粒子滤波器,这种滤波器将采样分成不同的类,并通过保持各个类的采样数不变而防止采样聚于某个局部区域,但是这种方法失去了粒子滤波器将主要的计算量集中于系统状态最有可能的区域的优点。

本章设计了一种新的提议分布,并融合当前的感知信息,通过无偏变换(Unscented Transform,UT)对提议分布采样粒子[218],使粒子向后验分布的高概率区域移动。因此,粒子的分布能很好地近似后验分布,并且在路标更新时采用无偏卡尔曼滤波器(Unscented Kalman Filter,UKF)实现,对于非线性、非高斯分布的情况,避免了由于扩展的卡尔曼滤波器(Extended Kalman Filter,EKF)对非线性方程线性化引起的问题,而UKF采用一组精心选择的加权采样点(Sigma点)来表达系统的统计特性。这些采样根据真正的非线性方程进化而无需将其线性化,无论在理论上还是在实际应用中,它都优于EKF。基于UKF本节提出了一种新的无偏快速同时定位和地图创建(Unscented FastSLAM,UFastSLAM)方法,与经典FastSLAM相比,它有如下优点:(1)将当前感知信息融合到提议分布中,使从提议分布抽取的粒子能更好地近似后验分布,一定程度解决了粒子滤波器的损耗问题。(2)采用更为准确的非线性模型,而无需将非线性方程线性化,通过选择的采样点可以实现对多目标和多假设的跟踪,而卡尔曼滤波器中只有单一假设,扩展卡尔曼滤波需要对非线性方程线性化。(3)能够更准确地估计系统状态的均值和协方差,精度可以达到二阶泰勒扩展。(4)比传统方法鲁棒性更强,效率更高。

4.5.3　无偏变换

无偏变换(UT)是计算进行非线性变换的随机变量统计特性的一种新方法,它建立在这样一种思想之上:近似一个高斯分布比近似一个随机的非线性函数变换要容易得多,假设 n_x 维随机变量 x 的均值为 $\bar{x}$,协方差为 P_{xx},随机变量 y 是 x 的非线性函数,$y=g(x)$。

为了估计随机变量 y 的均值 $\bar{y}$ 和协方差 P_{yy},UT根据一种特定的、确定性的算法选择一组随机采样 x_i,这组随机采样 x_i 的均值和协方差是 $\bar{x}$ 和 P_{xx}。将非线性变换 $g(\cdot)$ 作用于每一个采样,得到变换后的一组采样 y_i,这组采样很好地表征了随机变量 y 的统计特性,具体的变换步骤如下所示。

（1）根据下列方程计算一组随机采样点 $\Sigma_i = \{\chi_i, w_i\}$

$$
\begin{aligned}
&\chi_0 = \bar{x}, && w_0 = \kappa/(n_x + \kappa), i = 0 \\
&\chi_i = \bar{x} + \left(\sqrt{(n_x + \kappa)P_{xx}}\right)_i, && w_i = 1/2(n_x + \kappa), i = 1, \cdots, n_x \\
&\chi_i = \bar{x} - \left(\sqrt{(n_x + \kappa)P_{xx}}\right)_i, && w_i = 1/2(n_x + \kappa), i = n_x + 1, \cdots, 2n_x
\end{aligned}
\tag{4.32}
$$

其中，κ 是尺度参数，并且 $\left(\sqrt{(n_x + \kappa)P_{xx}}\right)_i$ 是 $(n_x + \kappa)P_{xx}$ 平方根矩阵的第 i 列；w_i 是第 i 个采样点 χ_i 对应的权重，满足

$$\sum_{i=0}^{2n_x} w_i = 1$$

（2）根据非线性函数 $g(\cdot)$ 计算随机变量 y 的采样 y_i

$$y_i = g(\chi_i) \quad i = 0, \cdots, 2n_x \tag{4.33}$$

（3）计算随机变量 y 的均值 $\bar{y}$ 和协方差 P_{yy}

$$\bar{y} = \sum_{i=0}^{2n_x} w_i y_i, P_{yy} = \sum_{i=0}^{2n_x} w_i (y_i - \bar{y})(y_i - \bar{y})^{\mathrm{T}} \tag{4.34}$$

对任何非线性函数 $g(\cdot)$，无偏变换可以将以上均值和协方差的估计准确到泰勒扩展的二阶，而不需要将非线性方程线性化，产生的误差可以通过尺度参数 κ 控制。与 EKF 的比较，如图 4.15 所示，考虑了三种方法：左边的是蒙特卡罗方法，从高斯先验分布提取 5 000 个采样，经过随机非线性变换后，近似后验分布；中间的是 EKF 方法，通过对非线性函数的线性化近似后验随机变量的分布，显然近似的后验均值和方差误差很大；右边介绍的 UT 仅用 5 个 Sigma 点就能很好地近似后验。更详细的讨论请见参考文献[218]。

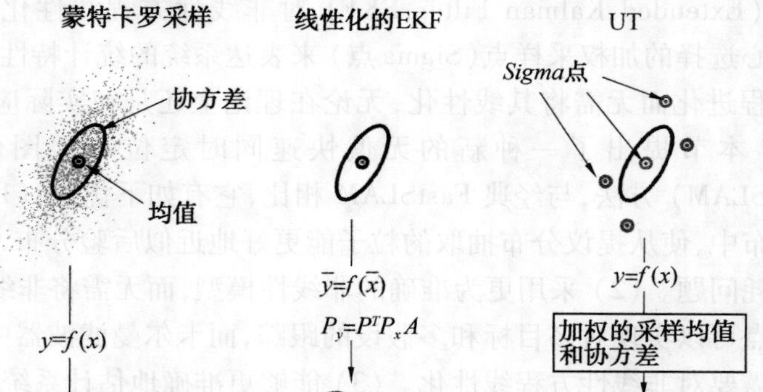

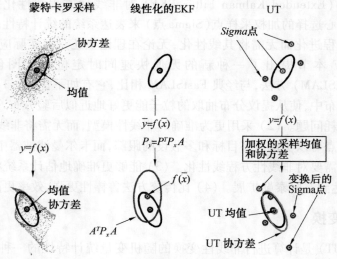

图 4.15 UT 示意图

4.5.4 无偏快速同时定位与地图创建算法

正如 4.5.3 所介绍的 UT 在解决非线性非高斯问题时有如此优势，而在室内环境创建地图时，由于环境的复杂性，环境感知函数是非线性的，因此经典算法中 EKF 的线性近似

可能产生较大的误差,因此本章将UT引入到FastSLAM中,并通过对激光原始数据点的扫描匹配方法,对机器人的位姿的后验分布进行了可靠近似,克服了传统粒子方法的损耗问题,并且通过有效的自适应重新采样,大大减少了粒子数,仅需要很少的粒子就能很好地近似后验分布。除此之外,本章基于扫描匹配方法,以激光位姿作为路标,并在地图中存储与路标相关的激光数据,提出了一种新的路标创建和更新方法,使生成的地图可靠有效。

1. 基于UT和扫描匹配采样新位姿

首先将当前的感知信息 z_t 加入到传统提议分布中 $p(s_t \mid s_{1:t-1}^{(i)}, u_{1:t-1}, z_t)$,使从先验分布采样的粒子向后验高概率区域移动,如图4.16所示,传统逼近该概率的方法是用EKF产生的高斯近似

$$p(s_t \mid s_{1:t-1}^{(i)}, u_{1:t-1}, z_t) \sim N(s_t, \bar{s}_t, P_{s_t}) \quad (4.35)$$

EKF通过关于非线性感知函数 $z_t = g(M, s_t)$ 在均值 $\bar{s}_t$ 的一阶泰勒扩展来近似

$$z_t = g(M, s_t) \sim g(M, \bar{s}_t) + \Delta_{s_t} g'(M, \bar{s}_t) \quad (4.36)$$

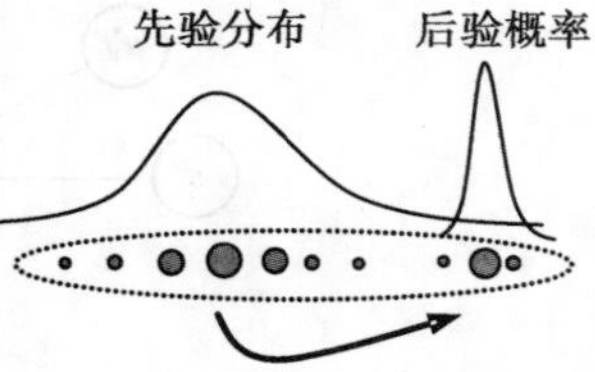

图4.16　粒子向高概率区域移动

则感知变量 z_t 的均值和方差分别为

$$\bar{z}_t = g(M, \bar{s}_t), P_{z_t} = g'(M, \bar{s}_t)^{\mathrm{T}} P_{s_t} g'(M, \bar{s}_t) \quad (4.37)$$

而本章应用UT计算感知变量 z_t 的均值 $\bar{z}_t$ 和方差 P_{z_t},精度可以达到二阶泰勒扩展,设 L 是 s_t 的维数,主要分为以下几步:

(1) 产生 $2L+1$ 个sigma点 $\Sigma_i = \{\chi_i, w_i\}$:

$$\begin{aligned}
&\chi_0 = \bar{s}_t, \chi_i = \bar{s}_t + (\sqrt{(L+\lambda)P_{s_t}})_i, i = 1, \cdots, L \\
&\chi_i = \bar{s}_t - (\sqrt{(L+\lambda)P_{s_t}})_i, i = L+1, \cdots, 2L \\
&w_0^m = \lambda/(L+\lambda), w_0^c = w_0^m + (1 - \alpha^2 + \beta) \\
&w_i^m = w_i^c = 1/2(L+\lambda), \lambda = \alpha^2(L+\gamma) - L, i = 1, \cdots, 2L
\end{aligned} \quad (4.38)$$

其中,γ 是一个尺度参数,并且控制sigma点跟均值 s_t 之间的距离;α 是一个正定的尺度参数,控制由非线性函数 $g(\cdot)$ 产生的高阶影响;β 是一个控制第0个sigma点权重的参数。$\alpha=0, \beta=0$ 和 $\gamma=2$ 是通常采用的最优值。值得注意的是第0个sigma点的权重在计算均值和协方差时是不同的,分别为 w_0^m 和 w_0^c。

(2) 根据非线性函数 $g(\cdot)$ 计算随机变量 y 的采样 y_i 为

$$y_i = g(\chi_i), i = 0, 2, \cdots, 2L \quad (4.39)$$

(3) 计算随机变量 y 的均值 $\bar{y}$ 和协方差 P_{yy} 为

$$\bar{y} = \sum_{i=0}^{2L} w_i^m y_i, P_{yy} = \sum_{i=0}^{2L} w_i^c (y_i - \bar{y})(y_i - \bar{y})^{\mathrm{T}} \quad (4.40)$$

接下来可以根据UT算法,通过从吸收当前感知 z_t 的提议分布 $p(s_t \mid s_{t-1}^{(i)}, u_{t-1}, z_t)$ 中采样新位姿 $s_t^{(i)}$ 来扩展机器人路径 $s_{1:t}^{(i)}$:

(1) 对先验随机变量 s_{t-1} 的第 i 个位姿估计 $s_{t-1}^{(i)}$,根据式(4.38)计算 $2L+1$ 个sigma点

$\{\chi_{t-1}^{(i),(j)}, w_{t-1}^{(i),(j)}\}$（$i = 1,2,\cdots,N$ 是粒子数，$j = 1,3,\cdots,2L+1$ 是 sigma 点数）。

（2）应用运动模型预测。模型输入信息分为两类：基于里程计读数和基于扫描匹配结果，由于里程计读数平移 $d'^{(i)}_t$ 和偏转 $\alpha'^{(i)}_t$ 在小距离范围内是较为可靠的，此时运动模型 $p(s_t^{(i)} \mid s_{t-1}^{(i)}, u_{t-1}^{(i)})$ 的输入信息 $u_{t-1}^{(i)} = \{d'^{(i)}_{t-1}, \alpha'^{(i)}_{t-1}\}$，但随着距离的加长，里程计读数的误差累计也越大。本章采用激光扫描匹配方法进行修正，其中扫描匹配每 k 步计算一次，根据前 $k-1$ 步的感知数据和最近的 k 次里程计读数估计机器人相对前一时刻的平移 $d''^{(i)}_t$ 和偏转 $\alpha''^{(i)}_t$。如图 4.17 所示，运动模型输入信息 $u_{t-1}^{(i)} = \{d''^{(i)}_{t-1}, \alpha''^{(i)}_{t-1}\}$，则基于运动模型的预测为

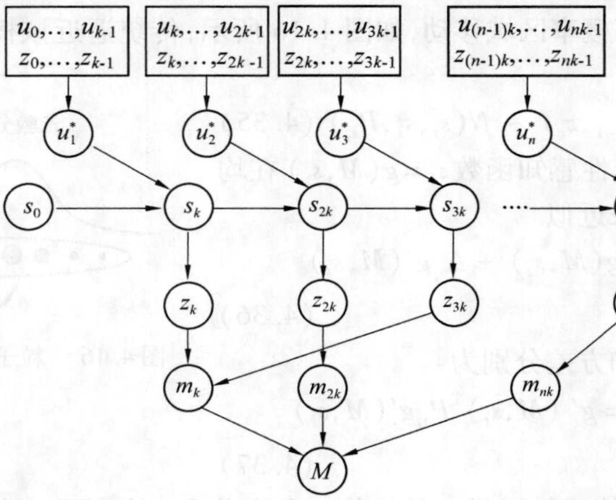

图 4.17 UFastSLAM 问题的图形模式

$$\chi_{t|t-1}^{*,(i),(j)} = f(\chi_{t-1}^{(i),(j)}, u_{t-1}^{(i)}),\ \bar{s}_{t|t-1}^{(i)} = \sum_{j=0}^{2L} w_j^{m,(i)} \chi_{t|t-1}^{*,(i),(j)},$$
$$P_{t|t-1}^{(i)} = \sum_{j=0}^{2L} w_j^{c,(i)} [\chi_{t|t-1}^{*,(i),(j)} - \bar{s}_{t|t-1}^{(i)}][\chi_{t|t-1}^{*,(i),(j)} - \bar{s}_{t|t-1}^{(i)}]^{\mathrm{T}} \tag{4.41}$$

其中，机器人的运动模型 $p(s_t^{(i)} \mid s_{t-1}^{(i)}, u_{t-1}^{(i)})$ 用 $f(s_{t-1}^{(i)}, u_{t-1}^{(i)})$ 表示；$\chi_{t-1}^{(i),(j)} = [x_{t-1}^{(i),(j)}, y_{t-1}^{(i),(j)}, \theta_{t-1}^{(i),(j)}]^{\mathrm{T}}$ 表示在 $t-1$ 时刻第 i 个粒子第 j 个 sigma 点的机器人位姿。运动模型描述了机器人在 $t-1$ 时刻的位姿为 $s_{t-1}^{(i)}$，在输入信息为 $u_t^{(i)}$ 的条件下，在 t 时刻机器人的位姿的概率分布。通常采用的运动模型为

$$x_t = x_{t-1} + d_t\cos(\theta_{t-1} + \alpha_t),\ y_t = y_{t-1} + d_t\sin(\theta_{t-1} + \alpha_t)$$
$$\theta_t = \theta_{t-1} + \mathrm{mod}(\alpha_t, 2\pi) \tag{4.42}$$

（3）吸收当前感知信息 z_t，即

$$Z_{t|t-1}^{*,(i),(j)} = g(\chi_{t|t-1}^{*,(i),(j)}, M),\quad \bar{z}_{t|t-1}^{(i)} = \sum_{j=0}^{2L} w_j^{m,(i)} Z_{t|t-1}^{*,(i),(j)}$$
$$P_{z_t z_t}^{(i)} = \sum_{j=0}^{2L} w_j^{c,(i)} [Z_{t|t-1}^{*,(i),(j)} - \bar{z}_{t|t-1}^{(i)}][Z_{t|t-1}^{*,(i),(j)} - \bar{z}_{t|t-1}^{(i)}]^{\mathrm{T}} \tag{4.43}$$
$$P_{s_t z_t}^{(i)} = \sum_{j=0}^{2L} w_j^{c,(i)} [\chi_{t|t-1}^{*,(i),(j)} - \bar{s}_{t|t-1}^{(i)}][Z_{t|t-1}^{*,(i),(j)} - \bar{z}_{t|t-1}^{(i)}]^{\mathrm{T}}$$
$$\bar{s}_t^{(i)} = \bar{s}_{t|t-1}^{(i)} + K_t^{(i)}(z_t^{(i)} - z_{t|t-1}^{(i)}),\ K_t^{(i)} = P_{s_t z_t}^{(i)}(P_{z_t z_t}^{(i)})^{-1},\ P_t^{(i)} = [P_{t|t-1}^{(i)} - K_t^{(i)} P_{z_t z_t}^{(i)} K_t^{(i)}]^{\mathrm{T}}$$

（4）采样机器人新位姿 $s_t^{(i)}$，并且扩展机器人路径 $s_{1:t}^{(i)}$

$$s_t^{(i)} \sim p(s_t \mid s_{1:t-1}^{(i)}, u_{1:t-1}, z_t) = N(s_t; s_t^{(i)}, P_t^{(i)})$$
$$s_{1:t}^{(i)} = (s_{1:t-1}^{(i)}, s_t^{(i)}) \tag{4.44}$$

2. 更新路标

由于采用包含环境丰富信息的激光原始数据,因此本章把激光的扫描位置作为路标,而不是传统采用的特征位置,在存储更新路标的同时,对激光扫描位置对应的扫描数据也存储到地图中。一旦机器人运动到离最近的路标的距离超过一定范围(如 80 cm),则创建一个新的路标,如果机器人运动的距离较短(如 30 cm 并且旋转角度小于 15°),则不更新路标,因为在短距离时,里程计的读数比扫描匹配的结果更可靠。

在进行路标更新时,即实现对第 i 个粒子第 k_t 个路标 $m_{k_t,t-1}^{(i)} = \{\mu_{k_t,t-1}^{(i)}, \Sigma_{k_t,t-1}^{(i)}\}$ 的后验估计,更新后的值 $\{\mu_{k_t,t}^{(i)}, \Sigma_{k_t,t}^{(i)}\}$ 与新的机器人采样位姿 $s_t^{(i)}$ 一起加入到临时的粒子集 $\hat{s}_t$ 中,路标 k_t 的更新取决于它在时刻 t 是否被感知到,即 t 时刻获得的激光扫描数据是否与地图库中该路标 k_t 相关的扫描数据匹配成功,如果没有被感知,则位姿保持不变;如果匹配成功,则进行更新,更新如下

$$p(m_{k_t,t}^{(i)} \mid z_t^{(i)}, s_t^{(i)}, k_t) = \frac{p(z_t^{(i)} \mid m_{k_t,t}^{(i)}, s_t^{(i)}, z_{1:t-1}^{(i)}, k_t)\, p(m_{k_t,t}^{(i)} \mid s_t^{(i)}, z_{1:t-1}^{(i)}, k_t)}{p(z_t^{(i)} \mid s_t^{(i)}, z_{1:t-1}^{(i)}, k_t)} = \eta\, \underbrace{p(z_t^{(i)} \mid m_{k_t,t}^{(i)}, s_t^{(i)}, z_{1:t-1}^{(i)}, k_t)}_{\sim N(z_t; g(m_{k_t,t}^{(i)}, s_t^{(i)}), R_t)}\, \underbrace{p(m_{k_t,t}^{(i)} \mid s_t^{(i)}, z_{1:t-1}^{(i)}, k_t)}_{\sim N(m_{k_t,t}^{(i)}; \mu_{k_t,t-1}^{(i)}, \Sigma_{k_t,t-1}^{(i)})} \tag{4.45}$$

其中,$t-1$ 时刻的概率 $p(m_{k_t,t-1}^{(i)} \mid z_{t-1}^{(i)}, s_{t-1}^{(i)}, k_t)$ 表示为高斯分布 $N(\mu_{k_t,t-1}^{(i)}, \Sigma_{k_t,t-1}^{(i)})$,对于 t 时刻的新估计也是高斯的,需要产生对感知模型的高斯近似,我们应用 UT 方法对非线性感知函数 $g(m_{k_t,t}^{(i)}, s_t^{(i)})$ 进行近似。

(1) 产生 $2L+1$ 个 sigma 点 $(\xi_{k_t,t-1}^{(i),(j)}, w_{k_t,t-1}^{(i),(j)})$, $j = 0, 2, \cdots, 2L$

$$\begin{aligned}
&\xi_{k_t,t-1}^{(i),(0)} = \mu_{k_t,t-1}^{(i)}, \xi_{k_t,t-1}^{(i),(j)} = \mu_{k_t,t-1}^{(i)} + (\sqrt{(L+\lambda)\Sigma_{k_t,t-1}^{(i)}})_j, j = 1, \cdots, L \\
&\xi_{k_t,t-1}^{(i),(j)} = \mu_{k_t,t-1}^{(i)} - (\sqrt{(L+\lambda)\Sigma_{k_t,t-1}^{(i)}})_j, j = L+1, \cdots, 2L \\
&w'^{(i),(0)}_{k_t,t-1} = \lambda/(L+\lambda), w''^{(i),(0)}_{k_t,t-1} = w'^{(i),(0)}_{k_t,t-1} + (1 - \alpha^2 + \beta) \\
&w'^{(i),(j)}_{k_t,t-1} = w''^{(i),(j)}_{k_t,t-1} = 1/2(L+\lambda), \lambda = \alpha^2(L+\gamma) - L, j = 1, \cdots, 2L
\end{aligned} \tag{4.46}$$

(2) 应用感知模型计算感知的均值和协方差

$$\begin{aligned}
&z_{k_t,t}^{(i),(j)} = g(\xi_{k_t,t-1}^{(i),(j)}, s_t^{(i)}), \bar{z}_{k_t,t}^{(i)} = \sum_{j=0}^{2L} w'^{(i),(j)}_{k_t,t-1} z_{k_t,t}^{(i),(j)} \\
&Q_{k_t,t}^{(i)} = \sum_{j=0}^{2L} w''^{(i),(j)}_{k_t,t-1} [z_{k_t,t}^{(i)} - \bar{z}_{k_t,t}^{(i)}][z_{k_t,t}^{(i)} - \bar{z}_{k_t,t}^{(i)}]^{\mathrm{T}}
\end{aligned} \tag{4.47}$$

(3) 根据该近似,路标 $m_{k_t,t}^{(i)}$ 的位姿后验是高斯分布的,路标的均值和方差按照如下更新规则更新

$$\begin{aligned}
&\mu_{k_t,t}^{(i)} = \mu_{k_t,t-1}^{(i)} + K_t^{(i)}(z_t - \hat{z}_t)T, \Sigma_{k_t,t}^{(i)} = (I - K_t^{(i)} Q_{k_t,t}^{(i)\mathrm{T}})\Sigma_{k_t,t-1}^{(i)} \\
&K_t^{(i)} = \Sigma_{k_t,t-1}^{(i)} Q_{k_t,t}^{(i)} (Q_{k_t,t}^{(i)\mathrm{T}} \Sigma_{k_t,t-1}^{(i)} Q_{k_t,t}^{(i)} + R_t) - 1
\end{aligned} \tag{4.48}$$

3. 粒子权重计算

从提议分布抽样的粒子可能并不很好地近似后验分布,它们之间的差别需要通过一种评价来衡量,因此权重系数定义为

$$w_t^{(i)} = \text{target distribution}/\text{proposal distribution} \tag{4.49}$$

其中的目标分布就是抽样的粒子要近似的机器人路径后验分布$p(s_{1:t}^{(i)} \mid z_{1:t}, u_{1:t-1}, n_{1:t})$，假设前一时刻路径 $s_{1:t-1}^{(i)}$ 按照后验分布 $p(s_{1:t-1}^{(i)} \mid z_{1:t-1}, u_{1:t-2}, n_{1:t-1})$ 产生，则粒子的权重按如下推导计算

$$
\begin{aligned}
w_t^{(i)} &= \frac{p(s_{1:t}^{(i)} \mid z_{1:t}, u_{1:t-1}, k_{1:t})}{p(s_{1:t-1}^{(i)} \mid z_{1:t-1}, u_{1:t-2}, k_{1:t-1})\, p(s_t^{(i)} \mid s_{1:t-1}^{(i)}, u_{1:t-1}, z_{1:t}, k_{1:t})} = \\
&\frac{p(s_t^{(i)} \mid s_{1:t-1}^{(i)}, z_{1:t}, u_{1:t-1}, k_{1:t})\, p(s_{1:t-1}^{(i)} \mid z_{1:t}, u_{1:t-1}, k_{1:t})}{p(s_{1:t-1}^{(i)} \mid z_{1:t-1}, u_{1:t-2}, k_{1:t-1})\, p(s_t^{(i)} \mid s_{1:t-1}^{(i)}, u_{1:t-1}, z_{1:t}, k_{1:t})} = \\
&\frac{p(s_{1:t-1}^{(i)} \mid z_{1:t}, u_{1:t-1}, k_{1:t})}{p(s_{1:t-1}^{(i)} \mid z_{1:t-1}, u_{1:t-2}, k_{1:t-1})} \overset{\text{Bayes}}{=\!=\!=} \\
&\frac{p(z_t \mid s_{1:t-1}^{(i)}, z_{1:t-1}, u_{1:t-1}, k_{1:t})\, p(s_{1:t-1}^{(i)} \mid z_{1:t-1}, u_{1:t-1}, k_{1:t})}{p(s_{1:t-1}^{(i)} \mid z_{1:t-1}, u_{1:t-2}, k_{1:t-1})\, p(z_t \mid z_{1:t-1}, u_{1:t-1}, k_{1:t})} \overset{\text{Markov}}{=\!=\!=} \\
&\eta \frac{p(z_t \mid s_{1:t-1}^{(i)}, z_{1:t-1}, u_{1:t-1}, k_{1:t})\, p(s_{1:t-1}^{(i)} \mid z_{1:t-1}, u_{1:t-2}, k_{1:t-1})}{p(s_{1:t-1}^{(i)} \mid z_{1:t-1}, u_{1:t-2}, k_{1:t-1})} = \\
&\eta p(z_t \mid s_{1:t-1}^{(i)}, z_{1:t-1}, u_{1:t-1}, k_{1:t}) = \\
&\eta \int p(z_t \mid s_t, s_{1:t-1}^{(i)}, z_{1:t-1}, u_{1:t-1}, k_{1:t})\, p(s_t \mid s_{1:t-1}^{(i)}, z_{1:t-1}, u_{1:t-1}, k_{1:t})\, \mathrm{d}s_t \overset{\text{Markov}}{=\!=\!=} \\
&\eta \int p(z_t \mid s_t, s_{1:t-1}^{(i)}, z_{1:t-1}, u_{1:t-1}, k_{1:t})\, p(s_t \mid s_{1:t-1}^{(i)}, z_{t-1}, u_{t-1})\, \mathrm{d}s_t = \\
&\eta \iint p(z_t \mid m_{k_t}, s_t, s_{1:t-1}^{(i)}, z_{1:t-1}, u_{1:t-1}, k_{1:t})\, p(m_{k_t} \mid s_t, s_{1:t-1}^{(i)}, z_{1:t-1}, u_{1:t-1}, k_{1:t}) \times \\
&dm_{k_t} p(s_t \mid s_{1:t-1}^{(i)}, z_{t-1}, u_{t-1})\, \mathrm{d}s_t \overset{\text{Markov}}{=\!=\!=} \\
&\eta \iint \underbrace{p(z_t \mid m_{k_t}, s_t, k_t)}_{\sim N(z_t, g(m_{k_t}, s_t), R_t)} \underbrace{p(m_{k_t} \mid s_{1:t-1}^{(i)}, z_{1:t-1}, u_{1:t-2}, k_{1:t-1})}_{\sim N(m_{k_t}, \mu_{k_t,t-1}^{(i)}, \Sigma_{k_t,t-1}^{(i)})} \mathrm{d}m_{k_t} \underbrace{p(s_t \mid s_{1:t-1}^{(i)}, z_{t-1}, u_{t-1})}_{\sim N(s_t, \bar{s}_{t-1}^{(i)}, P_t)} \mathrm{d}s_t
\end{aligned}
\tag{4.50}
$$

上式可以通过对非线性感知函数 g 在感知 z_t 的线性近似获得，而本章通过 UT 直接获得均值 $\bar{z}_t^{(i)}$ 和方差 Q_t(式 4.47)，则第 i 个粒子的权重近似为

$$
\begin{aligned}
w_t^{(i)} &= | 2\pi L_t^{(i)} |^{-\frac{1}{2}} \exp\{-\frac{1}{2}({}^{z}_{t} - \hat{z}_t) T L_t^{(i)-1} (z_t - \bar{z}_t^{(i)})\} \\
L_t^{(i)} &= Q_t P_t Q_t^{\mathrm{T}} + Q_t \Sigma_{k_t,t-1}^{(i)} Q_t^{\mathrm{T}} + R_t
\end{aligned}
\tag{4.51}
$$

4. 自适应重新采样

重新采样可以对粒子滤波器的性能产生很大影响：不仅低权重粒子会被高权重粒子所代替，同时只允许有限必要的粒子近似后验。因此，当提议分布与后验分布相差较大时，重新采样非常重要，但是重新采样时也可能会忽略粒子集中某些权重较高的粒子，最坏时能导致滤波器发散。为此，我们定义一个有效值 N_{eff}，根据该有效值自适应重新采样

$$N_{\text{eff}} = 1/\sum_{i=1}^{n} (w^{(i)})^2 \tag{4.52}$$

表示当前粒子集近似后验的好坏，以决定是否进行重新采样。如果 $N_{\text{eff}} \leqslant n/2$（$n$ 是粒子

总数)，就进行重新采样，否则不进行。

4.6　仿真与实验结果

4.6.1　激光极坐标扫描匹配实验结果

本节通过应用 SICK LMS200 激光扫描仪在室内环境中(图 4.18)测量的实际数据对 PCSM 算法的收敛性、位姿误差进行分析，并与传统的 ICP 算法进行了比较，证明了 PCSM 算法的有效性和鲁棒性。

图 4.18　实际实验环境

在每一个场景中，让机器人在该环境中移动，并分别记录激光扫描数据，第一帧扫描数据为参考数据，初始机器人坐标为参考坐标，然后从后续激光扫描数据中提取扫描数据作为当前帧，如图 4.19(a) 所示。同时，分别应用本章的 ICP 和 PCSM 算法与参考数据匹配，匹配结果分别如图 4.19(b) 和 4.19(c) 所示，具体的性能比较如表 4.7 所示。

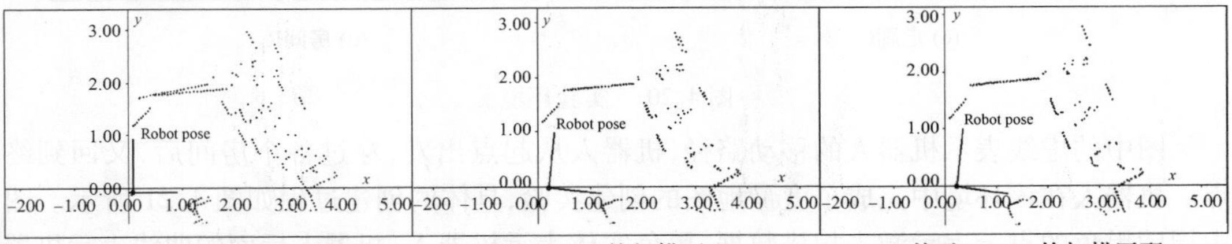

(a) 匹配前的扫描数据　(b) 基于 ICP 的扫描匹配　(c) 基于 PCSM 的扫描匹配

图 4.19　实际实验环境扫描

表 4.7　扫描匹配结果

	Time/ms	$\|\Delta x\|$ /cm	$\|\Delta y\|$ /cm	$\|\Delta\theta\|$ /(°)
PCSM	11.8	1.01	1.156	0.397
ICP	19	2.926	3.657	1.411

4.6.2　智能机器人无偏快速同时定位与地图创建的实验结果

我们选用 ActiveMedia 公司的 Pioneer3 - DX 室内智能移动机器人，机器人配置的传感器有里程计、碰撞传感器、激光测距器、声纳传感器和 CCD 摄像头。里程计可以估计机器人的平移距离和旋转角度，但容易受机器人轮子打滑的影响。机器人的实验创建地图环境是室内办公室环境，房间通过门、走廊等连接，地面是平整的大理石地面，机器人可以自由移动，并且每个房间的门是敞开的，保证机器人自由穿过，如图 4.20 所示。

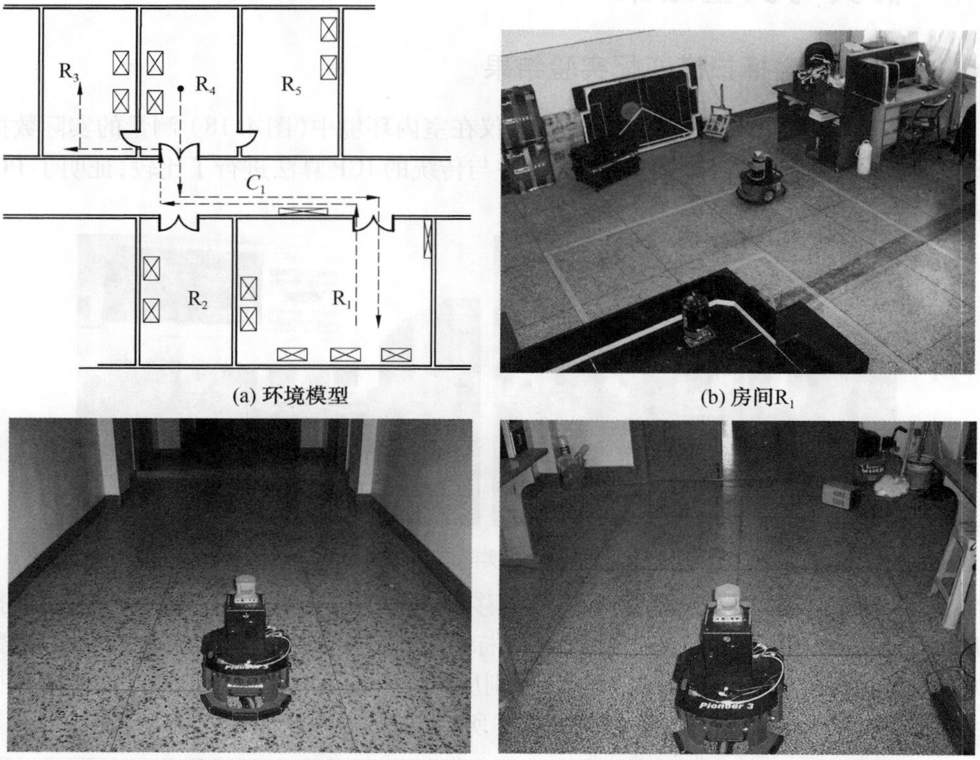

(a) 环境模型　(b) 房间R_1

(c) 走廊C_1　(d) 房间R_4

图 4.20　实验环境

图中的虚线表示机器人的移动路径，机器人从起点出发，穿过各个房间后，又回到终点。机器人在该环境中完成了度量地图的创建实验，具体的创建过程如图 4.21 所示。图中周围黑色的点云表示激光扫描数据，黑色实体表示机器人，机器人后面的曲线表示机器人的运动路径。最终创建的度量地图如图 4.22(a) 所示。同时我们应用传统的 FastSLAM 方法也创建了度量地图如图 4.22(b) 所示，则从创建的度量地图可以看出，本章方法创建的地图与环境模型基本一致，因此能很好地描述环境，而传统 FastSLAM 方法创建的地图，由于机器人位姿的较大误差，产生了许多冗余的激光扫描点，并不能与实际环境很好对应。

UFastSLAM 与 FastSLAM 的具体性能比较如图 4.23 所示。从图中可以看出，虽然当地图路标较少时，由于 UFastSLAM 进行的无偏变换导致了时间的增加，但是随着路标数的增加，经过无偏变换计算得到的 Sigma 点会大大减少算法运行需要的时间和算法需要的存储空间。本章算法能够更快速地收敛，传统算法需要大量的粒子才能获得较高的定位精度，并且定位精度受粒子数的影响较大，而本章算法以较少的粒子就能到达较高的精度，当粒子数达到一定数目时，定位精度基本不受粒子数的影响。除此之外，本章算法对里程计的噪声具有更好的鲁棒性。

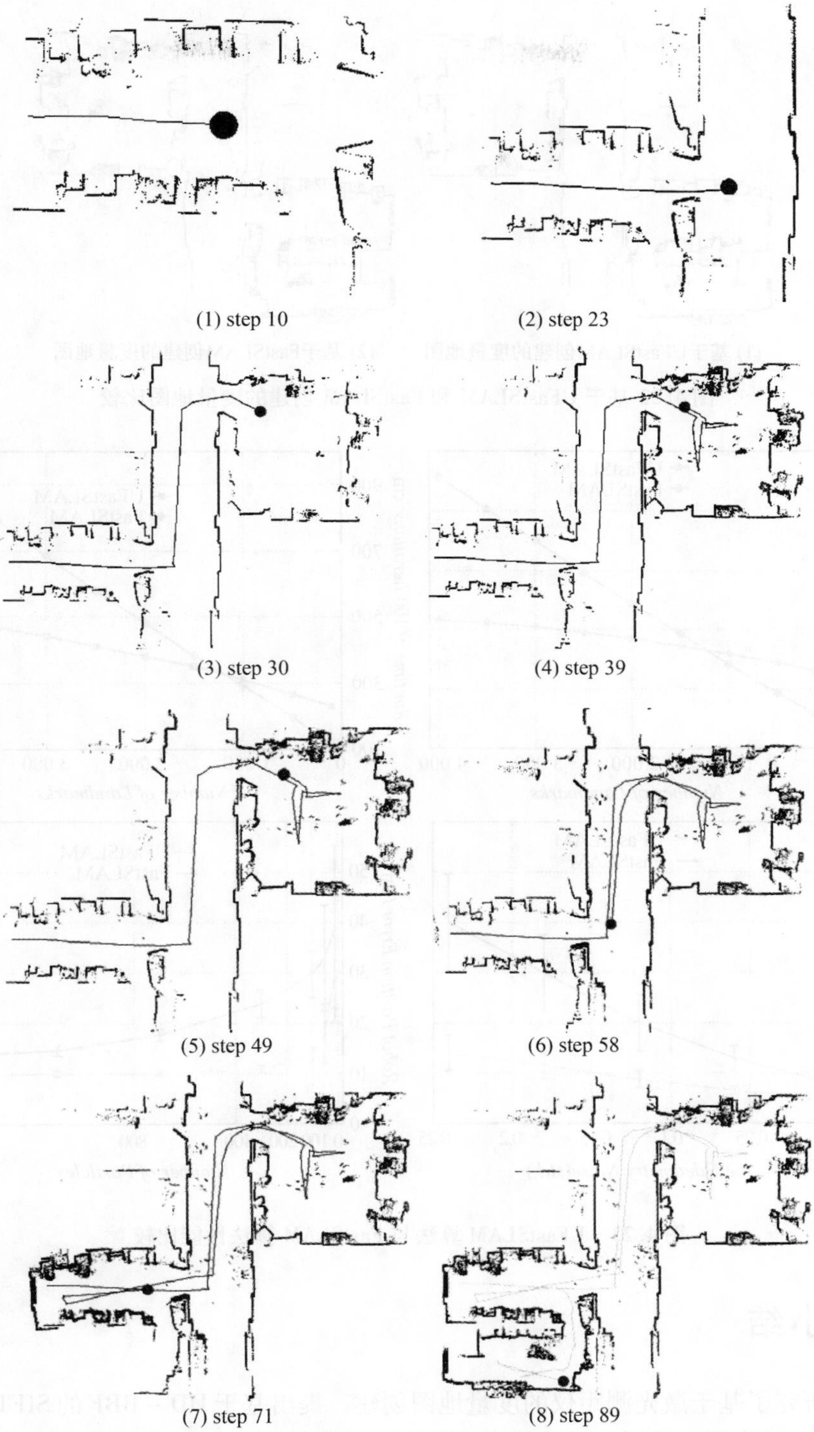

图 4.21　基于 UFastSLAM 的度量地图创建过程

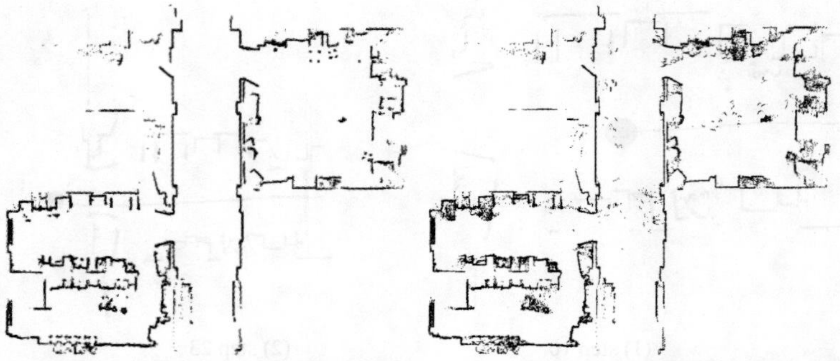

(1) 基于UFastSLAM创建的度量地图　　(2) 基于FastSLAM创建的度量地图

图 4.22 基于 UFastSLAM 和 FastSLAM 创建的度量地图比较

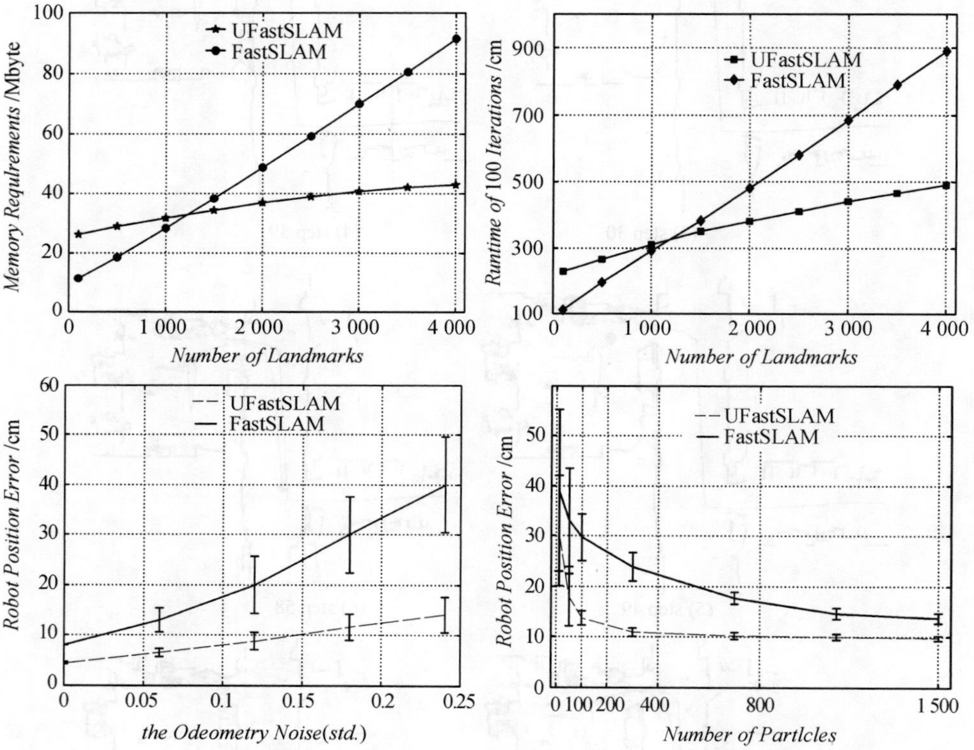

图 4.23　UFastSLAM 算法与 FastSLAM 算法性能比较

4.7　小结

本章研究了基于激光测距仪的度量地图创建。提出基于 DD－BBF 的 SIFT 特征匹配方法,有效地解决了三维重建环境描述中的特征匹配问题。对于激光数据的扫描匹配,采用极坐标扫描匹配算法 PCSM,获得了优于 ICP 的匹配精度和环境表示能力。本章改进了传统的 FastSLAM 方法,基于无偏卡尔曼滤波(UKF) 提出了一种新的同时定位和地图创建方法——UFastSLAM 方法:融合当前的感知信息设计了一种新的提议分布,通过 UT 对提议分布采样粒子,使粒子向后验分布的高概率区域移动,因此只需要较少的粒子就能获得较高的状态估计精度,并且在路标更新时采用 UKF 实现,避免了 EKF 对非线性方程线性化引起的问题,能够以较小的计算代价获得较高的精度。最后,结合可靠的极坐标扫描匹配方法,创建了度量地图,并通过实验证明了本章方法的性能。

第5章　智能机器人全局定位

5.1　引言

定位过程是智能移动机器人自主导航的关键环节。机器人导航之初要确定自身在环境中的位姿。根据是否具有全局信息可以把定位分为全局和局部两种定位方式。全局定位是指在环境地图已经被创建的情况下，把机器人放在环境中的某个位置，机器人仅通过传感器的观测信息来确定自己的位姿。局部定位是指机器人在没有环境信息的前提下，仅依靠传感器确定自身相对目标点位姿的过程。对于基于视觉定位的移动机器人，全局定位过程是通过视觉传感器采集图像上的特征点与地图库中三维路标（特征点）进行匹配，从而获得机器人的当前位姿的。地图库中每8个路标就能获得一个机器人位姿，而当前图像中的特征点所对应的路标数多数多于8个，这样就会产生多个候选位姿，以这些候选位姿为初始群体进行优化，就会得到较精确的优化位姿解。因此，机器人定位问题可以转化为解优化问题。目前的优化方法有很多，如梯度下降法，神经网络训练法，遗传算法[230~232]等。这些优化方法各有优缺点，分别适合于各种不同的领域。

本章利用粒子群优化算法解决移动机器人全局定位问题，通过优化多个可能的候选位姿，获得较为精确的全局最优解，提高定位精度，通过详细的对比实验分析了采用粒子群优化算法前后的定位精度、定位时间的变化，验证基于粒子群优化全局定位算法的可行性和实时性。

5.2　智能机器人SIFT特征提取与匹配算法

对移动机器人视觉的研究主要集中在视觉定位、目标识别、跟踪和导航等方面。在上述研究内容中，视觉图像的特征提取和匹配是它们的前提与基础，特征点匹配结果的优劣直接影响着后续的处理过程。在移动机器人视觉中，图像特征点匹配算法不仅要能够适应机器人的工作环境、光线、视野角度等因素带来的图像采集质量的变化，还应该满足视觉信号处理实时性的基本要求，实现视觉图像特征点的比例尺度不变的自动提取和匹配。最早提出特征点提取方法的是Moravec[233]，后来Harris进行了改进，提出了Harris角点检测方法[234]，但是此方法只能对一幅图按照固定的比例提取特征点。当两幅图比例发生较大变化时就无法进行匹配。Crowley和Parker等人是最早开始对比例不变特征进行研究的研究者[235]，他们在比例空间中提取极值点并且用这些极值点构建一个树型结构，然后用这个树形结构完成不同比例图像之间的匹配。Lowe提出的比例不变特征提取方法SIFT[221]通过对图像进行不同程度的模糊与缩放，产生具有不同比例的图像，然后从这些图像中分别提取特征。采用SIFT方法提取的特征称为SIFT特征。SIFT特征是一种点特征,它是连续三幅高斯差分图像中处于图像边缘附近的极点。高斯差分图像中的极点是灰度值比它周围像素点都大或者都小的像素点,也是在图像进行高斯模糊后变化最剧烈的像素点,因此这些从极点中选取出来的SFIT特征点具有很好的稳定性。处理过程如图5.1所示。

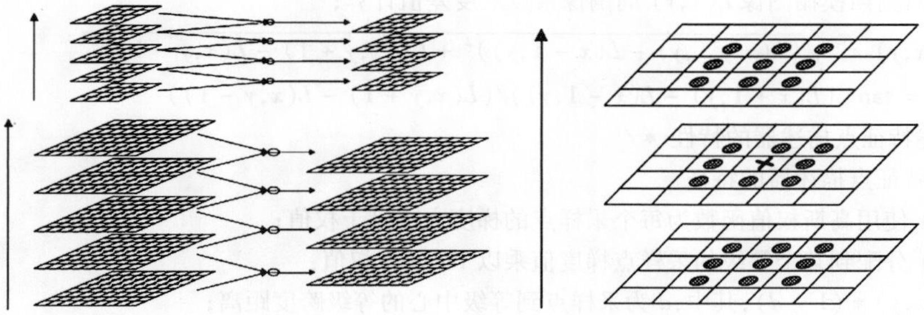

图5.1　图像的高斯模糊与高斯差分过程

5.2.1　比例尺度不变特征(SIFT)的特征提取算法

SIFT方法通过对图像进行多次比例变换,获得所有图像集合中的比例空间极值点,并且用这些极值点构建一个树形结构,然后用这个树形结构完成不同比例图像之间的匹配,从这些图像中分别提取特征。该算法可分为比例尺度空间检测、特征点定位、特征向量方向确定以及特征描述器表述等过程。特征提取过程如表5.1所示[236],特征描述器分布如图5.2所示。

表5.1　特征提取过程

输入:具有比例空间极值点的原始图像

输出:提取具有比例尺度不变特征的SIFT特征点

步骤1:定义比例空间 L 和高斯差分函数 D:

$$L(x,y,\delta) = G(x,y,\delta) * I(x,y)$$

其中,$*$ 表示卷积运算,且满足

$$G(x,y,\delta) = \frac{1}{2\pi\delta^2}e^{-(x^2+y^2)/2\delta^2}$$

$$D(x,y,\delta) = (G(x,y,k\delta) - G(x,y,\delta)) * I(x,y) = L(x,y,k\delta) - L(x,y,\delta)$$

/* 特征点提取 */

步骤2:用拉普拉斯高斯算子表示高斯差分算子,依次产生高斯差分图像:

提取 $D_0G(K\delta)$ 中与周围 $D_0G(\delta)$ 和 $D_0G(2\delta)$ 中26个候选特征点相比灰度值都大或都小的候选特征点作为特征点:$G(x,y,k\sigma) - G(x,y,\sigma) \approx (k-1)\sigma^2 \nabla^2 G \mid k \in \{1,2,\cdots,N\}$

/* 特征点定位 */

步骤3:对比例空间函数 $D(\boldsymbol{X})$ 利用Taylor二项式展开:

$$D(\boldsymbol{X}) = D + \frac{\partial D^{\mathrm{T}}}{\partial \boldsymbol{X}}\boldsymbol{X} + \frac{1}{2}\boldsymbol{X}^{\mathrm{T}}\frac{\partial^2 D}{\partial \boldsymbol{X}^2}\boldsymbol{X}$$,其中,$\boldsymbol{X} = (\boldsymbol{x},\boldsymbol{y},\boldsymbol{\sigma})^{\mathrm{T}}$ 是对采样点的偏移量

对 $D(\boldsymbol{X})$ 求偏导并令其为零得到极值点相对于采样点的偏移量:$x' = -\frac{\partial^2 D^{-1}\partial D}{\partial x^2\partial x}$

/* 筛选特征点 */

续表 5.1

步骤 4:筛选特征点:$IF\ x' > 5$,重新对别的像素点进行差值计算:
$D(x') = D + \frac{1}{2}\frac{\partial D^{\mathrm{T}}}{\partial x}x'$,满足 $D(x') < 0.03$ 的所有极值点都将被删除
/* 确定特征点的梯度和方向 */
步骤 5:对高斯模糊图像 $L(x,y)$ 周围像素点灰度差值计算;
$m(x,y) = \sqrt{(L(x+1,y) - L(x-1,y))^2 + (L(x,y+1) - L(x,y-1))^2}$
$\theta(x,y) = \tan^{-1}(L(x+1,y) - L(x-1,y))/(L(x,y+1) - L(x,y-1))$
/* 描述特征点描述器的特性 */
步骤 6:特征点描述器的特征
(1) 使用高斯权值函数为每个采样点的梯度大小赋予权值;
(2) 分配到某个等级的采样点梯度值乘以 $1-d$ 个权值:
$m(x,y) * (1-d)$,其中,d 为采样点到等级中心的等级跨度距离;
(3) 特征描述器的空间向量表示:
采用 4 × 4 维直方图,每个直方图 8 个等级,每个特征点需要用 4 × 4 × 8 = 128 个元素的特征向量来描述;
(4) 归一化特征向量以减少光强的变化;
(5) 每个像素值、梯度值归一化以减少对比度的变化;每个像素值都加上一个常数以减少亮度的变化;设定单位特征向量的阈值 $\varphi \leqslant 0.2$,归一化其余的梯度值以降低大梯度的影响

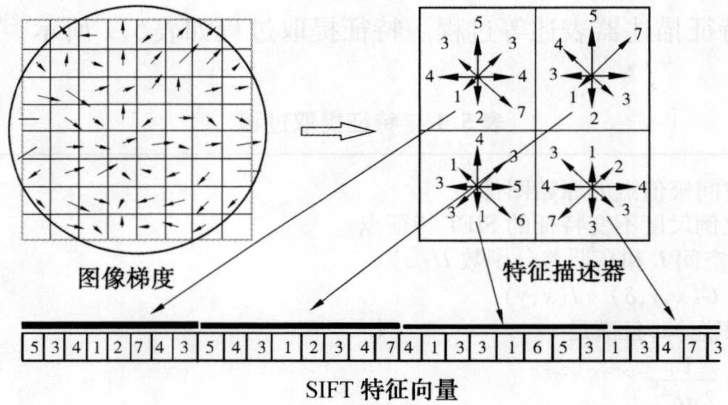

图 5.2 SIFT 特征点描述器示意图

5.2.2 基于 K 维树的特征匹配

SIFT 特征匹配是对特征描述器进行比较,如果两个特征的描述器差别小于设定的数值,那么就称这两个特征相互匹配。通过特征的匹配可以找到特征与特征之间的对应关系。特征匹配的方法很多,但是最常用、最方便的方法是最临近法。最临近点的形式化描述:设一个 K 维空间的定义域和值域分别为 R 和 D,E 为 K 维空间 RxD 中采样点的集合,$\boldsymbol{d}$ 为目标点向量,则 $\boldsymbol{d}$ 的最临近点 d' 必须满足

$$\forall d'' \in E, |\boldsymbol{dd}'| \leqslant |\boldsymbol{dd}''|$$

$$|\boldsymbol{dd}'| = \sqrt{\sum_{i=1}^{k} (d_i - d')^2}$$

其中，d' 为向量 $\boldsymbol{d}$ 的第 I 维元素。一个简单费时的算法是，依次计算 E 中所有点与目标点 $\boldsymbol{d}$ 之间的距离，从而找到与 $\boldsymbol{d}$ 最临近的点。这种算法的时间复杂度为 $O(N)$，N 为 E 中点的数目。但是地图创建中特征点需要进行大量的匹配，为了提高匹配效率，本章采用基于 K 维树（KD - Tree）[225][237] 的最临近点搜索算法，将时间复杂度降低到 $O(\log_2 N)$。

5.3　智能机器人全局定位算法

机器人定位是实现导航的第一步，通常把位置跟踪（position tracking），也看做机器人定位研究内容，但全局定位（global localization problem）是更一般意义上的机器人定位。机器人的全局定位是在初始位置未知的条件下，机器人根据局部的不完全的观测信息确定自己在环境中的全局位置，图 5.3 给出一种全局定位的形象描述。

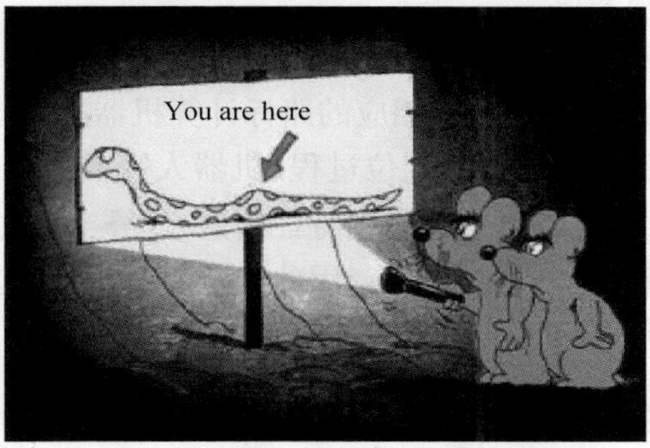

图 5.3　全局定位示意图

在对称的环境中机器人可能会在很多不同的位置获得相同的观测信息，因此全局定位中机器人的位姿的后验概率分布是一个多峰分布，基于高斯分布的不确定性表示方法在全局定位中不适用。

机器人"诱拐"（Kidnapped Robot）问题，即在机器人里程计没有记录的情况下将机器人从一个地方搬到另外一个地方，此时机器人不能根据里程计的信息进行定位，同时根据观测信息机器人不能立刻确定自己处在环境中的什么地方，因此需要根据多次观测信息重新进行定位。所以，机器人"诱拐" 问题也是一个全局定位问题。

全局定位问题的难点在于存在很多不确定性因素。首先是机器人本身的不确定性，如轮子的打滑所造成的里程计误差，传感器噪声所造成的读数不可信。其次是机器人所处的环境的变化。应对方法是一方面采用可靠的传感器，例如采用能感知环境丰富信息的视觉传感器和测距精度较高的激光测距器；另一方面把概率理论应用到移动机器人定位中，采用概率定位方法解决不确定性问题。本章采用单目视觉识别位姿，在创建的认知地图中实现了机器人的全局定位。

视觉传感器因其能感知丰富的环境信息现在已经受到了普遍关注。基于视觉定位是指对环境进行特征提取和分析，并按特定准则确立观测特征和环境路标数据库间的对应关系，进而确定机器人位姿的过程。常用的视觉传感器类型有立体视觉、全维视觉和单目视觉。立体视觉能获取较多环境信息，定位结果较精确，但成本高。全维视觉不需要控制摄像头，但是感知畸变影响精度。单目视觉简单易用、适用范围广。

对于视觉路标，采用人为设置路标的方法取得了一定成功，如博物馆导游机器人 MINERVA[238]。不允许改变环境时，就需要提取自然特征了。本章采用 SIFT 算法提取环境特征，SIFT 特征具有很强大的立体匹配适应性，能够保证在仿射、旋转、明暗、尺度和部分遮挡等条件下，仍能可靠匹配。本章在此基础上仅依靠单目视觉实现了基于认知地图的机器人全局定位，实验结果证明了本章方法的性能。

根据全局定位算法定义可知移动机器人在全局定位之前，需要建立环境地图。根据地图库中的三维路标计算自身位姿。其过程包括如下几步。

(1) 在当前位置提取一幅图像 Q 的 SIFT 特征点。

(2) 把 Q 中特征点与地图库中的路标匹配，得到匹配路标集 R。R 中的每个路标对应地图创建过程中的若干幅图像。

(3) 匹配路标个数最多的图像设为最邻近帧 I_r。

(4) 根据 Q 与 I_r 的匹配点对以及相应的路标计算机器人的位姿。

对于基于单目视觉的移动机器人定位过程，机器人需要采集不同位置和角度下传感器观测同一目标的信息，通过对比这些识别特征信息，计算当前时刻机器人相对于环境中路标的位置，从而获得当前时刻自身位姿。因此，全局定位过程包括机器人位置计算和角度计算过程。以下将分别介绍。

5.3.1 机器人方向的计算

确定机器人当前时刻方向角的过程是指把当前图像与路标库中图像进行匹配，获得满足极限约束并含有方向角 θ 的本质矩阵 $\boldsymbol{E}$ 的参数表达式，再利用取点法获得方程解。

定理 5.1 空间三维点 $M(X,Y,Z)$ 在摄像机坐标系 1 和摄像机坐标系 2 下的三维坐标分别为 (X_i,Y_i,Z_i) 和 (X_j,Y_j,Z_j)，与其匹配的地图库中三维路标坐标为 $(\boldsymbol{x}_i^{\mathrm{T}},\boldsymbol{y}_i^{\mathrm{T}},\boldsymbol{z}_i^{\mathrm{T}})$ 和 $(\boldsymbol{x}_j^{\mathrm{T}},\boldsymbol{y}_j^{\mathrm{T}},\boldsymbol{z}_j^{\mathrm{T}})$，假设两幅图像中有 k 个匹配对 $(k \geqslant 4)$ 满足极限约束摄像机本质矩阵

$$\boldsymbol{E} = \begin{bmatrix} 0 & e_1 & 0 \\ e_2 & 0 & e_3 \\ 0 & e_4 & 0 \end{bmatrix}$$

其中 e_1,e_2,e_3,e_4 为常量，则当前时刻机器人在世界坐标下的方向角为

$$\begin{cases} \theta = \tan^{-1}\left(\dfrac{e_1e_3 - e_2e_4}{e_1e_2 + e_3e_4}\right) & k \in [4,8] \\ \theta = \dfrac{1}{C_k^2}\sum\limits_{n=1}^{C_k^2}\theta_n = \dfrac{1}{C_k^2}\sum\limits_{k}\tan^{-1}\dfrac{\boldsymbol{BC}-\boldsymbol{AD}}{\boldsymbol{AC}+\boldsymbol{BD}} & k \in (8,+\infty) \end{cases}$$

其中，$\boldsymbol{A} = \boldsymbol{X}_i^{\mathrm{T}} - \boldsymbol{X}_j^{\mathrm{T}}$；$\boldsymbol{B} = \boldsymbol{Z}_i^{\mathrm{T}} - \boldsymbol{Z}_j^{\mathrm{T}}$；$\boldsymbol{C} = \boldsymbol{X}_i - \boldsymbol{X}_j$；$\boldsymbol{D} = \boldsymbol{Z}_i - \boldsymbol{Z}_j$。

证明

（1）假设空间三维点 $P(X,Y,Z)$ 分别在两个不同坐标系下投影。摄像机焦距 $f=1$，空间点在摄像机坐标系 1 中的三维坐标为 $\boldsymbol{X}_1=[X_1,Y_1,Z_1]^{\mathrm{T}}$，其图像坐标为 $\boldsymbol{I}_1=[x_1,y_1,1]^{\mathrm{T}}$，空间点在摄像机坐标系 2 下的三维坐标为 $\boldsymbol{X}_2=[X_2,Y_2,Z_2]^{\mathrm{T}}$，其图像坐标为 $\boldsymbol{I}_2=[x_2,y_2,1]^{\mathrm{T}}$，并且 $(\boldsymbol{I}_1,\boldsymbol{I}_2)$ 为匹配点对，则有

$$\lambda_1\boldsymbol{x}_1=\boldsymbol{X}_1,\lambda_2\boldsymbol{x}_2=\boldsymbol{X}_2$$

若摄像机坐标系 1 相对于摄像机坐标系 2 的旋转和平移矩阵分别为 $\boldsymbol{R}$ 和 $\boldsymbol{T}$，则有

$$\boldsymbol{X}_2=\boldsymbol{R}\boldsymbol{X}_1+\boldsymbol{T}$$

再与上述方程联立，得到

$$\lambda_2\boldsymbol{x}_2=\boldsymbol{R}\lambda_1\boldsymbol{x}_1+\boldsymbol{T}$$

两边与矩阵叉积得

$$\lambda_2\boldsymbol{T}\times\boldsymbol{x}_2=\lambda_1\boldsymbol{T}\times\boldsymbol{R}\boldsymbol{x}_1$$

再与 $\boldsymbol{x}_2^{\mathrm{T}}$ 点积，消去不定常数 λ_1/λ_2 得

$$\boldsymbol{x}_2^{\mathrm{T}}(\boldsymbol{T}\times\boldsymbol{R})\boldsymbol{x}_1=\boldsymbol{0}$$

根据计算机视觉极限约束得

$$\boldsymbol{x}_2^{\mathrm{T}}(\boldsymbol{T}\times\boldsymbol{R})\boldsymbol{x}_1=\boldsymbol{x}_2^{\mathrm{T}}(\boldsymbol{T}'\times\boldsymbol{R})\boldsymbol{x}_1=\boldsymbol{x}_2^{\mathrm{T}}\boldsymbol{E}\boldsymbol{x}_1=\boldsymbol{0}$$

其中，$\boldsymbol{E}=\boldsymbol{T}'\boldsymbol{R}$ 称为本质矩阵。$\boldsymbol{T}'$ 是 $\boldsymbol{T}$ 的反对称矩阵。假设机器人在 $x-z$ 平面做平移，摄像机绕 y 轴做旋转，即 $t_y=0$，则可得 $\boldsymbol{T}'$，$\boldsymbol{R}$ 以及本质矩阵 $\boldsymbol{E}$

$$\boldsymbol{T}'=\begin{bmatrix}0 & -t_z & t_y\\ t_z & 0 & -t_x\\ -t_y & t_x & 0\end{bmatrix},\boldsymbol{R}=\begin{bmatrix}\cos\theta & 0 & \sin\theta\\ 0 & 1 & 0\\ -\sin\theta & 0 & \cos\theta\end{bmatrix}$$

$$\boldsymbol{E}=\begin{bmatrix}0 & -t_z & 0\\ t_z\cos\theta+t_x\sin\theta & 0 & t_z\sin\theta-t_x\cos\theta\\ 0 & t_x & 0\end{bmatrix}=\begin{bmatrix}0 & e_1 & 0\\ e_2 & 0 & e_3\\ 0 & e_4 & 0\end{bmatrix}\tag{5.1}$$

当匹配点对 $k\in[4,8]$ 时，由取点法获得 e_1,e_2,e_3,e_4 值，再根据式(5.1)可得 4 个方程，约去 t_x,t_z 即得到

$$\theta=\tan^{-1}\left(\frac{e_1e_3-e_2e_4}{e_1e_2+e_3e_4}\right)\tag{5.2}$$

（2）当匹配点对 $k>8$ 时采用 RANSAC 方法[67~69]随机从匹配对中抽取两点，每个匹配对都满足式

$$X=X_i-X'_i\cos\theta-Z'_i\sin\theta$$

$$Z=Z_i-Z'_i\cos\theta-X'_i\sin\theta$$

其中，$(\boldsymbol{x}_i^{\mathrm{T}},\boldsymbol{y}_i^{\mathrm{T}},\boldsymbol{z}_i^{\mathrm{T}})$ 是匹配对中路标三维坐标；(X_i,Y_i,Z_i) 是摄像机坐标系中当前帧特征点三维坐标。如果有两个匹配对 i 和 j，则有方程

$$\boldsymbol{A}\cos\theta+\boldsymbol{B}\sin\theta=\boldsymbol{C}\tag{5.3}$$

$$\boldsymbol{B}\cos\theta-\boldsymbol{A}\sin\theta=\boldsymbol{D}\tag{5.4}$$

其中，$A = X_i^T - X_j^T$；$B = Z_i^T - Z_j^T$；$C = X_i - X_j$；$D = Z_i - Z_j$。

如果两个匹配对匹配正确，那么这两个匹配点之间的距离对欧几里得变换具有不变形：$A^2 + B^2 \approx C^2 + D^2$，通过方程$(5.3)\times D = (5.4)\times C = CD$可得

$$\theta = \tan^{-1}\frac{BC - AD}{AC + BD}$$

对于匹配点对 $k > 8$ 时，重复 C_k^2 次取均值就可以求得更为精确的优化解，即

$$\theta = \frac{1}{C_k^2}\sum_{n=1}^{C_k^2}\theta_n = \frac{1}{C_k^2}\sum_k \tan^{-1}\frac{BC - AD}{AC + BD} \tag{5.5}$$

5.3.2 机器人位姿的计算

1. 机器人相对位姿估计

假设机器人在 t 和 t' 时刻有 k 个特征匹配对，它们的图像坐标分别为$(I_t^{(1)},\cdots,I_t^{(k)})$和$(I_{t'}^{(1)},\cdots,I_{t'}^{(k)})$，则根据极限约束满足

$$\tilde{I}_t^{(i)\mathrm{T}}F\tilde{I}_{t'}^{(i)} = 0 \tag{5.6}$$

其中，$\tilde{I} = [u, v, 1]^{\mathrm{T}}$ 是归一化的图像坐标；F 是基本矩阵，表示为

$$F = C^{-T}EC^{-1} \tag{5.7}$$

其中，C 是内部矩阵；E 是本质矩阵，限定机器人在 $x-z$ 平面上运动，绕 y 轴的旋转角为 θ，则 E 表示为

$$E = [T]_\times R = \begin{bmatrix} 0 & -t_z & 0 \\ t_z & 0 & -t_x \\ 0 & t_x & 0 \end{bmatrix}\begin{bmatrix} \cos\theta & 0 & \sin\theta \\ 0 & 1 & 0 \\ -\sin\theta & 0 & \cos\theta \end{bmatrix} \tag{5.8}$$

其中，$[T]_\times$ 是 t 时刻摄像头坐标系 C 到 t' 时刻摄像头坐标系 C' 的平移矢量 $T = [t_x 0 t_z]^{\mathrm{T}}$ 的反对称矩阵；R 是对应的旋转矩阵。如果求解出 F，就可分解出两时刻的相对位姿。F 是一个 3×3 的矩阵，含有 9 个变量，由于限定机器人在平面上运动，则变换 F 为

$$F = \begin{bmatrix} 0 & f_{12} & f_{13} \\ f_{21} & 0 & f_{23} \\ f_{31} & f_{32} & 1 \end{bmatrix} \tag{5.9}$$

因此至少需要 5 个匹配对以求解 F

$$\begin{cases} \tilde{I}_t^{(i)\mathrm{T}}F\tilde{I}_{t'}^{(i)} = (v_t^{(i)}f_{21} + f_{31})u_{t'}^{(i)} + (u_t^{(i)}f_{12} + f_{32})v_{t'}^{(i)} + u_t^{(i)}f_{13} + v_t^{(i)}f_{23} + 1 = 0 \\ |F| = f_{12}f_{23}f_{31} + f_{13}f_{21}f_{32} - f_{12}f_{21} = 0 \end{cases} \tag{5.10}$$

为了稳定和降低对噪声敏感，采用 RANSAC 提高 F 计算的稳定性[226]。

(1) 对当前图像帧提取的 SIFT 特征寻找地图库中与之匹配的特征，并创建匹配列表$\{I_t^{(1)} \sim I_{t'}^{(1)},\cdots,I_t^{(N)} \sim I_{t'}^{(N)}\}$。

(2) 从匹配列表中任意选择 5 个匹配对，根据式(5.10)求解一致性基本矩阵 F'。

(3) 对匹配列表中的所有匹配对$(I_t^{(i)},I_{t'}^{(i)})$应用极限约束，如果 $I_t^{(i)}$ 到 $I_{t'}^{(i)}$ 对应极限

$F'I_{t'}^{(i)}$ 的距离 $d(I_t^{(i)},F'I_{t'}^{(i)}) \leqslant \xi$ 和 $I_{t'}^{(i)}$ 到 $I_t^{(i)}$ 对应极限 $F'I_t^{(i)}$ 的距离 $d(I_{t'}^{(i)},F'^{\mathrm{T}}I_t^{(i)}) \leqslant \xi$，就为 F' 投上一票，ξ 是预先设定的阈值。

(4) 第(2)、(3)步重复 m 次。选择票数最多的基本矩阵以及支持它的匹配对 $\{I_t^{(1)} \sim I_{t'}^{(1)},\cdots,I_t^{(K)} \sim I_{t'}^{(K)}\}$，并且这 K 个匹配对根据最小平方化标准

$$\min_F \sum_{i=1}^{i=K} (d^2(I_t^{(i)},FI_{t'}^{(i)}) + d^2(I_{t'}^{(i)},f^{\mathrm{T}}I_t^{(i)}))$$

对基本矩阵 F 进一步精确，得到 F。

在求取 F 后，如果内部参数已知，则根据方程(5.8)获得 E。通过对 E 进行分解，可求取 R 与 T'，T' 与实际平移矢量 T 相差一个比例常数。

2. 机器人全局位姿估计

全局定位时，机器人观测到的特征与地图中的路标进行匹配，假设获得 k 个匹配特征对 $\{I^{(1)} \sim L^{(1)},\cdots,I^{(k)} \sim L^{(k)}\}$。由于地图库存储了路标特征每次被机器人观测时的机器人位姿。因此，可以获得这 k 个特征在 t_i 时刻被观测到的数目 k_i 以及对应图像坐标。假设 $\{k_1,k_2,\cdots,k_n\}$ 是前 n 个最大的，根据相对位姿估计方法，可以用每 t_i 时刻观测到的路标特征数目 k_i 计算出该时刻世界坐标系下可能的摄像头坐标系方向 θ_i，以及旋转矩阵 R_i，因此共获得 n 个摄像头方向 $\{\theta_1,\theta_2,\cdots,\theta_n\}$ 和旋转矩阵 $\{R_1,R_2,\cdots,R_n\}$。根据路标特征的三维坐标及通过相对定位确定的方向角 θ_i 计算机器人的准确位置

$$z_c^j\,[u_i^j v_i^j 1]^{\mathrm{T}} = C[R_i T_i]\,[x_i^j y_i^j z_i^j 1]^{\mathrm{T}} \tag{5.11}$$

其中，$(u_i^j,v_i^j,1)^{\mathrm{T}}$ 与 $(x_i^j,y_i^j,z_i^j,1)^{\mathrm{T}}$ 分别是路标特征 L_i^j 在当前时刻图像坐标与三维坐标的齐次形式。由于机器人只在 $x-z$ 平面运动，所以平移矢量 $T_i = [x_i 0 z_i]^{\mathrm{T}}$ 只含有两个未知数 x_i 与 z_i，则上式进行简化可得

$$\begin{aligned} z_i &= ((m_{31}^i x_i^j + m_{33}^i z_i^j)v_i^j - a_y y_i^j)/(v_0^j - v_i^j) \\ x_i &= ((m_{31}^i x_i^j + m_{33}^i z_i^j)u_i^j - m_{11}^i x_i^j - m_{13}^i z_i^j - (u_0^j - u_i^j)z_i)/a_x \end{aligned} \tag{5.12}$$

其中，$m_{lk}^i(1,k \in \{1,2,3\})$ 表示内部矩阵 C 与旋转矩阵 R_i 相乘后获得的投影矩阵 M_i 的第1行，第 k 列的元素。因此，k_i 个路标特征中的每一个都能计算出一个可能的机器人位姿。

路标特征的三维坐标是通过对特征匹配对的三维重建获得的，为了获得可靠的机器人位姿，采用 RANSAC 方法，每次从 k_i 个路标特征中随机抽取两个路标特征，并用最小二乘法求解四个方程得到稳定解 z_i 和 x_i，重复抽取 H 次，则得到 H 个可能的机器人位姿。由于每个时间步 t_i 都可以获得 H 个可能位姿，则共获得 nH 个可能位姿。

从这 nH 个位姿中选出一个最可靠的作为最终结果：假设与当前图像帧特征匹配的 $N = \sum_{i=1}^{n} k_i$ 个路标特征 $\{I^{(1)} \sim L^{(1)},\cdots,I^{(k)} \sim L^{(k)}\}$，根据摄像机的针孔模型，路标特征 $L(i)$ 在当前图像帧的投影为 $I'^{(i)}(u',v')$，如果与对应特征 $I^{(i)}(u,v)$ 满足 $|u'-u| < \Delta_u$ 并且 $|v'-v| < \Delta_v$，则为投影矩阵对应的位姿投上一票，得票最多者胜出。

5.3.3　机器人位姿不确定性描述

移动机器人创建地图和全局定位的数据是通过传感器获得的，传感器常常存在某些误差，因此需要对视觉传感器定位量测结果进行评估，描述出机器人位姿量测的不确

定性。

定理 5.2 对于一幅图像上所观测的 n 个三维点 $(X_1, Y_1, Z_1), (X_2, Y_2, Z_2), \cdots, (X_n, Y_n, Z_n)$，$(u_i, v_i)$ 是三维点 (X_i, Y_i, Z_i) 在图像上对应的图像坐标，$\boldsymbol{M}$ 为摄像机投影矩阵，d 为机器人当前位置到目标位置的距离。

$$\frac{M_{11}X_i + M_{12}Y_i + M_{13}Z_i + M_{14}}{M_{31}X_i + M_{32}Y_i + M_{33}Z_i + M_{34}} \text{与} \frac{M_{21}X_i + M_{22}Y_i + M_{23}Z_i + M_{24}}{M_{31}X_i + M_{32}Y_i + M_{33}Z_i + M_{34}}$$

分别是 (X_i, Y_i, Z_i) 在图像上投影点的图像坐标，则机器人位姿不确定性可表示为

$$fitness(x, z, \theta) = finess(d, \theta) =$$

$$\sqrt{\frac{1}{n}\sum_{i=1}^{n}\left(\left(u_i - \frac{M_{11}X_i + M_{12}Y_i + M_{13}Z_i + M_{14}}{M_{31}X_i + M_{32}Y_i + M_{33}Z_i + M_{34}}\right)^2 + \left(v_i - \frac{M_{21}X_i + M_{22}Y_i + M_{23}Z_i + M_{24}}{M_{31}X_i + M_{32}Y_i + M_{33}Z_i + M_{34}}\right)^2\right)} \tag{5.13}$$

此函数可以在 (u_i, v_i) 与 (X_i, Y_i, Z_i) 确定的情况下用来描述投影矩阵 $\boldsymbol{M}$，即机器人能观测到 i 个路标时的位姿不确定性。同时可作为机器人位姿准确性标准，也常常作为机器人位姿优化的适应度函数。

5.4 仿真与实验结果

本章利用移动机器人 Pioneer3 - DX 平台在室内环境下进行了多次 SIFT 比例尺度不变特征和全局定位实验。首先，通过对环境利用 SIFT 特征提取算法创建特征地图，然后改变机器人不同位置和方向进行全局定位过程。视觉系统包括 1 个图像采集卡，嵌入式计算机，单目摄像头 LogitechQuickCamraPro 3000/4000 web cameras，像素范围 320×240，开发软件 VisualStudio. Net 2003。

5.4.1 比例尺度不变特征(SIFT)试验

1. 对图像比例尺度变化匹配的鲁棒性

SIFT 主要特点是具有比例不变特性。此方法是通过获得特征在比例空间中比例的变化，修正特征描述器，保持比例特征描述器的一致性。理论上比例尺度与距离物体的距离成反比关系。为了验证 SIFT 比例不变性做如下试验：如图 5.4 所示，左图右图分别是距离目标 5 m 处和 4 m 处拍摄的图像。图中的特征点数目为 217 个。

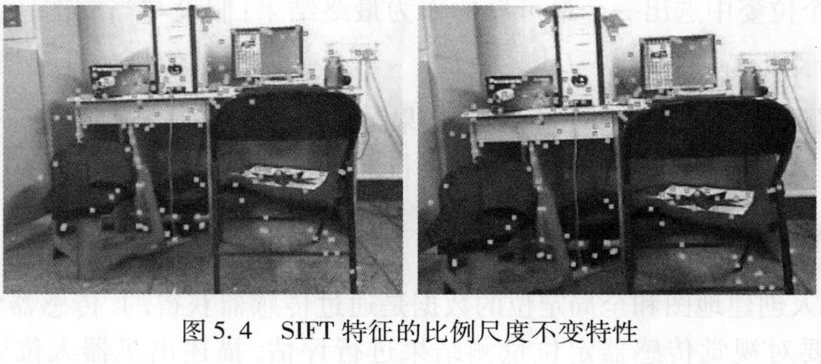

图 5.4 SIFT 特征的比例尺度不变特性

2. 对仿射角度变化匹配的鲁棒性

如图5.5所示图中的两幅图像分别是在原始位置以及偏移20°后与路标的匹配图像，特征点总数为244个。从图中可以清楚看到对不同的旋转和仿射的变化，改进后的算法均能正确匹配。

图 5.5　SIFT 特征的仿射不变特性

5.4.2　创建环境地图

针对图5.6具有四面墙的室内环境进行全局定位和地图创建的实验。移动机器人沿着方形轨道移动一周，视觉传感器获得障碍物距离信息，通过三维重建创建具有四面墙壁的定位环境俯视图。图5.7给出了在这个环境下创建的全局地图以及利用PSOGL算法确定的处于环境地图中机器人的某个位姿。

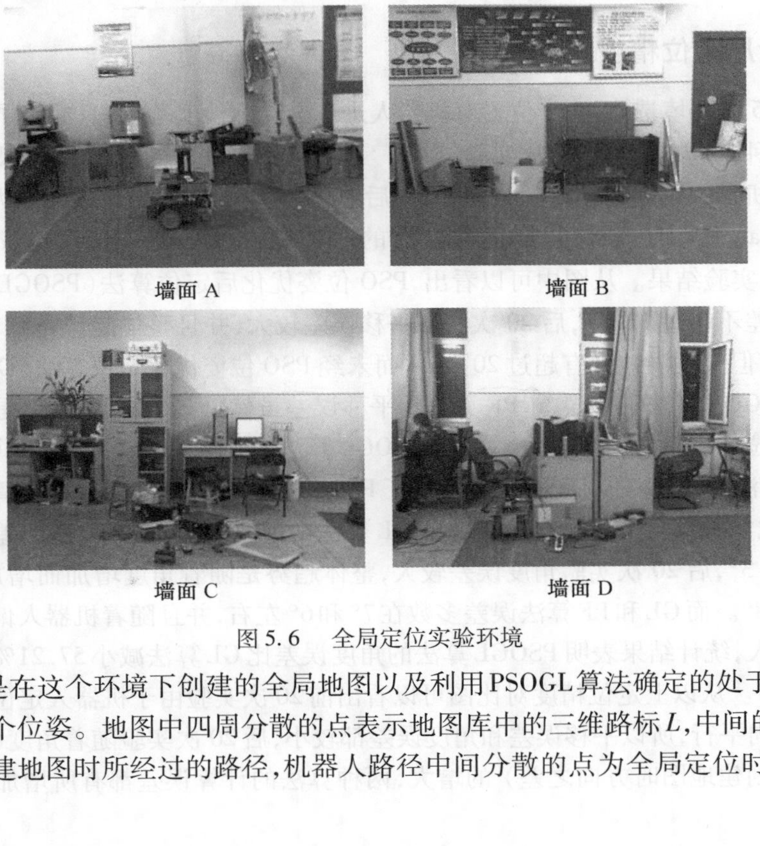

图 5.6　全局定位实验环境

图5.7是在这个环境下创建的全局地图以及利用PSOGL算法确定的处于环境地图中机器人的某个位姿。地图中四周分散的点表示地图库中的三维路标 L，中间的虚直线段 Z 是机器人创建地图时所经过的路径，机器人路径中间分散的点为全局定位时形成的初始

位姿种群 G(30 个粒子),种群区域内部有两个较大的方形点,左下方点是真实的位姿 R,右上方点是PSO位姿优化后的全局定位解 P。此实验粒子种群数 $N=30$,粒子维数 $D=2$,粒子搜索空间 $d\in[-100,100]$,$\theta\in[-\pi,\pi]$。比例系数 $k=0.1$,最大速度 $v_{id\max}=10$,$w_{\max}=0.9$,$w_{\min}=0.4$,$a=1$,$c_1=c_2=2$,机器人的实际位姿(78.73,2.27,0°),算法迭代 $k=65$ 次后收敛,收敛后第12个粒子的最优位姿gBest(65)=P(12),(70.43,75.62,0),最优适应度函数值 *fitness*(0.257 63,0°)=2.191 744,收敛时惯性权值 $w=0.872$,迭代时间 $t=125.345\ 4$ ms。最后测得全局定位的平移误差小于15 cm,角度误差小于5°,说明PSOGL全局定位算法较好地实现了移动机器人在未知环境下的全局定位和地图创建。

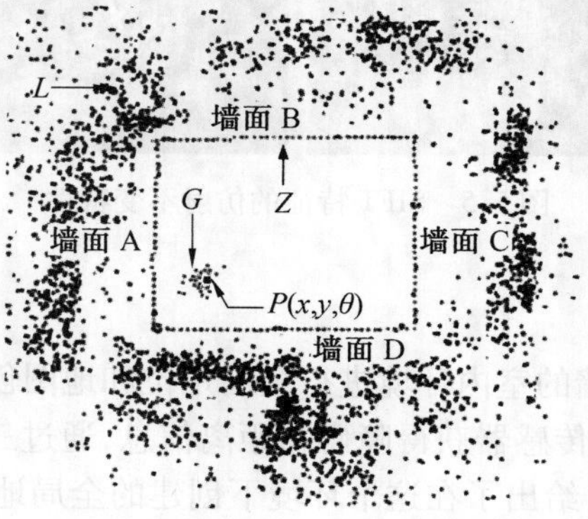

图 5.7　基于PSO算法的全局定位和地图创建

5.4.3　全局定位精度

针对图5.7环境选取40个位置对机器人进行全局定位实验,并且给出了PSO位姿优化前后的两种全局定位算法对比实验结果。实验中的前20次的角度是0°,即定位时机器人的方向和机器人创建地图时的方向平行,后20次实验的角度变化逐渐增大。

图5.8(a)显示了PSO位姿优化前后的两种定位算法的平移误差($d=(\Delta x)^2+(\Delta z)^2$)对比实验结果。从图中可以看出,PSO位姿优化后定位算法(PSOGL)前20次实验的平移误差不超过12 cm,后20次实验平移误差较大,并且整体趋势是随着角度增大,误差也增大,但最大误差没有超过20 cm。而未经PSO位姿优化定位算法(GL)平移误差远远大于PSOGL算法平移误差,PF算法的平移误差虽然低于GL算法,但是过少的粒子数量使其定位精度降低。40次实验测得PSOGL算法的平均平移误差比GL算法减小38.6%,比PF算法减小20%。图5.8(b)显示了PSO位姿优化前后的两种定位算法的角度误差($\Delta\theta$)对比实验。与平移误差类似,PSOGL算法的前20次实验的角度误差一般不超过4°,多数小于3°,后20次实验角度误差较大,整体趋势是随着角度增加而增加,但是角度误差不超过8°。而GL和PF算法误差多数在7°和6°左右,并且随着机器人偏移角度的增加而显著增大,统计结果表明PSOGL算法的角度误差比GL算法减小57.21%,比PF算法减小26.34%。从以上定位精度对比图可以看出前20次实验由于机器人定位时方向与创建地图时方向平行,所以平移误差和角度误差都较小,后20次实验随着角度(机器人定位时的方向与创建地图时方向之差)的增大,两种算法的计算误差都有所增加。其原因是

随着机器人角度诱拐增大,待定位图像与地图库成功匹配的特征点减少,匹配点的像素精度降低,匹配错误率上升,致使根据匹配点获得机器人位姿的定位精度下降。但无论是从平移误差还是角度误差来看,PSOGL 算法的定位精度都远远高于 GL 和 PF 算法。

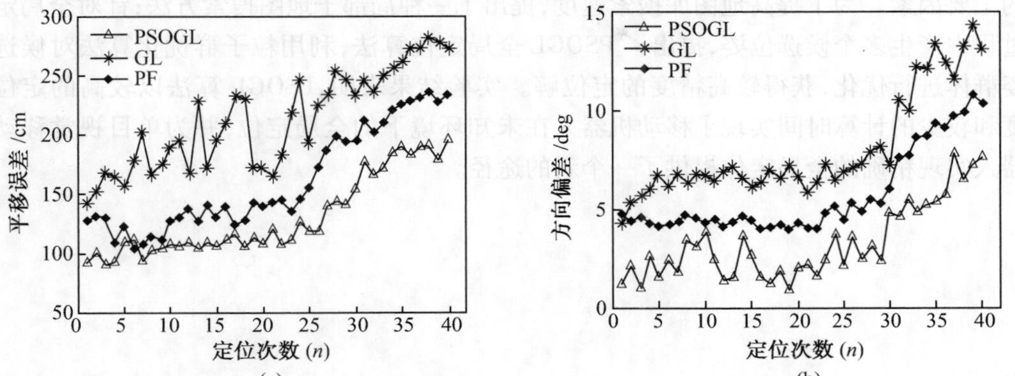

图 5.8　平移误差 d 和角度误差 $\Delta\theta$ 对比实验

5.4.4　全局定位时间

移动机器人的全局定位除考虑定位精度外,还要考虑定位实时性。为此,图 5.9 给出了上述同样环境下两种算法的全局定位时间对比图。从图中可以看出,PSOGL 算法的平均定位时间要比 GL 算法稍长一些,但比 PF 算法稍短。这是由于 PSOGL 算法需要反复迭代计算适应度函数,求得机器人最优位姿,使得整体定位时间比 GL 算法提高 1.78%,与 PF 算法相比,PSOGL 算法保留了基于种群的全局搜索策略,避免了复杂的个体操作,采用简单的速度调整模型,仅利用特有的记忆使其可以动态地搜索当前时刻最优解,相反,PF 算法由于粒子缺乏问题使得粒子权重更新需要更多的时间。因此,整体定位时间 PSOGL 算法比 PF 算法减少了 1.5%,但却明显地提高了定位精度。以图 5.8 中的 40 次试验为例,平均角度误差比 GL 算法减小 57.21%,比 PF 算法减小 26.34%,平移误差比 GL 算法减小 38.6%,比 PF 算法减小 20.12%。因此,PSOGL 全局定位算法牺牲少许定位时间却明显地提高了定位精度。

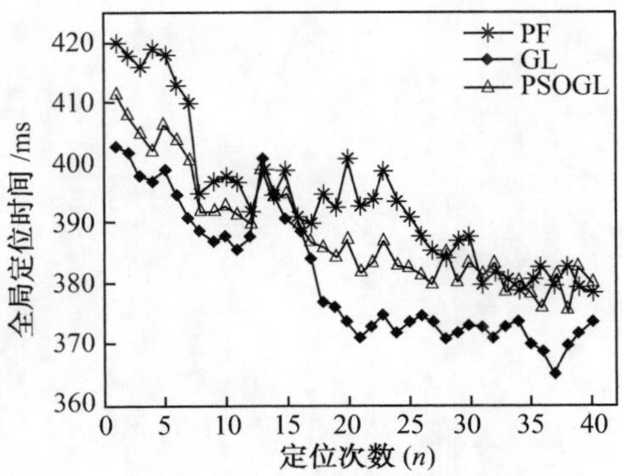

图 5.9　全局定位时间对比

5.5 小结

单目移动机器人在未知环境中进行全局定位时,地图库搜索策略是影响全局定位速度的主要因素。为了提高地图库搜索速度,提出了一种局部子地图搜索方法;针对全局定位过程中产生多个候选位姿,提出了 PSOGL 全局定位算法,利用粒子群优化算法对候选位姿群体进行优化,获得较高精度的定位解。实验结果表明,PSOGL 算法以较高的定位精度和较少的计算时间实现了移动机器人在未知环境下的全局定位,并为单目视觉移动机器人实现精确的全局定位提供了一个新的途径。

第6章 智能机器人路径规划

6.1 引言

为了弥补反应式导航方法容易陷入局部陷阱的固有缺陷，很多学者将慎思式导航方法与反应式导航方法相结合，利用前者产生粗略或最优的路径，而用后者实现局部避障和路径跟踪。借助于环境地图克服反应式导航方法的各种不足是一种广泛应用的解决方案。目前环境地图的创建方式有两种，一种由操作人员制作和提供；另一种由机器人依靠自身携带的传感器自主创建。考虑到在很多情况下人类无法到达机器人的工作区域（比如外星球探索、危险的火灾现场、有核泄漏的电厂或发生坍塌的矿井等），由机器人自主创建环境地图无疑具有更为广阔的应用前景。

环境地图的表示就是以某种数据形式描述机器人所在环境的障碍物或特征，以便于机器人可以依靠该地图信息完成各种特定的任务，如导航、目标跟踪等。一种好的地图描述方法应当既利于创建和维护，又方便机器人使用。也就是说地图信息应当首先便于计算机进行处理，容易添加或删改，同时又能方便机器人完成各种导航任务。

路径规划是移动机器人的一个重要组成部分，它的任务是在有障碍物的环境中，按照一定的评价标准（路径最短、时间最快或能量消耗最少等），寻找一条从起始状态（包括位置及姿态）到目标状态（包括位置及姿态）的无碰最优（较优）路径。路径规划主要分为全局路径规划和局部路径规划。全局路径规划是在环境信息已知且不变的情况下，提供给机器人参考的全局最优（或较优）路径。局部路径规划是在环境信息不知或部分知道的情况下，机器人通过自身装备的感应器感知环境并通过避障规划躲避障碍物直至到达终点。

本章的路径规划思路如下：首先，规划出只考虑静态障碍物下的全局最优路径。其次，机器人沿着已规划的全局路径行进，在行进过程中通过避障规划进行局部路径调整，直到终点。目前在移动机器人领域，关于机器人全局路径规划的方法，主要包括自由空间法、图搜索法、栅格法、势场法等。其中，启发式方法比较适合于静态环境，对于多机器人系统这种动态环境，其规划不易确定。神经网络对于反应式基本行为的学习从理论上讲，是完全可以胜任的，但是需要较长的学习时间，并且需要好的指导教师来监督学习。路径规划问题是NP难问题，而遗传算法的特长在于适合解决此类问题，因此本章采用遗传算法进行移动机器人全局路径规划。

6.2 拓扑地图的必要性

6.2.1 拓扑地图与逻辑定位

目前提出的地图表示方法大致可分为两类:度量地图和拓扑地图。栅格地图和几何地图是两种常用的度量地图。栅格地图用相同大小的栅格来表示环境,用信度来表征栅格内存在障碍物的可能性。栅格地图又可以分为占据地图(Occupancy Map)和覆盖地图(Coverage Map)两种[239]。在占据地图中栅格有两种状态:空闲或者占用,所以某一栅格 c 被障碍物占用的概率 $p(c)$ 或者为0,或者为1。覆盖地图则把某一栅格存在障碍物的后验分布描述为实际障碍物在该栅格中所占的比例,概率 $p(c)$ 的取值介于0和1之间。栅格地图易于创建和维护,在结构化、非结构化环境以及室内、室外环境中都能够得到广泛的应用。但其所占用的内存和CPU处理时间会随着地图规模的扩大而增长,使计算机的实时处理变得很困难。几何地图从环境信息中提取更为抽象的几何特征,用特定的几何形状如圆形、多边形等描述环境中的障碍物。几何地图目前较多地应用于室内、结构化环境,在室外、非结构化环境中则应用较少。与栅格地图相比,几何地图表示方法更为紧凑,方便用于机器人的位置估计和目标识别。但几何信息的提取需要对传感器数据作额外的处理,并且所提取的特征对于环境的微小变动如光照变化、部分遮挡、动态障碍物等的影响比较敏感。近几年来关于度量地图的研究(尤其是栅格地图)使其能够逐渐应用于大规模未知环境中的信息表示,但拓扑地图与度量地图相比在大规模环境中仍然具备较大的优势。

度量地图以精确坐标的方式描述环境信息,比如记录障碍物或特征在世界坐标系中的坐标。机器人定位的结果也是世界坐标系的某一坐标。尽管传感器信息和地图信息的不确定性经常导致定位误差的产生,但是尽可能精确地创建地图和尽可能精确地实现机器人定位是创建度量地图的最终目标。拓扑地图则采用一种截然不同的方式描述环境信息:该地图将环境表示为一张拓扑意义上的图,图中的节点对应环境中的特定地点,弧线表示连接不同节点的通道。与度量地图侧重于环境的测量信息不同,在拓扑地图中只考虑节点之间的连接关系而忽略拓扑节点在世界坐标系中的精确坐标,所以机器人在拓扑地图中的定位属于逻辑定位。定位结果采用属于/不属于某一节点的形式。拓扑地图与环境的语义表示密切相关,与人类自身的定位和导航习惯比较符合,容易实现高层的路径规划,并且能与反应式导航方法很好地结合起来。这种地图更加紧凑,适合于大规模环境的表示。

按照环境表示的不同,机器人的自主定位可以分为度量定位和逻辑定位。度量定位是指机器人在度量地图中的定位,度量定位的目的是尽可能精确地计算机器人在某一世界坐标系的位姿,因此,在本章中称度量定位为精确定位。逻辑定位是指机器人在拓扑地图中的定位,定位的结果表示为机器人位于哪一个节点,或者位于哪两个节点之间。显然,逻辑定位很接近人的定位习惯:当一个人位于环境的某一地点时,他通常无法获得自己在世界坐标系的精确坐标,但是却丝毫不影响他准确而高效地从一个地点走向另一个地点。因此,在本章中称逻辑定位为不精确定位。精确定位与不精确定位具有本质的区别,其实由于传感器信息的不确定性和环境扰动的存在,精确定位的结果也是不精确的,关键在于不精确定位忽略机器人在世界坐标系中的位姿,从而没有任何精度可言。目前国内外绝大部分文献集中于度量定位的研究,归根结底是由于拓扑地图的在线创建和机器人在拓扑地图中的定位比较困难,为了克服这一不足,本章将会对拓扑地图作更深一步的研究。

6.2.2　拓扑地图创建需要解决的关键技术

尽管拓扑地图与度量地图相比更加适用于大规模环境的路径规划,但是把拓扑地图应用于未知环境的探索需要处理好下述问题。

首先,对于环境的拓扑结构,尚没有形成统一的定义。比如 Kuipers 和 Byun 用以传感器信息为特征的地点表示节点,用以控制策略为特征的路径作为弧线[240]。而 Thrun[241] 提出的地图则把从概率栅格地图中分离出的区域作为节点,而把连接不同区域的狭窄通道作为弧。庄严提取墙角、房门等特征作为自然路标,把通道作为弧创建室内环境的拓扑地图。该方法用检测垂直线的方法判断房门和墙角的存在,在实际机器人实验中对大规模室内环境的地图创建进行了研究,并利用几何 - 拓扑混合地图实现机器人的位姿跟踪[242]。但是当环境中存在静态或动态障碍物(如走动的人员、新增的桌椅等)时,容易发生上述特征被遮挡的情况。在该试验中没有考虑动态障碍物存在的可能性,也没有对特征的局部遮挡与地图创建准确率之间的关系进行深一步的探讨。Wetherbie 和 Smith 使用超声波传感器探测大规模室内环境的走廊、凹室以及不同类型的通道交点等特征建立拓扑地图,但是该方法假设机器人所在的环境由相互垂直的直线组成,无法应用于具有任意形状障碍物的环境[243]。Kunz,Willeke 和 Nourbakhsh 根据机器人的运动创建拓扑地图,而不是直接依靠机器人所获取的传感器信息[244]。

其次,拓扑地图的在线创建。大部分拓扑地图从已有的栅格地图中提取,比如 Fabrizi 和 Saffiotti[245] 把概率栅格地图视为灰度图像,用模糊的形态学方法来获取空间的形状信息,兼备了栅格地图和拓扑地图的优点,然而当栅格地图的规模很大时仍需要很大的内存和计算,并且拓扑地图的创建需要一个已有的栅格地图,说明这种地图创建方法本质上是离线的。Voronoi 图法是一种在线创建方法,然而这种方法无法应用于任意形状的空间并且需要很长的计算时间。Choi 和 Song[246] 从二值栅格地图中利用图像处理中的细化方法来获取环境的拓扑结构,与 Voronoi 图相比不仅计算简单,而且改善了机器人的定位。该方法的不足之处在于细化方法主要对矩形的区域有效,而且该方法本质上也是离线的。

再次,机器人在拓扑地图中的定位。如果拓扑地图通过离线的方式创建,机器人将很难实现传感器当前信息与地图信息的数据关联,也就无法实现机器人在拓扑地图中的定位。一些拓扑地图利用人工路标实现机器人对特定地点的识别。但是在完全未知的环境中,人工路标通常是不存在的。所以,为了使创建的拓扑地图便于定位,机器人必须从环境中提取容易识别和区分的特征作为自然路标。

6.3 基于 BCM 的实时拓扑地图创建方法

机器人进行地图创建的目的是为了更好地实现全局定位和自主导航。当一些学者试图建立精确的环境地图来实现机器人精确定位的时候,往往忽略了这样一个事实,人在运动时通常是无法得知自己在建筑物内的精确坐标的。所以人的导航方式有两大特点:首先,人无法得知自己在世界坐标系的精确坐标;其次,人可以精确地知道自己位于环境中的哪一地点(如房间)。其中,对地点的确定是通过对熟悉场景的记忆和匹配来实现的。很明显,人自身的导航方式与拓扑地图表示环境的方式比较一致,因此越来越多的研究者借助于拓扑地图完成高层的全局规划路径,而用反应式导航方法如 APF、VFH 或 BCM 实现底层的局部避障和路径跟踪。

本章提出了一种新型的拓扑地图和一种基于 BCM 的拓扑地图在线创建方法。地图的节点用激光的扇区特征和视觉的比例不变特征联合表示,其中扇区特征主要用来检测节点的存在,而比例不变特征用来进行节点匹配和全局定位。节点与节点之间的相对位置关系(距离,方位)则根据里程计信息用航迹推算法获得。

6.3.1 新型拓扑地图的定义

由于机器人在导航过程中只对可行的通道感兴趣,在本章的拓扑地图中,拓扑节点是指不同通道之间交叉区域的中心点或只有一个出口的区域的中心点,比如拐角、道路交叉口或房间与走廊的尽头等,同时称该区域为节点区域。与文献[242]提出的拓扑地图不同,本章的节点根据通道的连接关系判定,而非根据直线段之间的垂直关系判定。所以,本章的拓扑节点的检测对于环境的局部变化或障碍物的局部遮挡具有一定的鲁棒性。根据节点的定义,可对图 6.1(a) 所示的典型室内环境建立如图 6.1(b) 所示用 N_1—N_2—N_3—N_4—N_5—N_6 组成的拓扑地图。在地图中 $SIFT_{12}$ 代表连接节点 N_1 和 N_2 的 SIFT 特征集(属于节点 N_1 而指向 N_2 的路标)。按照无碰扇区总数的不同,把拓扑节点分为以下三类。

一类节点:只存在一个无碰扇区的节点,如 N_1 和 N_6 点。该节点通常表示狭窄通道或空间的尽头。

二类节点:存在两个无碰扇区的节点,如 N_2 点。该节点通常表示通道的拐角处。

三类节点:存在三个或三个以上无碰扇区的节点,如 N_3、N_4 和 N_5 点。该节点通常表示多个通道的交会。

如果激光扇区也可以视为某种形式的特征,显然这种特征与直线段、曲线段或拐角特征相比,对环境的局部变化和局部遮挡具有较强的鲁棒性。然而扇区特征毕竟只是对环境的一种粗略表示,因此该特征在本章通常被用来进行节点检测,而非节点识别。本章提出的拓扑地图并没有把未知室内环境划分为房间和走廊,而是按照可行通道之间的相互连接关系判断节点的存在。这使机器人无需对空间是属于房间还是走廊进行判别,也无需拥有对环境的先验知识。这样,当宽敞的房间摆放较多的物品时,也不用担心会把房间误识别为走廊。

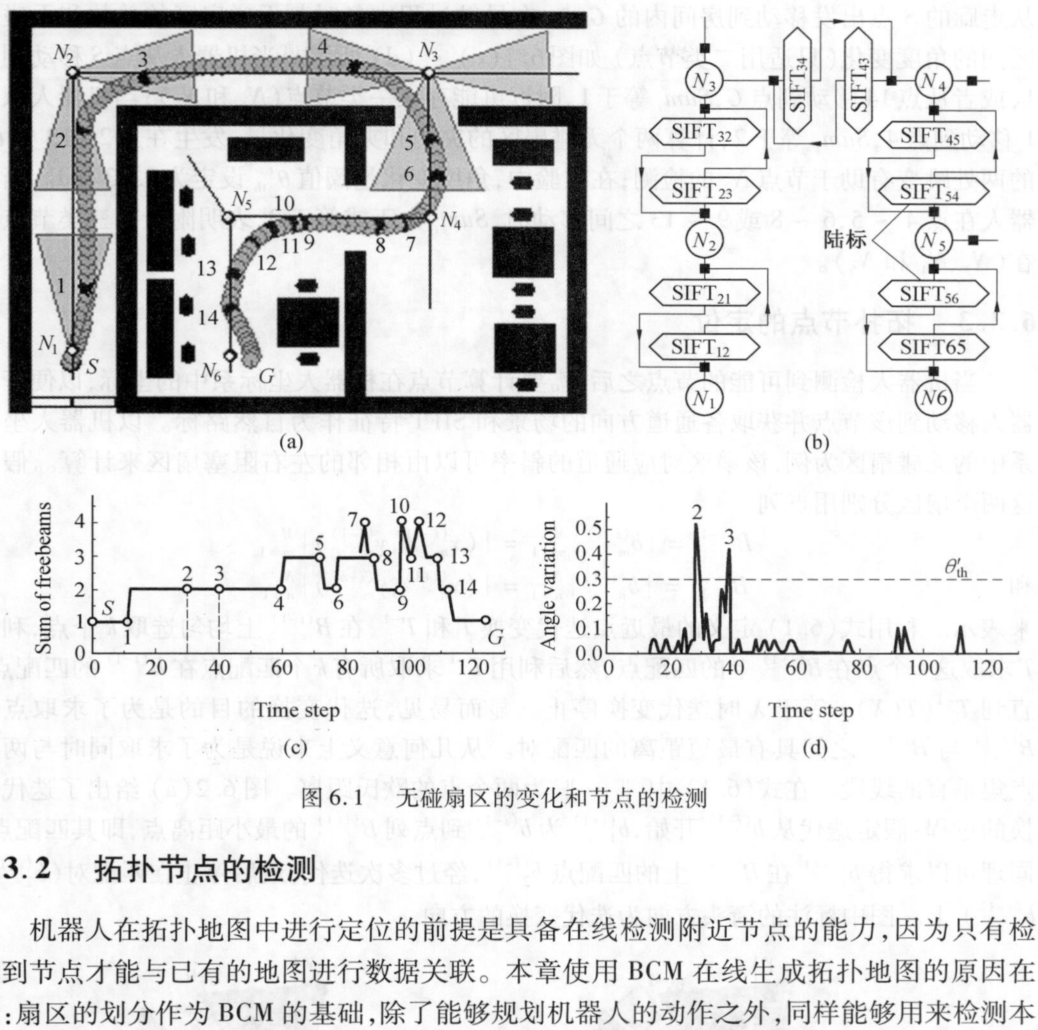

图 6.1　无碰扇区的变化和节点的检测

6.3.2　拓扑节点的检测

机器人在拓扑地图中进行定位的前提是具备在线检测附近节点的能力，因为只有检测到节点才能与已有的地图进行数据关联。本章使用 BCM 在线生成拓扑地图的原因在于：扇区的划分作为 BCM 的基础，除了能够规划机器人的动作之外，同样能够用来检测本章的拓扑节点。对于大部分典型的室内环境而言，按照上文提出的拓扑定义，在某一个节点区域内，节点的类型或无碰扇区的总数是保持不变的，节点区域的这一特点保证了节点的重复检测问题：当机器人位于某一节点区域时，该区域的节点能够被随时检测到。按照无碰扇区在 t 时刻的总数 Sum_t 不同，可得节点检测规则如下：

（1）如果 Sum_t 等于 1，附近可能存在一类节点；一类节点只能提供一个可行通道使机器人离开该节点。

（2）如果 Sum_t 等于 2，并且两个无碰扇区间的夹角 θ_t 小于角度阈值 θ_{th}，或者 θ_t 的角度变化量 θ'_t 大于角度变化量阈值 θ'_{th}，附近可能存在二类节点。

（3）如果 Sum_t 大于或等于 3，附近可能存在三类节点。

在上述规则中，可能存在是指由于环境或传感器的不确定性，容易产生节点的误检测，但由于节点区域的稳定性，误检测能够在机器人移动位置后得以消除。

图 6.1 给出了机器人在典型室内环境中利用 BCM 进行节点检测的工作原理：机器人

从走廊的 S 点出发移动到房间内的 G 点，在导航过程中各时刻无碰扇区的总数和无碰扇区间的角度变化(只适用二类节点)如图6.1(c)～(d)所示。当机器人从点 S 移动到点1，或者从点14移动到点 G，Sum_t 等于1，附近可能存在一类节点(N_1 和 N_6)；当机器人从点1移动到点4，Sum_t 等于2，计算两个无碰扇区的夹角和夹角变化量，发生在点2和3处 θ'_t 的两处跳变有助于节点 N_2 的检测；在实验中，角度变化量阈值 θ'_{th} 设定为0.03 rad。当机器人在点4～5，6～8或9～13之间移动时，Sum_t 大于或等于3，表明附近有三类节点存在(N_3、N_4 和 N_5)。

6.3.3 拓扑节点的定位

当机器人检测到可能的节点之后，需要计算节点在机器人坐标系中的坐标，以便于机器人移动到该节点并获取各通道方向的场景和SIFT特征作为自然路标。以机器人坐标系中的无碰扇区为例，该扇区对应通道的斜率可以由相邻的左右阻塞扇区来计算。假定这两个扇区分别用点列

$$B^{(i-1)} = \{b_m^{(i-1)}\}_{m=1}^{M} = \{(x_m^{(i-1)}, y_m^{(i-1)})\}_{m=1}^{M}$$

和

$$B^{(i-1)} = \{b_n^{(i+1)}\}_{n=1}^{N} = \{(x_n^{(i+1)}, y_m^{(i+n)})\}_{n=1}^{N}$$

来表示。利用式(6.1)定义的最近点迭代变换 T 和 T^{-1}，在 $B^{(i-1)}$ 上均匀选取 k 个点，利用 T 求取这 k 个点在 $B^{(i+1)}$ 上的匹配点，然后利用 T^{-1} 求取所有 k 个匹配点在 $B^{(i-1)}$ 的匹配点，直到 $T^{-1}(T(X))$ 等于 X 时迭代变换停止。显而易见，迭代变换的目的是为了求取点列 $B^{(i-1)}$ 与 $B^{(i+1)}$ 之间具有最短距离的匹配对。从几何意义上来说是为了求取同时与两个点集垂直的线段。在式(6.1)中 $\|\cdot\|$ 为两个点的欧氏距离。图6.2(a)给出了迭代变换的过程：假定迭代从 $b_1^{(i-1)}$ 开始，$b_1^{(i+1)}$ 为 $b_1^{(i-1)}$ 到点列 $B^{(i+1)}$ 的最小距离点，即其匹配点，同理可以求得 $b_1^{(i+1)}$ 在 $B^{(i-1)}$ 上的匹配点 $b_2^{(i-1)}$，经过多次迭代，最后停止在匹配对($b_2^{(i-1)}$，$b_1^{(i+1)}$)上。图中标注的箭头方向为迭代变换的方向。

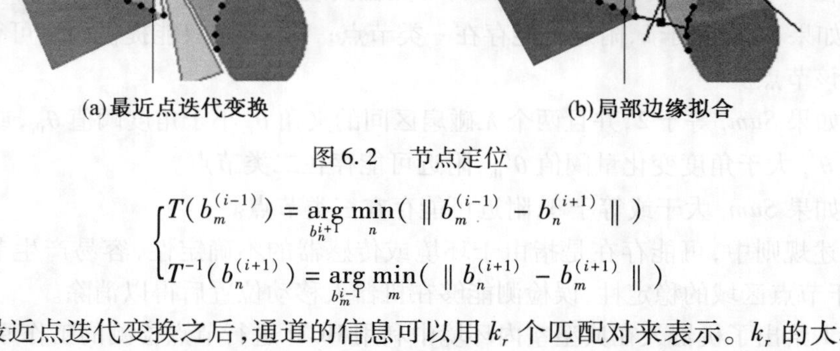

(a)最近点迭代变换　　(b)局部边缘拟合

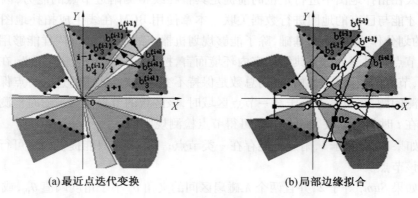

图6.2　节点定位

$$\begin{cases} T(b_m^{(i-1)}) = \underset{b_n^{i+1}}{\arg}\ \underset{n}{\min}(\|b_m^{(i-1)} - b_n^{(i+1)}\|) \\ T^{-1}(b_n^{(i+1)}) = \underset{b_m^{i-1}}{\arg}\ \underset{m}{\min}(\|b_n^{(i+1)} - b_m^{(i+1)}\|) \end{cases} \tag{6.1}$$

经过最近点迭代变换之后，通道的信息可以用 k_r 个匹配对来表示。k_r 的大小取决于

迭代变换中局部最小值的个数。比如,当点列 $B^{(i-1)}$ 和 $B^{(i+1)}$ 可以用直线拟合并且严格平行时,对于任选的一点都会有唯一的、不同于其他点的匹配对与之对应,在这种情况下,点列上的任何一点对于迭代变换来说都是局部最小点。选取 k 个配对能防止通道斜率的计算受传感器不确定性的影响,当障碍物上的某一离散检测点发生漂移时能保证通道方向计算的稳定性。迭代变换的另一个优点是可以应用于任意形状的通道方向计算,无需考虑使用直线拟合或曲线拟合的方法首先对通道的形状进行预处理。

尽管激光测距仪能获得障碍物边缘点的精确位置信息,但是当障碍物边缘的方向与传感器的投射方向角度很小时,机器人只能获取稀疏的离散点集。在这种情况下利用匹配对计算通道斜率的误差仍然很大。因此,为了提高节点定位的精度,在匹配对附近用连续的折线段来拟合障碍物在该点处的边缘,也就是所谓的局部边缘拟合方法。考虑图6.2(b)中的匹配对($b_2^{(i-1)}$,$b_1^{(i+1)}$),用折线段 $b_1^{(i-1)}b_2^{(i-1)}b_3^{(i-1)}$ 来近似 $b_2^{(i-1)}$ 点附近的边缘,其中,$b_1^{(i-1)}$ 和 $b_3^{(i-1)}$ 为与 $b_2^{(i-1)}$ 点相邻的检测点。同理,障碍物 $i+1$ 在 $b_1^{(i+1)}$ 点处的边缘可用折线段 $b_1^{(i+1)}b_2^{(i+1)}$ 来表示。分别计算点 $b_2^{(i-1)}$ 到折线段 $b_1^{(i+1)}b_2^{(i+1)}$ 的垂足和点 $b_1^{(i+1)}$ 到折线段 $b_1^{(i-1)}b_2^{(i-1)}b_3^{(i-1)}$ 的垂足,用距离较小的($b^{(i-1)}$,$b_1^{(i+1)}$)取代原来的匹配对($b_2^{(i-1)}$,$b_1^{(i+1)}$)。

假设通道 i 由第 r 个匹配对计算的角度 $\theta_i^{(r)}=\arctan(-(x_{n(r)}^{(i+1)}-x_{m(r)}^{(i-1)})/(y_{n(r)}^{(i+1)}-y_{m(r)}^{(i-1)}))$,则 $\theta_i^{(r)}$ 的权值 $w=\exp(-(\theta_i^{(r)}-E(\theta_i^{(r)}))^2/(2D(\theta_i^{(r)}))$,其中,$E(\theta_i^{(r)})$ 和 $D(\theta_i^{(r)})$ 分别为所有匹配对的统计均值和统计方差,$m(r)$ 和 $n(r)$ 为匹配对的索引。将所有权值 w_r 归一化,通道 i 的角度 θ_i 可以用所有 $\theta_i^{(r)}$ 的加权和来计算。如果($b_{m(r)}^{(i-1)}$,$b_{n(r)}^{(i+1)}$)是所有匹配对中距离最短的匹配对,则通道 i 可以用过点($b_{m(r)}^{(i-1)}+b_{n(r)}^{(i+1)}$)/2 且斜率为 $\tan\theta_i$ 的直线 L_p 唯一表示。假定 b_{pq} 和 θ_{pq} 分别为直线 L_p 和 L_q 的交点坐标和所夹的锐角,则共有 C_N^2 个交点与 N 个无碰扇区相对应。式(6.2)分别给出了不同类型节点的坐标计算公式。对于一类节点,节点的坐标为所有阻塞扇区检测点的几何中心,其中,t_i 表示阻塞扇区 i 的边缘点的个数,s 为阻塞扇区的个数,b_{ij} 表示阻塞扇区 i 的第 j 个检测点。对于其他类型的节点,节点的坐标取决于各通道之间的连接关系,其中,$f(x)$ 为阶跃函数,当 x 大于或等于0时 $f(x)$ 为1,其他情况为0。也就是说,两个通道之间的夹角越接近垂直,其交点的权值就越大,而当夹角小于某一角度阈值时,其交点将不参与节点运算。

$$b=\begin{cases}\dfrac{\sum\limits_{i=1}^{s}\sum\limits_{j=1}^{t_i}b_{ij}}{\sum\limits_{i}t_i} & \text{一类节点}\\ \sum\limits_{p=1}^{N}\sum\limits_{q=p+1}^{N}\dfrac{f(\theta_{pq}-\theta_{th})\theta_{pq}b_{pq}}{\sum\limits_{p=1}^{N}\sum\limits_{q=p+1}^{N}f(\theta_{pq}-\theta_{th})\theta_{pq}} & \text{其他}\end{cases}\tag{6.2}$$

图6.2(b)给出了利用边缘拟合方法求取节点坐标的中间结果。由于使用了边缘拟合方法,使匹配对($b^{(i-1)}$,$b_1^{(i+1)}$)取代了原来的匹配对($b_2^{(i-1)}$,$b_1^{(i+1)}$),从点 $b_2^{(i-1)}$ 到 $b^{(i-1)}$ 的微小变化,将会导致该通道与其他某一通道的交点从点 O_2 移向点 O_1,因此局部边缘拟合

能够有效地改善节点的定位精度。与霍夫变换不同,局部边缘拟合方法仅使用障碍物边缘的局部特征来计算无碰扇区所对应通道的角度,不仅消耗极少的运算时间,而且适用于任意形状的通道或空间。

与 Voronoi 图使用的 Delaunay 三角剖分法提取节点的方法相比,本章提出的最近点迭代变换和局部边缘拟合方法不仅计算简单,而且对通道之间的宽度变化,周围障碍物的数量没有特殊的要求。尤其是当通道间宽度差别较大时,在本章节点上能够获得比 Voronoi 图节点更为丰富的通道视觉信息。图 6.3 给出了本章节点与 Voronoi 图节点的性能比较。在图 6.3(a) 中本章节点 N_1 位于通道 1 和通道 2 中轴线 L_1 和 L_2 的交点上;在图 6.3(b) 中 Voronoi 图节点的位置取决于通道 1 和通道 2 的宽度比例,例如通道 1 的宽度缩小将导致节点远离通道 1 的中轴线。因此当机器人位于 Voronoi 图节点时,分布在通道 1 上的很多特征将无法进入机器人的视野。图 6.3(c) 和图 6.3(d) 描述了环境的局部变化对拓扑地图的影响。在图 6.3(c) 中,障碍物 O_1 的存在将导致本章节点位置发生偏移,节点的类型没有发生改变,地图更新只需要对通道 2 方向上的场景进行更新。对于图 6.3(d) 中的 Voronoi 图来说,障碍物 O_2 的存在尽管没有对原有的节点 N_1 产生影响,但却在 N_1 附近增加了一个新的节点 N_2。因此,本章提出的拓扑地图与 Voronoi 图相比对于环境的局部改变不敏感,更容易进行维护和更新。

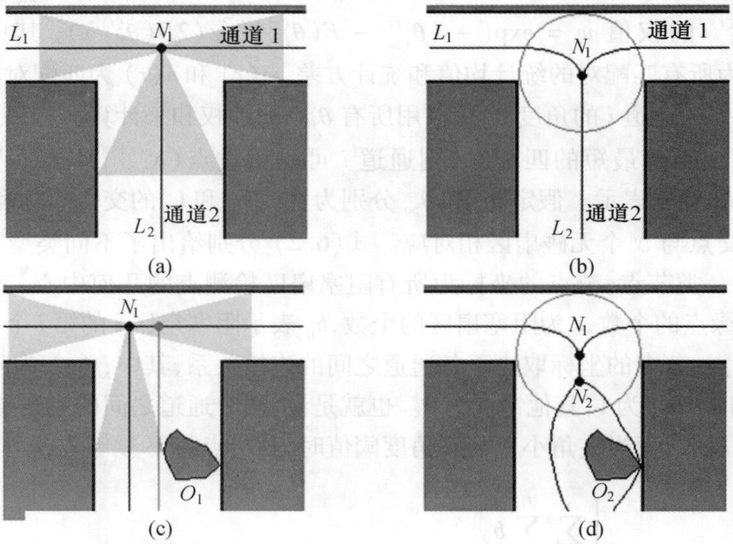

图 6.3　拓扑节点的性能比较

本章提出的拓扑地图根据通道的连接关系判断节点的存在的方法,与那些通过检测拐角和直线建立拓扑地图的方法相比,对于由障碍物引起的特征局部遮挡和环境局部改变具有很好的鲁棒性。

在确定了节点在机器人坐标系中的位置之后,机器人需要运动到该节点,并沿着所有无碰扇区方向获取图像并提取 SIFT 特征作为自然路标。为了计算不同节点间的空间关系,需要以节点为原点,以无碰扇区方向为 Y 轴建立局部坐标系。显而易见,每一个局部坐标系关联两个不同的节点,并且与某一场景一一对应。

6.4 比例不变特征变换

机器人在未知环境探索时,通常没有路标供机器人定位。因此,提取不受混乱背景和部分遮挡影响的特征作为自然路标是很有必要的。视觉传感器与距离传感器相比能够提供更加丰富的环境信息,而且对于部分遮挡情况具有较强的鲁棒性。近几年来采用视觉特征描述环境的方法在机器人领域受到了越来越多的关注,早期的研究人员通过从图像中提取直线或点特征来描述环境。但是这种特征的可识别性较差,给特征匹配带来很大的困难。最早的特征点提取方法是由 Moravec 提出来的[233],后来 Harris 等人对 Moravec 的方法进行了改进,提出了 Harris 角点检测方法[234]。但是 Harris 角点检测方法只能对一幅图像按照一个固定的比例提取图像中的角点。而在实际环境中,通常需要对两幅比例发生了较大变化的图像进行匹配。例如,机器人在远处识别的特征,在近处也能够匹配成功。特征空间匹配方法(Eigen - Space matching) 已经成功地用于分散物体和预先分割的图像的识别,但由于该方法使用一种全局的特征描述方式,在混乱背景和部分遮挡情况下的识别比较困难[221]。因此,比例不变特征成为描述环境的最佳选择。

6.4.1 特征提取

Crowley 和 Parker 等人最早开始对比例不变特征的研究[235],他们通过在比例空间中提取极值点并用这些极值点构建一个树形结构,然后用这个树形结构完成不同比例图像之间的匹配。所谓比例空间是由对图像进行多次比例变换而获得的所有图像组成的集合。由于近处的物体比较清晰,而远处的物体则比较模糊,因此物体的清晰程度反映了物体离观测点的距离,也就是物体的比例。采用 Lowe 等人提出的比例不变特征变换方法所提取的特征被称为 SIFT 特征,其对图像的比例缩放、旋转、三维视角、噪声、光强的变化具有较好的不变性。因此,我们用 SIFT 特征来表示节点并实现节点与节点之间的关联。

SIFT 特征是通过在比例空间中的高斯模糊差分图像 $D(x,y,\sigma)$ 中检测极值点来实现的。灰度图像 $I(x,y)$ 首先与式(6.3) 所示的高斯核进行卷积得到高斯模糊图像 $L(x,y,\sigma)$,式(6.4) 给出了高斯模糊差分图像的生成,其中,符号 $*$ 代表卷积运算,σ 为比例因子。

$$G(x,y,\sigma)=\frac{1}{2\pi\sigma^2}e^{-\frac{(x^2+y^2)}{2\sigma^2}} \tag{6.3}$$

$$\begin{aligned}D(x,y,\sigma)&=G(x,y,k\sigma)\times I(x,y)-G(x,y,\sigma)\times I(x,y)=\\&L(x,y,k\sigma)-L(x,y,\sigma)\end{aligned} \tag{6.4}$$

获得高斯差分图像的计算量比较小,只需要对两幅高斯卷积图像进行简单的求差运算;而且高斯差分算子 D 能够很好地近似比例归一化的拉普拉斯 - 高斯算子 $\sigma^2\nabla^2G$。Koenderink 和 Lindeberg 已经证明在一些合理的假设条件下,高斯函数是唯一可能的比例空间核。并且,作为高斯－拉普拉斯变换的近似,高斯模糊差分比其他图像处理函数如 Gradient、Hessian 或 Harris 角点等能够产生更加稳定的特征。

为了方便快速地获得原始图像的高斯差分图像,首先将原始图像 $I(x,y)$ 与 s 个不同比例的高斯核依次进行卷积,获得 s 幅高斯图像并称其为一组,对这一组中相邻的高斯图像求差获得高斯差分图像。然后,将上一组高斯图像中的比例为原始图像 1/2 倍的图像缩小 1/2 作为初始图像,再采用上述的方式产生下一组高斯图像与高斯差分图像。以此类推,可以获得多组高斯图像与高斯差分图像,直到图像缩小到一定的大小为止。

为了检测出高斯差分图像中的局部极小值点和极大值点,需要将高斯差分图像中的每个像素点与其所在图像中的 8 个邻近点以及上、下邻近比例中的 9 个邻近点进行比较,当某一像素点的灰度值大于或小于其所有 26 个邻近点时,称该点为极值点,也就是本章的特征点。

将低对比度和不稳定的极值点消除之后,SIFT 对图像中每一个像素点的梯度大小 $m(x,y)$ 和梯度方向 $\theta(x,y)$ 按式

$$\begin{cases} m(x,y)=\sqrt{(L(x+1,y)-L(x-1,y))^2+(L(x,y+1)-L(x,y-1))^2} \\ \theta(x,y)=\arctan\left(\dfrac{L(x,y+1)-L(x,y-1)}{L(x+1,y)-L(x-1,y)}\right) \end{cases} \tag{6.5}$$

进行计算。根据特征点周围一定区域内像素的梯度方向,求取它们的灰度梯度的加权和,可以建立一个方向直方图。直方图的峰值所对应的角度就是该特征点的方向。SIFT 根据特征点的比例和位置,建立一个局部描述器:选择比例最接近特征点比例的高斯模糊图像,建立一个 4×4 的采样区域上的方向直方图,每个直方图有 8 个等级,这样,每个特征点需要用 4×4×8＝128 维特征向量来描述。为了实现方向不变性,描述器的坐标和梯度方向相对于特征点方向做了旋转。图 6.4 给出了 SIFT 特征的向量描述方法。

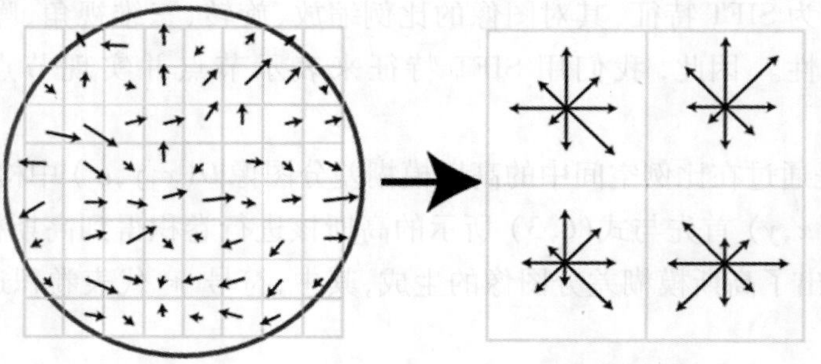

图 6.4　SIFT 特征的向量描述

6.4.2　特征匹配

SIFT 特征的匹配是对两个特征的描述器进行比较,如果两个特征的描述器的差别小于设定的数值,那么就称这两个特征相互匹配。通过特征匹配可以明确特征与特征之间

的对应关系。特征匹配的方法很多,但是最常用、最方便的方法是最邻近法,本章也将采用这种方法。下面给出最邻近点的形式化描述:设一个 K 维空间的定义域和值域分别为 R 和 D,E 为 K 维空间 $R\times D$ 中采样点的集合,$\boldsymbol{d}$ 为目标点的向量,则 $\boldsymbol{d}$ 的最邻近点 d_0 必须满足

$$\begin{cases}\forall d'' \in E, |\boldsymbol{d}\Leftrightarrow d'| \leqslant |\boldsymbol{d}\Leftrightarrow d''| \\ |\boldsymbol{d}\Leftrightarrow d'| = \sqrt{\sum\limits_{i=1}^{k}(d_i - d'_i)^2}\end{cases} \tag{6.6}$$

其中,d_i 为向量 $\boldsymbol{d}$ 的第 i 维的元素。一个简单但费时的算法是,依次计算 E 中所有点与目标点 $\boldsymbol{d}$ 之间的距离,从而找到与 $\boldsymbol{d}$ 最邻近的点。这种算法的时间复杂度为 $O(N)$,N 为 E 中点的数目。但是地图创建中特征点需要进行大量的匹配,为了提高匹配的效率,本章使用基于 K - D 树(K - D tree)[247] 的最邻近点搜索算法,它可以将时间复杂度降低到 $O(\log_2 N)$。

SIFT 特征的匹配是通过对特征点的描述器(128 维的特征向量)进行匹配而实现的。SIFT 特征点之间的距离用其描述器之间的欧几里得距离来表示。本章采用上述的基于K - D树的最邻近法实现SIFT特征的匹配。首先,将已经观测到的所有 SIFT 特征点建立一棵 K - D 树。然后,对当前观测到的每个 SIFT 特征点 kp,用基于 K - D维树的最邻近点搜索算法找到最邻近点 $kp1$ 和次邻近点 $kp2$。一般认为,如果 $|kp\Leftrightarrow kp1|$ 越小而 $|kp\Leftrightarrow kp2|$ 越大,那么 kp 与 $kp1$ 匹配的质量越好。因此,可以用两者之比来衡量匹配的质量,如果满足

$$|kp\Leftrightarrow kp1| / |kp\Leftrightarrow kp2| < \lambda \tag{6.7}$$

则认为 kp 与 $kp1$ 匹配,其中,λ 为常量且 $\lambda \in (0,1)$。这样就排除了一些匹配误差较大的特征点对。

SIFT 特征应用于地图创建的最大难题是特征提取和特征匹配的实时性问题。基于 K - D 树的最邻近搜索算法把特征匹配的时间复杂度从 $O(N)$ 降为 $O(\log_2 N)$,其中,N 为样本空间中元素的个数。然而,特征提取的时间主要消耗在灰度图像对不同比例高斯核的卷积上,降低图像分辨率或减小卷积模板的宽度虽然能在一定程度上减少运算,但却以降低正确匹配率为代价。本章将反应式导航与基于地图的导航有效结合,在检测到节点时利用 SIFT 特征进行节点识别和定位,未检测到节点时用 BCM 进行反应式导航。在实际机器人的地图创建中,机器人的主频为 500 MHz,内存为 128 Mbyte,视频通过 USB1.1 端口获取,数据刷新时间 100 ms,特征提取和特征匹配的平均时间为 650 ms,基本能够满足实时性的要求。图 6.5 给出了机器人在局部环境改变、光照环境不同、视角不同情况下的场景匹配结果。显而易见,SIFT 特征与激光提取的线段和角点特征相比,对环境改变、局部遮挡等情况具有较好的鲁棒性、稳定性和可靠性。

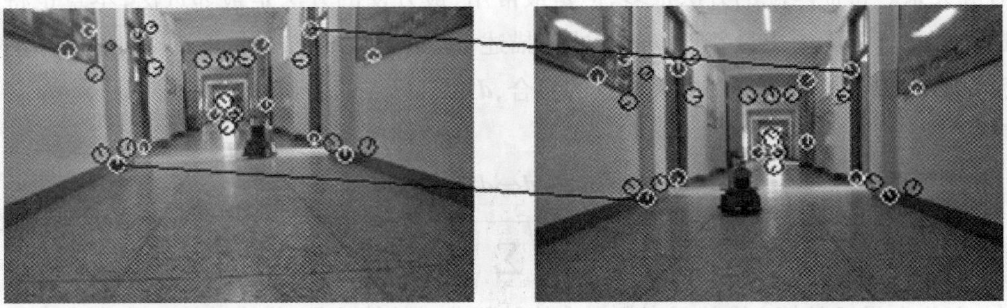

图 6.5　动态环境下的特征匹配

6.5　运动规划的数学表述

机器人的路径规划一般都要遵循以下的两个步骤。

(1) 环境模型的建立。将现实世界环境抽象成适合计算的模型。

(2) 无碰路径的搜索。在一定的约束条件下,从建立的环境模型中寻找符合要求的路径的搜索算法。

移动机器人的运动规划问题一般可以描述为推理机形式,即

$$(X, x_{\text{init}}, x_{\text{goal}}, U, f, x_{\text{obst}}) \tag{6.8}$$

其中,X 是状态空间,它必须确保包含了所需解决的任务的所有信息;x 是状态空间中的一个状态,$x_{\text{init}} \in X$ 是初始状态;$x_{\text{goal}} \in X$ 是目标状态;$x_{\text{obst}} \in X$ 则是障碍物集合。对于每一个状态 $x \in X$,$U(x)$ 为每一个状态 x 的动作空间,表示为在状态 x 所有备选的控制输入集合。状态转换函数 f 定义了状态对控制输入的响应。对于每一个动作 u,可以通过转换函数 f 使其从当前状态 x 生成一个新的状态 x',即

$$x' = f(x, u) \tag{6.9}$$

我们可以定义一个集合

$$\theta_i^{(r)} U = \bigcup_{x \in X} U(x)$$

表示所有状态的可能行动集合。规划算法的任务就是找到一个有限的行动序列,使机器人经过这些序列作用之后,可以从初始状态 x_{init} 到达目标状态 x_{goal},并且满足所经过的状态集与障碍物集合的交集为空,$\{x_1, x_2, \cdots, x_n\} \cap x_{\text{obst}} = \varnothing$。那么,称这样的控制序列 u_1, $u_2, \cdots, u_n$ 为规划问题中的一个解决方案。

6.6　智能机器人全局路径规划考虑的主要问题

全局路径规划是在环境信息已知并且不变的情况下,提供给机器人参考的全局最优(或较优)路径[248]。全局路径规划主要解决移动机器人在整个工作环境层次上寻找最优路径的问题。图 6.6 是全局路径规划示意图,图中 S 是机器人的出发点,G 是机器人要到达的目标点,黑色多边形是静态障碍物,全局路径规划要找到一条从 S 点到 G 点的无碰撞

代价最小的路径,如图6.6中曲线所示。全局路径规划要考虑的第一个问题就是环境建模[249],环境建模的好坏直接影响到规划路径的品质。全局路径规划要考虑的第二个问题就是用何种方法寻找最优路径。路径规划问题是NP难问题,而遗传算法本身具有不依赖问题形式,具有隐并行性,非常适合用于解决该类问题。如果采用遗传算法进行全局路径规划,那么就必须考虑如何将路径规划问题转变成遗传算法的求解过程,包括如何进行编码、如何设计适应度函数、如何进行选择操作、如何进行交叉操作、如何进行变异操作等。

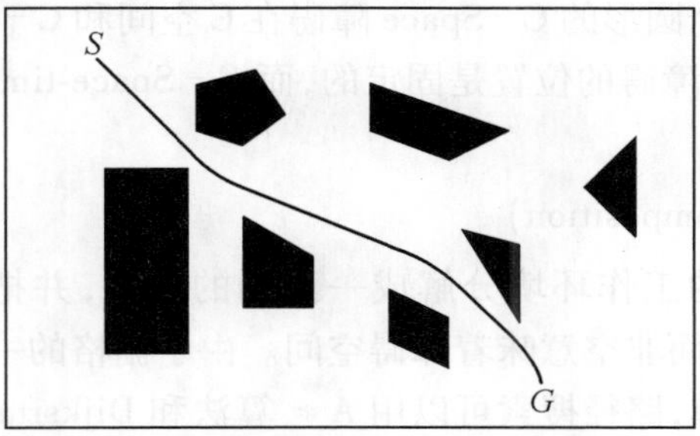

图6.6　全局路径规划示意图

6.7　环境建模

环境建模指的是用何种方法表达路径规划问题,以便可以用数学工具对路径规划问题进行求解。移动机器人路径规划的第一步是要建立适当的环境模型,因此环境的建模是非常重要的,它影响到路径规划的速度和效率,以往的研究重点主要集中于路径规划的方法、避障规划、通信和冲突消解等方面,而忽略了环境模型对于路径规划速度的重要性,因此我们认为对环境模型进行深入研究是很必要的。目前的环境建模方法可以分为几何建模法(Geometrical Modeling Method)[13]和拓扑建模法(Topological Modeling Method)两类。拓扑建模法是通过环境中对象之间的拓扑关系建立环境模型的方法。一般的做法是将环境中的物体或道路上的转接点与拓扑图中的节点一一对应,将道路或可行路径与拓扑图中的边一一对应,并附加尺寸信息作为拓扑图中的边的权值,由此形成环境对象的连接关系。虽然拓扑图建模法具有环境表达简单、建模时间短、存储空间少、易于变化的特点,但是环境模型中包含的环境信息太少,以至于机器人需要在运动过程中通过感应器来收集环境信息,其运动效果与感应器的性能关系过于密切,导致实验和仿真都难以进行而且结果也比较难以分析,因此这种建模方法在实际应用中非常少见。几何建模法是通过环境中对象之间的几何数据关系建立环境模型的方法。几何建模法具有环境表达易于被人理解、操作者便于控制机器人的动作、对环境和规划的路径进行了精确的表达、不过分依赖感应器的性能、数学基础雄厚的优点,因此实际应用十分广泛。几何建模法包括很多方法,比较常用的有以下几种。

1. 构造空间时间法(Configuration Space-time)

构造空间时间法是Erdmann和Lozano-perez为规划物体在动态环境中的运动而提出

的一种几何建模方法,该方法是在构造空间(Configuration Space-time)中增加一个时间维度来反映机器人运动环境的时变(Time-varying)约束,这样规划物体的运动就变成了在时变的时空模型中规划一条不违背时空约束的点的运动。物体的构造空间(C-Space)是表示物体的自由度的参数空间,C-Space 法可以将物体的路径规划转化为规划一个点在C空间中的运动问题。当障碍的位置和方向已知时,机器人的C空间就可以确定,如果假设障碍的位置和方向在任何时间都是已知的,那么在任何时刻都可以生成机器人的C空间,在一定时域范围内的所有的C空间的集合就叫做构造空间时间(C-Space),这里时间是增加的维度。从一个圆形的C-Space障碍在C空间和C-Space-time空间中的位置情况,可以看出C空间中障碍的位置是固定的,而C-Space-time空间中障碍的位置是变化的。

2. 栅格法(Grid Decomposition)

栅格法是把机器人的工作环境分解成一系列的栅格,并把这些栅格用空和非空标记。空意味着自由空间,而非空意味着障碍空间。由于栅格的一致性和连通性较好,栅格空间中邻接关系表达简单,路径搜索可以用A* 算法和Dijksrta动态规划来完成,所以它容易实现。栅格法具有以下优点:

(1)可以很容易地到达某个给定的点。

(2)路径搜索的效率与环境中障碍的复杂程度无关。

(3)空间表达的一致性好。

但是同时也具有如下缺点:

(1)一个物体的不同部分之间没有明确的关系。

(2)需要大量的数据存储空间。

比较常用的栅格法主要有四叉树(Quadtree)和八叉树(Qctree)。四叉树是一种将障碍和自由空间的位置信息存储在一个分级结构中的环境建模方法。整个工作空间用一个根节点来表示,每个根节点有四个子节点。每个子节点对应着工作空间中的一块子区域,并根据它对应的区域和障碍区域之间的关系来标记它,如果这个节点的对应区域在障碍的外边,则它被标记为White(空),如果对应区域在障碍的里面,则它被记为Black(满),否则它就被标记为Mix(非空非满)。每个Mix节点也有四个子节点,四个节点也根据上面的标记方法被分别标记。这样一直持续下去直到满足精度要求时为止,这时可以将Mix节点当成Black节点来处理。八叉树是四叉树向三维空间的扩展,与四叉树只采用正方形区域不同,八叉树是首先将环境空间分成八个相等的小立方体或八分圆(Octants),然后根据每个节点是满、空或非满非空进行标记。

3. 势场法(Potential Function)

势场法的思想类似于电子在正负电荷产生的电场中运动。将目标点看做吸引点,障碍物看成排斥点,机器人沿吸引点和排斥点产生的合力方向运动。它构造了势函数,使得机器人的目标位姿对应于其最小值,障碍物区域对应于一些较大的值,在任何其他的位置,势函数都是向机器人目标位姿单调递减的,从而使机器人能够获得无碰路径。但是,势场法存在易振荡的缺点。

4. 链接图法(Maklink Graph)

链接图法是由 Habib 和 Asama 提出的,它是几何建模法中一种优秀的方法,它的优点是简单、迅速、有效,但是它有一个非常大的缺点,这种方法只能用于障碍物形状是凸多边形的环境(图 6.7(a)),对于环境中存在凹多边形的情况(图 6.7(b))无能为力。图中多边形为障碍物,S 为起点,G 为终点。

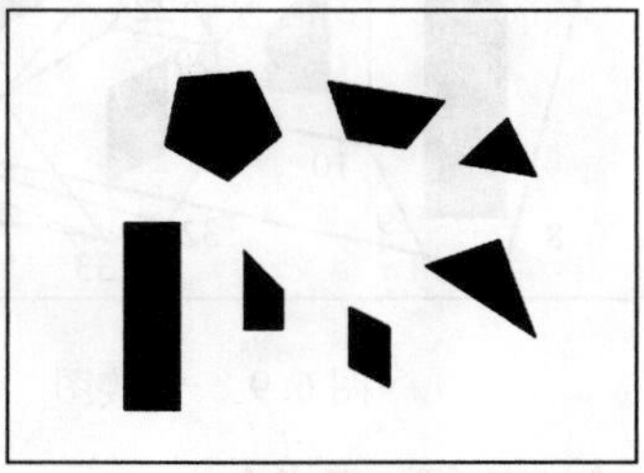

(a)凸边形环境

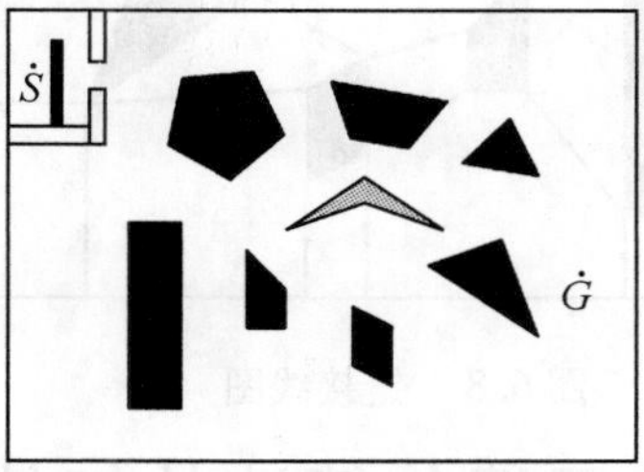

(b)凹边形环境

图 6.7　环境示意图

凹多边形的情况在实际环境中十分常见,例如制造车间或家庭。为了使链接图法能应用于存在凹多边形的一般情况,本章提出改进方法。我们把凹多边形分为两种,一种是外凹形(如图 6.7(b) 中间的空心凹边形),另一种是内凹形(如图 6.7(b) 左上角的空心凹边形)。下面将介绍本章对链接图的改进过程。首先,本章在构造规划空间时使用了以下假设。

(1) 移动机器人在含有有限个静态障碍物的二维有限空间中运动。

(2) 把障碍物边界向外扩展为机器人本体在长、宽方向上最大尺寸的 1/2,把机器人可看做质点忽略不计。

改进的链接图法对自由空间的构造步骤如下。

(1) 对于内凹形情况,可以将它的出口处设成路径点,而将其内部按照链接图法进行建模,直到建模完毕。对于外凹形情况,可以将它处理成凸多边形,并将补充的多边形中点设成路径点。

(2) 一个障碍物顶点到其他障碍物顶点之间的连线或顶点到边界之间的垂线称为链接线,链接线不与任何障碍物相交。设 $P_i(i=1,2,\cdots,n)$ 表示障碍物顶点,从 P_1 点开始,依次做 P_i 的链接线(图 6.8)。

(3) 删去多余的链接线,使链接线与边界、障碍物边线围成的每一个自由空间均是凸多边形,且凸多边形面积最大。

(4) 链接线的中点作为机器人可能路径点,这些路径点顺序标识为 $1,2,\cdots,n$,连接各路径点形成的网络图即为机器人可自由运动的路线。

(5) 将机器人运动的起点和终点分别连接到各个可能路径点上。

对图 6.7(b) 所示的规划空间,经过上述步骤处理后,可以得到图 6.8 链接线图,最终得到图 6.9 链接图。

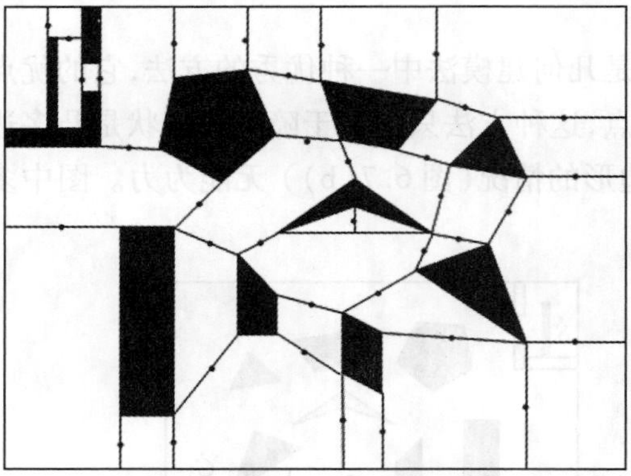

图 6.8　链接线图

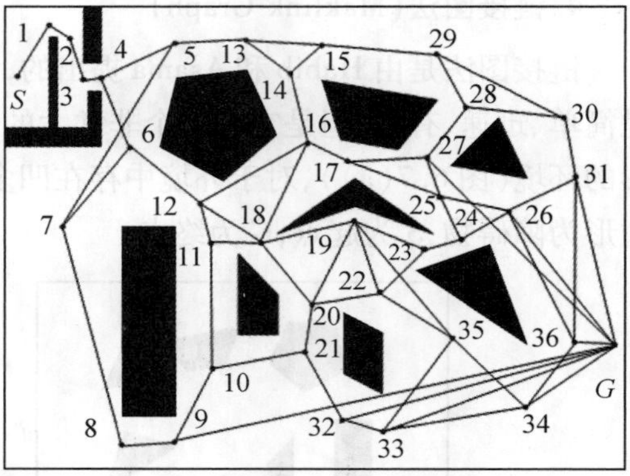

图 6.9　链接图

6.8　基于遗传算法的智能机器人路径规划

6.8.1　编码方法

取链接图 6.9 中路径点的标识序列号作为路径编码。规定每条路径中不能出现重复的标识序列号。在图 6.9 所示的情况下，一条路径可以表示为

$$\theta_i^{(r)} S—1—2—3—4—5—13—15—29—30—31—G$$

其中，S 为起点，G 为目标点，这两个点在路径编码中保持不变。

6.8.2　初始种群的产生方法

如图 6.9 所示，机器人的初始路径产生过程如下：从起始点出发，随机选取与起始点相邻的一个点作为下一路径点，如此反复，直到找到终点为止。在一条路径的产生过程中，为避免产生重复路径，规定当一个路径点选中以后，随后的随机选点操作将忽略该点，即认为该点与其他点的边长为无穷远。若选择一点后，尽管该点不是终点，但该点的所有邻接点都已在前面的步骤中选择过，那么该点为无效点，再退回到前一点，重新选择，设机器人的初始路径集表示为

$$\theta_i^{(r)} R = \{R_0, R_1, \cdots, R_n\}$$

其中，R_n 为路径个体，采用变长度染色体。

6.8.3　适应度函数设计

设 R 中个体 R_n 的路径长度为 $L(R_n)$。对于图中路径 R_n 有

$$\theta_i^{(r)} S—1—2—3—4—5—13—15—29—30—31—G$$

可以表示为

$$\theta_i^{(r)} L(R_n) = d_{S-1} + d_{1-2} + \cdots + d_{31-G}$$

其中，d_{i-j} 表示路径点 i 和 j 的距离。将每条路径的长度作为其适应值。因为要寻找最短的路径，所以保留适应值小的个体，淘汰适应值大的个体。

6.8.4　遗传算子设计

1. 群体构成策略的选择

从 DeJong 的分析可知,全部替代父代群体的更新方式(N 方式) 全局搜索性能最好,收敛速度最慢;从父代、子代中挑选出最好的若干个体的 B 方式收敛最快,但全局性能最差;保留一个最好父代个体的E方式、更新部分父代个体的G方式介于N、B两者之间。因此,为兼顾全局性和收敛速度,本方法选用 B 方式。

2. 自适应群体规模设定方法

按照问题的不同,给定群体规模的初值,以及最小值和最大值。

3. 精英线性排序选择法

此方法首先将个体的适应值从大到小进行排序,将最大适应值个体直接复制到下一代,剩下的已排好序的个体采用线性排序选择,即采用线性函数将队列序号映射为期望的选择概率。对于给定的规模为 n 的群体 $P=\{a_1,a_2,\cdots,a_n\}$,并且满足个体适应值降序排列 $f(a_1)\geqslant f(a_2)\geqslant\cdots\geqslant f(a_n)$。假设当前群体最佳个体 a_1 在选择操作后的期望数量为 η^+,即 $\eta^+=n\times p_1$;最差个体 a_n 在选择操作后的期望数量为 η^-,即 $\eta^-=n\times p_n$,其他个体的期望数量按等差序列计算,$\Delta\eta=(\eta^+-\eta^-)/(n-1)$,则 $\eta_j=\eta^+-\Delta\eta(j-1)$,故线性排序的选择概率为 $p_s(a_j)=((n-j)\eta^++(j-1)\eta^-)/n(n-1),j=1,2,\cdots,n$。这样,既有利于进化后期保持群体多样性,又保证了群体收敛到最优解。

4. 交叉算子设计

一点交叉操作的信息量比较小,交叉点位置的选择可能带来较大偏差(positional bias)。按照 Holland 的思想,一点交叉算子不利于长距离模式的保留和重组,而且位串末尾的重要基因总是被交换(尾点效应,end-point effect),故本章采用双点交叉,即随机选择两个交叉点,交换两个母体位于交叉点内的基因,产生两个子代个体(见图 6.10 和图6.11)。图6.10 中左图和右图是从起始点 S 到目标点 G 的两条不同路径,其中的数字代表图6.9 中的路径点,通过点 16 至点 22 之间的两点交叉操作,形成新的两条路径,如图 6.11 所示。

5. 自适应变异

在群体进化的整个过程中,交叉操作是主要的基因重组和群体更迭手段,变异操作的作用是第二位的。针对具体问题以及为了便于对进化过程实施控制,在标准变异算子的基础上,又引入了其他类型的变异算子。例如,特定有效位变异、变异概率自适应调整、面向领域知识的位变异等,使得遗传算法的应用范围和应用效果得到较好的改善。变异概率自适应调整有两种,一种方法是基因丢失越严重,变异概率越大,引入相异等位基因,实现解空间上的广域搜索;另一种方法是基因越一致,变异概率越小,保存共同基因值,实现当前最优解的领域搜索。这两种方法计算过程比较复杂,为了计算简便,本章将变异概率的取值与当前群体平均适应值的变化联系起来,以实现适应性变异算子的设计。控制变异概率取值,以便在进化前期采用较大的变异概率,在进化中期采用适中的变异概率,而在进化后期采用较小的变异概率。

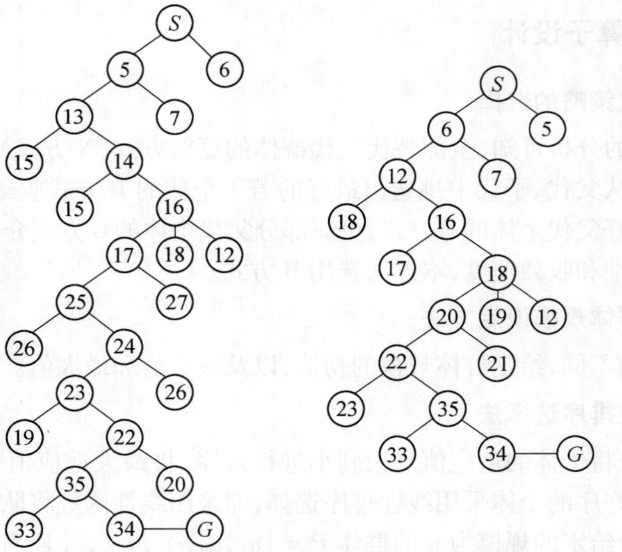

图 6.10 双点交叉操作完成前的示意图

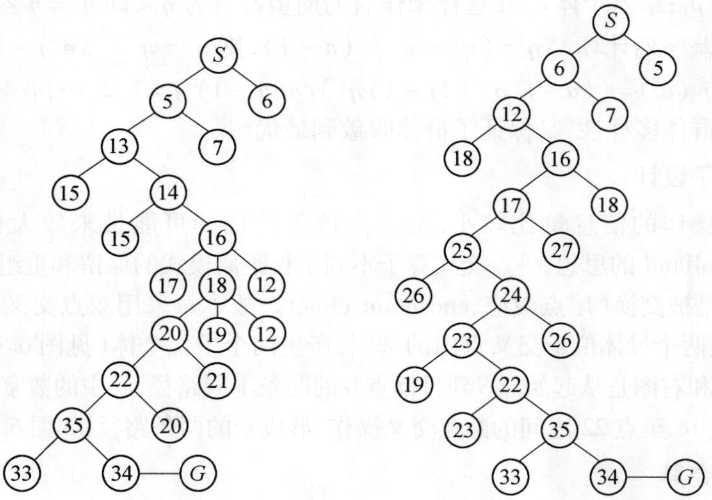

图 6.11 双点交叉操作完成后的示意图

6. 其他辅助操作

如有必要,可以增加一些辅助操作。可以将局部寻优的随机方法与改进算法结合,以加快收敛速度。方法是,对每一代的适应度值最大的前几个个体,进行邻域的寻优操作,即在该个体邻域范围内进行数次随机搜索,如果找到更优解,则替代原值,否则无变化。为了防止遗传算法的早熟,可以引入删除相似个体的过滤操作和动态增加操作。方法是,将当前种群中的个体按适应值排序,依次计算适应度差值小于阈值的相近个体间的广义海明距,如果同时满足适应度差值和广义海明距小于阈值,就删除适应度值较小的个体。删除操作后,需要引入新个体补充空缺。本章采用从适应值较高的父代个体中随机变异产生新个体。这样,动态地解决了群体由于缺乏多样性而陷入局部解的问题。

6.8.5　基于遗传算法的智能机器人全局路径规划

通过链接图法建立了环境模型后,采用上述基于遗传算法求解出的路径由于使用了走各条链接线中点的条件,因此它只是网络图中的最短路径,而不是整个规划空间中的最短路径。在网络图最短路径已知的情况下,采用传统遗传算法来求解整个规划空间中的最短路径,取得了一定成功。但是存在两个缺点:一是规划时间较长;二是不能保证收敛。产生这两个缺陷的一个原因是传统遗传算法固有的缺点导致算法不能保证收敛;另一个原因是采用连续值编码方法致使搜索空间过大从而直接导致搜索时间过长。本章为了解决这两个缺点,采用了我们提出的改进遗传算法和离散值编码方法。在得到网络图最短路径的基础上,通过调整各个路径点的位置,我们可以得到质量更好的优化路径。具体过程在下面介绍。

假设通过基于改进遗传算法已经找到了链接图中的最短路径 $SP_1P_2\cdots P_iP_{i+1}P_nG$(图 6.12),其中,$S$ 为路径起点,G 为路径终点,P_i 为路径点,P_{i1} 和 P_{i2} 是路径点 P_i 的两个链接线端点。为了得到优化路径,我们需要调整各个路径点 P_i 的位置。对于路径点 P_i,让它在链接线 $P_{i1}P_{i2}$ 上变动,其具体位置可由参数方程

$$\begin{cases} P_{ix} = P_{i1x} + (P_{i2x} - P_{i1x})C_i/m \\ P_{iy} = P_{i1y} + (P_{i2y} - P_{i1y})C_i/m \end{cases} \tag{6.10}$$

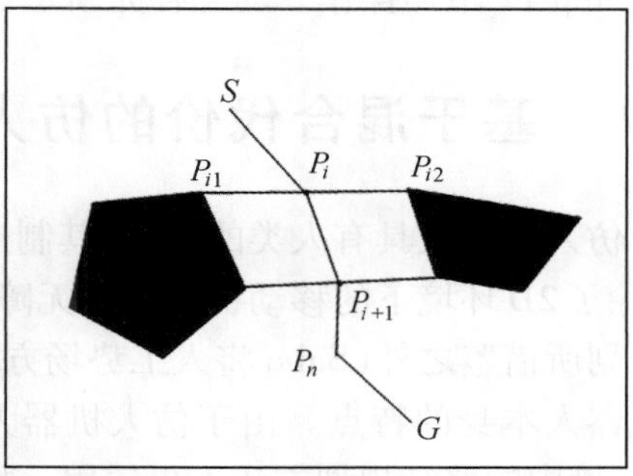

图 6.12　路径规划示意图

决定。其中,P_{ix} 和 P_{iy} 为点 P_i 的横、纵坐标;P_{i1x} 和 P_{i1y} 为点 P_{i1} 的横、纵坐标;P_{i2x} 和 P_{i2y} 为点 P_{i2} 的横、纵坐标;m 和 C_i 是整数,且 $0 \leqslant C_i \leqslant m$,$m$ 的物理意义是将链接线 $P_{i1}P_{i2}$ 平均分成 m 等份,C_i 指明是第几等份。

对于每一个路径点都进行这样的处理后,这些新的路径点就组成一条新的可行路径。对于这一条新的调整后的路径,可以由 n 个取值在$[0,m]$范围内的 C_i 值的排列来唯一地表示其各个路径点的新位置,即确定了这条路径。特别要说明的是,路径的起点和终点不参与调整。这样,个体的编码形式为 $C_1C_2\cdots C_i\cdots C_n$。

按照上述方法,我们可以通过调整 m 值来调整路径的优化精度,当路径规划要求高时 m 可以取得较大;而当路径规划要求低时 m 可以取得较小,这样我们就可以灵活地完成路径规划的不同要求。

下面是基于遗传算法的全局路径规划的具体步骤:

Step 1 环境建模。采用改进了的链接图法进行环境的建模。

Step 2 编码并初始化。将可行路径进行编码,设置进化代数计数器 $t \leftarrow 0$;设置最大进化代数 T;随机生成 M 个个体作为初始群体 $P(0)$。

Step 3 个体评价。设计适应度函数并计算群体 $P(t)$ 中各个个体的适应度。

Step 4 是否满足结束条件。若 $t \leqslant T$,则 $t \leftarrow t+1$,转到 Step 5;若 $t > T$,则判断是否进一步优化路径,是则优化到满意解,以进化过程中所得到的具有最大适应度的个体作为最优解输出,终止计算。

Step 5 排序并混合选择运算。父代群体适应度排序,进行混合选择,保留父代中最佳个体。

Step 6 交叉运算。将双点交叉算子作用于群体。

Step 7 变异运算。将自适应变异算子作用于群体。群体 $P(t)$ 经过选择、交叉和变异运算之后得到下一代群体 $P(t+1)$。转到 Step 3。

Step 8 局部寻优操作。

Step 9 删除操作。

Step 10 判断是否进行了删除操作即种群中的个体数目是否等于 M,如果进行了删除操作则转入步骤 Step 11;否则,转入步骤 Step 3。

Step 11 增加操作。动态补充新子代个体并转入步骤 Step 3。

6.9 基于混合代价的仿人机器人路径规划

仿人机器人具有人类的特征,其制造的根本目的是要在人类的生活环境中运动。因此,除了2D 环境下的移动机器人的无障碍物碰撞的路径规划方法可以被仿人机器人的路径规划所借鉴之外(Sabe 将人工势场方法引入到仿人机器人路径规划中),还需要考虑仿人机器人本身的特点。由于仿人机器人的足迹的离散性,并且能够跨越或跨上障碍物,2D 环境中的路径规划方法不再适用。如果考虑到双足步行机器人的行走过程中的稳定性要求以及足部落地的离散性要求,对双足步行机器人和环境做出一定的限制,将仿人机器人的路径规划问题转换成机器人满足静态稳定性,障碍物固定不动并且不可被跨上和跨越的路径规划问题。这样,只需增加可行足迹集合就可直接应用移动机器人路径规划中的成熟算法。

移动机器人路径规划的评价一般从时间最短或者路径最短来进行,而仿人机器人路径规划评价的前提是该路径规划的结果已经存在并且有效,因此它的评价应该是独立于规划算法之外的。在建立仿人机器人路径规划评价体系时,应该考虑到机器人运动学和动力学上的约束、全局环境信息、运动所消耗的能量和时间等因素。有些研究人员虽然已经提出关于仿人机器人路径规划的一些优化指标,但这些指标一般都是建立在机器人底层步态规划之上的,而仿人机器人的路径规划指标则需融合底层步态规划评价和全局路径规划。

在机器人路径规划研究领域,启发式方法因已经被证明优于传统的方法而获得很大的流行性。A^* 算法是应用极广的启发式搜索算法,该算法运用了路径上每一个节点的启发式估计值,试图消除在图上的无用搜索。如果启发式估计是真实路径代价的下界,只要该路径存在,A^* 算法的可接纳性就保证它可以得到一条最优路径。

证据推理自提出以来,其应用范围在逐渐扩大,目前主要应用于数据融合和专家系统中。在军事方面,如目标检测、识别、跟踪以及态势评估与决策分析;在非军事领域,如机器人导航、经济决策、网络入侵检测等。DSmT(Dezert - Smarandache Theory)是一种智能融合算法,可以融合不同信息源的信息,并用融合结果进行决策。

当前的路径规划算法一般只为如何更快更准确地寻找到最优路径而提出,其最优条件是单一的,如只针对距离最优或只针对时间最优,而对于仿人型机器人实际工作的某些的场景,最优路径的评价指标已经不仅限于距离或时间等单一因素,而是时间、能耗、距离、失败风险等各种代价因素的综合。在这种情况下,用一般的路径规划算法并不能找出合适的路径,如以下场景:

假设机器人 Mario 在一个布满多种障碍物的房间中,房间的门是关着的,此时

(1) 走廊传来火警警报,Mario 需要以最短的时间运动到门处,打开门并出去救火,且应该保证机器人在运动过程中摔倒的可能性较小,否则可能会更加消耗时间。

(2) 有人敲门,Mario 需要走到门处将门打开,此时只需要 Mario 以较低的能耗(为以后的任务保存能量),完成此开门的任务,但能耗相等的情况下又要求时间较短,尽量减少敲门的人的等待时间。

为了解决类似于以上场景中的问题,本章针对仿人机器人运动规划中独有的特点:障碍物的多样性、机器人具有越障和绕障等多种避障运动的功能、路径的代价因素的多样化(时间、距离、能耗等),对环境地图和机器人进行建模,综合能量、时间、距离等各种代价因素,用混合代价进行仿人机器人的路径规划。首先,我们将启发式搜索算法与多维向量的字典序比较方法进行结合,可以根据路径代价因素的多样性(如时间、距离、能耗等),以及对各个代价因素进行考虑的优先级的不同(如时间 > 距离 > 能耗,或能耗 > 时间 > 距离等),高效地找到对应的最优路径,然后引入 DSmT 算法用信息融合的方式综合考虑各种路径代价因素,对上述算法进行改进,能够找到综合代价更加优化的路径。

6.9.1　环境建模

仿人机器人的运动环境是非常复杂的,具有各种地形和障碍物,例如楼梯、门、台阶等可通过的障碍物和墙等不可通过的障碍物,如图 6.13 所示。

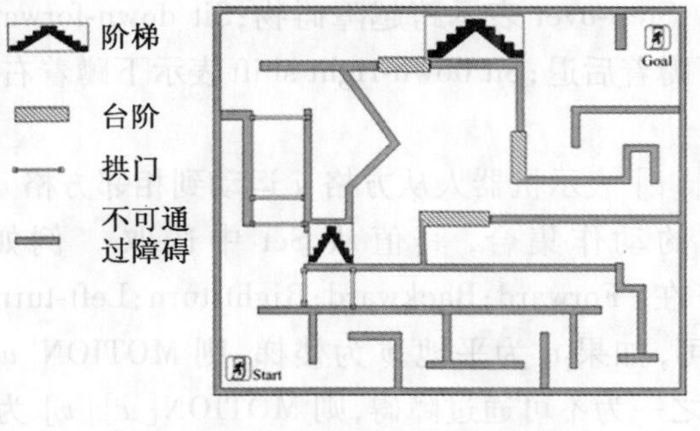

图 6.13　仿人机器人的运动环境

我们采用栅格法对复杂环境进行建模,把环境地图抽象为一个二维的方格化 8 连通图,并假设每个方格的大小取能够刚好覆盖机器人在地面上的垂直投影的正方形的大小,每个方格都有属性 $u.x$,$u.y$,$u.d$,$u.type$,其中,$u.x$,$u.y$ 为方格中心的坐标,$u.d$ 为方格的

边长。*u. type* 为该方格的地图类型，对于图 6.13 可作如下定义：

u. type = 0：环境中的平地。

u. type = 1：环境中的阶梯。

u. type = 2：环境中的台阶。

u. type = 3：环境中的拱门。

u. type = 4：环境中的不可通过障碍物。

其中，拱门的两个角柱各抽象为一个方格的不可通过的障碍物，台阶的左右两个边缘也分别抽象为一排不可通过的障碍物，其余地形可用类似的方法建模。对于不可通过的障碍物，其边缘不满一个方格的补满一个方格。在地图的边缘部分把不足一个正方形的方格补满一个正方形，且把这些补过的正方形看做是不可通过的障碍物。

6.9.2 机器人建模

用 $R(t_i, e_i, t_{avg}, e_{avg})$ 来表示仿人机器人，其中，t_i 表示机器人经过一格类型为 *u. type* = *i* 的方格 *u* 所需要的时间；e_i 表示机器人经过一格类型为 *u. type* = *i* 的方格 *u* 所需要的能量；t_{avg} 表示机器人在各种可通过的地形上行走一个方格的距离所需要的平均时间；e_{avg} 表示机器人在各种可通过的地形上行走一个方格的距离所消耗的平均能量。对于不可通过障碍物，t_i 和 e_i 的值都为 ∞ 。

6.9.3 仿人机器人基本动作集

针对仿人机器人路径规划的特点，我们可以设置以下的动作作为基本动作集。

Actions Set = {Forward;Backward;Right-turn;Left-turn;Right-shift;Left-shift;
Step-up;Step-down;Step-over;Sit down-forward;Sit down-backward;
Sit down-right shift;Sit down-left shift}

其中，Forward 表示向前行走；Backward 表示向后行走；Right-turn 表示向右旋转；Left-turn 表示向左旋转；Right-shift 表示向右平移；Left-shift 表示向左平移；Step-up 表示上楼梯；Step-down 表示下楼梯；Step-over 表示跨越障碍物；Sit down-forward 表示下蹲着前进；Sit down-backward 表示下蹲着后退；Sit down-right shift 表示下蹲着右移；Sit down-left shift 表示下蹲着左移。

使用 MOTION[*u*][*v*] 表示机器人从方格 *u* 运动到相邻方格 *v* 时，根据需要经过障碍物类型的不同，所需的动作集合，其值从 Set 中选取。例如当 *u*、*v* 都为平地时，MOTION[*u*][*v*] 只需在{Forward;Backward;Right-turn;Left-turn;Right-shift;Left-shift}集内调用相应动作即可，如果 *u* 为平地，*v* 为楼梯，则 MOTION[*u*][*v*] 需调用{Step-up;Step-down}，若 *u* 和 *v* 之一为不可通过障碍，则 MOTION[*u*][*v*] 为 ∅。

6.9.4 代价函数

定义代价函数 COST(*u*,*v*) 为返回相邻方格 *u* 和 *v* 之间的运动代价，其值由一组多维向量表示，若只考虑路径的距离、时间、能量消耗，则可用三维向量[*d*,*t*,*e*] 表示，其中，*d*

为相邻两方格中心的距离,即正方形边长,t,e 分别为机器人从方格 u 运动到方格 v 所需的时间和能量,其值可由式

$$\mathrm{COST}(u,v)=\begin{cases}(\infty,\infty,\infty) & if(u \text{ 或 } v \text{ 为不可通过障碍物})\\ \left(d,\dfrac{t_{u.type}+t_{v.type}}{2},\dfrac{e_{u.type}+e_{v.type}}{2}\right) & \text{else}\end{cases} \tag{6.11}$$

得到。

6.9.5　基于多维向量字典序比较运算的混合启发式搜索算法

我们提出的算法采用经典的 A^* 算法作为框架,定义函数 $father(u)$ 返回方格 u 的父节点,启发函数的定义为

$$f(S_{\mathrm{start}},S_{\mathrm{cur}})=g(S_{\mathrm{start}},S_{\mathrm{cur}})+h(S_{\mathrm{cur}},S_{\mathrm{end}}) \tag{6.12}$$

$$g(S_{\mathrm{start}},S_{\mathrm{cur}})=\begin{cases}0 & if\quad S_{\mathrm{cur}}=S_{\mathrm{start}}\\ g(S_{\mathrm{start}},father(S_{\mathrm{cur}}))+\mathrm{COST}(father(S_{\mathrm{cur}}))(S_{\mathrm{cur}}) & \text{else}\end{cases} \tag{6.13}$$

$$h(S_{\mathrm{cur}},S_{\mathrm{end}})=\begin{cases}[\infty,\infty,\infty] & if\ (S_{\mathrm{cur}} \text{ 为不可通过障碍物})\\ \begin{bmatrix}\sqrt{(S_{\mathrm{end}}.x-S_{\mathrm{cur}}.x)^2+(S_{\mathrm{end}}.y-S_{\mathrm{cur}}.y)^2}\\ \sqrt{(S_{\mathrm{end}}.x-S_{\mathrm{cur}}.x)^2+(S_{\mathrm{end}}.y-S_{\mathrm{cur}}.y)^2}/d\times t_{\mathrm{avg}}\\ \sqrt{(S_{\mathrm{end}}.x-S_{\mathrm{cur}}.x)^2+(S_{\mathrm{end}}.y-S_{\mathrm{cur}}.y)^2}/d\times e_{\mathrm{avg}}\end{bmatrix} & \text{else}\end{cases} \tag{6.14}$$

其中,S_{start} 表示路径的起始方格;S_{cur} 表示当前方格;S_{end} 为目标方格;$f(S_{\mathrm{start}},S_{\mathrm{cur}})$ 为起始方格到目标方格的估价函数;$g(S_{\mathrm{start}},S_{\mathrm{cur}})$ 为起始方格到当前方格的实际代价;$h(S_{\mathrm{cur}},S_{\mathrm{end}})$ 为当前方格到目标方格的最佳路径估计代价,由于代价函数 $\mathrm{COST}(u,v)$ 返回的是一个多维向量,因此以上运算都需要采用向量运算的方式进行。

在启发式搜索算法的每一步迭代过程中,需要选取当前 $f(S_{\mathrm{start}},S_{\mathrm{cur}})$ 值最小的方格进行扩展。由于在一般的启发式搜索算法中,估价函数 $f(\cdot)$ 的值只是一个实数,因此只要简单地进行实数之间的比较即可找到该值最小的节点。但在我们所建模的场景中,该值是一个多维向量,不能简单地采用实数间的比较方法进行比较,因此我们引入了字典序的比较方法进行此多维向量的比较,即把每一个向量看成一个"单词",向量中的每一维看成一个"字母",像对字典中的单词进行排序一样对每个方格的估价值进行排序,从而选出估价值最小的方格进行扩展。

算法结束时,函数 $path(S_{\mathrm{start}},S_{\mathrm{end}})$ 返回最优路径 $(S_{\mathrm{start}},S_1,S_2,\cdots,S_n,S_{\mathrm{end}})$

$$path(S_{\mathrm{start}},S_{\mathrm{end}})=\begin{cases}path(S_{\mathrm{start}},S_{\mathrm{end}})=(S_{\mathrm{start}}) & if\ S_{\mathrm{start}}=S_{\mathrm{end}}\\ (path(S_{\mathrm{start}},father(S_{\mathrm{end}})),S_{\mathrm{end}}) & \text{else}\end{cases} \tag{6.15}$$

函数 $motion(S_{\mathrm{start}},S_{\mathrm{end}})$ 返回所对应的动作序列 $(m_1,m_2,\cdots,m_{n-1},m_n)$

$$motion(S_{\mathrm{start}},S_{\mathrm{end}})=(motion(S_{\mathrm{start}},father(S_{\mathrm{end}})),\ \mathrm{MOTION}[father(S_{\mathrm{end}})][S_{\mathrm{end}}]) \tag{6.16}$$

在 6.11.4 节中我们定义代价函数 $\mathrm{COST}(u,v)$ 返回的值为一组三维向量 $[d,t,e]$,并

采用字典序比较的方法进行向量间的大小比较,这样可得出具有如下特性的最优路径。

(1) 该路径的距离最短。

(2) 在距离相等的情况下,该路径耗费的时间最短。

(3) 在前面二者都相同的情况下,该路径耗费的能量最少。

而在仿人机器人路径规划的实际应用中,需要考虑的代价因素除了距离、时间、能耗之外,还可能有跌倒概率、动作难度等,各个代价因素的优先权重可能也不相同,可以采用如下方法对上述算法进行扩展。

假设需要考虑的代价因素分别为 $c_1,c_2,c_3,\cdots,c_n$,且这些代价因素按优先权重排序为 $c_1 > c_2 > c_3,\cdots, > c_{n-1} > c_n$,将代价函数 COST$(u,v)$ 的返回值定义为 n 维向量$[c_1,c_2,c_3,\cdots,c_n]$,则算法执行后能够找到具有如下特性的最优路径。

(1) 该路径的 c_1 代价是最优的。

(2) 在 c_1 相等的情况下,该路径的 c_2 代价是最优的。

……

(3) 在上述各因素都相等的情况下,该路径的 c_n 代价是最优的。

按此方法进行扩展的算法能够解决仿人机器人路径规划中规划目标的复杂性问题,即对于需要执行的不同任务,能够优先考虑不同的代价因素,并能保证其他代价因素也是相对最优的,具有很高的效率和实用性。其算法实质是给规划目标(时间、能量、距离等)分配不同的优先级,按优先级大小将各个分量(代价因素)在向量中按一定的次序排列,从而得到针对不同规划要求的最优路径,也可以看做对多维向量中的每个分量赋予不同的权重而进行加权比较,且排在前面的分量的权重要绝对大于排在其后的分量,即若某条路径的代价向量的第一维或前几维大于其他所有路径,则完全不考虑其他的代价因素而认为该条路径是最优的路径。因此,这种算法在最优路径的决定上存在着一定的偏颇性。

为了解决这个问题,我们采用信息融合技术对上述方法进行进一步改进,将各个代价因素看做对某条路径进行评估的证据源,更加全面地考虑路径代价向量中的各个代价因素,从而做出选择或者不选择该条路径的决策。

6.9.6 基于代价融合的启发式搜索算法

DSmT(Dezert-Smarandache Theory)是一种智能融合算法,由 Dezert 在 2002 年提出,它是在传统的 DST 理论和贝叶斯概率的基础上发展起来的,DSmT 对解决高冲突和高不确定性证据下的融合问题具有很好的效果。当前,DSmT 正处于发展阶段,并已经开始应用到目标跟踪、数据关联、目标行为估计等各个应用领域,取得了一些成效。

DSmT 沿用了 DST 的基本置信指派函数(mass)的概念,DSmT 的组合规则定义如下:

定义 6.1 (DSmT 组合规则)假定辨识框架 Θ 上性质不同的两个证据,其焦元分别为 B_i 和 $C_j(i=1,2,\cdots,n;j=1,2,\cdots,m)$,其基本置信指派函数分别为 m_1 和 m_2,则 DSmT 组合规则为

$$m(A)=\begin{cases}0 & A=\varnothing\\ \sum\limits_{B_i,C_j\in D^{\Theta},B_i\cap C_j=A} m_1(B_i)m_2(C_j) & A\neq\varnothing\end{cases} \tag{6.17}$$

对于多个证据的组合,可以用组合规则对证据进行两两组合。

1. 应用指数函数构造置信指派函数

将路径代价向量中的每个分量(代价因素)看做一个对该条路径进行评估的证据源,每个证据源都对每一条路径的“选择”或者“不选择”进行评估,这里“选择”记为“Y”,“不选择”记为“N”,则辨识框架为 $\Theta=\{\mathrm{Y},\mathrm{N}\}$。为叙述方便,设代价向量为三元向量$[d,t,e]$,设置三种信息源如下:

设路径的距离总和 d 为信息源 m_1,该任务的最长可容忍距离为 D,且保证 $d\leqslant D$;

设路径的时间消耗 t 为信息源 m_2,该任务的最长可容忍时间为 T,且保证 $t\leqslant T$;

设路径的能量消耗 e 为信息源 m_3,设该任务的最长可容忍能耗为 E,且保证 $e\leqslant E$。

显然,当代价向量中某一分量越小时,支持选择该路径的置信度应该越接近于 1,反之,反对选择该路径的置信度应该越接近于 0。因此,需要找到一种函数可以反映这种非线性映射关系,指数函数就是具有这种关系的一种函数,设 $y=e^{\alpha}$,则当 $\alpha\in(-\infty,0]$ 时,$y\in(0,1]$。根据这一性质,我们构造基本置信指派如下:

$$m_1:m_1(Y)=\mathrm{e}^{-\frac{d}{D}},m_1(N)=1-\mathrm{e}^{-\frac{d}{D}},m_1(Y\cup N)=0,m_1(Y\cap N)=0$$

$$m_2:m_2(Y)=\mathrm{e}^{-\frac{d}{D}},m_2(N)=1-\mathrm{e}^{-\frac{d}{D}},m_2(Y\cup N)=0,m_2(Y\cap N)=0$$

$$m_3:m_3(Y)=\mathrm{e}^{-\frac{d}{D}},m_3(N)=1-\mathrm{e}^{-\frac{d}{D}},m_3(Y\cup N)=0,m_3(Y\cap N)=0$$

这里假设代价向量中的每个分量因素都得到平等的权重,且不存在不确定和冲突,但当某些任务中对不同的因素(时间、距离、能量)有着不同的权重要求时,可以在以上置信指派中添加不确定信息,如 $m_i(Y\cup N)=\alpha_i$,$i=1,2,3,\cdots$,且 $0<\alpha_i<1$,构造新的置信指派如下

$$m_1:m_1(Y)=(1-\alpha_1)\mathrm{e}^{-\frac{d}{D}},m_1(N)=(1-\alpha_1)(1-\mathrm{e}^{-\frac{d}{D}}),m_1(Y\cup N)=\alpha_1,m_1(Y\cap N)=0$$

$$m_2:m_2(Y)=(1-\alpha_2)\mathrm{e}^{-\frac{d}{D}},m_2(N)=(1-\alpha_2)(1-\mathrm{e}^{-\frac{d}{D}}),m_2(Y\cup N)=\alpha_2,m_2(Y\cap N)=0$$

$$m_3:m_3(Y)=(1-\alpha_3)\mathrm{e}^{-\frac{d}{D}},m_3(N)=(1-\alpha_3)(1-\mathrm{e}^{-\frac{d}{D}}),m_3(Y\cup N)=\alpha_3,m_3(Y\cap N)=0$$

其中,给代价向量中权重越大的分量赋予越小的 α_i,给代价向量中权重越小的分量赋予越大的 α_i,相当于权重越小的分量对该条路径选择与否的判断越不确定,从而降低其在融合过程中的权重,达到对不同的代价因素的优先排序。

2. 信息融合

按 DSmT 组合规则(式(6.17))将 m_1 与 m_2 融合后得到 m_{12},即

$$m_{12}(Y)=(1-\alpha_1)(1-\alpha_2)\mathrm{e}^{-(\frac{d}{D}+\frac{t}{T})}+\alpha_2(1-\alpha_1)\mathrm{e}^{-\frac{d}{D}}+\alpha_1(1-\alpha_2)\mathrm{e}^{-\frac{t}{T}}=A$$

$$m_{12}(N)=(1-\alpha_1)(1-\alpha_2)(1-\mathrm{e}^{-\frac{d}{D}})(1-\mathrm{e}^{-\frac{t}{T})}+\alpha_2(1-\alpha_1)(1-\mathrm{e}^{-\frac{d}{D}})+$$
$$\alpha_1(1-\alpha_2)(1-\mathrm{e}^{-\frac{t}{T}})=B$$

$$m_{12}(Y \cup N) = \alpha_1\alpha_2 = C$$

$$m_{12}(Y \cap N) = (1 - \alpha_1)(1 - \alpha_2)\mathrm{e}^{-\frac{d}{D}}(1 - \mathrm{e}^{\frac{t}{T}}) + (1 - \alpha_1)(1 - \alpha_2)\mathrm{e}^{-\frac{t}{T}} + (1 - \mathrm{e}^{-\frac{d}{D}}) = D$$

将 m_{12} 与 m_3 按 DSmT 组合规则融合后得到最终的 mass 函数 m

$$m(Y) = A(1 - \alpha_3)\mathrm{e}^{-\frac{e}{E}} + \alpha_3 A + C(1 - \alpha_3)\mathrm{e}^{-\frac{e}{E}}$$

$$m(N) = B(1 - \alpha_3)(1 - \mathrm{e}^{-\frac{e}{E}}) + \alpha_3 B + C(1 - \alpha_3)(1 - \mathrm{e}^{-\frac{e}{E}})$$

$$m(Y \cup N) = \alpha_3 C$$

$$m(Y \cap N) = A(1 - \alpha_3)(1 - \mathrm{e}^{-\frac{e}{E}}) + B(1 - \alpha_3)\mathrm{e}^{-\frac{e}{E}} + D(1 - \alpha_3)\mathrm{e}^{-\frac{e}{E}} + D(1 - \alpha_3)(1 - \mathrm{e}^{-\frac{e}{E}}) + \alpha_3 D$$

3. 决策分类

在启发式搜索算法的每一次迭代中用上式计算每条候选路径(方格)的 $m(Y)$ 值,选择 $m(Y)$ 值最大的路径作为当前的最优路径进行扩展,算法的其余部分不变。

6.10 基于多传感器融合模型的智能机器人在线实时调整

仿人机器人可以根据离线规划好的路径进行在线执行。但是由于机器人自身的不稳定性和环境信息采集形成的误差,机器人在线执行路径过程中难免会与离线生成的轨迹形成偏差,这就需要机器人能够实时感知其周围的环境信息,能够通过各种不同的传感器来获得与环境交互所需的各种信息,通过这些传感器信息,机器人能够控制自身的姿态、速度、加速度等物理属性,从而在路径规划中在线完成动作和姿态的调整,能够顺利地完成给定的工作任务和目标。图 6.14 为基于传感器的控制系统框架。

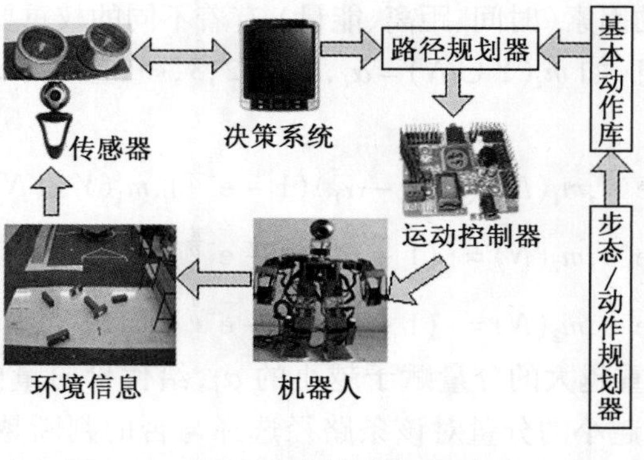

图 6.14 基于传感器的控制系统框架

6.10.1 传感器的种类

机器人的传感器根据获得的不同参数属性可以分为多种不同的种类。本章用于复杂运动规划的仿人机器人具有视觉传感器、倾斜传感器、超声传感器。本章通过各种传感器的信息获取,给机器人进行在线调整提供参考依据。其中视觉传感器由一个单目摄像头和安装在机器人头部的云台构成(见图 6.15)。倾斜传感器由两个安装在机器人上半身的垂直和水平倾斜传感器构成,形成机器人上体水平和垂直方位的信息采集。超声传感器共有3组,分别安装在机器人的胸部,两条腿的足部的正前方,用来检测机器人前方障碍物的距离信息。

1. 视觉传感器

使用视觉进行定位并使用视觉进行简单距离测试。

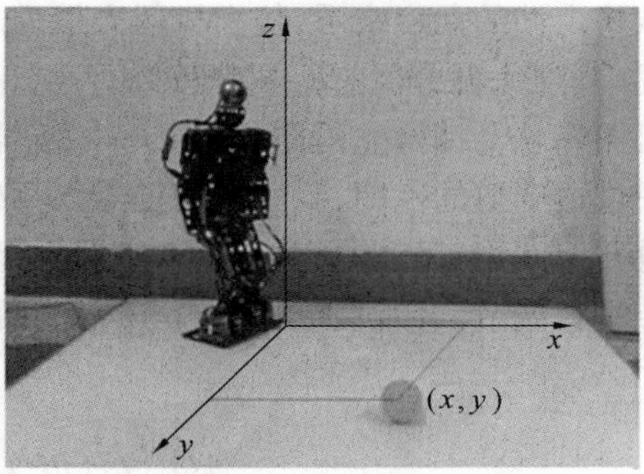

图6.15　基于单目定位的仿人机器人实物示意图

一般来说,单目视觉无法检测物体的深度信息,需要立体视觉系统的两幅图像。但是如果在被测物体的高度和机器人高度等某些属性已知等情况下,我们可以通过颜色识别,获取目标颜色模块的中心与色块四个顶点的坐标。然后根据简单的几何计算,得出机器人距离终点色块的距离和偏离色块的角度。具体如图6.16所示。

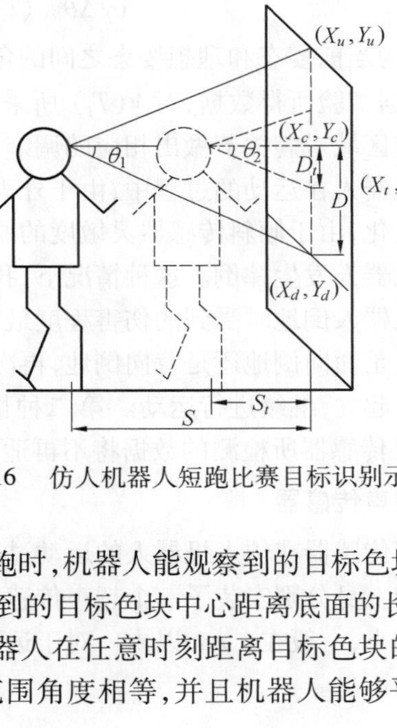

图6.16　仿人机器人短跑比赛目标识别示意图

根据该图,我们可以得出机器人与终点目标之间的直线距离公式

$$\tan\theta_1 = \frac{D}{S}, \quad \tan\theta_2 = \frac{D_t}{S_t} \tag{6.18}$$

其中,θ_1,θ_2 是机器人的视觉采集角度;D 表示起跑时,机器人能观察到的目标色块中心距离底面的长度;D_t 表示机器人在任意时刻能观察到的目标色块中心距离底面的长度;S 表示机器人起跑时距离目标的水平长度;S_t 则是机器人在任意时刻距离目标色块的水平长度。假定机器人在快速行走过程中的视觉采集范围角度相等,并且机器人能够平稳地进行快速行走,则式(6.18)可以等于式(6.19),即

$$S_t = \frac{D_t \times S}{D} = \frac{(Y_t - Y_c) \times S}{Y_d - Y_c} \tag{6.19}$$

其中,Y_t 为机器人实时采集到的最低色块纵坐标;Y_d 是机器人起跑时采集到的色块的最低纵坐标;Y_c 是机器人采集到的色块中心纵坐标。

2. 倾斜传感器

仿人机器人在运动过程中,由于上身集中了机器人的大部分质量,因此如果运动过程中存在不稳定状态,首先应该在上身反映出来。基于这个原因,我们把倾斜传感器安装在仿人机器人的上身,用前后左右两个倾斜传感器同时来获取机器人的前后左右摆动情况,从而可以得到机器人的稳定状况。

从稳定性的角度来看,仿人机器人最理想的是上身保持垂直状态,但是在机器人的运动过程中,难免会出现前后左右倾斜的姿态。如果这个倾斜程度超过机器人的稳定裕度,那么机器人就会摔倒。因此,对于倾斜传感器传来的数据,有一个经实验获得的经验值,如果超过这个值的范围,我们认为机器人将处于不稳定状态,必须进行稳定姿态的调节,使其重新回到稳定姿态。对于仿人机器人,调节上身的前后倾倒程度,最有效的方式是用髋关节进行调节。假设 $\Delta\theta_h(t)$ 表示髋关节的变化角度。它可以由式(6.20)和(6.21)得到

$$\Delta\theta_h(t)(nt_s) = \sum_{i=1}^{i=n} \delta\theta_h(it_s) \tag{6.20}$$

$$\delta\theta_h(it_s) = \begin{cases} \Delta\theta_b(it_s), & V(T_i) \in (\text{Stable}) \\ \gamma\Delta\theta_h((i-1)t_s), & V(T_i) \notin (\text{Stable}) \end{cases} \tag{6.21}$$

其中,θ_b 为当前姿态和理想姿态之间的角度差;γ 为经验系数;$V(T_i)$ 为倾斜传感器获取的数据,根据实验所得数据,对 $V(T_i)$ 所采集的数据进行区间的划分,根据机器人姿态是否处于稳定区域对髋关节做出相应的调节。其中,有两种特殊情况需要另外考虑:一种情况是仿人机器人在运动的过程中,由于外力或者其他特殊的情况,导致其在瞬间生成巨大的不稳定变化,由于倾斜传感器灵敏度的原因,不能在有效的采集周期内检测出这种变化,从而使机器人发生摔倒。这种情况下,我们可以调用本书中介绍的仿人机器人倒地运动,从而使机器人倒地时受到的伤害程度最低。倒地之后,倾斜传感器反映的数据则会显示出机器人是面向倒地还是背向倒地,再次相应地调用动作库中的不同倒地起立运动,使机器人重新起立,继续进行运动。第二种情况是当机器人进行某些特殊的运动时(比如爬行),倾斜传感器所检测的数据将不再适合作为稳定性判断的依据。

3. 超声传感器

超声传感器在仿人机器人的运动过程中,起到了距离检测的作用,我们在仿人机器人的双足和上身分别安装了一个超声传感器。超声传感器的特点是对于近距离的距离测试误差比较小,一般在 1 cm 以内。对于远距离测试,需要结合视觉信息来弥补单一超声距离测试的不足。

6.10.2 智能机器人传感器信息融合

仿人机器人在运动过程中,除了环境信息的变化外,其自身由于多自由度的刚体结构特性,难免会产生预期运动轨迹的偏差,再则,各种传感器由于环境或者自身的特性,难免会产生测量上的误差。因此,对于具有多传感器的仿人机器人来说,在其运动控制中,不能单凭某个传感器的信息就做出简单的判断,需要采用多种传感器信息融合技术,以便决策系统进行综合,再调用执行系统进行运动的执行。传感器信息融合技术是一门蓬勃发展的技术,很多学者采用多种不同的方法进行研究,应用最广泛的是神经网络、模糊逻辑、模糊神经网络以及各种专家系统。为了压缩信息,避免长时间地进行信息处理,从而达到实时处理的要求,同时,由于本章所采用的传感器的精度不是很高,为了避免对传感器的数据过分依赖,我们进行基于混合式结构的决策层信息融合。

多个传感器融合模型示意图如图 6.17 所示。

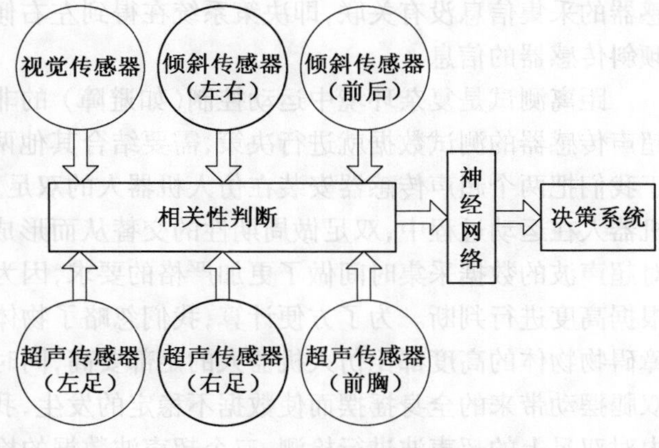

图 6.17　多传感器融合模型示意图

图中显示，每种传感器首先在各自不同的采样周期内分别把传感器信息进行相关性的判断，然后取相关性较大的数据作为神经网络的输入参数 $x=(V,U_i,T_i)$，神经网络经过离线的多组实验数据训练得到相应的权值，输出对应的参数给决策系统，决策系统根据传感器的优先级别，分别做出不同的响应。例如，由于在仿人机器人运动规划中，运动的稳定性始终应该保持在首要位置，而根据实验显示，在仿人机器人的行走运动中，前后倾倒发生的概率最大，因此对于图中各种传感器，前后倾斜传感器的响应级别应该是最高的，即优先考虑前后倾斜传感器传到决策系统中的采样数据。

不同种类的传感器之间，以及同种类型不同安装部位的传感器之间的得到的各种传感器信息存在一定的关联，并且关联度随着采样时间或者地点的不同而保持动态更新。各个传感器信息之间的关联程度由表 6.1 给出。

表 6.1　不同传感器之间的传感器信息关联程度表

传感器类型	V	T_1	T_2	U_1	U_2	U_3
V	不存在	A	B	C	C	A
T_1	A	不存在	C	C	C	C
T_2	B	C	不存在	C	C	C
U_1	C	C	C	不存在	A	A
U_2	C	C	C	A	不存在	A
U_3	A	C	C	A	A	不存在

表中，V 表示摄像头传感器，T_1 和 T_2 分别表示前后和左右的倾斜传感器，U_1、U_2 和 U_3 分别表示左脚、右脚和前胸上的超声传感器。关联信息 A 表示强烈关联，B 表示关联程度一般，C 表示不关联。对于 A，例如 V 和 T_1 之间的关联，表示摄像头采集到的信息还需要判断当前的前后倾斜传感器采集的信息之后再做出决策，因为正常情况下，仿人机器人是上身直立行走的，前后倾斜传感器的数据显示了仿人机器人的上半身是否保持与地面垂直的状态，如果不是垂直状态，摄像头采集到的图像信息可能会出现偏差，必须等到机器人处于上半身直立状态时摄像头采集到的图像信息才算有效。对于 B，例如 V 和 T_2 之间的关联，表示摄像头采集到的信息可以考虑左右倾斜传感器的信息，因为在行走的过程中，根据视觉采集原理，仿人机器人的左右倾斜在一定的范围内对视觉信息的采集不造成影响。对于 C，例如 T_2 和 T_1 之间的关联，表示左右倾斜传感器的采集信息与前后倾斜传

感器的采集信息没有关联，即决策系统在得到左右倾斜传感器的信息之后可以忽略前后倾斜传感器的信息。

距离测试是复杂环境中运动控制（如避障）的非常重要的手段，因此，不能只凭单个超声传感器的测试数据就进行决策，需要结合其他两个超声传感器的数据进行判断。由于我们把两个超声传感器安装在仿人机器人的双足上，与移动机器人运动不同的是，仿人机器人在运动过程中，双足做周期性的交替从而形成步态，进行运动。采用这样的方式，对超声波的数据采集时间做了更加严格的要求，因为不同的时间，所采集到的数据还需要根据高度进行判断。为了方便计算，我们忽略了物体高度上的计算，即假设所有环境中的障碍物物体的高度都比仿人机器人的足部要高，同时，为了防止行走过程中由于机器人的双腿摆动带来的全身摇摆而使数据不稳定的发生，我们在行走的过程中的双腿支撑周期内对双足上的超声波进行检测，三个超声波数据的检测对照表如表 6.2 所示。

表 6.2 各种情况下的超声传感器反馈数据对照表

姿态	D_{U1}	D_{U2}	D_{U3}	D_U
站立	D_1	D_2	D_3	$(D_1+D_2+D_3-1/2l)/3$
站立	有效数据外	D_2	D_3	$(D_2+D_3-1/2l)/2$
站立	D_1	有效数据外	D_3	$(D_1+D_3-1/2l)/2$
站立	D_1	D_2	有效数据外	$(D_1+D_2)/2$
单腿一步落地	D_1	D_2	D_3	$(D_1+D_2+D_3-3/2d)/3$
单腿一步落地	D_1	D_2	有效数据外	$(D_1+D_2-d)/2$
左脚在前一步落地	有效数据外	D_2	D_3	$(D_2+D_3-3/2d)/2$
左脚在前一步落地	D_1	有效数据外	D_3	$(D_1+D_3-1/2d)/2$
右脚在前一步落地	有效数据外	D_2	D_3	$(D_2+D_3-1/2d)/2$
右脚在前一步落地	D_1	有效数据外	D_3	$(D_11+D_3-3/2d)/2$

表中，D_1、D_2、D_3 分别表示左脚、右脚、胸前超声传感器测得的距离；D_U 表示经过不同超声融合之后的距离；l 表示脚的长度；d 表示步伐长度；“有效数据外”指的是超声检测到的距离出错或者不在实验有效范围之内。

6.11 仿真与实验结果

为了证明本章提出的拓扑地图能够提高机器人在未知环境探索的效率，以实际机器人 Pioneer 3 - DX 为实验平台，在 45 m × 18 m 的办公室环境内进行地图创建和导航实验。实验从定位和导航的角度出发，对本章提出的拓扑地图进行分析和评价。在导航效率、地图维护和诱拐恢复方面与 FastSLAM 创建的栅格地图、vSLAM 创建的特征地图进行了比较。

6.11.1　导航效率对比实验

与传统的全局定位－地图创建－基于地图的定位－路径规划－路径跟踪的导航方式不同，本章的拓扑地图包含了一种基于不精确定位的地图创建和导航思想。机器人在地图创建和导航过程中只考虑节点间的相互连接及位置关系，而忽略节点和机器人在世界坐标系中的全局坐标。因此，机器人进行地图创建时初始位姿可以是未知的。由于大部分机器人在未知环境探索时都假定初始位姿已知，上述特点在这一假设下似乎显得无足轻重，机器人完全可以把初始的位姿作为世界坐标系的原点。但是，考虑到机器人在探索过程中诱拐情况时有发生（比如由碰撞导致的位姿偏移），使用不依赖全局定位的探索方法显然能够提高导航的效率，同时对诱拐恢复问题具有较好的鲁棒性。当本章地图拓展到多机器人领域时，上述特点变得尤为重要。

图6.18给出了机器人在不同地图表示、不同定位方法指导下完成导航任务的轨迹记录。机器人分别以FastSLAM生成的栅格地图、vSLAM生成的特征地图以及本章方法生成的拓扑地图进行定位，然后把定位结果传递给底层的BCM产生线速度与角速度。为方便起见，这三种方法分别简称为FastSLAM，vSLAM和TMN（Topological Map-based Navigation）。

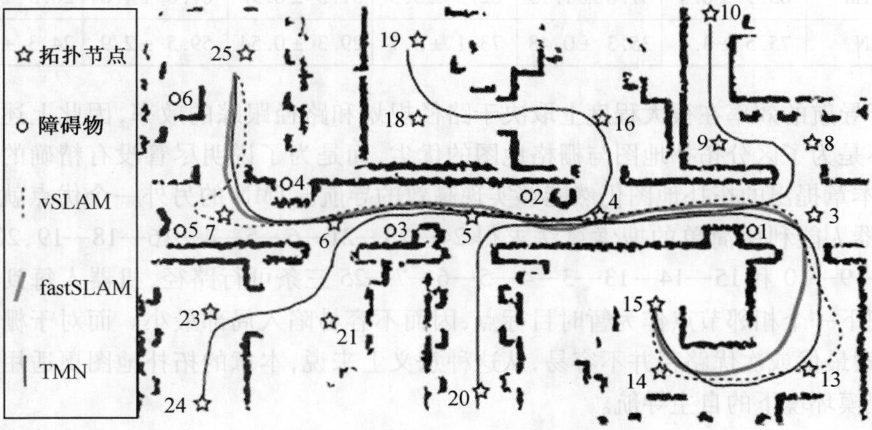

图6.18　基于不同地图的导航轨迹

在实验中，机器人在点24到19，点20到10和点15到25之间进行导航，每一次导航用不同的方法完成10次并记录其平均消耗时间和轨迹长度。从表6.3可以知道，TMN和FastSLAM都能实现快速、可靠的导航。vSLAM尽管导航效率较低，但是对于机器人诱拐具有很好的恢复能力。TMN也具备vSLAM的这一优点，既然在导航过程中根本不考虑机器人的全局定位，诱拐也就没有任何意义。FastSLAM尽管导航效率较高，但诱拐恢复能力明显逊于vSLAM和TMN。原因在于，vSLAM和TMN地图中使用的SIFT特征包含有丰富的环境信息，每一个特定地点通常与若干特征的组合相对应，一旦发现熟悉的场景，机器人便能很快从迷失中恢复过来。TMN能够有效解决探索过程中的诱拐问题，据我们所知，在度量地图中，没有相关文献对地图创建过程中的机器人诱拐问题进行研究。原因在于，精确的地图创建需要机器人精确的定位，一旦诱拐发生，机器人便无法把当前的传感器信息添加到已有的地图上。为了实现地图的一致性，机器人只能一方面创建新的地图，一方面关联两个地图的数据，所以对于度量地图而言，解决地图的数据关联问题难度很大，即使能够实现也需要很长的处理时间。考虑到最坏的情况，当机器人在创建地图过程中遭遇频繁的诱拐，创建正确的环境地图几乎是不可能的。在 TMN 中，机器人根本不考虑自身在世界坐标系的全局定位，只考虑不同节点间的相互连接关系。本章的拓扑地图使用 SIFT 特征关联不同的节点。当机器人检测到节点之后，会匹配当前节点与现有地图中的所有节点，如果能够找到匹配点，说明机器人回到了以前访问过的地方，机器人便可以使用齿轮啮合的方法判断是发生了闭环还是诱拐。当诱拐发生后，机器人同时创建两个地图，每到一个节点，机器人便可以利用齿轮啮合的方法实现不同地图拼接而很快从诱拐中恢复过来。

表 6.3　三种方法的时间性能比较

轨迹 / 性能 / 方法	轨迹 15—25		轨迹 24—19		轨迹 20—10	
	时间 /s	距离 /m	时间 /s	距离 /m	时间 /s	距离 /m
FastSLAM	73.8 ±2.7	34.9 ±0.26	71.4 ±3.1	29.0 ±0.33	59.1 ±2.5	24.2 ±0.28
vSLAM	83.9 ±6.4	37.8 ±1.15	82.5 ±5.3	31.5 ±0.96	67.0 ±4.6	26.5 ±0.93
TMN	75.5 ±3.4	35.3 ±0.48	73.1 ±3.7	29.3 ±0.54	59.5 ±2.9	24.3 ±0.41

由于导航的效率在很大程度上取决于路径规划和路径跟踪的效率，因此上述比较的目的并不是为了区分拓扑地图与栅格地图的优劣，而是为了说明尽管没有精确的全局定位，利用本章提出的拓扑地图仍然能够实现高效的导航。TMN 的另外一个优点就是规划简单：机器人能利用简单的搜索算法求得 24—23—21—6—5—4—16—18—19，20— 5—4—3—8—9—10 和 15—14—13—3—4—5—6—7—25 三条可行路径，机器人每到一个节点就会把下一个相邻节点作为暂时目标点，因而不容易陷入局部最小。而对于栅格地图而言，搜索最优或次优路径并不容易，从这种意义上来说，本章的拓扑地图更适用于机器人在大规模环境下的自主导航。

6.11.2　地图维护与更新性能比较

一种好的地图表示方法，除了要易于创建和使用之外，还应该易于维护和更新。图 6.19 显示了图 6.18 中六个障碍物 01 ~ 06 除去后，机器人在点 15 ~ 25 之间导航时的地图变化。在栅格地图中，机器人需要对大约600 个50 cm×50 cm的栅格进行更新，假定机器人的最大速度为50 cm/s，数据刷新时间为0.5 s，在导航过程中每个栅格至少要被更新20 次。而拓扑地图只需要对九个相关的节点进行更新，并且局部的环境变化一般不会对拓扑地图的结构产生影响，除非环境的变化导致节点的产生与消失或者节点的类型发生改变(比如节点 3 处的房门关闭)。

图6.19 给出了机器人在节点13 处的场景。其中，图6.19(c) 所示的场景关联节点13 与节点3，图6.19(d) 所示的场景关联节点13 与节点14，图6.19(b) 为节点13 的俯视图，

图6.19(a)为环境改变后的栅格地图和拓扑地图。必须指出,图6.19所示的拓扑地图只是一种形象化的描述,在实际地图中,节点的分支只与某一场景的SIFT相关联,而与具体的全局方向无关。实际上,SIFT特征不仅能用于节点识别,还能够用于规划机器人下一步的行为。比如,当机器人到达节点13,如果节点3是下一个目标点,图6.19(c)所示的场景对应的无碰扇区将用来产生机器人的线速度和角速度,以便于机器人逐步地朝目标逼近。

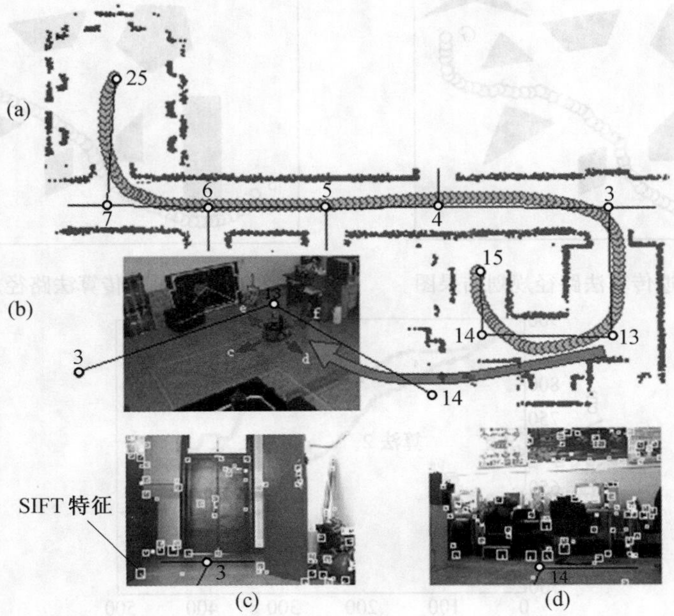

图6.19　拓扑地图维护与更新

6.11.3　基于遗传算法的智能机器人全局路径规划实验

本章设计了一组路径规划实验,用来比较本章算法与其他算法之间的性能优劣。在如图6.20所示的实验环境下,移动机器人的任务是从起始点S开始,到达目标点G。这里我们要比较的算法有,(1)算法1是基于传统遗传算法的路径规划法。(2)算法2是基于改进遗传算法的路径规划法。(3)算法3是采用了进一步优化操作的基于改进遗传算法的路径规划法。算法的运行参数同为:种群数为30,终止代数为500代。算法1的单点交叉率为0.9,变异率为0.1。算法2的双点交叉率为0.9,初始变异率为0.1。

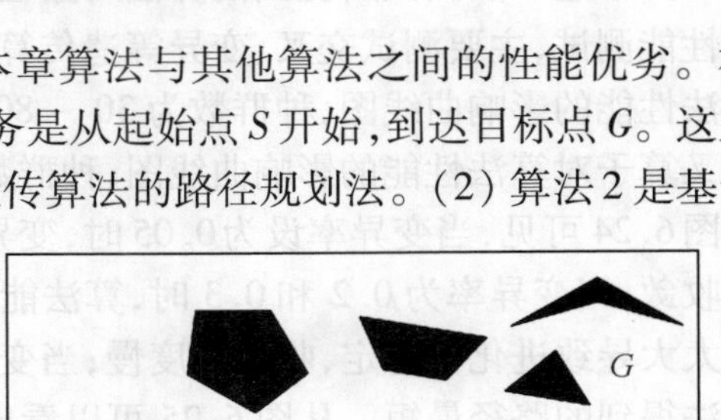

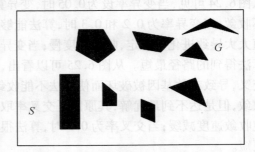

图6.20　路径规划示意图

首先进行可行性测试,即测试算法是否能规划出一条路径,图6.21和图6.22是算法1和算法2的路径规划仿真结果,圈形连接线是规划出的路径。从图中可以看出,两种算法都能够得到可行的路径,表明两种算法是可行的。其次进行算法的比较，图 6.23 是算法 1、2 在同一环境下进行路径规划的性能比较曲线图，横坐标是遗传算法进行的代数，纵坐标是适应值，即路径长度。从该图中可以看出，算法 2 在进行到 320 代左右时收敛到 611 cm，算法 1 在进行到 450 代左右时收敛到 611 cm。算法 1 收敛到 611 cm，算法 2 收敛到 583 cm，从曲线图中可知，算法 2 收敛速度明显比算法 1 快，而且适应值的变化比较平稳，不像算法 1 振荡明显。

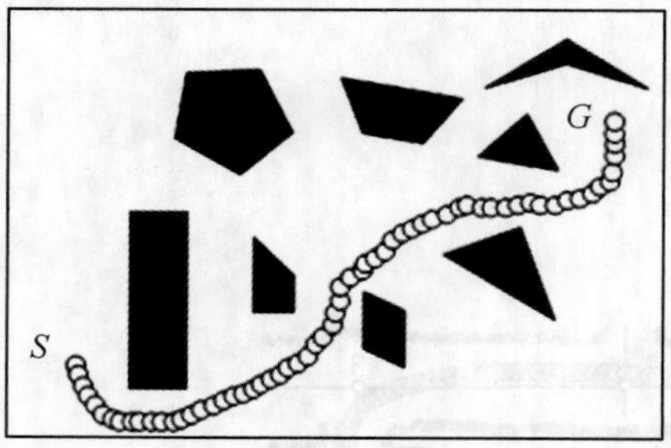

图 6.21　传统遗传算法路径规划结果图

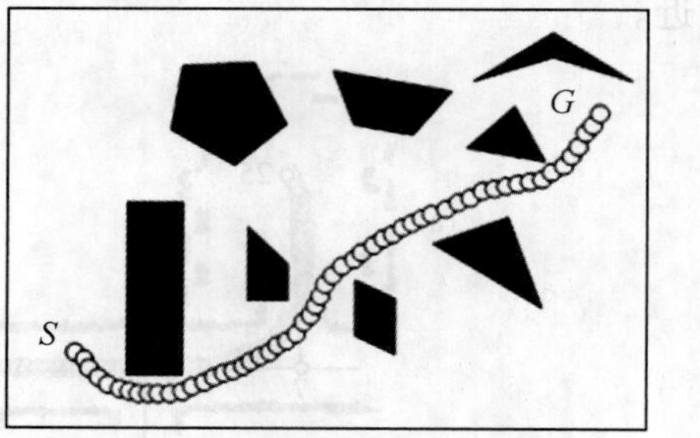

图 6.22　改进遗传算法路径规划结果图

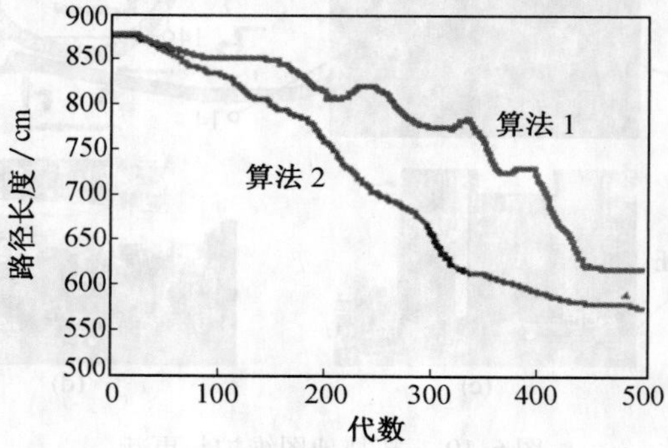

图 6.23　性能比较

为了进一步测试所提出的算法对路径规划求解的情况，我们进行了算法 3 的路径规划性能测试，主要测试交叉、变异等遗传算子对算法的性能影响。图 6.24 是变异算子对算法性能的影响曲线图，种群数为 30 ~ 80，截止代数为 500 代，交叉率为 0.9。图 6.25 是交叉算子对算法性能的影响曲线图，种群数为 30，截止代数为 500 代，初始变异率为 0.1。从图 6.24 可见，当变异率设为 0.05 时，变异算子基本上不起作用，随之而来的问题是算法不收敛；当变异率为 0.2 和 0.3 时，算法能够收敛，但是达不到最优解，其原因是变异率取值太大导致进化不稳定，收敛速度慢；当变异率为 0.1 时，算法收敛速度最快，比其他两种算法得到的路径最短。从图 6.25 可以看出，当交叉率设为 0.95 时，由于几乎每次都进行交叉，导致有效基因被破坏而使算法不能收敛；当交叉率为 0.7 和 0.8 时，算法能够缓慢地收敛，但是达不到最优解，其原因是交叉率取值过小影响了基因的重组，致使多样性降低，使收敛速度减缓；当交叉率为 0.9 时，算法很快收敛，而且所得到的路径比其他两种算法更短。

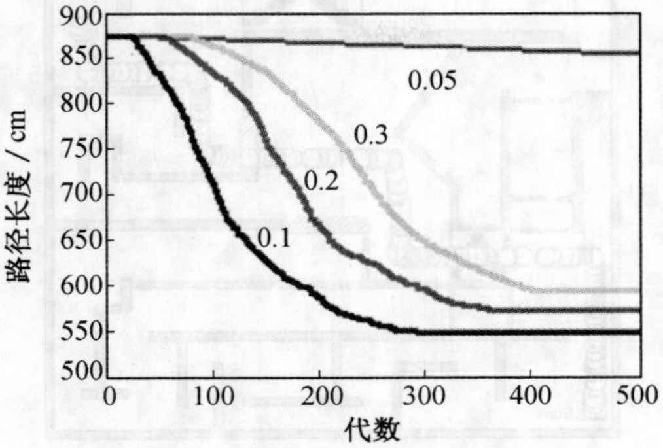

图 6.24　变异算子对性能的影响

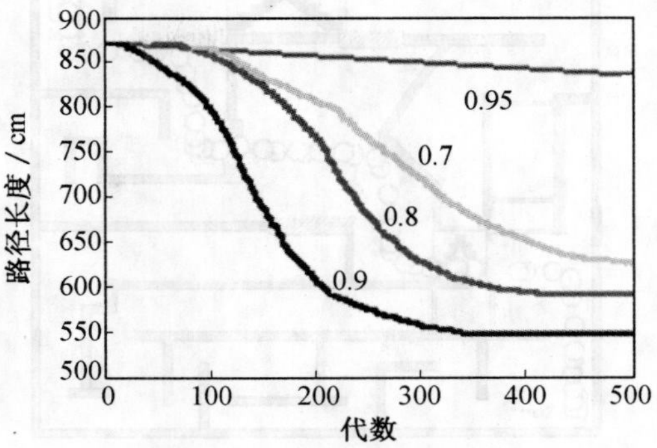

图 6.25　交叉算子对性能的影响

6.11.4　基于混合代价的智能机器人全局路径规划实验

我们构造了两张带有多种障碍物的地图(图 6.26),只考虑时间 t,能量 e,距离 d 三个代价因素,对机器人和地图进行建模,实验所用参数如表 6.4。

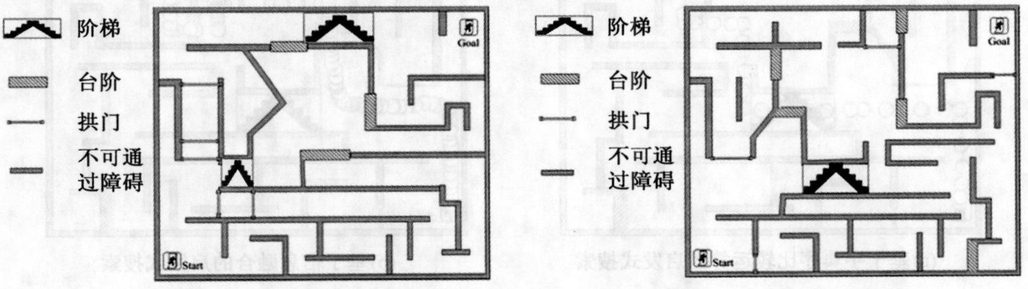

(a)Map-1　(b)Map-2

图 6.26　实验所用地图

表 6.4　机器人和地图的建模参数

u. type	t_i	e_i	t_{avg}	e_{avg}	d	e	D	T	E	α_1	α_2	α_3
平地	0	2	10	8.75	72.5	取地图高度的 $\frac{1}{25}$	取地图的长×宽	$\frac{D}{t} \times t_{avg}$	$\frac{D}{d} \times e_{avg}$	0	0.1	0.2
阶梯	1	20	150									
台阶	2	8	60									
拱门	3	5	70									
不可通过障碍	4	∞	∞									

在以上两幅地图中,根据不同的代价优先级,分别用基于字典序比较运算的启发式搜索算法和基于信息融合的启发式搜索算法进行路径规划仿真实验,所得结果如下。

场景 1　代价向量设置为[d,t,e],即代价因素的优先级为 $d > t > e$,路径几乎相同。见图 6.27。

场景 2　代价向量设置为[d,t,e],即代价因素的优先级为 $d > t > e$。见图 6.28。

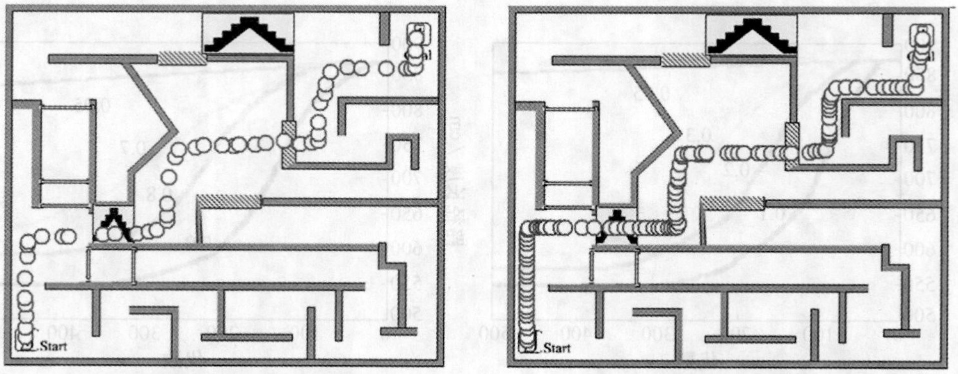

(a)基于字典序比较运算的启发式搜索　　(b)基于信息融合的启发式搜索

图 6.27　场景 1

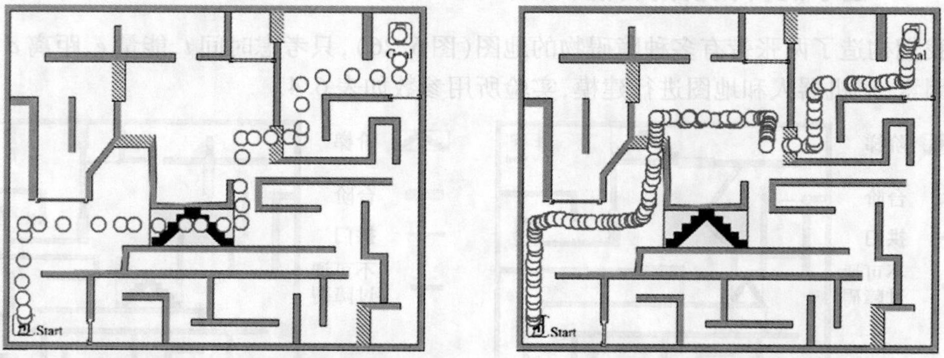

(a)基于字典序比较运算的启发式搜索　　(b)基于信息融合的启发式搜索

图 6.28　场景 2

基于字典序比较运算的启发式搜索算法找到了一条距离最短的路径，而基于信息融合的启发式搜索算法找到了另一条距离相近，但时间、能耗的综合代价更加优化的路径。

场景 3　代价向量设置为$[e,d,t]$，即代价因素的优先级为 $e > d > t$，路径几乎相同。见图 6.29。

场景 4　代价向量设置为$[e,d,t]$，即代价因素的优先级为 $e > d > t$。见图 6.30。

基于字典序比较运算的启发式搜索算法找到了一条能耗最少的路径，但是基于信息融合的启发式搜索算法找到了另一条能耗相近，但综合距离、时间二者后的综合代价更加优化的路径。

以上四组实验所用的时间对比见图 6.31。

分析　从以上四组实验我们可以发现，基于字典序比较运算的启发式搜索算法具有更低的时间复杂度。在某些情况下(场景 1，场景 3)，两种算法能够找到一样的路径，但有时基于字典序比较运算的启发式搜索算法找到的路径只有代价向量的第一个分量是最优的，而综合考虑所有代价因素时并不是最优的(场景 2，场景 4)。这证明了基于字典序比较运算的启发式搜索算法具有偏颇性，主要原因是在基于字典序比较运算的启发式搜索算法中，两个代价向量的比较只有在前面的各个分量都相等的情况下才进行后面分量的

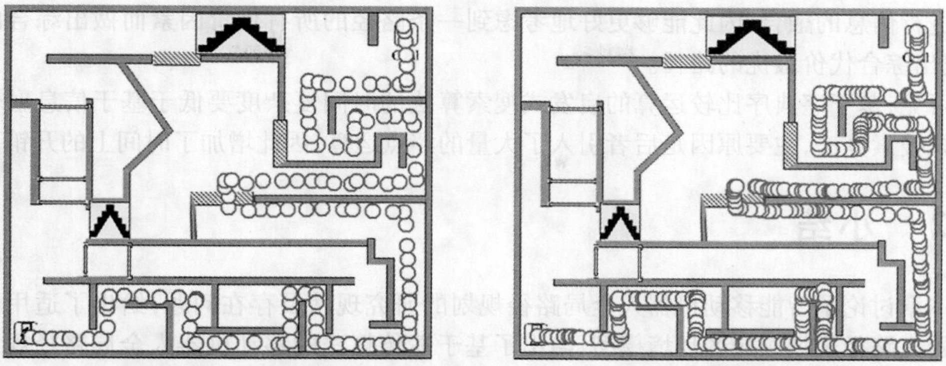

(a)基于字典序比较运算的启发式搜索　(b)基于信息融合的启发式搜索

图 6.29　场景 3

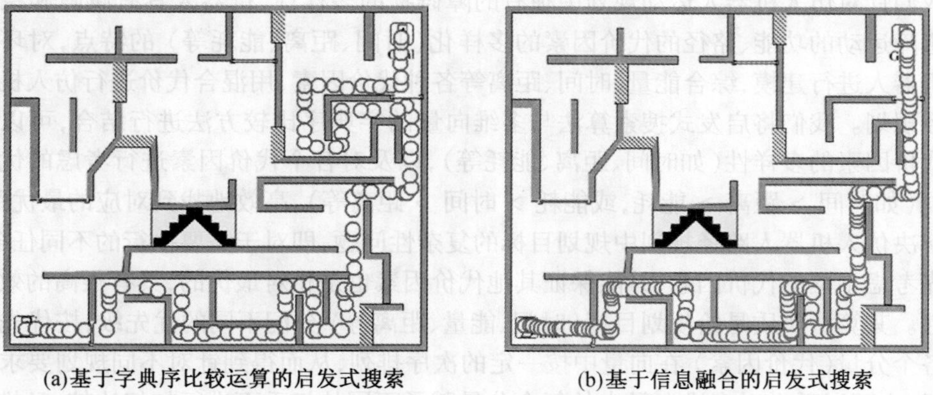

(a)基于字典序比较运算的启发式搜索　(b)基于信息融合的启发式搜索

图 6.30　场景 4

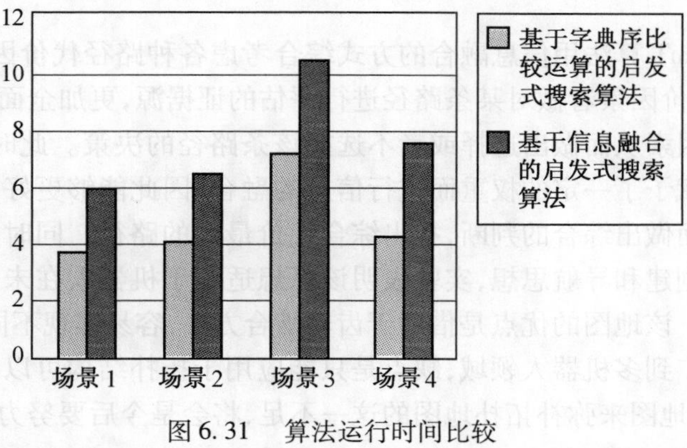

图 6.31　算法运行时间比较

比较，比如，假设两个代价向量的值分别为[103,174,190]和[104,56,79]，则综合考虑各个分量，后一个代价向量应该小于前一个代价向量，但按字典序比较的定义，[103,174,190]要小于[104,56,79]，因为当发现第一个分量 103 < 104 后便不再判断后面的分量。在基于信息融合的启发式搜索算法中，代价向量的每个分量都相当于被赋予了一定的权

重而进行信息的融合,因此能够更好地考虑到一条路径的所有代价因素而做出综合的判断,找出综合代价最优的路径。

可见,基于字典序比较运算的启发式搜索算法的时间复杂度要低于基于信息融合的启发式搜索算法,主要原因是后者引入了大量的浮点运算,因此增加了时间上的开销。

6.12 小结

本章讨论了智能移动机器人全局路径规划的研究现状及存在问题,给出了适用于移动机器人路径规划领域的环境模型,给出了基于遗传算法的移动机器人全局路径规划方法,通过改进遗传算法的引入,使机器人在环境中存在各种复杂形状静态障碍物的情况下,较快地得到全局最优路径以满足机器人的高实时性要求。

我们针对仿人机器人运动规划中独有的障碍物的多样性、机器人具有越障和绕障等多种避障运动的功能、路径的代价因素的多样化(时间、距离、能耗等)的特点,对环境地图和机器人进行建模,综合能量、时间、距离等各种代价因素,用混合代价进行仿人机器人的路径规划。我们将启发式搜索算法与多维向量的字典序比较方法进行结合,可以根据路径代价因素的多样性(如时间、距离、能耗等),以及对各个代价因素进行考虑的优先级的不同(如时间 > 距离 > 能耗,或能耗 > 时间 > 距离等),高效地找到对应的最优路径,能够解决仿人机器人路径规划中规划目标的复杂性问题,即对于需要执行的不同任务,能够优先考虑不同的代价因素,并能保证其他代价因素也是相对最优的,具有很高的效率和实用性。其算法实质是给规划目标(时间、能量、距离等)分配不同的优先级,按优先级大小将各个分量(代价因素)在向量中按一定的次序排列,从而得到针对不同规划要求的最优路径,也可以看做对多维向量中的每个分量赋予不同的权重而进行加权比较,且排在前面的分量的权重要绝对大于排在其后的分量,但这种算法在最优路径的决定上存在着一定的偏颇性。

我们引入 DSmT 算法用信息融合的方式综合考虑各种路径代价因素,对上述算法进行改进,将各个代价因素看做对某条路径进行评估的证据源,更加全面地考虑路径代价向量中的各个代价因素从而做出选择或者不选择该条路径的决策。此时,代价向量的每个分量都相当于被赋予了一定的权重而进行信息的融合,因此能够更好地考虑到一条路径的所有代价因素而做出综合的判断,找出综合代价最优的路径。同时提出了一种基于不精确定位的地图创建和导航思想,实验表明该思想适用于机器人在未知大规模环境下的地图创建与导航。该地图的优点是借助于齿轮啮合方法,容易实现不同地图的拼接,所以能够很容易地推广到多机器人领域,缺点是只能应用于拓扑结构可以在线提取的室内环境,通过创建混合地图来弥补拓扑地图的这一不足,将会是今后要努力的方向。

第7章　智能机器人协调与协作

7.1　引言

利用多个智能机器人协作探索未知环境与单机器人相比具有很多优点，首先，多机器人系统的传感器视野更加宽阔，信息冗余有利于提高机器人的定位精度和地图创建的品质。其次，多机器人系统的容错性可以防止由于单个机器人失效引起的任务失败。再次，多机器人系统的并行处理能力可以在更短的时间内完成特定的任务。最后，多个简单异构机器人之间的功能互补可以实现单个复杂机器人无法实现的功能。基于上述原因，利用多机器人系统解决未知环境下的军事侦察、灾难救援、追捕逃跑等问题已越来越引起各国学者的关注。

协作探索与协作地图创建有着很大的不同。协作探索只是把创建环境地图作为其中间环节，最终的目的是根据共享的全局地图选择合适的协作策略以便于快速地覆盖整个工作区域。协作地图创建的目的则是利用机器人之间的信息冗余提高机器人或障碍物的定位精度，从而得到精度更高的环境地图。所以，相比较而言，协作探索侧重于地图创建的效率，而协作地图创建则侧重于地图创建的精度。

多机器人探索同时又带来了新的挑战，主要包括地图拼接、协作策略的选择和有限的通信能力问题。由于机器人协作策略的选择需要事先确定每个机器人在全局坐标系中的位置，把各自的局部地图嵌入到某一全局地图中便成为协作策略选择的前提。所以，目前绝大多数文献都假定机器人的初始位姿是已知的并且在探索过程中没有诱拐发生。这样，多机器人之间的协作探索问题转化为单机器人位姿跟踪问题的直接扩展。为了满足这一假设，不同的机器人在未知环境下必须从相同的地点出发以获得统一的世界坐标系。机器人也就不可避免要重复访问其他机器人走过的区域，导致探索效率降低。考虑到算法的通用性和鲁棒性，解决初始位姿未知情况下的地图拼接问题有着重要的意义。常用的方法有两种。

1. 机器人具备检测其他机器人相对位姿的能力

该方法通过检测机器人之间的相对位姿获得其他机器人在本地局部地图中的坐标，然后再实现局部地图的拼接。在这种情况下，地图拼接的前提是两个机器人必须碰到一起，并且生成的地图精度在很大程度上依赖机器人相对位姿的检测精度。当多个机器人在大规模环境中探索时，有可能经历很长的时间也不能相遇，机器人只能在自己的局部地图中选择探索策略而无法实现协作，这在一定程度上降低了协作的效率。

2. 数据关联的方法

地图拼接的最直接的方法是利用各种数据关联方法搜索两个局部地图的重叠区域。

显然,从两幅较大的局部地图中搜索出一小部分共同的区域并不容易。因此,Fox 和 Ko 等人在 Howard 和 Colleagues 提出方法的基础上进行了改进,当机器人相遇时,通过检测机器人之间的相对位姿实现不同地图的融合,否则的话,机器人之间相互交换各自的传感器信息,在本地的地图上寻找匹配的区域。这样,局部地图与局部地图的数据关联问题就转化为点与局部地图的匹配问题,大大节省了搜索空间。但是,在度量地图中,这种数据关联的方法计算量仍然很大,尤其是在大规模未知环境中,多种假设的提出及验证很难保证实际机器人探索和导航的实时性。

为了解决上述问题,本章把新提出的拓扑地图拓广到多机器人探索领域。与传统的拓扑地图和常用的度量地图相比,本章地图的创建不需要对环境添加额外的人工路标;机器人不需要进行全局定位,也不需要检测其他机器人的相对位姿;地图拼接时不需要计算其他机器人在本地地图中的相对位姿。由于上述优点,机器人可以从任意的地点出发探索未知环境,较大地提高了探索效率。

协作策略的选择也是多机器人协作探索的重要问题之一。当不同的局部地图连通后,机器人首先确定下一步的目标点,然后对所有目标点进行任务分配。目标点确定方法在栅格地图中多采用基于边界的方法(Frontial - based Method)。分布于已探索区域和未探索区域边界上的点将有机会成为机器人下一步的目标点。协作的任务就是把这些目标点分配给各个机器人以获得最大的搜索效率。在多任务分配问题上,一般考虑两方面的因素,首先是目标点的效用(Utility),也就是机器人到达该目标点会获得多大的信息增益,其次是到达该目标点的成本(Cost)。以全局最低的成本获得全局最高的收益是协作策略优劣的主要评价标准。

本章从地图的角度研究多机器人的协作探索问题,用前文提出的拓扑地图提高探索的效率。与度量地图不同,拓扑地图中的目标点为可识别的节点,当机器人到达目标点时,无论拍卖机器人或投标机器人是否被诱拐,投标机器人总能通过数据关联判断当前的节点是否为“预期的”的目标点。

冲突是多机器人系统中存在的一种必然和本质的问题,也是多机器人系统研究的核心问题之一。各机器人之间既相互独立又相互联系,由于各机器人问题描述不同,求解策略不一,以及相同对象在不同机器人内的考虑角度、评价准则不一致,必然导致问题求解中冲突的产生。机器人系统的求解过程,正是冲突产生、协商与消解的过程,从而协商一致地得到合理优化的方案。冲突消解是当两个或多个机器人为执行各自的任务在同一时刻争夺工作空间的位置资源,而系统此时不能同时满足要求,系统寻求最小化冲突的过程。冲突消解是多机器人系统研究中最重要的问题之一。这是因为多机器人系统以自主机器人为研究中心,使得多机器人的知识、意图、规划、行为协调无冲突是机器人系统的主要目标。在多机器人具有自主动作和能力的基础上进行路径规划的时候,就要考虑多个机器人之间的冲突问题。在目前多机器人理论中,主要可以分成全局冲突消解和局部冲突消解两种方法。局部冲突消解方法是通过局部规划器对部分机器人下达任务以避免冲突,而全局冲突消解方法是通过全局规划器来对系统中的所有机器人下达任务以避免发生冲突,后者的好处是规划比较合理,机器人之间产生冲突的可能性很小,但是,该方法也存在一个非常致命的缺点,全局规划的复杂度相当高。本章针对这一问题,提出局部规划与全局规划相结合的冲突消解方法,以解决多个机器人路径规划时产生的冲突问题。

在机器人和人工智能领域,强化学习作为一种不带有先验知识或者带有很少先验知识的,并且具有高度反应性和自适应性的机器人学习方法,在移动机器人路径规划研究领域已经受到了越来越多的重视。并且已经成功地应用在单个机器人在复杂、不确定环境中的学习上,取得了很好的效果。但是目前,由于在多机器人学习中它存在学习空间巨大,值函数学习速度缓慢的问题,因此在多机器人系统应用中受到限制。本章通过将决策树和遗传算法引入到强化学习,有效地减小了机器人的学习状态空间,加快了强化学习算法的学习速度。

本章为了解决多机器人路径规划中产生的机器人之间的冲突问题,结合本章的改进遗传算法,提出了独立任务下和合作任务下的两种冲突消解方法。将两者共同用于多机器人之间的冲突问题,通过与传统加强学习算法的比较,证明了所提方法的有效性。

7.2　智能机器人系统结构

图7.1表示了在多机器人环境中,引入了强化学习方法的单个机器人的系统结构。

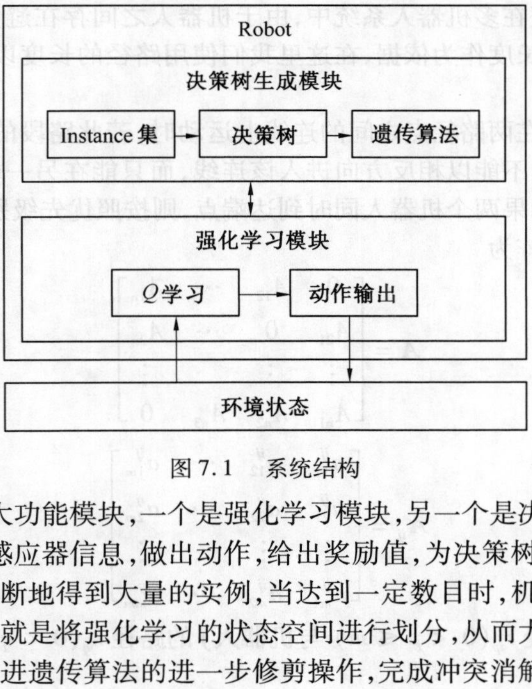

图7.1　系统结构

系统结构包括两大功能模块,一个是强化学习模块,另一个是决策树生成模块。强化学习模块主要是接受感应器信息,做出动作,给出奖励值,为决策树生成模块提供训练实例集,而决策树模块不断地得到大量的实例,当达到一定数目时,机器人将采用决策树算法进行实例的分类,也就是将强化学习的状态空间进行划分,从而大大减少机器人路径规划的学习时间,通过改进遗传算法的进一步修剪操作,完成冲突消解的目的。

7.3　智能机器人独立任务下的冲突消解

在独立任务的情况下,我们的设计思路是,首先,按照第3章的方法为每个机器人选出一些备选优化路径。然后,采用改进遗传算法择优选出最佳方案。下面是采用改进遗传算法优化路径选择的步骤。

1. 编码方法

设工作环境中存在 n 个机器人,编码染色体共有 n 位,其中,每个位对应该机器人的路径,用1,2,…,m 表示采用第几条优化路径,m 是备选优化路径的数目。设第 $i(1 \leqslant i \leqslant n)$ 个机器人的初始路径集表示为

$$r_i = \{r_{i1}, r_{i2}, \cdots, r_{im}\}$$

2. 初始种群的产生

随机生成若干初始解集 $R = \{R_0, R_1, \cdots, R_n\}$,其中,$R_n$ 为染色体个体,采用等长度染色体。

3. 适应度函数设计

首先,为了符合实际情况,我们仍然考虑机器人的加速度,并假设机器人的加、减速度同为 a。如果机器人改变了行进方向,那么它的速度在 $\Delta T/4$ 时间内降为零,否则不减速而以速度 $a\Delta T/4$ 保持原来行进方向。当机器人快要到达目标点时,为了能在目标点停下来,它必须在离目标点前 $a\Delta T^2/32$ 处开始减速。对于单机器人路径规划,可以使用路径的长度作为适应度,但是在多机器人系统中,由于机器人之间存在避免冲突的协调问题,因此不能仅仅依靠路径长度作为依据,在这里我们使用路径的长度以及完成路径的时间作为评价标准[78]。

设当一个机器人在两路径点之间的连线上运动时,若此路段的宽度只允许一个机器人通过,另一个机器人不能以相反方向进入该连线,而只能在另一端等待,直到先进入该连线的机器人走出;如果两个机器人同时到达端点,则按照优先级别确定先后次序。

我们设计一个矩阵为

$$\boldsymbol{A} = \begin{bmatrix} 0 & A_{12} & \cdots & A_{1n} \\ A_{21} & 0 & \cdots & A_{2n} \\ \vdots & \vdots & & \vdots \\ A_{n1} & A_{n2} & A_{n3} & 0 \end{bmatrix}$$

其中

$$\boldsymbol{A}_{ij} = \begin{bmatrix} a_{11}^{ij} & a_{12}^{ij} & \cdots & a_{1m}^{ij} \\ a_{21}^{ij} & a_{22}^{ij} & \cdots & a_{2m}^{ij} \\ \vdots & \vdots & & \vdots \\ a_{m1}^{ij} & a_{m2}^{ij} & \cdots & a_{mm}^{ij} \end{bmatrix}$$

设机器人 i 的路径 $r_{ip}(0 < p \leqslant m)$ 与机器人 j 的路径 $r_{jq}(0 < q \leqslant m)$ 协调后,对应 r_{ip} 的等待时间为 t_{pq}^{ij},则

$$a_{pq}^{ij} = \bar{v} \cdot t_{pq}^{ij}$$

式中,$\bar{v}$ 表示机器人运动平均速度,这样我们就可以把时间与路径长度统一起来进行算术运算,从而得到适应值调整矩阵 $\boldsymbol{A}$。

$\boldsymbol{A}_{ij}$ 中第 p 行表示机器人 j 的路径集 r_j 对机器人 i 的路径 r_{ip} 的影响;将各路径长度加到 $\boldsymbol{A}_{ij}$ 中相应的列,得到局部适应值矩阵

$$
\boldsymbol{E}_{ij}=\begin{bmatrix} L(r_{11})+a_{11}^{ij} & L(r_{12})+a_{12}^{ij} & \cdots & L(r_{1m})+a_{1m}^{ij} \\ L(r_{11})+a_{21}^{ij} & L(r_{12})+a_{22}^{ij} & \cdots & L(r_{1m})+a_{2m}^{ij} \\ \vdots & & \vdots & \\ L(r_{11})+a_{m1}^{ij} & L(r_{12})+a_{m2}^{ij} & \cdots & L(r_{1m})+a_{mm}^{ij} \end{bmatrix}
$$

通过上式可以得到两个机器人的协调路径适应值矩阵

$$
\boldsymbol{E}=\boldsymbol{E}^{ij}=(\boldsymbol{E}^{ij})^{\mathrm{T}}=
$$

$$
\begin{bmatrix} L(r_{11})+a_{11}^{ij}+L(r_{21})+a_{11}^{ji} & L(r_{12})+a_{12}^{ij}+L(r_{21})+a_{21}^{ji} & \cdots & L(r_{1m})+a_{1m}^{ij}+L(r_{21})+a_{m1}^{ji} \\ L(r_{11})+a_{21}^{ij}+L(r_{21})+a_{12}^{ji} & L(r_{12})+a_{22}^{ij}+L(r_{21})+a_{22}^{ji} & \cdots & L(r_{1m})+a_{1m}^{ij}+L(r_{2m})+a_{m2}^{ji} \\ \vdots & \vdots & & \vdots \\ L(r_{11})+a_{m1}^{ij}+L(r_{21})+a_{1m}^{ji} & L(r_{12})+a_{m2}^{ij}+L(r_{21})+a_{2m}^{ji} & \cdots & L(r_{1m})+a_{1m}^{ij}+L(r_{mm})+a_{mm}^{ji} \end{bmatrix}
$$

我们可以得到 P_n^2 个局部适应值矩阵，通过这些局部适应值矩阵可以得出指定染色体的适应值。

4. 选择算子设计

在保证群体收敛到优化问题最优解的前提下，为了避免群体进化过程的适应值标度变换，较好地解决进化后期群体多样性的减弱，采用将排序选择和最佳保留选择结合的选择机制。首先，将机器人的初始解集 R 个体按照适应值从小到大进行排序（假设顺序为 $R_1,\cdots,R_n$）。其次，将适应值最小的个体 R_0 直接复制到下一代。最后，剩下的已排好序的个体 $R_1,\cdots,R_n$ 采用线性排序选择，即采用线性函数将队列序号映射为期望的选择概率。假设当前群体最佳个体 R_1 在选择操作后的期望数量为 η^+，即 $\eta^+=n\times p_1$；最差个体 R_n 在选择操作后的期望数量为 η^-，即 $\eta^-=n\times p_n$。其他个体的期望数量按等差序列计算，$\Delta\eta=(\eta^+-\eta^-)/(n-1)$，则 $\eta_j=\eta^+-\Delta\eta(j-1)$，故线性排序的选择概率为 $p_s(a_j)=((n-j)\eta^++(j-1)\eta^-)/n(n-1)$，$j=1,2,\cdots,n$。这样，既有利于进化后期保持群体多样性，又保证了群体收敛到最优解。

5. 交叉算子设计

一点交叉操作的信息量比较小，交叉点位置的选择可能带来较大偏差（positional bias）。本章采用双点交叉，即随机选择两个交叉点，交换两个母体位于交叉点内的基因，产生两个子代个体。

6. 变异算子设计自适应变异

针对避障的具体问题以及为了便于对进化过程实施控制，在标准变异算子的基础上，引入了自适应变异算子，使得遗传算法用于避障的效果得到很好的改善。为了计算简便，本章将变异概率的取值与当前群体平均适应值的变化联系起来，以实现适应性变异算子的设计。通过控制变异概率取值，使得在进化前期采用较大的变异概率，在进化中期采用适中的变异概率，而在进化后期采用较小的变异概率。

7. 局部寻优操作

本章提出将局部寻优的随机方法与改进算法结合，以加快收敛速度。方法是，对每一代的适应度值最小的前几个个体，进行邻域的寻优操作，即在该个体邻域范围内进行数次随机搜索，如果找到更优解，则替代原值，否则无变化。

8. 删除与增加操作

本章为了防止遗传算法的早熟,引入删除相似个体的过滤操作和动态增加操作。方法是,将当前种群中的个体按适应值排序,依次计算适应度差值小于阈值的相近个体间的广义海明距,如果同时满足适应度差值和广义海明距小于阈值,就删除适应度值较小的个体。删除操作后,需要引入新个体补充空缺。本章采用从适应值较高的父代个体中随机变异产生新个体。这样,动态地解决了群体由于缺乏多样性而陷入局部解的问题。

7.4 智能机器人合作任务下的冲突消解

7.4.1 强化学习

由于多机器人竞争问题通常可以看做 Markov 决策问题,而且目前很多加强学习问题都可以形式化为 Markov 决策过程,因此,对于本章的机器人足球比赛环境下,多机器人的竞争决策问题,我们可以通过 Markov 决策过程来加以描述。

定义 7.1 Markov 决策过程是一个数组 $\langle S,A,r,p\rangle$,此处 S 是离散状态空间,A 是离散动作空间,$r:S\times A\to R$ 是智能体的奖励函数,$p:S\times A\to\Delta$ 是变化函数,Δ 是状态空间 S 的概率分布。

从广义而言,在 Markov 决策过程中,智能体的目标是寻找策略 π 便于最大化折扣奖励期望总和

$$v(s,\pi)=\sum_{t=0}^{\infty}\beta^{t}E(r_t\mid\pi,s_0=s)\tag{7.1}$$

此处 s_0 是初始状态;r_t 是在 t 时刻的奖励;$\beta\in[0,1)$,是折扣系数。我们可以改写式(7.1)为

$$v(s,\pi)=r(s,a_\pi)+\beta\sum_{s'}p(s'\mid s,a_\pi)v(s',\pi)\tag{7.2}$$

此处 a_π 是策略 π 决定的动作。已经证明存在最优策略 π^*,这样对于任何 $s\in S$,下面的 Bellman 方程式成立

$$v(s,\pi^*)=\max_a\{r(s,a)+\beta\sum_{s'}p(s'\mid s,a)v(s,\pi^*)\}\tag{7.3}$$

此处 $v(s,\pi^*)$ 被称为状态 s 的最优值。如果智能机器人知道奖励函数和状态变化函数,它可以通过一些迭代搜索方法解答 π^*。当智能体不知道奖励函数或者状态变化概率时,就考虑到学习问题。现在智能机器人需要和环境相互交互以便搜索它的最优策略。智能机器人可以学习奖励函数和状态变化函数,并且使用方程式(7.3)找到最优策略。这种方法被称为基于模型的强化学习[79]。智能机器人可以直接学习自身的最优策略,无需知道奖励函数或者状态变化函数。这样的方法成为无模型强化学习。无模式强化学的方法之一是 Q 学习。

根据 Q 学习的基本定义,我们可以定义式(7.3)的右侧为

$$Q^*(s,a)=r(s,a)+\beta\sum_{s}p(s'\mid s,a)v(s',\pi^*)\tag{7.4}$$

通过这样的定义,$Q^*(s,a)$ 是在状态 s 时采用动作 a 折扣奖励,然后得到最优策略,即

$$v(s,\pi^*) = \max_a Q^*(s,a) \tag{7.5}$$

如果我们知道 $Q^*(s,a)$,那么可以找到最优策略 π^*,它通常采取一个动作以便在任何状态下最大化 $Q^*(s,a)$。

如果一个 Markov 决策过程是完全确定的(包括状态转移和奖励函数的概率分布是确定的),那么最优化策略可以使用动态规划直接计算。但是,在很多情况下,环境的结构和随机性难以确定,此时,智能机器人不能直接计算最优策略,而是通过试错来探索环境,学习一个有效的控制策略[80]。

7.4.2 基于遗传算法的决策树强化学习冲突消解

定义 7.2　n 人 Markov 对策中,局中人 $k, k = 1,2,\cdots,n$ 的 Nash 均衡 Q 值定义是状态 s 和联合动作$(a_1,a_2,\cdots,a_n)$的函数,它表示对策从状态 s 出发,执行联合动作$(a_1,a_2,\cdots,a_n)$,然后沿 Nash 均衡执行$(\pi^{*1},\pi^{*2},\cdots,\pi^{*n})$时,局中人 k 所获得折扣报酬的和,即

$$Q^{*k}(s,a^1,\cdots,a^n) = r^k(s,a^1,\cdots,a^n) + \gamma \sum_{s' \in S} p(s' \mid s,a^1,\cdots,a^n) \times v^k(s',\pi^{*1},\cdots,\pi^{*n}) \tag{7.6}$$

为求出每个状态的对策的均衡策略,局中人 k 需为每个智能机器人维护一个 Q 表,而每个 Q 表所包含的项数为状态数和联合动作数的乘积 $|S| \times |A^1| \times |A^2| \times \cdots \times |A^n|$,因此,对每个智能机器人的内存需求为 $n \times |S| \times |A^1| \times |A^2| \times \cdots \times |A^n|$,当智能机器人数目较多时,显然计算的空间复杂性和时间复杂性都十分大[81]。尽管某些情况下离线计算是可能的,但更多的情况需要在线学习,必须找出更高效的表示方法。

和传统的 Q 学习算法相同,本章依然是通过映射状态 - 动作对到期望的奖励值函数来进行 Q 值的学习[82]。不同的是,本章定义了与动作相关的短期动作评价函数来作为学习过程中输入状态的表达方式,该方法显著地减小了机器人学习探索的状态空间的大小,并且完全保留了用于学习的状态空间的性质。

本章采取的方法是从状态空间 S 到动作空间 A 的映射,以便于机器人根据策略在任何时候,在状态 s 都会执行动作 a。

Watkins 采用查询表的方法证明了 Q 学习的收敛性。同时,在 Q 学习中最大的问题就是查询表规模大小的问题。为此,很多研究人员避免采用查询表方法,而采用函数逼近的方法来学习 Q 值[83]。本章从 Q 学习自身特点出发,考虑应用环境所具有的 Markov 性质,简化了 Q 表的大小。

决策树学习是一种逼近离散值函数的方法,对噪声数据有很好的健壮性并且能够学习析取表达式,在这种方法中学习到的函数表示为一棵决策树。决策树通过把实例从根结点排列(sort)到某个叶子结点来分类实例,叶子结点即为实例所属的分类。树上的每一个结点指定了对实例的某个属性(attribute)的测试,并且该结点的每一个后续分支对应于该属性的一个可能值。分类实例的方法从这棵树的根结点开始,测试这个结点指定的属性,然后按照给定实例的该属性值对应的树枝向下移动。然后,这个过程在以新结点为根的子树上重复。

决策树学习适用于以下问题:

(1) 实例是由"属性 - 值"对(pair)表示的。

(2) 目标函数具有离散的输出值。

(3) 可能需要析取的描述(disjunctive description)。

(4) 训练数据可以包含错误。

(5) 训练数据可以包含缺少属性值的实例。

因为强化学习用"状态 - 行动"对表示,所以很自然地我们可以用决策树学习来进行强化学习的函数逼近。

决策树学习的思想简单、实现高效、结果可靠,但是它本身也存在一些缺点[84]。

(1) 通常的决策树学习采用分而治之的策略,在构造树的内部结点的时候是局部最优的探索方式,故得到的最终结果尽管有很高的准确性,仍然有可能达不到全局最优的结果。

(2) 评价决策树的最主要的依据是决策树的错误率,而对树的深度、结点的个数等不进行考虑,而树的平均深度直接对应着决策树的预测速度,树的结点个数则代表了树的规模。

(3) 一边构造决策树,一边进行评价,决策树构造出来后,很难再调整树的结构和内容,决策树性能的改善十分困难。

(4) 在进行属性值分组时逐个试探,没有使用启发式搜索机制,分组的效率较低。

通常的决策树学习采用局部搜索策略,得到的决策树不一定是最优的,会产生过渡拟合训练数据,而遗传算法是模拟自然进化的通用全局搜索算法,通过遗传算法构造决策树可以取得良好的结果[85],这是因为遗传算法提供了一种试探的过程,通过"优胜劣汰"的作用,适应值较大的决策树被保留下来,而通过交叉、变异等遗传操作,提供给决策树重组和调整的机制,使更优的决策树在进化过程中显现出来。

决策树的错误分类率是评价决策树的重要标准,设 $x_t = \{x_1, x_2, \cdots, x_m\}$ 为到达决策树结点 t 的训练样本集,设 $x_t = x_t^1 \cup x_t^2 \cup \cdots \cup x_t^c$,$c$ 代表类的数目,x_t^i 代表 x_t 中属于类 w_i 的所有样本。

定义 7.3　定义 x_t 的错误率为

$$i(x_t) = \sum_{i=1}^{c} \sum_{j \neq i} p(w_i \mid x_t) p(w_j \mid x_t)$$

其中,$p(w_i \mid x_t) = \dfrac{Nx_t^i}{Nx_t}$,$N$ 代表样本集样本数目。

当 x_t 仅包含来自同一类的样本时 $i(x_t) = 0$,设结点 t 的权值矢量为 $\boldsymbol{w}$,其将 x_t 分为 $x_{tl}(\boldsymbol{w})$ 和 $x_{tr}(\boldsymbol{w})$ 两部分

$$x_{tl}(\boldsymbol{w}) = \{x \mid x \in x_t, \text{并且 } \boldsymbol{w}^{\mathrm{T}} x < 0\}$$

$$x_{tr}(\boldsymbol{w}) = \{x \mid x \in x_t, \text{并且 } \boldsymbol{w}^{\mathrm{T}} x > 0\}$$

我们取分割后的错误率 $i'(x_t, \boldsymbol{w})$ 为结点 $x_{tl}(\boldsymbol{w})$ 和 $x_{tr}(\boldsymbol{w})$ 错误率的加权平均值。

定义 7.4　样本分割后的错误率为

$$i'(x_t, \boldsymbol{w}) = p(x_{tl}(\boldsymbol{w}) \mid x_t) i(x_{tl}(\boldsymbol{w})) + p(x_{tr}(\boldsymbol{w}) \mid x_t) i(x_{tr}(\boldsymbol{w}))$$

其中,$p(x_{tl}(\boldsymbol{w}) \mid x_t) = \dfrac{Nx_{tl}}{Nx_t}$,$p(x_{tl} \mid x_t) = \dfrac{Nx_{tr}}{Nx_t}$。

错误率的减少量 $\Delta i(x_t,\boldsymbol{w})=i(x_t),i'(x_t,\boldsymbol{w})$，它表示结点 t 的样本分割前后的错误率减少量，我们选择 $\Delta i(x_t,\boldsymbol{w})$ 为评价函数，用以选择最好的决策函数，使错误率的减少量最大，即 $f(y)=\Delta i(x_t,\boldsymbol{w})$。

用改进遗传算法修剪优化决策树的步骤如下：

Step 1 建立一个初始种群 $p=\{A_1,A_2,\cdots,A_n\}$，A^* 为当前种群中的最优解，$f^*=f(A^*)$，$g^*=g=0$，g 表示进化过程中的繁衍代数，g^* 表示最优解第一次产生时的繁衍代数，n 代表到达当前结点的样本总数。

Step 2 对当前种群 p 中的每一个体计算适应值，$f(A)=\Delta i(p,T^{-1}(A))$，并且采用第 2 章提出的将排序选择和最佳保留选择结合的混合选择机制。

Step 3 随机地从交配池中选择两个个体 A' 和 A''，按照两点交叉法进行交叉操作。

Step 4 进行自适应变异操作。

Step 5 进行局部寻优、增加和删除操作。

Step 6 假设 A_b 为新一代种群 p 中的最优解，则

　　if $f(A_b)>f^*$

　　　then $A_b^*=A_b$，$f^*=f(A_b)$，$g^*=g$ 转到 Step 2；

　　else if $g-g^*<c$，c 为预先给定的控制常量，

　　　then 转到 Step 2；

　　　else 返回最优解 A_b^*。

7.4.3　冲突消解算法描述

为了最小化机器人之间争夺位置资源的冲突，本章提出了合作任务下的多机器人冲突消解算法，具体步骤如下：

Step 1 接受时刻 t 的输入向量及回报 r_t。

Step 2 用输入向量寻找对应状态 s_t 的叶子结点。

Step 3 选择 $Q(s_t,a_t)$ 的最大值对应动作 a_t，或者以较小的概率随机选择动作集中的一个动作。

Step 4 如果选择了 $Q(s_t,a_t)$ 的最大值对应动作 a_t，则计算 $\Delta Q(s_{t-1},a_{t-1})$ 并且更新 $Q(s_{t-1},a_{t-1})$。

Step 5 将 $\Delta Q(s_{t-1},a_{t-1})$ 加入到对应状态 a_{t-1} 的叶子结点历史列表。

Step 6 通过检测状态 a_{t-1} 的叶子结点历史列表来决定是否进行分支：

(1) 如果历史列表长度 l 小于预先设定的最小列表长度 $l_{\min}$，那么不进行分支。

(2) 否则

① 计算列表中 $\Delta Q(s_{t-1},a_{t-1})$ 的平均值 μ 和标准方差 δ。

② 如果 $|\mu|<2\delta$，则进行分支。

③ 否则不进行分支。

Step 7 保存 r_t 和 s_t 用于下次迭代，返回 a_t。

Step 8 用改进遗传算法进行决策树修剪优化。

7.5 基于隐马尔可夫模型的节点定位

在大部分非严格对称的环境中,齿轮啮合方法足以满足机器人在典型室内环境中的节点识别要求。但考虑到某些环境的相似节点主要发生在 SIFT 特征比较贫乏的区域,本章采用隐马尔可夫模型(Hidden Markov Model,HMM)提高节点识别的可靠性。

7.5.1 贝叶斯滤波

机器人的节点定位可以描述为,在机器人和其所处环境组成的动态系统中,根据初始状态概率分布 $p(l_0)$,t 时刻之前获得的所有观测数据 $\{u_{0:t}, z_{0:t}\}$ 来估计机器人的当前位置 l_t,其中,$u_{0:t} = \{u_0, u_1, \cdots, u_t\}$,为机器人在 t 时刻之前执行的动作或里程计信息;$z_{0:t} = \{z_0, z_1, \cdots, z_t\}$,为 t 时刻观测到的传感器信息。初始概率表示机器人的初始位姿信息。在机器人的全局定位中,由于机器人的初始位姿是完全不确定的,所以 $p(l_0)$ 是机器人状态空间的均匀分布。从统计学的观点看,l_t 的估计也是一个贝叶斯滤波器问题,可以通过估计后验密度 $p(l_t \mid u_{0:t}, z_{0:t})$ 来实现。假设系统是一个马尔可夫过程,根据贝叶斯滤波器,系统的后验概率密度可以表示为

$$p(l_t \mid u_{0:t}, z_{0:t}) = \frac{p(z_t \mid l_t, u_{0:t}, z_{0:t-1})\,p(l_t \mid u_{0:t-1}, z_{0:t-1})}{p(z_t \mid u_{0:t-1}, z_{0:t-1})} \tag{7.7}$$

根据马尔可夫假设,当前时刻的观测信息与 t 时刻以前的观测数据无关,而只与机器人的当前状态 l_t 有关,因此有

$$p(z_t \mid l_t, u_{0:t}, z_{0:t-1}) = p(z_t \mid l_t) \tag{7.8}$$

其中,$p(z_t \mid l_t)$ 是机器人的观测模型。同样,根据马尔可夫假设,机器人的当前位姿只与前一时刻的位置 l_{t-1} 以及控制信息 u 有关,因此 $p(l_t \mid u_{0:t-1}, z_{0:t-1})$ 具有以下形式

$$p(l_t \mid u_{0:t-1}, z_{0:t-1}) = \int p(l_t \mid l_{t-1}, u_{0:t-1}, z_{0:t-1})\,p(l_{t-1} \mid u_{0:t-1}, z_{0:t-1})\,\mathrm{d}l_{t-1} = \int p(l_t \mid l_{t-1}, u_t)\,p(l_{t-1} \mid u_{0:t-1}, z_{0:t-1})\,\mathrm{d}l_{t-1} \tag{7.9}$$

其中,$p(l_t \mid l_{t-1}, u_t)$ 是机器人的运动模型。

根据以上的分析,节点定位中机器人位置的估计具有迭代形式

$$p(l_t \mid u_{0:t}, z_{0:t}) = \frac{p(z_t \mid l_t)}{p(z_t \mid u_{0:t-1}, z_{0:t-1})}\int p(l_t \mid l_{t-1}, u_t)\,p(l_{t-1} \mid u_{0:t-1}, z_{0:t-1})\,\mathrm{d}l_{t-1} \tag{7.10}$$

也就是说,要实现机器人的节点定位,需要在已知环境地图、机器人的运动模型以及机器人的观测模型的条件下,通过迭代的方法对上式进行求解。在式(7.10)中,$p(z_t \mid u_{0:t-1}, z_{0:t-1})$ 是归一化常数,确保概率的积分为 1。

7.5.2 隐马尔可夫模型

考虑到节点的 SIFT 特征,式(7.10)可以表示为

$$Bel(L_t) = \eta p(v_t \mid L_t) \times \int p(L_t \mid L_{t-1}, u_{t-1}, sh_{t-1})\,Bel(L_{t-1})\,\mathrm{d}L_{t-1} \tag{7.11}$$

机器人在 t 时刻位于节点 L_t 的置信度 $Bel(L_t)$ 可以用观测模型 $p(v_t \mid L_t)$ 和运动模型

$p(L_t \mid L_{t-1},u_{t-1},sh_{t-1})$ 进行更新。η 为归一化因子,v_t 为机器人在 t 时刻观测到的图像序列。

在运动模型 $p(L_t \mid L_{t-1},u_{t-1},sh_{t-1})$ 中,机器人在 t 时刻对当前节点的估计不仅依赖于上一状态 L_{t-1},$t-1$ 时刻执行的动作 u_{t-1},而且依赖于关联上一节点与当前节点的 SIFT 特征 sh_{t-1}。假定机器人的线速度和角速度误差符合两个独立的零均值正态分布,则定位方差与机器人的位移和动作转换次数成正比。当机器人沿图 7.2 所示的路线移动时,单独依靠里程计估计机器人可能的位置分布如图 7.2(a) 所示,显然,当机器人经过几次转弯之后,机器人的定位方差将会增大很多。使用扫描匹配修正里程计信息是降低机器人定位方差的有效办法。在本章提出的拓扑地图中,克服粒子的发散则无需借助于扫描匹配方法。按照节点的定义,当机器人需要改变当前的运动方向时,在附近通常有节点存在(如图7.2(b) 所示的 N_1,N_2 和 N_3)。由于机器人每到一个节点都需要运动到该节点的位置重新定位,相当于对以前积累的误差进行了复位,所以在节点定位中只需要计算机器人在上一个节点对应坐标系的坐标,而无需考虑之前积累的定位误差。图7.2(b) 所示的圆 N_3 代表节点区域,在该区域内节点 N_3 能被重复检测。

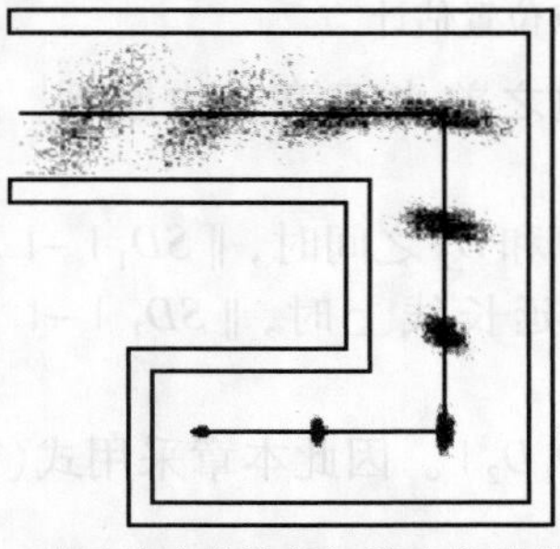

(a)基于航迹推算的机器人位置分布

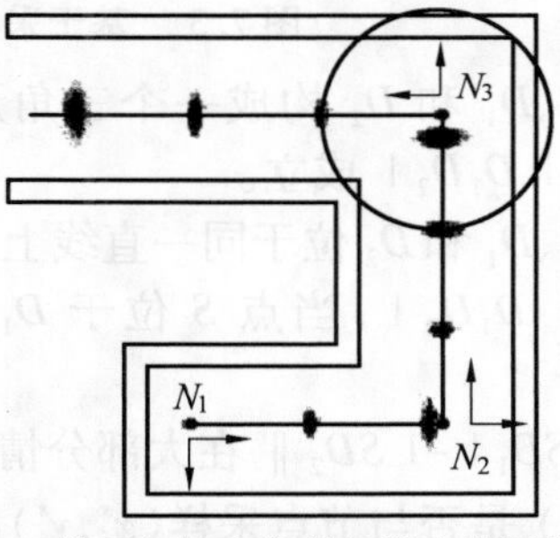

(b)基于拓扑定位的机器人位置分布

图 7.2　基于采样的机器人位置估计

本章采用文献[16] 中的方法估计机器人和候选节点在上一节点相关坐标系中的位姿分布 $N(u_t,\Sigma_t)$ 和 $N(u_i,\Sigma_i)$。在每个分布中随机选取 N 个加权的粒子 $\{x_t^q,y_t^q,w_t^q \mid q=1,2,\cdots,N\}$ 和 $\{x_i^s,y_i^s,w_i^s \mid s=1,2,\cdots,N\}$,$w_t^q$ 和 w_i^s 分别为对应采样的权值,则运动模型可以用式(7.6) 和式(7.7) 来表示,其中,sh^{ji} 为关联节点 l_j 与节点 l_i 的 SIFT 特征,也就是说 sh_{ij} 属于节点 l_j 而指向节点 l_j。$\mathrm{sgn}(x)$ 为符号函数,当 $x>0$ 时取 1,其他情况为 0;$f(\cdot)$ 为距离和角度约束函数;R_i 为节点区域 l_i 的有效检测半径,在地图创建时确定。$\|\cdot\|$ 用来计算向量的长度。因此,HMM 通过综合当前节点与历史节点的匹配结果以及不同节点的空间关系来提高机器人节点识别的性能。

$$p(L_t=l_i \mid L_{t-1}=l_j,u_{t-1},sh_{t-1}) = \sum_s \sum_q w_i^s w_t^q f(x_i^s,y_i^s,x_t^q,y_t^q)\,\mathrm{sgn}(N(sh_{t-1},sh^{ji})) \tag{7.12}$$

$$f(x_i^s,y_i^s,x_t^q,y_t^q)=\begin{cases}1 & \left|\,\|x_t^q,y_t^q\| - \|x_i^s,y_i^s\|\,\right| < Ri \text{ 且} \\ & \left|\arctan\left(\dfrac{y_t^q}{x_t^q}\right) - \arctan\left(\dfrac{y_i^s}{x_i^s}\right)\right| < \theta_{th} \\ 0 & \text{其他}\end{cases} \tag{7.13}$$

当机器人在已有的拓扑地图中定位时,考虑到地图的不确定性,利用采样的方法近似

机器人的运动模型。距离和角度约束函数 $f(x_i^s, y_i^s, x_t^q, y_t^q)$ 只考虑机器人和候选节点在上一节点对应坐标系中与坐标原点的距离和角度的偏差。从图 7.3(a) 的预定轨迹与实际轨迹可以知道，由于机器人在运动过程中的误差积累，预定轨迹与实际轨迹的偏差 $|D_1D_2|$ 会随着机器人动作转换次数的增多而增大，但是机器人运动的位移偏差 $\| SD_1| - |SD_2\|$ 大部分情况下要小于 $|D_1D_2|$。证明如下。

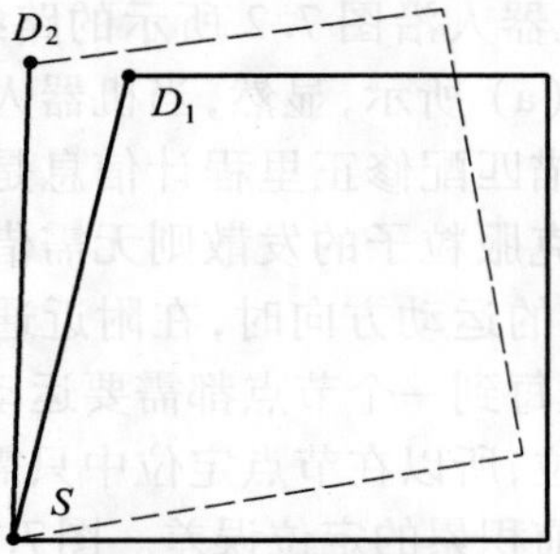

(a)预定轨迹与实际轨迹

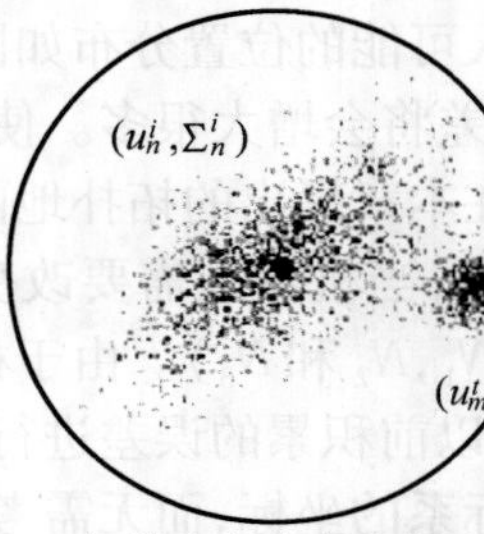

(b)机器人和节点的粒子分布

图 7.3 基于采样的机器人和节点位置估计

如果点 S、D_1 和 D_2 构成一个三角形，则根据两边之差小于第三边原理，$\| SD_1| - |SD_2\|$ 小于 $|D_1D_2|$ 成立。

如果点 S、D_1 和 D_2 位于同一直线上，当点 S 位于 D_1 和 D_2 之间时，$\| SD_1| - |SD_2\|$ 很明显要小于 $|D_1D_2|$，当点 S 位于 D_1 和 D_2 连线的延长线上时，$\| SD_1| - |SD_2\| = |D_1D_2|$。

综上，$\| SD_1| - |SD_2\|$ 在大部分情况下要小于 $|D_1D_2|$。因此本章采用式(7.13) 判断粒子 (x_t^q, y_t^q) 是否与节点采样 (x_i^s, y_i^s) 相似。

在图 7.3(b) 中，机器人和候选节点的粒子分别在正态分布 $N(u_t, \Sigma_t)$ 和 $N(u_i, \Sigma_i)$ 中选取，机器人位于节点 l_i 的概率与满足 $f(\cdot)$ 粒子的加权和成正比。

机器人在包含37个节点、118个场景的大规模室内环境下利用齿轮啮合和HMM方法进行节点识别的准确率如表 7.1 所示。由于综合考虑了单个节点的相似度和不同节点间的空间关系，HMM的正确识别率远远高于齿轮啮合方法。不同类型节点的识别率也有所不同，一般来说节点包含的通道越多，越不容易被误识别为其他节点。机器人在不同阶段的识别率也不同，在探索阶段，环境的光照、布局可以认为是恒定的，因而识别率较高，而在导航阶段，实际的环境与以前创建的地图会有很大的不同，但是 HMM 仍然在环境改变的情况下保持了很高的准确识别率。

表 7.1 两种节点识别方法在不同阶段的性能比较

算法 \ 节点 \ 阶段	探索阶段 /%			导航阶段 /%		
	Type I	Type II	Type III	Type I	Type II	Type III
齿轮啮合方法	63.5	74.0	83.3	58.2	71.4	80.9
HMM	96.8	98.1	98.6	94.7	97.2	97.5

7.6　智能机器人协作策略的选择

7.6.1　基于 HMM 的拓扑地图拼接

基于 HMM 的地图拼接可以视为单机器人地图创建的直接扩展。假设由机器人 R_m 创建的局部地图可以表示为 $\{l_i^m \mid i = 1,2,\cdots,I; m = 1,2,\cdots,M\}$，其中，$I$ 为地图中节点的个数，M 机器人的数量，则任一个节点 l_i^m 可以用一系列 SIFT 特征 $\{S_m(v_i^j) \mid j = 1,2,\cdots,J\}$ 表示，其中，J 的取值由节点的类型决定。

协作探索过程中的地图拼接离不开机器人间的数据传输。随着无线网络通信在硬件和软件方面的发展，构造一个覆盖整个工作区域的无线网络并不是一件很困难的事情。因此，本章假定机器人可以与工作区内的所有机器人"交流"，并且无线网络的通信带宽足以满足机器人信息传递的要求。

当机器人 R_m 到达某一节点的预定位置并获取到各无碰扇区所对应场景的 SIFT 特征之后，将会首先在本地地图中搜索匹配节点。如果找到匹配节点，说明机器人回到了以前访问过的区域，也就形成了所谓的"环形闭合"。否则，该节点在上一可能节点相关坐标系的坐标、本节点所有场景对应的 SIFT 特征，以及关联上一节点与当前节点的 SIFT 特征（属于上一节点而指向当前节点的通道）将会发送给其他机器人以确定该节点是否已经被其他机器人访问过。

对于被询问的机器人 R_n 而言，来自于 R_m 的信息 $\{S_m(Q^k) \mid k = 1,2,\cdots,K\}$ 将会在本地地图 $\{S_n(v_i^j) \mid i = 1,2,\cdots,I; j = 1,2,\cdots,J\}$ 中寻找满足条件 $K = J$ 的匹配节点。场景 Q^k 和 v_i^j 匹配点的个数 $N(Q^k, v_i^j)$ 将会用来估计 $\{S_m(Q^k) \mid k = 1,2,\cdots,K\}$ 来自于节点 l_i 的可能性。基于协作 HMM 的地图拼接具体步骤如表 7.2。

表 7.2　基于协作 HMM 的地图拼接

对于机器人 R_m：

Step 1 获取当前拓扑节点的场景序列 $\{S_m(Q^k) \mid k = 1,2,\cdots,K\}$。

Step 2 在 m_{th} 局部地图中对所有节点利用式

$$p_i = \arg\max_j N(Q^1, v_i^j)$$

搜索第一对匹配齿 $\{(Q^1, v_i^{p_i} \mid i = 1,\cdots,I)\}$。

Step 3 利用式

$$p(v_t^m \mid L_t^m) = p(Q^1 \cdots Q^k \mid l_i) = \prod_k \left(\frac{N(Q^k, v_i^{j(k,p_i,K)})}{\sum_i N(Q^k, v_i^{j(k,p_i,K)})} \right)$$

计算感知模型 $p(v_t^m \mid L_t^m)$，其中，$j(k, p_i K)$ 由式(7.9)计算，其作用是把节点 l_i 中的所有场景以场景 p_i 为起始场景按顺时针进行排序，以保证节点匹配在同一个坐标系中进行。利用式(7.6)计算运动模型 $p(L_t^m = l_i \mid L_{t-1}^m = l_j, u_{t-1}^m, sh_{t-1}^m)$。

续表 7.2

Step 4 如果找到 1 个匹配节点 l_i,对 l_i 进行更新。 如果找到多个匹配节点,记录所有匹配节点的信度 $Bel(L_t^m)$。 如果没有找到匹配节点,转到 Step 7。 Step 5 如果从其他机器人返回若干匹配节点,机器人 R_m 将会用式 $r = \underset{n}{\operatorname{argmax}} \prod_k \left(\frac{N(Q^k, v_i^j)}{\sum_n N(Q^k, v_i^j)} \right)$ 计算最优匹配节点,并拼接两个局部地图,其中,n 为远程机器人下标。 对于机器人 R_n: Step 6 接收来自于机器人 R_m 的信息。 Step 7 在 n_{th} 地图中搜索第一对匹配齿 $\{(Q^1, v_i^{p_i}) \mid i = 1, \cdots, I\}$。 Step 8 利用式 $\prod_k \left(\frac{N(Q^k, v_i^{j(k,p_i,K)})}{\sum_i N(Q^k, v_i^{j(k,p_i,K)})} \right)$ 计算感知模型 $p(v_t^m \mid L_t^n)$,利用式(7.6)计算运动模型 $p(L_t^n = l_i \mid L_{t-1}^n = l_j, u_{t-1}^m, sh_{t-1}^m)$。 Step 9 如果找到 1 个匹配节点 l_i,把$\{N(Q^k, v_l^j) \mid k = 1,2,\cdots,K\}$ 传给机器人 R_m 转到 Step 5。 如果找到多个匹配节点,在 n_{th} 地图中记录机器人 R_m 的信度 $\mathrm{Bel}(L_t^n)$。 如果没有找到匹配节点,转到 Step 7;返回空值到机器人 R_m,转到 Step 5

7.6.2 基于市场法的智能机器人多任务分配

基于市场法的协商机制是一种广泛采用的多机器人协作策略。在栅格地图中,最常用的方法是把已探索区域和未探索区域边界线上的中点作为目标点,然后利用自由市场机制实现多个目标的分配。

市场法采用分布式的体系结构,与集中控制式方法相比,市场法需要较小的计算量和通信量,同时又具有较强的容错性与鲁棒性。

拍卖(auction)是市场法中一种最常用的机制,当机器人拥有多个目标点时,会向所有机器人以广播的方式发送标的信息。在栅格地图中,标的信息一般为世界坐标系中的坐标。也就是说,假如不同的机器人在未知的环境中从不同的地点出发,所发布的标的信息势必为机器人局部坐标系中的坐标。所以,只有当两个局部地图连通之后,机器人才能够计算到对方标的的距离。当机器人接收到其他机器人的标的信息后,会计算从当前位置到标的位置的实际距离,并计算花费,进行投标。由于最短的路径可能导致非最短的运动时间和非最小的能量消耗,花费计算的标准也有所不同,应当根据需要选取。拍卖者根据返回的投标价格分配目标点,投标者则对花费最小的目标点进行探索。

单项拍卖是一种最简单的拍卖形式,每一个参与者只能提交一项拍卖。只要投标者的出价高于标的的底价,拍卖者就会把标的分配给出价最高的投标者。在单项拍卖中,投标者一般只向拍卖者提交报价,这种封闭式拍卖方式与公开报价的开放式拍卖相比,不利于机器人了解其他机器人的投标信息。通常有两种方法决定拍卖商品的价格:一次拍卖和 Vickrey 拍卖。在一次拍卖模式中,拍卖的价格等于成功投标者的报价。对于 Vickrey 拍卖模式而言,拍卖价格是第二轮拍卖的最高出价,这种方式能够促使参与者产生真实的报价。

与单项拍卖相比,组合拍卖则更加复杂,拍卖者可以提供多个标的,每个机器人可以对所有标的的某一个组合(子集)进行投标。如果机器人对某一个组合报价的收益大于单个商品的报价之和,则对该组合进行投标,否则的话,只对单个商品进行投标。

图 7.4 简单说明了单项拍卖与组合拍卖的任务分配比较。在图 7.4(a) 的单项拍卖中,有 G_1—G_4 四个目标点,对于机器人 R_1 和 R_2 而言,G_4 和 G_3 分别为距离最近的目标点,按照贪心原则机器人首先到达 G_4 和 G_3 点,在下一轮拍卖中,G_1 和 G_2 点也分别分配给两个机器人,完成该任务两个机器人共需要跨越 18 个栅格。在图 7.4(b) 的组合拍卖中,G_1 和 G_2 点对于机器人 R_1 而言符合组合拍卖的条件:R_1 到 G_1 和 G_2 点分别需要跨越 7 个栅格和 5 个栅格,而在组合拍卖中只需要 9 个栅格。由于 G_3 和 G_4 点分布在 R_2 的两侧,所以不符合组合拍卖的条件,首先把 G_3 点分配给 R_2,然后再拍卖 G_4 点。利用组合拍卖完成该任务需要跨越 17 个栅格,所以组合拍卖的性能在总体上要优于单项拍卖。从效率的角度分析:由于机器人在探索时并行运行,所以对于单项拍卖来说,只有当 R_1 到达 G_2 点任务才能结束,假设机器人每跨越一个栅格需要的时间为 1,则单项拍卖完成任务需要的时间为 11,而组合拍卖需要的时间为 9,所以组合拍卖与单项拍卖相比具有更高的探索效率。尤其是当多机器人在大规模环境协作探索时,机器人需要对多个目标点进行投标,组合拍卖的优势也就更加明显。

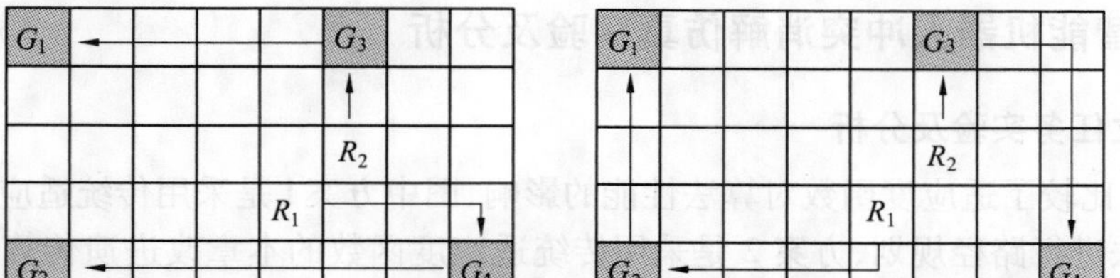

图 7.4　单项拍卖与组合拍卖

市场法应用于度量地图的缺点在于用于拍卖的目标点为局部坐标系中的某一坐标,只有当两个机器人的地图拼接完成后,投标机器人才能够计算到拍卖机器人目标点的花费,并且,假设拍卖者和投标者其中有一方定位不准确或者遭遇诱拐,即使投标者到达了目标点也不知道该拍卖任务已经完成,会继续朝期望的目标点前进,直到拍卖者和投标者都从诱拐中恢复过来才有可能正确地完成任务。

为了克服市场法应用于度量地图的上述不足,本章将市场法与拓扑地图结合起来,用可扩展的、存在未探索弧线的拓扑节点作为机器人的目标点取代度量地图中的边界点。与度量地图相比,拓扑地图的目标点为可识别节点,也就是说,即使拍卖者和投标者有一方遭遇诱拐,当投标机器人朝期望的目标点运动时,如果刚好途经该节点,机器人可以利用节点匹配方法判断该拍卖任务是否完成,也有助于投标机器人和拍卖机器人从诱拐中恢复过来。

图 7.5 给出了三个机器人利用市场法进行探索的场景,机器人 R_1 沿节点1—2—3—4运动,当 R_1 到达节点5时,会在机器人 R_2 的局部地图中找到匹配点,从而将两个机器人的局部地图拼接。由于节点5没有可扩展分支,R_1 到节点4的花费最小,所以把该节点作为下一步的目标点。当机器人 R_2 到达节点9时,会连通节点5和9,并且返回节点5进一步探索未探索分支。机器人 R_3 到达节点10后,三个机器人的地图已经连通,R_3 会把节点4作为目标点以便于探索最后一个分支。

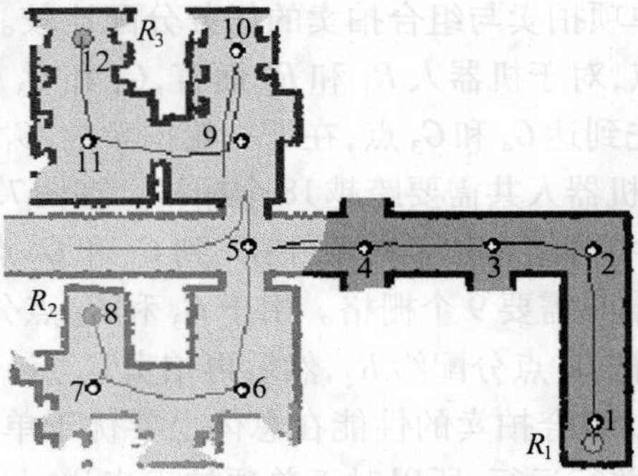

图 7.5　基于市场法的协作探索场景

7.7　仿真与实验结果

7.7.1　智能机器人冲突消解仿真实验及分析

1. 独立任务实验及分析

图7.6比较了适应度函数对算法性能的影响,图中方案1是采用传统适应度函数的传统遗传算法进行路径规划,方案2是采用传统适应度函数的本章改进遗传算法进行路径规划,方案3是采用本章适应度矩阵的改进遗传算法进行路径规划,左图是离线性能曲线图,右图是在线性能曲线图。可以从图中看出,方案1和方案2、3的性能差别是很大的,而方案2和方案3之间的性能有一定的差别,随着进化代数的增加,采用本章适应度矩阵的方案2、3迅速接近最优路径,此时方案3在学习效果上表现出最好的性能。图7.7是仿真

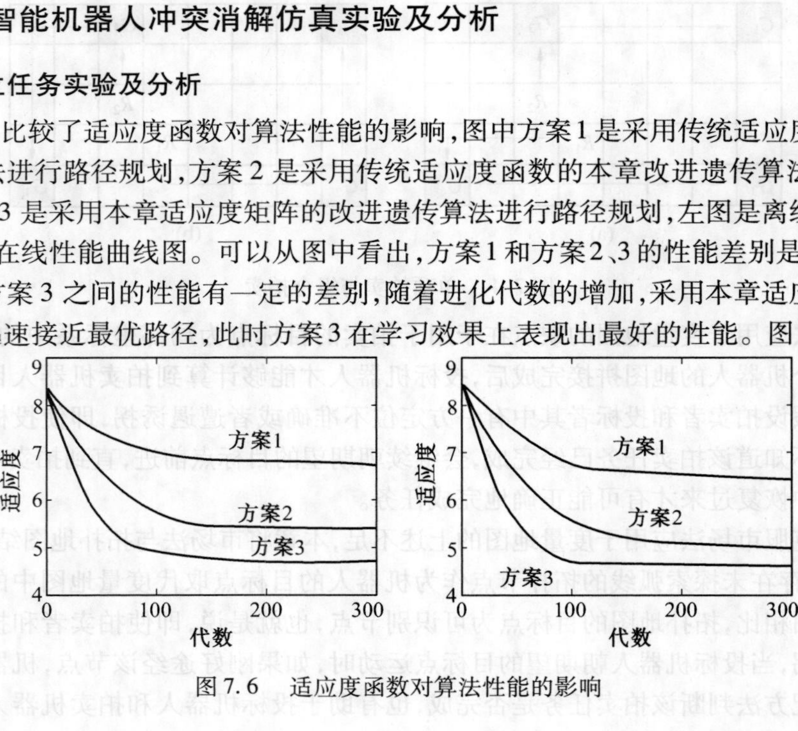

图 7.6　适应度函数对算法性能的影响

实验结果，三个机器人分别从点 2、4 和 18 开始出发，终点分别为 25、24 和 21，这三个机器人执行的是独立任务，因此经过冲突消解，每个机器人规划出适合自己的路径，仿真实验结果表明机器人能够无冲突地到达各自目标点。

2. 编队合作任务实验及分析

在多机器人编队问题中，模型中的机器人既要协作保持队形，又要平衡内部资源的竞争，既要保证不与团队外部的障碍物发生碰撞，又要保证在移动中不与团队内部的机器人发生冲突，所以我们可以通过机器人编队问题来验证所提出的冲突消解算法的有效性。

在我们的仿真系统中，四个移动机器人通过本章提出的冲突消解算法，在二维有障平面内实现编队。编队的队形有菱形和直线形两种。当然在完成指定的目标后，机器人所得到的奖励根据完成的情况发生变化。在此实验中，目标就是机器人在保证不与障碍物发生碰撞的前提下，消解可能发生的冲突而保持队形的一致性，从而最终到达指定目标点。图 7.8 是编队合作任务仿真实验的结果，实验中四个机器人要保持菱形从点 2 出发，到达目标点 24。从实验结果来看，基于本章提出的算法能够保证编队的可靠性。现在使用的较为广泛的编队方法有中心坐标法和领队位置法，但是从统计数据来看，中心坐标法的成功率为 60% 左右，领队位置法的成功率大约为 80%，而基于本章方法的成功率为 95% 以上，如图 7.9 所示。

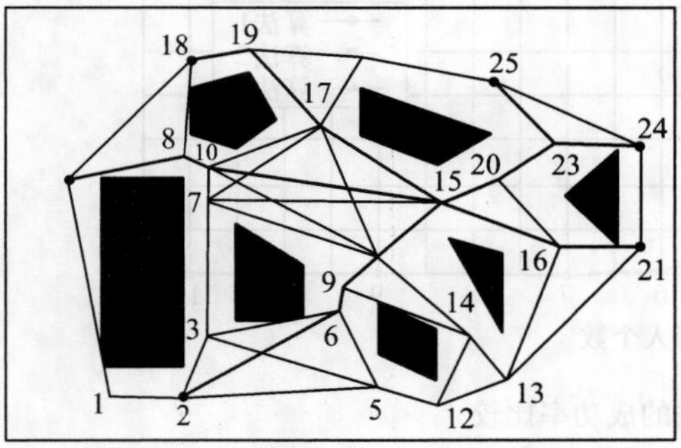

图 7.7　独立任务仿真结果图

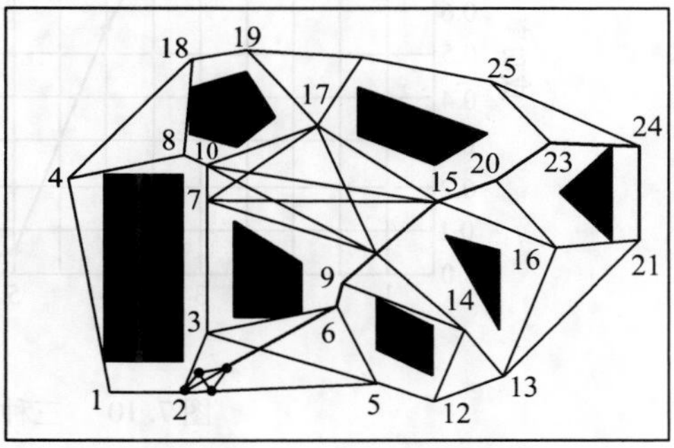

图 7.8　编队合作任务仿真结果图

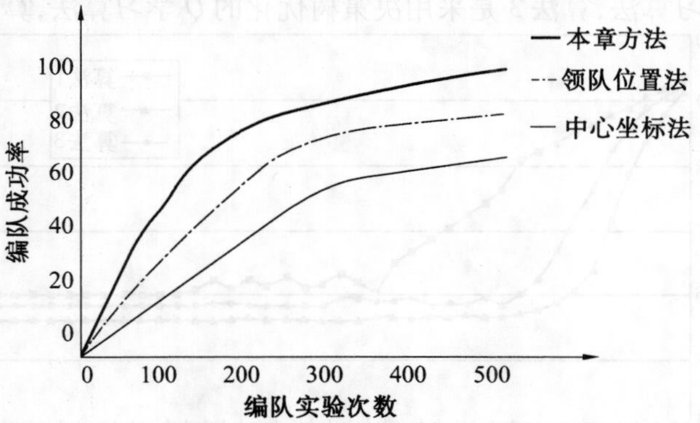

图 7.9　编队性能比较

主要原因为,中心坐标法是根据全部机器人的中心坐标来确定队形的,如果某个机器人出现问题,将导致整体队形的失败,所以成功率较低。领队位置法是根据领队机器人的位置来调节位置的,虽然某个机器人的问题不会立即影响到整个系统,但是将直接影响到队形的重组。而采用本章方法的机器人在进行编队的时候,奖励函数不但考虑到个体机器人的得失,而且考虑了整体利益。这样系统就避免因为一个机器人问题而影响到整个编队的效果。

图 7.10 是三种算法的成功率比较曲线,图中算法 1 是传统 Q 学习算法,算法 2 是采用决策树优化的 Q 学习算法,算法 3 是本章提出的基于改进遗传算法的决策树 Q 学习算法。从图中可以看出,当机器人个数小于等于 3 时,三种算法编队的成功率都为 95% 左右,但是随着机器人增多,算法 1 成功率迅速下降,当机器人个数为 7 时,成功率达到零。而算法 2 也受到影响,但曲线下降较慢。令人鼓舞的是,当机器人个数达到 11 时,本章提出的算法 3 仍未受到影响,由此可以分析出决策树的引入大大改善了 Q 学习算法的维数灾难问题,而改进遗传算法的作用随着机器人个数的增加稳固地加强了算法的性能。

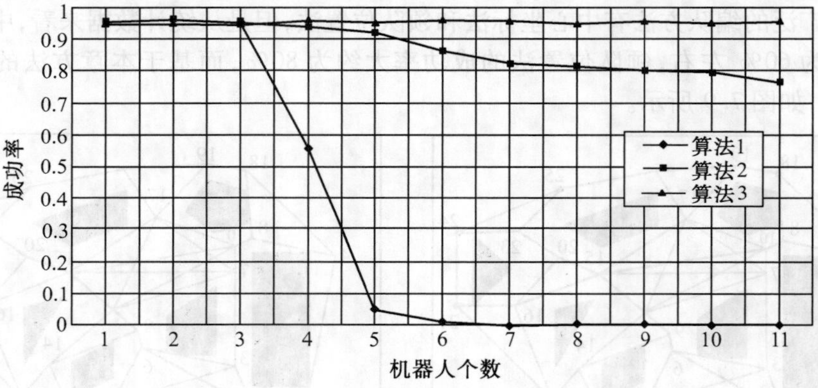

图 7.10 三种算法的成功率比较

图 7.11 是三种算法的路径长度比较曲线,图 7.12 是三种算法的时间比较曲线,图中算法 1 是传统 Q 学习算法,算法 3 是采用决策树优化的 Q 学习算法,算法 2 是本章提出的

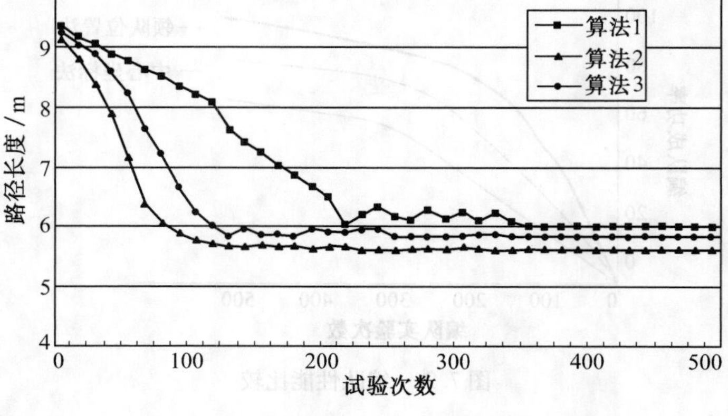

图 7.11 三种算法的路径长度比较

基于改进遗传算法的决策树 Q 学习算法。从图7.11和图7.12可以看出,本章提出的算法性能最好,算法3较好,算法1最差,采用决策树优化的 Q 学习算法确实无论是路径长度还是时间长短都优于传统 Q 学习算法,而改进遗传算法也确实有效地提高了算法 3 的性能。从图中还可以看出,本章提出的算法 2 很快达到最优值,并且随着实验次数的增加,没有发生震荡的情况,而其他两种算法出现不同程度的震荡,说明本章提出的算法稳定性很强。

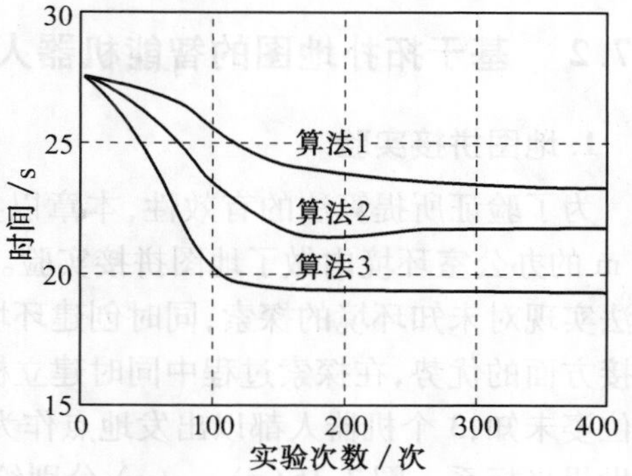

图 7.12　三种算法的时间比较

为了测试本章提出的方法在 Q 值学习上的收敛速度,我们计算了本章方法和基本 Q 学习方法在每次学习过程结束之后的 Q 值的平均收敛速度,如图 7.13、7.14 所示。我们采用计算公式

$$Q_{\text{avg}} = \left| \frac{\sum\limits_{fs_i \in FS, a_j \in A} \left(Q^{\text{new}}(fs_i, a_j) - Q^{\text{old}}(fs_i, a_j) \right)}{\sum\limits_{fs_i \in FS, a_j \in A} Q^{\text{old}}(fs_i, a_j)} \right| \tag{7.14}$$

来计算 Q 值的平均收敛速度。

从图 7.13、7.14 的 Q 值收敛速度可以看出,由于采用决策树进行状态空间的分类,以及在此基础上引入改进遗传算法进行决策树的优化,本章提出的 Q 学习冲突消解算法的 Q 值收敛速度明显快于传统的 Q 学习算法。另外,在学习的初始阶段,本章提出算法的曲线震荡要小于传统的 Q 学习方法。随着学习过程的进行,两种算法的震荡程度都有所降低,此时主要依靠对学习空间的探索来加快 Q 值的学习速度。可以看出,由于本章算法使用可变分辨率进行状态空间划分,显著减小了学习空间,因此,Q 值的收敛速度要快于传统的 Q 学习算法。

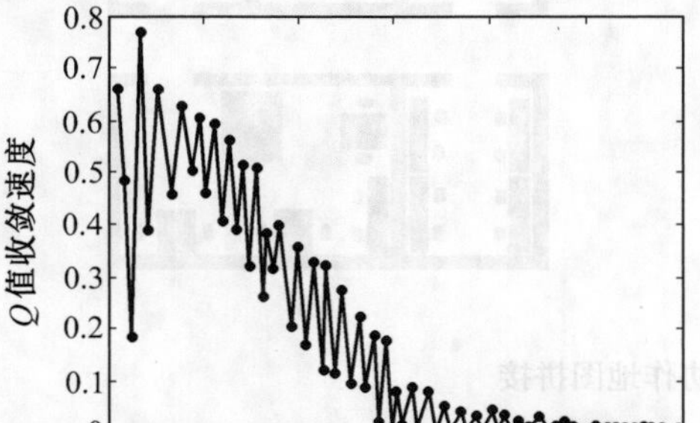

图 7.13　本章算法 Q 值收敛速度

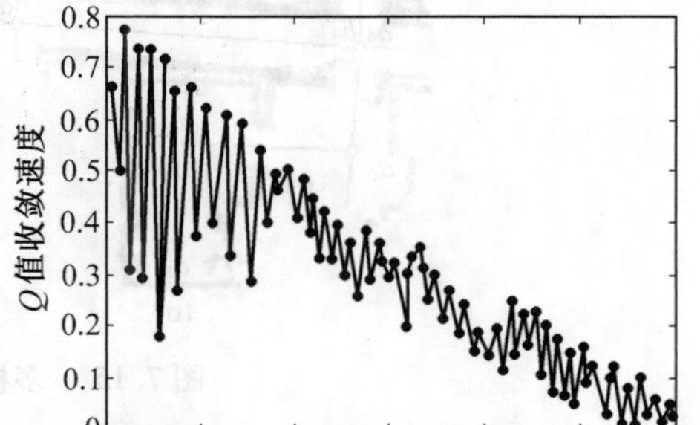

图 7.14　传统强化学习 Q 值收敛速度

7.7.2 基于拓扑地图的智能机器人协作探索实验

1. 地图拼接实验

为了验证所提算法的有效性，本章以实际机器人 Pioneer 3 – DX 为平台，在 50 m × 18 m 的办公室环境内做了地图拼接实验。3 个机器人分别从不同的地点出发，利用 BCM 方法实现对未知环境的探索，同时创建环境的拓扑地图。为了说明本章拓扑地图在地图拼接方面的优势，在探索过程中同时建立栅格地图与拓扑地图相对照。由于机器人的初始位姿未知，3 个机器人都以出发地点作为坐标原点建立局部坐标系，从而无法创建统一的世界坐标系。图 7.15(a) ~ (c) 分别给出了 3 个机器人创建的局部地图。对于栅格地图而言，图 7.15(b) 和图 7.15(b) 存在一个相互重叠的走廊 a_4a_5 和 b_2b_3。问题在于依靠单纯的栅格地图，不管使用何种数据关联方法，都无法证明节点 a_4 应该与节点 b_2 还是与节点 b_3 拼接。原因在于位于重叠区域的两个节点 a_4、a_5 或 b_2、b_3 具有相似的通道连接结构。而利用本章提出的拓扑地图，则很容易实现三个地图的拼接，尽管机器人在 a_4 点和 a_5 点获取的激光数据具有很大的相似性，但是两个地点提取的 SIFT 特征却有很大的不同，这一点能把两个相似的拓扑节点区分开来。

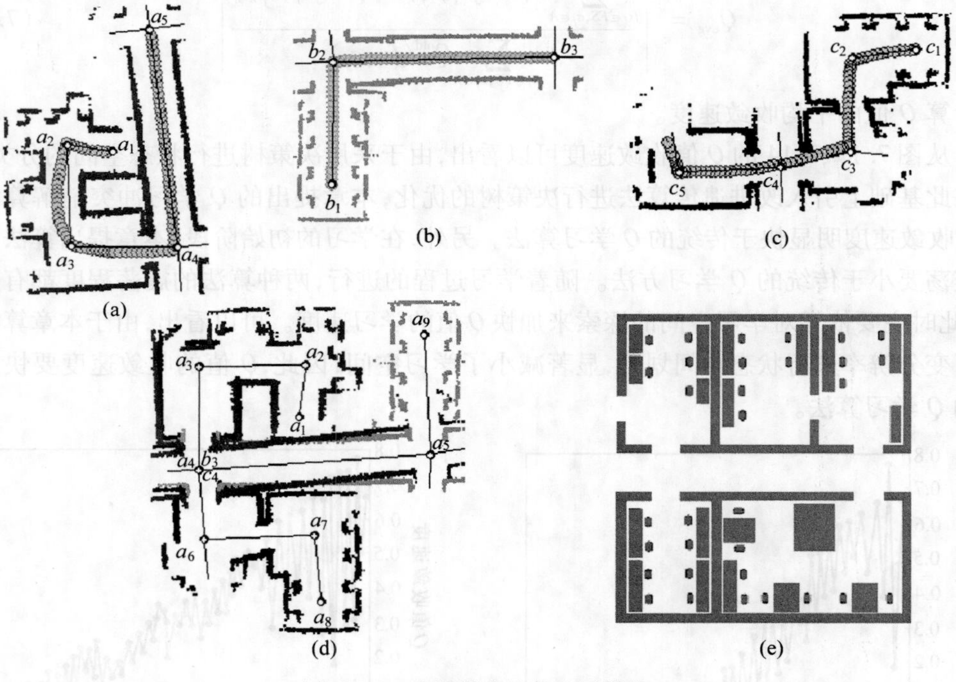

图 7.15 多机器人协作地图拼接

图 7.15(d) 给出了三个局部地图的拼接结果，图 7.15(e) 则给出了机器人所在环境的总体图。地图拼接的效率也直接影响了协作探索的效率。当图 7.15(c) 中的机器人 R_c 沿路径 $c_5—c_4—c_3—c_2$ 运动时，在到达节点 c_4 后 R_c 无法在另外两个机器人(R_a,R_b)的局部地图中找到匹配节点，因此机器人会继续沿与当前运动方向角度偏差最小的无碰扇区运动直到到达节点 c_3。协作探索发生在图 7.15(a) 中的机器人 R_a 到达节点 a_4 的时刻，如果

机器人 R_a 和 R_c 的局部地图已经拼接，R_a 可以根据关联节点 a_4 和 a_3 的 SIFT 特征得知从 a_4 到 a_3 的路径已经被 R_c 访问过，所以 R_a 会选择另外两个通道（左转或右转 90°）探索新的区域。假如此刻的地图没有实现拼接，机器人 R_a 会按照深度优先原则选择通往 a_1 的路径作为下一步的运动方向。所以，本章的拓扑地图能够尽可能快地实现不同机器人之间的地图拼接，以便于机器人可以尽可能快地选择协作策略，提高协作探索的效率。

图 7.16(a) 给出了图 7.15 所示环境的混合地图拼接结果。三个机器人从三个不同的房间出发，分别沿 $a_1—a_2—a_3—a_4—a_5$，$b_1—b_2—b_3$ 和 $c_1—c_2—c_3—c_4—c_5$ 的路径探索。参照图 7.15 所示的地图可以很容易看出，扫描匹配算法不仅提高了机器人局部度量地图的精度，而且提高了拼接地图的质量。上述功能实现的前提是首先完成局部拓扑地图的拼接，换句话说，本章提出的新型拓扑地图使局部扫描匹配方法应用于全局地图匹配成为可能。图 7.16(b) 给出了在拼节点 a_4(b_3、c_4) 处获取的 SIFT 特征及场景。

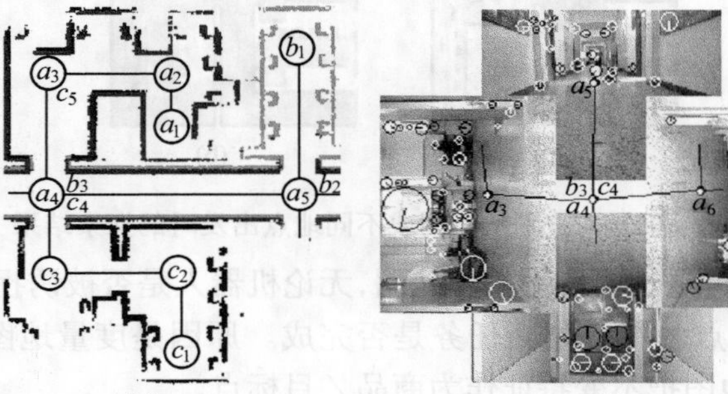

图 7.16　混合地图拼接

2. 基于市场法的协作探索实验

为了从不同的角度分析多机器人协作探索的性能，使用市场拍卖机制实现多机器人在未知环境下的协作探索。实验环境为 50 m × 18 m 的典型室内环境。六个机器人从同一地点或不同地点出发探索未知环境，机器人使用 A^* 算法搜索拓扑地图中任意两个节点间的运行距离，并把目标节点未探索弧的个数作为机器人的收益。

图 7.17 给出了六个机器人从相同地点和不同地点出发后的探索区域分布结果，图 7.17(a) 用小圆表示环境中的节点位置。为了便于直观地了解探索的结果分布，图 7.17 只是给出了机器人的实际运行轨迹和实际场景的地图（而非机器人在线生成的地图）。首先从自主导航的角度分析地图对探索效率的影响，多机器人协作探索的效率在很大程度上取决于机器人基于已创建地图的导航效率。比如当 2 号机器人到达节点 A 后，系统会根据市场法把 F 点分配给它作为目标点，机器人在拓扑地图中利用简单的搜索算法能够产生路径 $A—B—C—D—E—F$，并且在路径跟踪过程中会把下一个相邻节点作为临时目标点，所以不容易陷入局部最小。而在度量地图中，机器人规划一条从 A 点到 F 点的路径不是很容易。即便是规划了一条最优路径，当机器人跟踪路径失败时很容易陷入局部最小。

其次，从协作机制的角度考虑，当投标者（2 号机器人）或拍卖者（1 号机器人）任意一个被诱拐时，如果使用度量地图，2 号机器人即使经过 F 点也不知道目标已经完成，除

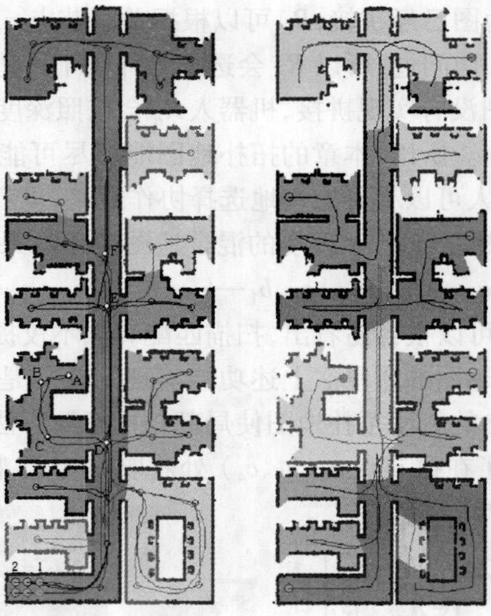

图 7.17　机器人分别从相同或不同地点出发时的探索结果

非被诱拐的机器人恢复过来。而使用拓扑地图,无论机器人是否被诱拐,机器人都能通过匹配当前节点与目标节点的特征判断任务是否完成。原因是度量地图把绝对坐标作为商品/目标点,而拓扑地图把不变特征作为商品/目标点。

从图 7.17 的探索结果可以知道,当机器人从不同的地点出发时,探索任务的分配比较均匀,不同机器人间的重叠探索区域的面积较小,所以探索效率也相应较高。从图 7.17(a) 中的机器人路径可以知道,为了到达期望的目标点,很多机器人将不得不经过其他机器人已经访问过的区域,不可避免地延长了探索时间。在度量地图中,为了保证机器人建立一个统一的世界坐标系,机器人在大部分情况下必须从同一个地点出发,在一定程度上以降低探索效率为代价。如果机器人从不同的地点出发,机器人必须具备检测其他机器人相对位姿的能力,或者能够在两幅局部地图中利用数据关联方法搜索重叠的区域,这无疑加重了机器人的运算负担。而在本章提出的拓扑地图中,机器人可以从环境中的任意地点出发,不需要计算在某一世界坐标系中的精确坐标,也无需检测其他机器人的相对位姿,这为实现高效的多机器人协作探索提供了保障。

对多机器人协作探索的效率与机器人数量之间的关系进行深一步的探讨。图 7.18 给出了不同数量的机器人分别从相同地点和不同地点出发时消耗的探索时间和重复覆盖率。图 7.18(a) 表明当机器人从不同的地点出发时所消耗的时间要低于在一起出发时所耗费的时间。并且随着机器人数量的增加,两者消耗的时间差也随之加大,说明当机器人从不同的地点出发时探索效率较高。图 7.18(b) 则从重复覆盖率的角度分析上述现象的原因,其中,重复覆盖率计算式为 $100 \times (N_{\text{visit}} - N_{\text{total}})/N_{\text{total}}$,其中,$N_{\text{visit}}$ 为节点访问的总次数,可以表示为

$$\sum_{i=1}^{N_{\text{total}}} N_i$$

其中，N_i 为节点 i 被访问的次数；N_{total} 为拓扑地图中节点的总数。当机器人从同一地点出发时，重复覆盖率会随着机器人数量的增加而增加。而机器人从不同的地点出发时，随着机器人数量的增加，重复覆盖率的增长不是很明显，因为机器人很少穿过其他机器人已经访问过的区域。一个有趣的现象是，当机器人从不同的地点出发时，两个机器人的重复覆盖率反而小于一个机器人，主要原因是当单个机器人被放置在环境的中间区域时，机器人将不得不重新走过已扫描的区域。而两个机器人在大部分情况下只需要把各自的区域扫描完就可以了。

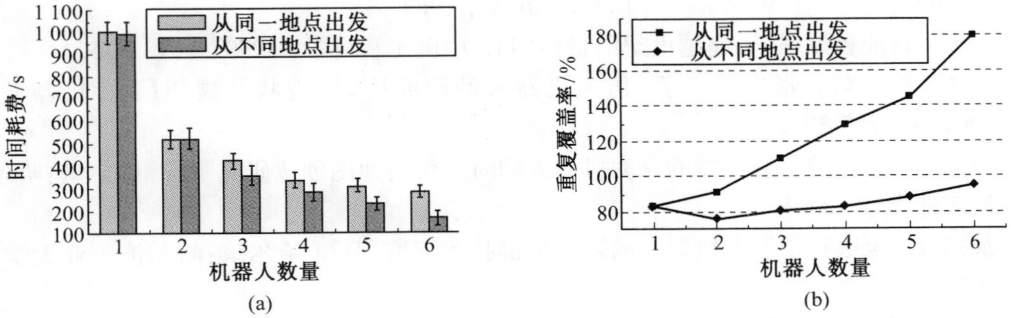

图 7.18　机器人分别从相同或不同地点出发时的探索时间和重复覆盖率

7.8　小结

本章为了解决多机器人路径规划中出现的资源冲突问题，提出了冲突消解的方法，在独立任务的情况下采用基于遗传算法进行路径规划，在合作任务的情况下采用基于遗传算法的决策树 Q 学习算法进行冲突消解。通过与传统算法的实验比较，证明了所提方法的有效性。本章从地图的角度研究多机器人协作的效率问题。首先提出了一种基于隐马尔可夫模型的节点定位方法，并利用其实现不同局部地图的拼接。然后把 HMM 与市场法有机结合，实现了多机器人在未知环境中的快速探索。本章为了解决多机器人路径规划中出现的资源冲突问题，提出了冲突消解的方法，在独立任务的情况下采用基于遗传算法进行路径规划，在合作任务的情况下采用基于遗传算法的决策树 Q 学习算法进行冲突消解。通过与传统算法的实验比较，证明了所提方法的有效性。

参考文献

[1] NILSSEN N. A mobile automation: An application of artificial intelligence techniques[C]. Washington D. C.: IJCAI, 1969.

[2] 宋健. 智能控制——超越世纪的目标[J]. 中国工程科学, 1999, 1(1):1-5.

[3] 谢涛, 徐建峰, 张永学, 等. 仿人机器人的研究历史、现状及展望[J]. 机器人, 2002(4):367-374.

[4] 罗荣华. 基于粒子滤波器的家庭机器人同时定位与地图创建研究[D]. 哈尔滨:哈尔滨工业大学, 2005.

[5] 郝宗波. 家庭移动服务机器人的若干关键技术研究[D]. 哈尔滨:哈尔滨工业大学, 2006.

[6] HASHIMOTO S, NARITA S, KASAHARA H, et al. Humanoid robots in Waseda University-Hadaly-2 and WABIAN[J]. Autonomous Robots, 2004, 12(1):25-38.

[7] HIRAI K, HIROSE M, HAIKAWA Y, et al. The development of Honda humanoid robot[C]. Leuven: IEEE International Conference on Robotics and Automation, 1998.

[8] 包志军, 马培荪, 姜山, 等. 从两足机器人到类人型机器人的研究历史及其问题[J]. 机器人, 1999, 21(7):312-318.

[9] YASHIKA, RYUJIN S, CHIAKI W, et al. System overview and integration[C]. Lausanne: IEEE/RSJ International Conference on Intelligent Robots and Systems, 2002.

[10] MASATO H, KENICHI O. Honda humanoid robots development[J]. Philosophical Transactions of the Royal Society, 2007, 365(1850):11-19.

[11] KANEKO K, KANEHIRO F, KAJITA S, et al. Humanoid Robot HRP-2[C]. New Orieans: IEEE International Conference on Robotics and Automation, 2004.

[12] KANEHIRO F, KANEKO K, FUJIWARA K A H K, et al. The first humanoid robot that has the same size as a human and that can lie down and get up[C]. Taipei: IEEE International Conference on Robotics and Automation, 2003.

[13] FUMIO K, KENJI K, KIYOSHI F. The first humanoid robot that has the same size as a human and that can lie down and get up[C]. Taipei: IEEE International Conference on Robotics and Automation, 2003.

[14] NISHIWAKI K, KUFFNER J, KAGAMI S, et al. A research platform for autonomous behaviour[J]. Philosophical Transactions of the Royal Society, 2007, 365(1850): 79-107.

[15] LENGAGNE S, RAMDANI N, FRAISSE. Safe motion planning computation for databasing balanced movement of humanoid robots[C]. Kobe: IEEE International Conference on Robotics and Automation, 2009.

[16] 李允明. 国外类人机器人发展概况[J]. 机器人, 2005, 27(6):561-568.

[17] PARK I W, KIM J Y, OH J H. Online walking pattern generation and its application to a biped humanoid robot KHR-3 (HUBO)[J]. Advanced Robotics, 2008, 22: 159-190.

[18] ILL-WOO P, JUNG-YUP K, JUNGHO L, et al. Mechanical design of humanoid robot platform KHR-3(KAIST humanoid robot-3:HUBO)[C]. Tsukuba: IEEE-RAS International Conference on Humanoid Robots, 2005.

[19] [29]ESPIAU B S. The anthropomorphic biped robot BIP2000[C]. San Francisco: IEEE International Conference on Robotics and Automation, 2000.

[20] LOHMEIER S, LOFFLER K, GIENGER M, et al. Computer system and control of biped "Johnnie"[C]. New Orieans: IEEE International Conference on Robotics and Automation, 2004.

[21] PFEIFFER F, LOFFLER K, GIENGER M. The concept of jogging Johnnie[C]. Washington D. C. : IEEE International Conference on Roboticsand Automation, 2002.

[22] BUSCHMANN T, LOHMEIER S, ULBRICH H, et al. Dynamics simulation for a biped robot:Modeling and experimental verification[C]. Orlando: IEEE International Conference on Robotics and Automation, 2006.

[23] ZHENG Y F, Modeling, control and simulation of three-dimensional robotic system with applications to biped locomotion[D]. Columbus: The Ohio State University, 1984.

[24] ZHENG Y F, SHEN J. Gait synthesis for the SD-2 biped robot to climb sloping surface[J]. IEEE Transactions on Robotics and Automation, 1990, 6(1):86-96.

[25] PRATT G. Legged robot at MIT—What's new since Raibert[C]. Portsmonth: International Conference on Climbing and Walking Robots, 1999.

[26] HU J J, PRATT J, PRATT G. Stable adaptive control of a bipedal walking robot with CMAC neural networks[C]. Detroit: IEEE International Conference on Robotics and Automation, 1999.

[27] STEVE C, ANDY R, RUSS T, et al. Efficient bipedal robots based on passive-dynamic walkers[J]. Science, 2005, 307:1082-1085.

[28] 马培荪, 曹曦, 赵群飞. 两足机器人步态综合研究进展[J]. 西南交通大学学报, 2006, 41(4):407-414.

[30] MCGEER T. Passive dynamic walking[J]. The International Journal of Robotics Research, 1990, 9(2):62-82.

[31] YOSHIHIRO K. A small biped entertainment robot[C]. Tokyo: IEEE-RAS

International Conference on Humanoid Robots, 2001.
[32] GOUAILLIER D, VINCENT H, PIERRE B. Mechatronic design of NAO humanoid[C]. Kobe: IEEE International Conference on Robotics and Automation, 2009.
[33] STEFAN C, SÖREN K, OLIVER U. Observer-based dynamic walking control for biped robots[J]. Robotics and Autonomous Systems, 2009, 57:839-845.
[34] CHERUBINI A, GIANNONE F, IOCCHI L, et al. Policy gradient learning for a humanoid soccer robot[J]. Robotics and Autonomous Systems, 2009, 57:808-818.
[35] 庄严. 移动机器人基于多传感器数据融合的定位及地图创建研究[D]. 大连:大连理工大学, 2006.
[36] 李群明, 熊蓉, 褚健. 室内自主移动机器人定位方法研究综述[J]. 机器人, 2003, 25(6):560-573.
[37] 王志文, 郭戈. 移动机器人导航技术现状与展望[J]. 机器人, 2003, 25(5): 470-474.
[38] 刘志远. 两足机器人的动态行走研究[D]. 哈尔滨:哈尔滨工业大学, 1991.
[39] 纪军红. HIT-III 双足步行机器人步态规划研究[D]. 哈尔滨: 哈尔滨工业大学, 2000.
[40] 马宏绪, 张彭, 张良起. 两足步行机器人动态步行的步态控制与实时时位控制方法[J]. 机器人, 1998, 20(1):1-8.
[41] 姜山, 程君实, 陈佳品, 等. 基于遗传算法的两足步行机器人步态优化[J]. 上海交通大学学报, 1999, 33(10):1280-1283.
[42] 包志军. 类人型机器人运动特性研究[D]. 上海:上海交通大学,2000.
[43] WANG G, HUANG Q, GENG J H, et al. Cooperation of dynamic patterns and sensory reflex for humanoid walking[C]. Taipei:IEEE International Conference on Robotics and Automation, 2003.
[44] HUANG Q, PENG Z, ZHANG W, et al. Design of humanoid complicated dynamic motion based on human motion capture[C]. Edmonton: IEEE/RSJ International Conference on Intelligent Robots and Systems, 2005.
[45] HUANG Q, NAKAMURA Y. Sensory reflex control for humanoid walking[J]. IEEE Transactions on Robotics, 2005, 21(5):977-984.
[46] 刘莉, 汪劲松, 陈恳, 等. THBIP-I 拟人机器人研究进展[J]. 机器人, 2002, 24(3):262-267.
[47] XIA Z, LIU L, XIONG J, et al. Design aspects and development of humanoid robot THBIP-2[J]. Robotica, 2008, 26(1):109-116.
[48] 付成龙. 平面双足机器人动态步行的截面映射稳定性判据与应用[D]. 北京:清华大学, 2007.
[49] DONG H, ZHAO M G, ZHANG J, et al. Hardware design and gait generation of humanoid soccer robot Stepper-3D[J]. Robotics and Autonomous Systems, 2009,

57:828-838.

[50] 康俊峰. 基于嵌入式视觉的仿人机器人点球系统[D]. 哈尔滨:哈尔滨工业大学, 2009.

[51] ELFES A, MORAVEC H. High resolution maps from wide angle sonar[C]. San Francisco: IEEE Int. Conf. Robotics and Automation, 1985.

[52] KUIPERS B J. A hierarchy of qualitative representations for space[R]. Stanford Sierra Camp: International Workshop on Qualitative Reasoning (QR-96), 1996.

[53] [58]KUIPERS B J. The spatial semantic hierarchy[J]. Artificial Intelligence, 2000, 119(1-2):191-233.

[54] ALBERTO E. Sonar based real world mapping and navigation[J]. IEEE Journal of Robotics and Automation, 1987,3(3):249-265.

[55] DIOSI A, TAYLOR G, KLEEMAN L. Laser scan matching in polar coordinates with application to SLAM[C]. Edmonton: IEEE/RSJ International Conference on Intelligent Robots and Systems, 2005.

[56] KORTENKAMP D, WEYNOUTH T. Topological mapping for mobile robots using a combination of sonar and vision sensing: Proc. of the 12th National Conf. on Artificial Intelligence,1994[C]. Menlo Park:AAAI Press, 1994.

[57] ALBERTO V. Mobile robot navigation in outdoor environments:A topological approach[D]. Lisbon: University of Tecnica De Lisboa, 2005.

[59] KUIPERS B. Modeling spatial knowledge[J]. Cognitive Science, 1978, 2:129-153.

[60] [240]KUIPERS B, BYUN Y T. A robot exploration and mapping strategy based on a semantic hierarchy of spatial representations[J]. Journal of Robotics and Autonomous Systems, 1991, 8:47-63.

[61] BAILEY T, NEBOT E. Localization in large scale environments[J]. Robotics and Autonomous Systems, 2001, 37:261-281.

[62] TOMATIS N. Hybrid, metric-topological, mobile robot navigation[D]. Lausanne: Acole Polytechnique Fédérale de Lausanne, 2002.

[63] LISIEN B, MORALES D, SILVER D, et al. The hierarchical atlas[J]. IEEE Transactions on Robotics, 2005, 21(3):473-481.

[64] SHRIHARI V, STEFAN G, VIET N, et al. Cognitive maps for mobile robots—An object based approach[J]. Robotics and Autonomous Systems,2007(55):359-371.

[65] TOLMAN E C. Cognitive maps in rats and men[J]. Psychological Review, 1948, 55:189-208.

[66] YEAP W K, JEFFERIES M E. On early cognitive mapping[J]. Spatial Cognition and Computation, 2001, 2(2):85-116.

[67] DAVIS E. Representing and acquiring geographic knowledge[M]. London: Pitman & San Mateo, CA: Morgan Kaufmann Publishers, 1986.

[68] MONTEMERLO M, THRUN S, KOLLER D. FastSLAM:A factored solution to the

simultaneous localization and mapping problem[C]. Edmonton: The Eighteenth National Conference on Artificial Intelligence, 2002.
[69] MONTEMERLO M, THRUN S, KOLLER D, et al. FastSLAM 2.0:An improved particle filtering algorithm for simultaneous localization and mapping that provably converges[C]. Acapulco: The Int. Joint Conference on Artificial Intelligence, 2003.
[70] 蒋正伟，谷源涛，唐昆. 机器人定位中稳健的自适应粒子滤波算法[J]. 清华大学学报:自然科学版，2005，45(7):920-923.
[71] HÄHNEL D, SCHULZ D, BURGARD W. Mobile robot mapping in populated environments[J]. Journal of the Robotics Society of Japan, 2003, 7 (17):579-598.
[72] STACHNISS C, GRISETTI G, BURGARD W. Recovering particle diversity in a Rao-Blackwellized particle filter for SLAM after actively closing loops[C]. Barcelona: IEEE International Conference on Robotics and Automation (ICRA), 2005.
[73] [221]LOWE D. Distinctive image features from scale-invariant keypoints[J]. International Journal of Computer Vision, 2004, 60(2):91-110.
[74] KARLSSON N, BERNARDO E, OSTROWSKI J, et al. The vSLAM algorithm for robust localization and mapping[C]. Barcelona: IEEE Int. Conf. on Robotics and Automation (ICRA), 2005.
[75] CHOSET H, NAGATANI K. Topological simultaneous localization and mapping (SLAM):Toward exact localization without explicit localization[J]. IEEE Transaction on Robotics and Automation, 2001, 17(2):125-137.
[76] ALES U, CHRISTOPHER G, ATKESON, et al. Programming full-body movements for humanoid robots by observation[J]. Robotics and Autonomous Systems, 2004, 47:93-108.
[77] SHINICHIRO N, ATSUSHI N, FUMIO K, et al. Task model of lower body motion for a biped humanoid robot to imitate human dances[C]. Edmonton: IEEE/RSJ International Conference on Intelligent Robots and Systems, 2005.
[78] JEFFREY B C, DAVID B G, RAJESH P N, et al. Learning full-body motions from monocular vision:Dynamic imitation in a humanoid robot[C]. San Diego: IEEE/RSJ International Conference on Intelligent Robots and Systems, 2007.
[79] 包志军. 类人型机器人运动特性研究[D]. 上海:上海交通大学，2000.
[80] 尾田秀司. 类人机器人[M]. 管贻生，译. 北京:清华大学出版社，2007.
[81] ANUSZ M M. A simple model of step control in bipedal locomotion[J]. IEEE Transactions on Biomedical Engineering, 1978:984-990.
[82] SHUUJI K. A realtime pattern generator for biped walking[C]. Washington D. C.: IEEE International Conference on Robotics and Automation, 2002.
[83] KAJITA S, KANEHIRO F, KANEKO K, et al. Biped walking pattern generation by

using preview control of zero-moment point[C]. Taipei: IEEE International Conference on Robotics and Automation, 2003.

[84] BRAM V, BJORN V, Ronald V H, et al. Objective locomotion parameters based inverted pendulum trajectory generator[J]. Robotics and Autonomous Systems, 2008, 56:738-750.

[85] HURMUZLU Y, MOSKOWITZ. The role of impact in the stability of bipedal locomotion[J]. Dynamics and Stability of Systems, 1986:217-234.

[86] YIK Y. Walking of a biped robot with passive ankle joint[C]. Kohala: IEEE International Conference on Control Applications, 1999.

[87] KIYOSHI F, SHUUJI K, KENSUKE H, et al. An optimal planning of falling motions of a humanoid robot[C]. San Diego: IEEE/RSJ International Conference on Intelligent Robots and Systems, 2007.

[88] MIURA H, SHIMOYAMA. Dynamic walking of a biped locomotion[J]. The International Journal of Robotics Research, 1984:60-74.

[89] Huang Q. Planning walking patterns for a biped robot[J]. IEEE Trans. on Robotics and Automation, 2001,17(3),280-289.

[90] FURUSHO J, SANO A. Sensor-based control of a nine-link biped[J]. International Journal of Robotics Research, 1990:83-98.

[91] SALATIAN A W, ZHENG Y F. Gait synthesis for a biped robot climbing sloping surfaces using neural networks[C]. Nice: IEEE International Conference on Robotics and Automation, 1992.

[92] KUN A L, MILLER T W. Adaptive dynamic balance of a biped robot using neural networks[C]. Minneapolis: IEEE International Conference on Robotics and Automation, 1996.

[93] MILLER III W T. Real-time neural network control of a biped walking robot[J]. IEEE Control System, 1994:41-48.

[94] 王强，纪军红，强文义，等. 基于自适应模糊逻辑和神经网络的双足机器人[J]. 控制研究，2001, 11(7):76-78.

[95] JUANG J G. Intelligent locomotion control on sloping surfaces[J], 2002, 147: 229-243.

[96] BEOM H K, CHO H S. A sensor-based navigation for a mobile robot using fuzzy logic and reinforcement learning[J]. IEEE Transactions on Systems, 1995, 25:464-477.

[97] ZHOU C, MENG Q. Dynamic balance of a biped robot using fuzzy reinforcement learning agents[J]. Fuzzy Sets System. 2003, 134:169-187.

[98] HOLLAND J H. Adaptation in natural and artificial systems[M]. Ann Arbor: The University of Michigan Press, 1975.

[99] 柯显信，龚振邦，吴家麒. 基于遗传算法的双足机器人上阶梯的步态规划[J]. 应用科学学报，2002, 20(4):341-345.

[100] SALATIAN A W, YI K Y, ZHENG Y F. Reinforcement learning for a biped robot to climb sloping surface[J]. Robot, 1997, 14 (4):283-296.
[101] SHOUWEN F, MIN S, MINGQUAN S. Real-time gait generation for humanoid robot based on fuzzy neural networks[C]. Haikou: The Third International Conference on Natural Computation, 2007.
[102] PANDU R V, SAHU S K, PRATIHAR D K. Dynamically balanced ascending and descending gaits of a two-legged robot[J]. International Journal of Humanoid Robotics, 2007, 4(4):717-751.
[103] PANDU R V, SAHU S K, PRATIHAR D K. On-line dynamically balanced ascending and descending gaits of a biped robot using soft computing[J]. International Journal of Humanoid Robotics, 2007, 4 (4):777-814.
[104] KENTAROU H, TOMOHIRO S, YUTAKA N, et al. Reinforcement learning for quasi-passive dynamic walking of an unstable biped robot[J]. Robotics and Autonomous Systems, 2006, 54:982-988.
[105] TADAYOSHI A, KOSUKE S, YASUHISA H, et al. Experimental verification of 3D bipedal walking based on passive dynamic autonomous control[C]. St. Louis: IEEE/RSJ International Conference on Intelligent Robots and Systems, 2009.
[106] HIROTAKE S, MASAKI Y, FUMIHIKO A. Design of convex foot for efficient dynamic bipedal walking[C]. Nice: IEEE/RSJ International Conference on Intelligent Robots and Systems, 2008.
[107] TAGA G, YAMAGUCH I W. Self-organized control of bipedal locomotion by neural oscillators in unpredictable environment[J]. Biological Cybernetics, 1991, 65(2): 147-159.
[108] BAY J S, HEMAM I H. Modelling of a neural pattern generator with coupled nonlinear oscillators[J]. IEEE Transactions on Biomedical Engineering, 1987, 34(4):297-306.
[109] PRATT J, CHEW C, TORRES A, et al. Virtual model control: An intuitive approach for bipedal locomotion[J]. The International Journal of Robotics Research, 2001, 20(2):129-143.
[110] KAWAJI S, OGASAWARA K. Rhythm based cooperative control of biped locomotion robot[C]. Tokyo: The 2nd International Symposium on Humanoid Robot, 1999.
[111] PARK J H, CHUNG H. Hybrid control for biped robots using impedance control and computed torque control[C]. Detroit: IEEE Int. Conf. On Robotics and Automation, 1999.
[112] 汤卿. 类人机器人设计及步行控制方法[D]. 杭州:浙江大学, 2009.
[113] 伍科布拉托维奇. 步行机器人和动力型假肢[M]. 马培荪, 沈乃熏,译. 北京:科技出版社, 1983.

[114] CAPI G, YOKATA M, MITOBE K. A new humanoid robot gait generation based on multiobjective optimization[C]. Monterey: IEEE International Conference on Advanced Intelligent Mechatronics, 2005.

[115] MU X, WU Q. Synthesis of a complete sagittal gait cycle for a five link biped robot[J]. Robotica, 2003, 21(05):581-587.

[116] RYOSUKE T, DAISAKU H, KEISUKE S. Fast running experiments involving a humanoid robot[C]. Kobe: IEEE International Conference on Robotics and Automation, 2009.

[117] PANDU R V, DILIP K P. Soft computing-based gait planners for a dynamically balanced biped robot negotiating sloping surfaces[J]. Applied Soft Computing, 2009, 9:191-208.

[118] PHILIPP M, JOEL C, SATOSHI K, et al. GPU accelerated real-time 3D tracking for humanoid locomotion and stair climbing[C]. San Diego: IEEE/RSJ International Conference on Intelligent Robots and Systems, 2007.

[119] FU C L, CHEN K. Gait synthesis and sensory control of stair climbing for a humanoid robot[J]. IEEE Transactions on Industrial Electronics, 2008:2111-2120.

[120] GUAN Y S, NEO E S, KAZUHITO Y, et al. Stepping over obstacles with humanoid robots[J]. IEEE Transactions on Robotics, 2006:958-974.

[121] S´EBASTIEN L, NACIM R, PHILIPPE F. Planning and fast re-planning of safe motions for humanoid robots:Application to a kicking motion[C]. St. Louis: IEEE/RSJ International Conference on Intelligent Robots and Systems, 2009.

[122] FUMIO K, KIYOSHI F, HIROHISA H, et al. Getting up motion planning using Mahalanobis distance[C]. Rome: IEEE International Conference on Robotics and Automation, 2007.

[123] BENO T L, ALAIN M, OLIVIER S. Transfer of knowledge for a climbing virtual human: A reinforcement learning approach[C]. Kobe: IEEE International Conference on Robotics and Automation, 2009.

[124] HITOSHI A, JEAN-RéMY C, KAZUHITO Y. Whole-body motion of a humanoid robot for passing through a door:Opening a door by impulsive force[C]. St. Louis: IEEE/RSJ International Conference on Intelligent Robots and Systems, 2009.

[125] EIICHI Y, MATHIEU P, JEAN-PAUL L, et al. Whole-body motion planning for pivoting based manipulation by humanoids[C]. Pasadena: IEEE International Conference on Robotics and Automation, 2008.

[126] ZHAO X, HUANG Q, PENG Z, et al. Kinematics mapping and similarity evaluation of humanoid motion based on human motion capture[C]. Sendai: IEEE/RSJ International Conference on Intelligent Robots and Systems, 2004.

[127] YOKOYAMA K, HANDA H, ISOZUMI T, et al. Cooperative works by a human and a humanoid robot[C]. Taipei: IEEE International Conference on Robotics and

Automation, 2003.
[128] HITOSHI A, SYLVAIN M, JEAN-RéMY C, et al. Dynamic lifting by whole body motion of humanoid robots[C]. Nice: IEEE/RSJ International Conference on Intelligent Robots and Systems, 2008.
[129] TEPPEI T, ATSUSHI K, SHUNSUKE K, et al. Analysis of nailing task motion for a humanoid robot[C]. Nice: IEEE/RSJ International Conference on Intelligent Robots and Systems, 2008.
[130] NIKU S B. Introduction to robotics:Analysis, systems, application[M]. London: Prentice Hall, 2002.
[131] 董立志，孙茂相. 基于实时障碍物预测的机器人运动规划[J]. 机器人, 2000, 22(1):12-16.
[132] 朱向阳，丁汉. 凸多面体之间的伪最小平移距离:机器人运动规划[J]. 中国科学, 2001, E辑,31(3):238-244.
[133] 孙增圻. 机器人智能控制[M]. 太原:山西教育出版社, 1995.
[134] 谢宏斌，刘国栋. 动态环境中基于模糊神经网络的机器人路径规划的一种新方法[J]. 江南大学学报:自然科学版, 2003, 2(1):20-27.
[135] PEREZ. Automatic planning of manipulator movements[J]. IEEE Trans. on Systems, Man and Cybernetics, 1981,11(11):681-698.
[136] CHOSET H, NAGATANI K. Topological simultaneous location and mapping: Toward exact localization without explicit localization[J]. IEEE Trans. on Robotics and Automation, 2001, 17(2):125-137.
[137] WEBER H. A motion planning and execution system for mobile robots driven by stepping motors[J]. Robotics and Autonomous Systems, 2000, 33(4):207-221.
[138] 艾海舟，张拔. 基于拓扑的路径规划问题的图形算法[J]. 机器人, 1990, 12(5): 20-24.
[139] SABE K, FUKUCHI M, GUTMANN J S, et al. Obstacle avoidance and path planning for humanoid robots using stereo vision[C]. New Orieans: IEEE International Conference on Robotics and Automation, 2004.
[140] OKADA K, OGURA T, HANEDA A, et al. Autonomous 3D walking system for a humanoid robot based on visual step recognition and 3D foot step planner[J]. Robotics and Automation, 2005:623-628.
[141] CHESTNUTT J, LAU M, CHEUNG G, et al. Footstep planning for the Honda ASIMO humanoid[C]. Barcelona: 2005 IEEE International Conference on Robotics and Automation, 2005.
[142] OZAWA R, TAKAOKA Y, KIDA Y, et al. Using visual odometry to create 3D maps for online footstep planning[C]. Hawaii: IEEE International Conference on Systems, Man and Cybernetics, 2005.
[143] MICHEL P, CHESTNUTT J, KUFFNER J, et al. Vision-guided humanoid footstep

planning for dynamic environments[J]. Humanoid Robots, 2005:13-18.

[144] 夏泽洋，陈恳，熊景，等. 类人机器人运动规划研究进展[J]. 高技术通讯，2007，17(10):1092-1099.

[145] EIICHI Y, IGOR B, CLAUDIA E, et al. Humanoid motion planning for dynamic tasks[C]. Tsukuba: IEEE-RAS International Conference on Humanoid Robots, 2005.

[146] MANUEL M, MICHAEL G, SVEN H, et al. Task-level imitation learning using variance-based movement optimization[C]. Kobe: IEEE International Conference on Robotics and Automation, 2009.

[147] FRANCOIS K, NICOLAS M, SYLVAIN M, et al. Optimization of tasks warping and scheduling for smooth sequencing of robotic actions[C]. St. Louis: IEEE/RSJ International Conference on Intelligent Robots and Systems, 2009.

[148] KWOK N M, DISSANAYAKE G. An efficient multiple hypothesis filter for bearing-only SLAM[C]. Sendai: IEEE/RSJ International Conference on Intelligent Robots and Systems, 2004.

[149] KORTENKAMP D. Cognitive maps for mobile robots: A representation for mapping and navigation[D]. Ann Arbor: University of Michigan, 1993.

[150] SMITH R, SELF M, CHEESEMAN P. A stochastic map for uncertain spatial relationships: proceedings of the 4th Int. Symposium on Robotics Research, 1987[C]. Cambridge: MIT Press, 1987.

[151] MOUTARLIER P, CHATILA R. Stochastic multisensory data fusion for mobile robot location and environment modelling[C]. Tokyo: Symposium on Robotics Research, 1989.

[152] LEONARD J J, DURRANT-WHYTE H F. Simultaneous map building and localization for an autonomous mobile robot[C]. Osaka: IEEE/RSJ Int. Workshop on Intelligent Robots and Systems, 1991.

[153] GUIVANT J E, NEBOT E M. Optimization of the simultaneous localization and map-building algorithm for real-time implementation[J]. IEEE Trans. Robotics and Automation, 2001, 17(3):242-257.

[154] YAMAUCHI B. Frontier-based exploration using multiple robots[C]. Minneapolis: Second International Conference on Autonomous Agents, 1998.

[155] PARKER L. Alliance: An architecture for fault tolerant multirobot cooperation[J]. IEEE Transactions on Robotics and Automation, 1998, 14(2):220-240.

[156] SIMMONS R, APFELBAUM D, BURGARD W, et al. Coordination for multi-robot exploration and mapping[C]. Austin: National Conference on Artificial Intelligence, 2000.

[157] FUJIMURA K, SINGH K. Planning cooperative motion for distributed mobile agents[J]. Journal of Robotics and Mechatronics, 1996, 8(1):75-80.

[158] ROBERT Z, TONY S, BERNARDINE D, et al. Multi-robot exploration controlled by a market economy[C]. Washington D. C. : IEEE International Conference on Robotics and Automation, 2002.

[159] GERKEY B, MATARIC M. Sold:Auction methods for multirobot coordination[J]. IEEE Transactions on Robotics and Automation, 2002, 18(5):758-768.

[160] BERHAULT M, HUANG H, KESKINOCAK P, et al. Robot exploration with combinatorial auctions[C]. Las Vegas: The International Conference on Intelligent Robots and Systems, 2003.

[161] 张飞, 陈卫东, 席裕庚. 多机器人协作探索的改进市场法[J]. 控制与决策, 2005, 20(5):516-520.

[162] SUH L H, YEO H J, KIM J H. Design of a supervisory control system for multiple robotics systems[C]. Osaka: IROS, 1996.

[163] LEE K H, KIM J H. Multi-robot cooperation-based mobile printer system[J]. Robotics and Autonomous Systems, 2006, 54(3):193-204.

[164] MAEDA Y, HARUKA K, HIDEMITSU I, et al. An easily reconfigurable robotic assembly system[C]. Taipei: ICRA, 2003.

[165] JOSE V, CHRIS M. Distributed multirobot exploration maintaining a mobile network[C]. Varna: ICIS, 2004.

[166] WOO E, MACDONALD B, TREPANIER F. Distributed mobile robot application infrastructure[C]. Las Vegas: IROS, 2003.

[167] CAZANGI R, VON Z, FERMANDO J, et al. Autonomous navigation system applied to collective robotics with ant-inspired communication[C]. Washingtan D. C. : GECCO, 2005.

[168] DAS S M, HU Y C, LEE C S G, et al. Supporting many-to-one communication in mobile multi-robot ad hoc sensing networks[C]. New Orieans: IEEE ICRA, 2004.

[169] JONES C, MATARIC M. Automatic synthesis of communication-based coordinated multi-robot systems[C]. Sendai: IROS, 2004.

[170] HOWARD A, PARKER L, SUKHATME G. The SDR experience:Experiments with a large-scale heterogenous mobile robot team[C]. Singapore: The International Symposium on Experimental Robotics (ISER), 2004.

[171] FOX D, KO J, KONOLIGE K, et al. A hierarchical Bayesian approach to mobile robot map structure learning: Robotics Research: The 11th International Symposium[C]. Berlin: Springer Verlag, 2005.

[172] KAGAMI S, KANEHIRO F, TAMIYA Y, et al. Auto balancer:An online dynamic balance compensation scheme for humanoid robots[J]. Workshop Algorithmic Found, 2000:329-340.

[173] HURMUZLU Y, MOSKOWITZ G D. Bipedal locomotion stabilized by impact and switching:Two and three dimensional, the element models[J]. Dynamics and

Stability of Systems, 1987, 2:73-96.
[174] MOUSAVI P N, BAGHERI A. Mathematical simulation of a seven link biped robot on various surfaces and ZMP considerations[J]. Applied Mathematical Modelling, 2007:18-37.
[175] MORAWSKI J M. A simple model of step control in bipedal locomotion[J]. IEEE Transactions on Biomedical Engineering, 1978:544-560.
[176] VUKOBRATOVIC M, STEPANENKO J. On the stability of anthropomorphic systems[J]. Mathematical Biosciences, 1972, 15:1-37.
[177] WIEBER P B. On the stability of walking systems[C]. Tsukuba: The 3rd IARP International Workshop on Humanoid and Human Friendly Robotics, 2002.
[178] GOSWAMI A. Foot rotation indicator (FRI) point: A new gait planning tool to evaluate postural stability of biped robots[C]. Detroit: IEEE International Conference on Robotics and Automation, 1999.
[179] GOSWAMI A. Postural stability of biped robots and the foot rotation indicator (FRI) point[J]. International Journal of Robotics Research, 1999, 18(6): 523-533.
[180] [183]LOBO M, VANDENBERGHE L, BOYED S, et al. Applications of second-order cone programming[J]. Linear Algebra and Its Applications, 1998, 284(1-3):193-228.
[181] YAN S F, MA Y L. A unified framework for designing FIR filters with arbitrary magnitude and phase response[J]. Digital Signal Processing, 2004, 14(6): 510-522.
[182] 高会军，王常虹. 不确定离散系统的鲁棒 l_2-l_∞ 及 H_∞ 滤波新方法[J]. 中国科学，E辑，2003，33(8):695-706.
[184] BAI Y Q, GHAMIAND M E. A comparative study of kernel functions for primal-dual interior-point algorithms in linear optimization[J]. SIAM Journal on Optimization, 2004, 15(1):101-128.
[185] 胡寿松，王执铨，胡维礼. 最优控制理论与系统[M]. 北京:科学出版社,2005.
[186] TEO K L, GOH C J, WONG K H. A unified computational approach to optimal control problems[J]. Longman Scientific and Technical, 1991:265-271.
[187] LEE H W, TEO K L, JENNINGS L S, et al. Control parameterization enhancing technique for time optimal control problem[J]. Dynamical Systems and Applications, 1997, 6:243-261.
[188] TEO K L, JENNINGS L S, LEE H W, et al. The control parameterization enhancing transform for constrained optimal control problems[J]. J. Austral. Math. Soc, 1999, 40:314-335.
[189] LIU X L, DUAN G R, TEO K L. Optimal soft landing control for moon lander[J]. Automatica, 2008, 44:1097-1103.

[190] TEO K L, JENNINGS L S. Nonlinear optimal control problems with continuous state inequality constraints[J]. Journal of Optimization Theory and Applications, 1989, 63:1-22.
[191] JENNINGS L S, TEO K L. A computational algorithm for functional inequality constrained optimization problems[J]. Automatica, 1990, 26:371-375.
[192] TEO K L, REHBOCK V, JENNINGS L S. A new computational algorithm for functional inequality constrained optimization problems[J]. Automatics. 1993, 29: 789-792.
[193] 张奇. 非线性约束下的SQP算法的研究[D]. 青岛:青岛大学, 2008.
[194] FLETCHER R, LEYFFER S, TOINT L. On the global convergence of a trust-region SQP-filter algorithm[J]. SLAM Journal on Optimization, 2002:44-59.
[195] ULBRICH M, ULBRICH S, VICENTL L M. A globally convergent primal-dual interior filter method for nonconvex nonlinear programming[J]. Mathematical Programming, 2004, 100:379-410.
[196] GUAN Y S, YOKOI K, TANIE K F. Can humanoid robots overcome given obstacles[C]. Barcelona: IEEE International Conference on Robotics and Automation, 2005.
[197] KENNEDY J, EBERHART R C. Particle swarm optimization[C]. Perth: IEEE International Conference on Neural Networks, 1995.
[198] CHAU K W. Application of a PSO-based neural network in analysis of outcomes of construction claims[J]. Automation in Construction, 2007, 16:642-646.
[199] KENNEDY J, EBERHART R C. A discrete binary version of the particle swarm algorithm[C]. Orlando: Conf. on Systems, Man, and Cybernetics, 1997.
[200] SHI Y, EBERHART R C. A modified particle swarm optimizer[C]. Anchorage: The IEEE International Conference on Evolutionary Computation, 1998.
[201] CLERC M. The swarm and the queen: Towards a deterministic and adaptive particle swarm optimization[C]. Washington D. C.: The 1999 Congress on Evolutionary Computation, 1999.
[202] LOVBJERG M, RASMUSSEN T K, KRINK T. Hybrid particle swarm optimiser with breeding and subpopulations[C]. San Francisco: The third Genetic and Evolutionary Computation Conference, 2001.
[203] 高芳. 智能粒子群优化算法研究[D]. 哈尔滨:哈尔滨工业大学, 2008.
[204] 司书宾, 孙树栋, 徐娅萍. 求解 Job-Shop 调度问题的多种群双倍体免疫算法研究[J]. 西北工业大学学报, 2007, 25(1):27-31.
[205] ALBA E, LUNA F, NEBRO A J, et al. Parallel heterogeneous genetic algorithms for continuous optimization[J]. Parallel Computing, 2004, 30:699-719.
[206] ROUSSEL L, CANUDAS-DE-WIT C, GOSWAMI A. Generation of energy optimal complete gait cycles for biped robots[C]. Leuven: IEEE International Conference

on Robotics and Automation, 1998.
[207] YAO X, LIU Y. A new evolutionary system for evolving artificial neural networks[J]. IEEE Trans. on Neural Networks, 1998:976-980.
[208] LEUNG H F, LAM H K, LING S H, et al. Tuning of the structure and parameters of a neural network using an improved genetic algorithm[J]. IEEE Trans. on Neural Networks, 2003, 14(3):79-88.
[209] BERGH V D, ENGELBRECHT A. A new locally convergent particle swarm optimizer[C]. Yasmine Hammamet: IEEE International Conference on Systems, Man and Cybernetics, 2002.
[210] PARK J H. Fuzzy-logic zero-moment-point trajectory generation for reduced trunk motions of biped robots[J]. Fuzzy Sets System, 2003:189-203.
[211] BUSCHKA P. An investigation of hybrid maps for mobile robots[D]. Orebro: Orebro University, 2005.
[212] DISSANAYAKE G, NEWMAN P M, et al. A solution to the simultaneous localization and map building (SLAM) problem[J]. IEEE Trans. Robotics and Automation, 2001, 17(3):229-241.
[213] KORTENKAMP D, BONASSO R P, MURPHY R. AI-based mobile robots: Case studies of successful robot systems[M]. Cambridge: MIT Press 1998.
[214] SMITH R C, CHEESEMAN P. On the representation and estimation of spatial uncertainty[J]. International Journal of Robotics Research, 1986, 5(4):56-68.
[215] LIU Y, THRUN S. Results for outdoor-SLAM using sparse extended information filters[C]. Taipei: ICRA, 2003.
[216] MONTEMERLO M, THRUN S. Simultaneous localization and mapping with unknown data association using FastSLAM[C]. Taipei: ICRA, 2003.
[217] MONTEMERLO M, THRUN S, KOLLER D, et al. FastSLAM 2.0: A novel particle filtering algorithm for simultaneous localization and mapping that provably converges[C]. Acapulco: Int. Joint Conference on Artificial Intelligence, 2003.
[218] MERWE R, DOUCET A, FREITAS N, et al. The Unscented Particle Filter[M]. Cambridge: Cambridge University, Engineering Department, 2000.
[219] 蔡则苏. 基于同时定位和地图创建的月球车避障路径规划研究[D]. 哈尔滨:哈尔滨工业大学, 2006.
[220] DIOSI A, TAYLOR G, KLEEMAN L. Laser scan matching in polar coordinates with application to SLAM[C]. Edmonton: IEEE/RSJ International Conference on Intelligent Robots and Systems, 2005.
[222] YE C, BORENSTEIN J. Characterization of a 2-D laser scanner for mobile robot obstacle negotiation[C]. Washington D.C.: IEEE Int. Conf. Robotics and Automation, 2002.
[223] KAPLAN S. Cognitive maps in Perception and thought[M]. Chicago: Aldine,

1973.

[224] 刘娟. 基于时空信息与认知模型的移动机器人导航机制研究[D]. 长沙:中南大学, 2003.

[225] ARYA S, MOUNT D M, NETANYAHU N S, et al. An optimal algorithm for approximate nearest neighbor searching in fixed dimensions[C]. Arlington: The Fifth Annual ACM-SIAM Symposium on Discrete Algorithms, 1994.

[226] GUTMANN J S. Robuste navigation autonomer mobiler systeme[D]. Freiburg: University of Freiburg, 2000.

[227] THRUN S, FOX D, BURGARD W, et al. Robust Monte Carlo localization for mobile robots[J]. Artificial Intelligence, 2001, 128(1-2):99-141.

[228] FOX D. Adapting the sample size in particle filters through KLD-Sampling[J]. International Journal of Robotic Research, 2003, 22(2):985-1004.

[229] MILSTEIN A, SANCHEZ J N, WIAMSON E. Monte Carlo localization for mobile robots[C]. Edmonton: National Conference on Artificial Intelligence, 2002.

[230] MORENO L, ARMINGOL J M, GARRIDO S, et al. A genetic algorithm for mobile robot localization using ultrasonic sensors[J]. Journal of Intelligent and Robotic Systems, 2002, 34(3):135-154.

[231] 戴域虹, 陈兰平. 一种混合的 HS-DY 共轭梯度法[J]. 计算数学, 2005, 4(3):1-7.

[232] YANG S X, LUO C. A neural network approach to complete coverage path planning[J]. IEEE Transactions on Systems, Man and Cybernetics-Part B, 2004, 34(1):718-724.

[233] MORAVEC H. Rover visual obstacle avoidance[C]. Vancouver: International Joint Conference on Artificial Intelligence, 1981.

[234] HARRIS C, STEPHENS M. A combined corner and edge detector[C]. Manchester: The Fourth Alvey Vision Conference, 1988.

[235] CROWLEY J L, PARKER A C. A representation for shape based on peaks and ridges in the difference of low-pass transform[J]. IEEE Transaction on Pattern Analysis and Machine Intelligence, 1984, 6(2):156-170.

[236] LOWE D G. Object recognition from local scale-invariant features[C]. Corfu: International Conference on Computer Vision, 1999.

[237] YUFEI T, ZHANG J, PARADIAS D, MAMOULIS N. An efficient cost model for optimization of nearest neighbor search in low and medium dimensional spaces[J]. IEEE Transactions on Knowledge and Data Engineering, 2004, 10(16):1169-1184.

[238] LU F, MILIOS E. Robot pose estimation in unknown environments by matching 2D range scans[J]. Journal of Intelligent and Robotic Systems, 1997, 20:249-275.

[239] STACHNISS C. Exploration and mapping with mobile robots[D]. Freiburg: University of Freiburg, 2006:19-21.

[241] THRUN S. Learning metric-topological maps for indoor mobile robot navigation[J].

Artificial Intelligence, 1998, 99(1):21-71.

[242] 庄严，徐晓东. 移动机器人几何 - 拓扑混合地图的构建及自定位研究[J]. 控制与决策，2005 (20):815-818.

[243] WETHERBIE J, SMITH C. Large-scale feature identification for indoor topological mapping[C]. Tucson: IEEE International Conference on Systems, Man and Cybernetics, 2001.

[244] KUNZ C, WILLEKE T, NOURBAKHSH I. Automatic mapping of dynamic office environments[J]. Autonomous Robots, 2004, 7(2):131-142.

[245] FABRIZI E, SAFFIOTTI A. Augmenting topology-based maps with geometric information[J]. Robotics and Autonomous Systems, 2002, 40:91-97.

[246] CHANG-HYUK C, JAE-BOK S. Topological map building based on thinning and its application to localization[C]. Lausanne: IEEE/RSJ International Conference on Intelligent Robots and Systems, 2002.

[247] MOORE A. An introductory tutorial on KD-Trees[D]. Cambridge: University of Cambridge, 1991.

[248] 王旭阳，吕恬生，徐兆红，等. 类人机器人复杂运动的状态转换规划方法研究[J]. 中国机械工程. 2007, 18(6):659-663 .

[249] FUMIO K, KIYOSHI F, HIROHISA H, et al. Getting up motion planning using Mahalanobis distance[C]. Rome: IEEE International Conference on Robotics and Automation, 2007.